重庆地区低透气性突出煤层瓦斯灾害防治技术

李文树 等 著

U0263889

科学出版社

北京

内 容 简 介

本书针对重庆地区煤层普遍存在地质条件复杂、煤层松软和透气性低、煤与瓦斯突出灾害严重等特点,利用重庆市能源投资集团有限公司所属煤矿从 20 世纪 60 年代以来在矿井瓦斯灾害防治方面取得的丰硕科学研究及工程应用成果,从矿井瓦斯地质保障技术、突出矿井生产部署合理化管控技术、保护层开采防突技术、高效抽采瓦斯技术、高效快速局部防突技术措施、区域防突预测预警技术、瓦斯治理精细化管理 7 个方面进行了系统、深入的总结。该书涉及矿井瓦斯灾害防治理论、技术、装备及管理等成果在重庆地区得到了成功应用,并在全国进行推广,取得了显著的安全效益、经济效益和社会效益。

本书可供从事煤矿开采、瓦斯治理、煤层气开发与利用的矿山企业、科研院所的工程技术人员和科研人员学习借鉴,也可供行业主管部门的监管人员和大中院校师生参考。

图书在版编目(CIP)数据

重庆地区低透气性突出煤层瓦斯灾害防治技术 / 李文树等著. —北京:科学出版社,2020.11
  ISBN 978-7-03-065608-7

Ⅰ.①重… Ⅱ.①李… Ⅲ.①煤层瓦斯–灾害防治–重庆 Ⅳ.①TD712

中国版本图书馆 CIP 数据核字 (2020) 第 114436 号

责任编辑:李小锐 / 责任校对:彭 映
责任印制:罗 科 / 封面设计:墨创文化

科 学 出 版 社 出版
北京东黄城根北街16号
邮政编码:100717
http://www.sciencep.com

成都锦瑞印刷有限责任公司印刷
科学出版社发行 各地新华书店经销
*

2020 年 11 月第 一 版 开本:787×1092 1/16
2020 年 11 月第一次印刷 印张:20 1/2
字数:474 000
定价:198.00 元
(如有印装质量问题,我社负责调换)

《重庆地区低透气性突出煤层瓦斯灾害防治技术》
编审委员会

序

　　重庆是我国煤矿瓦斯灾害最严重的地区之一，煤层赋存的地质条件复杂，煤层松软、透气性低、瓦斯含量高、压力大、突出严重，对重庆煤矿企业安全高效发展带来了严峻挑战。故而国家一直把重庆煤矿瓦斯防治及技术研究作为煤矿安全发展的重要战略之一。

　　重庆煤炭企业已经与瓦斯灾害斗争了 60 多年，取得了很多极具地区特色的科技成果，为我国瓦斯防治提供了极为扎实的理论研究基础，尤其是在保护层开采、煤与瓦斯突出规律及特点、突出危险性预测及防治等方面，形成了完整的煤与瓦斯突出治理体系，取得了成熟的科学与实践经验，得到了国内外同行的高度认可。

　　《重庆地区低透气性突出煤层瓦斯灾害防治技术》以重庆煤炭企业几十年来的科学研究与生产实践为依托，系统展现了重庆煤炭企业在"矿井瓦斯地质保障技术、突出矿井生产部署合理化管控技术、保护层开采防突技术、高效抽采瓦斯技术、高效快速局部防突技术措施、区域防突预测预警技术、瓦斯治理精细化管理"等方面取得的新理论、新技术、新装备及成效显著的安全生产管理经验，书中总结形成的"瓦斯地质精准、采掘部署合理、增透抽采优先、防突体系健全、智能平台预警"30 字重庆瓦斯灾害治理模式，具有广泛的推广价值，被国家确定为中国瓦斯灾害治理三大推广模式之一。

　　该书关于瓦斯治理技术方面的内容具有较好的系统性、科学性与创新性，是一本理论与现场实际相结合的实践性指导书，所提及的理论、技术及装备，对促进矿井高效抽采、瓦斯治理，实现矿井瓦斯治理及管理的信息化、智能化意义重大，值得从事瓦斯灾害治理、煤层气开发与利用的企业、科研院所的工程技术人员、科研人员借鉴。

　　我衷心希望：该书的出版，能对我国煤矿瓦斯防治水平的提高、高瓦斯突出矿井的安全高效和绿色智能化开采起到实质性的促进作用。

中国工程院院士　周世宁

2020 年 11 月

前　言

煤炭是我国重要的基础能源和重要原料，对我国国民经济发展起着举足轻重的作用，煤炭在国民经济中的地位也是长期和稳固的，然而煤炭生产是高危行业，如何保障煤炭行业安全高效生产、绿色和可持续发展始终是一个永恒的研究课题。瓦斯、顶板、水、火、粉尘是影响煤矿安全生产的五大灾害，而瓦斯灾害是五大灾害之首。我国高瓦斯及煤与瓦斯突出矿井数量多、分布广，在全国主要采煤省份均有分布，重庆地区是我国瓦斯灾害最严重的区域之一。

重庆地区煤系地层分布广，主要含煤地层为古生代二叠系和中生代晚三叠系，截至2010年重庆已探明煤炭资源储量为 $52.36×10^8$t，保有基础储量为 $19.85×10^8$t，可采储量为 $10.19×10^8$t，其中无烟煤占 63%，焦煤占 37%。重庆地区煤层普遍具有地质条件复杂、煤层薄而松软、煤层透气性低、瓦斯压力大、瓦斯含量高、突出严重等特点。2005 年前重庆地区煤炭企业"多""小""散"问题突出，开采条件差，导致煤矿安全形势异常严峻。2005 年后，经过打击非法开采和淘汰落后产能，重庆地区煤矿数量从最多时的 747个减少到 2018 年的 44 个，设计产能为 $1863×10^4$t/a，其中重庆市能源投资集团渝新能源有限公司共有 18 个生产矿井，设计产能为 $1395×10^4$t/a。重庆在籍的 44 个煤矿中有 22 个为煤与瓦斯突出矿井，产能为 $1374×10^4$t/a；高瓦斯矿井 11 个，产能 $276×10^4$t/a；高瓦斯、煤与瓦斯突出矿井数量占到总矿井数的 75%，产能占总产能的 88.6%。虽然煤矿结构性改革有效改善了重庆地区煤矿安全生产的基本面，但煤矿瓦斯灾害严重、基础较为薄弱、条件差的客观情况依然存在，煤矿安全生产形势依然严峻。现存生产矿井主要分布于松藻、南桐、天府、永荣矿区，开采含煤地层为二叠系上统龙潭组（吴家坪组）和三叠系上统须家河组，其中松藻和南桐矿区处于高突瓦斯带，矿区内生产矿井 90%为煤与瓦斯突出矿井，且松藻矿区是重庆地区瓦斯灾害最严重的矿区，实测瓦斯压力最大为 6.5MPa，瓦斯含量最高达 $29.45m^3$/t。目前主要开采煤层透气性一般为 $0.004\sim0.04m^2$/(MPa²·d)，是我国煤层透气性较好的抚顺、晋城矿区的千分之一，甚至万分之一[抚顺矿区煤层透气性一般为 $9.6\sim144m^2$/(MPa²·d)，晋城矿区煤层透气性一般为 $11.6\sim60m^2$/(MPa²·d)]。煤层地质构造复杂、透气性低导致煤层瓦斯赋存不均匀、瓦斯压力大、瓦斯含量高、突出危险性大，瓦斯治理和抽采难度较大。据统计，重庆地区 1951～2018 年共发生煤与瓦斯突出 2351 次，其中南桐矿区 1577 次、松藻矿区 491 次、天府矿区 186 次、中梁山矿区 97次，平均每年突出高达 34.6 次（最高突出年份为 1989 年，突出高达 113 次）；重庆地区共发生特大型突出 38 次（1975 年 8 月 8 日天府矿区三汇一矿石门揭煤时发生特大型突出，突出煤岩 12870t，突出强度居全国第一、世界第二），可见其突出危害性之严重程度。

虽然重庆地区煤矿瓦斯治理难度非常大，但经过广大煤炭从业人员几十年来的不懈努力和刻苦攻关，先后取得了一些典型的瓦斯灾害治理科技成果。重庆煤矿企业在非常不利的资源赋存和十分困难的开采技术条件下，对新中国成立以来重庆及西南地区的工业开发和建设、经济发展持续做出了重大贡献，取得的瓦斯灾害治理技术成就既推动了重庆地区工业和煤矿安全、持续健康发展，又促进了全国煤矿的安全高效生产。从20世纪60年代开始，重庆地区率先实施保护层开采试验，到80年代提出"三区成套、两超前"生产部署，再到"八五"的国家科技支撑和国家重大专项支持完成的"下向钻孔施工工艺及成套装备"和"无煤柱机采工作面综合抽采瓦斯技术"，"九五"的"突出煤层定向长钻孔预抽本煤层瓦斯成套技术研究"，"十五"的"煤矿瓦斯治理技术集成与示范"，"十一五"的"煤与瓦斯突出预测与防治技术集成与示范"和"十二五"的"重庆松藻矿区复杂地质条件下煤层气开发示范工程"，国家安全生产预防及应急专项资金项目"重庆矿区低透气性突出煤层瓦斯灾害防治技术集成创新项目"等国家级科技项目以及重庆地方政府支持的煤炭发展专项资金项目等一系列科技项目。通过这些科技项目的实施，重庆地区率先深入开展了保护层开采效应、煤与瓦斯突出规律、突出危险性预测、综采工作面瓦斯涌出规律等一系列基础研究；此外还针对复杂地质条件下低透气突出煤层进行了煤与瓦斯协调开采研究，首次在国内提出了"三超前"生产部署，实施低透气性突出煤层瓦斯灾害治理全方位综合抽采技术措施，大力推广煤矿信息化、智能化相结合的瓦斯灾害超前预警和精细化管理。特别是近年来，重庆地区在松藻矿区"三区配套三超前"瓦斯治理模式的基础上，在水力化增透抽采技术、采掘部署等方面得到了同行业认可的快速发展，形成了"瓦斯地质精准、采掘部署合理、增透抽采优先、防突体系健全、智能平台预警"30字的重庆瓦斯灾害治理新模式，这些成果在国内，甚至是国际上均处于领先水平，为我国煤炭行业规范、标准等的提出、修订提供了建设性意见，尤其是对《煤矿安全规程》《防治煤与瓦斯突出细则》等的修订提出了参考意见，对提高重庆地区乃至我国煤矿瓦斯灾害防治水平，推动煤炭行业的安全高效持续发展发挥了重要的支撑作用。

近年来，重庆地区深入开展煤气一体化协调开发，特别是重庆瓦斯灾害治理新模式在重庆地区推广应用后，成效显著。重庆煤矿瓦斯事故死亡人数从2008年的51人减少到2018年的1人，瓦斯事故从2008年的14次减少到2018年的1次。2018年重庆瓦斯抽采量达 $4.26 \times 10^8 m^3$，居全国第5位，仅位列山西、贵州、安徽、河南等亿吨级产煤大省之后；2018年瓦斯利用量达 $3.14 \times 10^8 m^3$，居全国第3位，位列山西和贵州之后；吨煤平均瓦斯抽采量达到 $26 m^3$，居全国第一；瓦斯综合利用率达73.7%，远高于38.8%的全国平均水平，居全国第一。瓦斯是煤矿灾害治理过程中的副产品，同时也是清洁能源，截至2018年，重庆有瓦斯储气罐18座，就地发电20处110台机组，装机容量 $9.41 \times 10^4 kW \cdot h$，瓦斯抽采利用每年为重庆创造超过5亿元的直接经济效益。这些成效得益于国家的利好政策支持，得益于各级煤炭管理部门和广大煤矿科研工作者、从业者的共同努力和辛勤付出，也得益于重庆地区瓦斯灾害防治技术及装备的持续研发升级和精细化管理。

本书主要针对重庆地区煤层特点，重点介绍了重庆地区瓦斯灾害防治理论、技术、装备和管理，既是对重庆地区瓦斯灾害防治技术的阶段性总结，又是对今后重庆地区乃至全国瓦斯灾害防治工作的指导，充分体现了重庆几代煤炭从业人员和科技工作者的集体智慧。

全书共分为 9 章。第 1 章"重庆低透气性突出煤层瓦斯灾害防治概述",包括重庆地区矿井及瓦斯灾害概况、煤与瓦斯突出特点及突出规律、煤与瓦斯突出防治技术发展历程;第 2 章"矿井瓦斯地质保障技术",包括重庆地区煤田地质特征、瓦斯地质规律、矿区瓦斯地质数字化技术、地质异常探测技术;第 3 章"突出矿井生产部署合理化管控技术",包括矿井部署管控的意义、矿井部署管控的基本概念、矿井部署方式及特征、矿井部署管控指标体系、管控指标的确定、管控指标的计算方法、矿井部署管控合理性的评价方法、矿井部署管控合理性判识、矿井部署管控的实施保障;第 4 章"保护层开采防突技术",包括保护层开采及技术效应、保护层开采的基本技术、保护层无煤柱开采技术、卸压瓦斯抽采关键技术、煤柱及危害范围管控技术、保护层开采及保护效果考察实例、开采保护层教训及经验;第 5 章"高效抽采瓦斯技术",包括瓦斯抽采概述、抽采瓦斯模式、瓦斯抽采技术与装备、水力化增透技术及装备、瓦斯抽采达标快速评价技术;第 6 章"高效快速局部防突技术",包括渐进式石门揭煤技术、大孔径钻孔预测技术、预测钻孔兼排放技术、急倾斜煤层自卸压防突技术;第 7 章"区域防突预测预警技术",包括预测预警模型、预警信息采集装备及仪器、瓦斯灾害预警系统;第 8 章"瓦斯治理精细化管理",包括突出矿井防突管理体系、瓦斯地质管理、瓦斯抽采工程管理;第 9 章"瓦斯灾害防治实例",包括重庆地区低透气性突出煤层瓦斯防治技术应用情况及效果、重庆重点突出矿区瓦斯灾害防治技术应用、瓦斯灾害防治技术在其他地区的应用。

本书是在"瓦斯灾害监控与应急技术国家重点实验室""煤矿灾害动力学与控制国家重点实验室""煤矿安全技术国家工程研究中心""煤矿瓦斯防治国家地方联合(重庆市)工程研究中心""重庆市能源集团科技公司企业技术中心""煤矿瓦斯防治重庆市工程研究中心"等科研机构和国家安全生产预防及应急专项资金项目"重庆矿区低透气性突出煤层瓦斯灾害防治技术集成创新"(安监总财〔2016〕73 号)、重庆市科技攻关应用技术研发类重点项目(cstc2012gg-yyjsB90001)、重庆市杰出青年基金项目(cstc2014jcyjjq90002)、重庆市煤炭发展资金项目(渝煤〔2018〕-kj-03)等重大项目的大力支持下,由重庆地区煤炭企业、科研院所等协同完成的集成创新成果,是重庆几代煤矿人辛勤劳动的结果。

本书的编辑出版得到了煤炭行业各级主管部门、重庆市能源投资集团有限公司、重庆市能源投资集团科技有限责任公司、中煤科工集团重庆研究院有限公司、重庆大学、重庆市能源投资集团渝新能源有限公司、重庆市煤炭学会等单位和行业专家、工程技术人员的鼎力支持。在此,我们谨向为本书的编写、出版付出辛勤劳动和给予大力支持的单位、个人表示最诚挚的谢意。本书引用了大量的参考资料,在此对这些文献的作者表示真诚的感谢。

尽管我们本着认真、严谨、科学、实事求是的态度编写本书,但是由于时间紧迫,经验欠缺,书中难免存在疏漏之处,恳请广大读者多提出宝贵意见,以便将来修订,使之更完善。

目　　录

第1章　重庆低透气性突出煤层瓦斯灾害防治概述 ··1

1.1　重庆地区矿井及瓦斯灾害概况 ··1

1.2　煤与瓦斯突出特点及突出规律 ··4

　　1.2.1　煤与瓦斯突出特点 ··4

　　1.2.2　煤与瓦斯突出规律 ··5

1.3　煤与瓦斯突出防治技术发展历程 ··6

　　1.3.1　瓦斯地质保障发展历程 ··8

　　1.3.2　矿井生产部署发展历程 ··9

　　1.3.3　保护层开采发展历程 ··10

　　1.3.4　抽采瓦斯技术发展历程 ··10

　　1.3.5　局部防突技术发展历程 ··11

　　1.3.6　防突预测预警发展历程 ··12

　　1.3.7　瓦斯防治管理发展历程 ··13

第2章　矿井瓦斯地质保障技术 ···15

2.1　重庆地区煤田地质特征 ··15

　　2.1.1　大地构造的地理位置 ··15

　　2.1.2　地质构造特征 ··16

　　2.1.3　煤层赋存地层 ··17

　　2.1.4　煤炭资源分布 ··19

2.2　瓦斯地质规律 ··20

　　2.2.1　瓦斯地质赋存规律 ··20

　　2.2.2　重点突出矿区瓦斯地质规律 ··28

2.3　矿区瓦斯地质数字化技术 ··38

　　2.3.1　瓦斯地质数据 ··38

　　2.3.2　瓦斯地质数据存储与交换技术 ··39

　　2.3.3　典型矿井瓦斯地质数据库 ··40

2.4　地质异常探测技术 ··41

　　2.4.1　防爆探地雷达探测技术 ··42

　　2.4.2　瞬变电磁仪探测技术 ··44

　　2.4.3　近距离小偏移距地震反射波法 ··47

　　2.4.4　钻孔地质雷达超前探测技术 ··48

　　2.4.5　无线电波坑道透视技术 ··51

  2.4.6 长距离地震波探测技术······················53

第3章 突出矿井生产部署合理化管控技术··················56

 3.1 矿井部署管控的意义·····························56

 3.2 矿井部署管控的基本概念·························57

  3.2.1 "三超前"·······························57

  3.2.2 矿井"五量"···························58

  3.2.3 矿井部署管控的其他相关概念···············59

 3.3 矿井部署方式及特征····························59

  3.3.1 倾斜条带长壁布置方式部署特点············60

  3.3.2 走向长壁布置方式部署特点················60

 3.4 矿井部署管控指标体系···························61

  3.4.1 矿井部署现状·························61

  3.4.2 矿井部署管控技术指标体系···············61

 3.5 管控指标的确定······························62

  3.5.1 掘进超前技术指标·····················62

  3.5.2 瓦斯抽采超前技术指标·················63

  3.5.3 保护层开采超前技术标准················64

  3.5.4 "五量"可采期控制指标················64

 3.6 管控指标的计算方法····························65

  3.6.1 "五量"及其可采期计算方法·············65

  3.6.2 矿井"五量"可采期计算方法·············67

 3.7 矿井部署管控合理性的评价方法····················68

  3.7.1 矿井合理部署管控技术指标评价体系·········68

  3.7.2 "三超前"指标评分标准················68

  3.7.3 "五量"可采期评分标准················70

  3.7.4 矿井部署得分·························71

 3.8 矿井部署管控合理性判识·························71

  3.8.1 矿井部署合理性评价分类················71

  3.8.2 矿井部署紧张的判断···················72

 3.9 矿井部署管控的实施保障·························72

  3.9.1 部署管理的指导思想、职能与职责···········72

  3.9.2 矿井部署的编制·······················73

  3.9.3 矿井部署管理基础资料··················73

第4章 保护层开采防突技术···························75

 4.1 保护层开采及技术效应···························75

  4.1.1 保护层开采的历史·····················75

  4.1.2 保护层及围岩特征·····················75

  4.1.3 保护层开采效果·······················76

4.2　保护层开采的基本技术 ···78
　　4.2.1　开采保护层的防突原理 ···78
　　4.2.2　保护层选择遵循的原则 ···79
　　4.2.3　保护范围的划定方法 ···80
4.3　保护层无煤柱开采技术 ···82
　　4.3.1　保护层煤柱及危害 ···82
　　4.3.2　保护层无煤柱开采 ···82
4.4　卸压瓦斯抽采关键技术 ···83
　　4.4.1　瓦斯卸压区域 ···83
　　4.4.2　瓦斯运移规律 ···83
　　4.4.3　瓦斯可抽区域 ···83
　　4.4.4　瓦斯抽采方法 ···84
4.5　煤柱及危害范围管控技术 ···84
　　4.5.1　煤柱的管控 ···84
　　4.5.2　危害范围管控 ···84
4.6　保护层开采及保护效果考察案例 ·······································85
　　4.6.1　矿井简况 ···85
　　4.6.2　保护层开采 ···85
　　4.6.3　卸压瓦斯抽采 ···87
　　4.6.4　保护效果及考察 ···87
4.7　开采保护层教训及经验 ···88
　　4.7.1　开采保护层的教训 ···88
　　4.7.2　开采保护层的经验 ···89

第5章　高效抽采瓦斯技术 ···90
5.1　瓦斯抽采概述 ···90
　　5.1.1　瓦斯抽采原则及分类 ···90
　　5.1.2　瓦斯抽采方法的选择依据 ·······································91
　　5.1.3　开采层瓦斯抽采 ···91
　　5.1.4　邻近层瓦斯抽采 ···95
　　5.1.5　采空区瓦斯抽采 ··101
　　5.1.6　围岩(岩溶)瓦斯抽采 ··106
5.2　高效抽采瓦斯模式 ··107
　　5.2.1　高效抽采瓦斯模式分类 ··107
　　5.2.2　高效抽采瓦斯模式的先进性 ····································110
　　5.2.3　高效抽采瓦斯模式的适用条件 ··································110
5.3　瓦斯抽采技术与装备 ··110
　　5.3.1　本煤层中风压钻进技术及装备 ··································110
　　5.3.2　高效钻机具及工艺 ··112

5.3.3　一体化固孔技术及工艺 ··· 116

5.3.4　"两堵一注"带压封孔技术及工艺 ··· 118

5.3.5　新型气水渣分离技术及装备 ··· 120

5.3.6　水力作业疏孔技术及装备 ·· 121

5.3.7　封孔质量检测及评价技术 ·· 123

5.3.8　抽采参数快速测定技术 ··· 125

5.3.9　采空区瓦斯抽采技术 ·· 130

5.3.10　围岩(岩溶)瓦斯探测与抽采技术 ······································· 134

5.4　水力化增透技术及装备 ··· 139

5.4.1　高压控制水力压裂增透技术及装备 ······································· 139

5.4.2　超高压水力割缝技术及装备 ··· 162

5.4.3　采煤工作面本煤层中压注水技术及装备 ································· 172

5.5　瓦斯抽采达标快速评判技术 ·· 174

5.5.1　矿井瓦斯抽采效果评判分析 ··· 175

5.5.2　瓦斯抽采达标评判技术模型 ··· 175

5.5.3　瓦斯抽采达标评判系统开发 ··· 177

第6章　高效快速局部防突技术 ·· 182

6.1　渐进式石门揭煤技术 ··· 182

6.1.1　渐进式石门揭煤技术原理 ·· 182

6.1.2　渐进式石门揭煤技术工艺 ·· 182

6.1.3　渐进式石门揭煤工程应用 ·· 185

6.2　大孔径钻孔预测技术 ··· 186

6.2.1　大孔径钻孔预测技术原理 ·· 186

6.2.2　大孔径钻孔预测技术工艺 ·· 187

6.2.3　大孔径钻孔预测技术工艺实施及效果 ···································· 187

6.3　预测钻孔兼排放技术 ··· 192

6.3.1　预测钻孔兼排放技术原理 ·· 192

6.3.2　预测钻孔兼排放技术工艺 ·· 193

6.3.3　预测钻孔兼排放技术工艺实施及效果 ···································· 193

6.4　急倾斜煤层自卸压防突技术 ·· 198

6.4.1　急倾斜煤层自卸压防突技术原理 ··· 198

6.4.2　急倾斜煤层自卸压防突技术现场试验 ···································· 198

第7章　区域防突预测预警技术 ·· 202

7.1　预测预警模型 ··· 202

7.1.1　瓦斯地质异常分析模型 ··· 202

7.1.2　瓦斯抽采分析模型 ··· 203

7.1.3　瓦斯涌出异常分析模型 ··· 204

7.1.4　日常预测变化分析模型 ··· 205

    7.1.5　防突措施缺陷分析模型 ··205

    7.1.6　重庆地区管理模型 ··206

  7.2　预警信息采集装备及仪器 ··208

    7.2.1　瓦斯参数采集装备及仪器 ··208

    7.2.2　瓦斯抽采参数采集装备及仪器 ···209

    7.2.3　突出检测参数采集装备及仪器 ···210

    7.2.4　钻孔施工参数采集装备及仪器 ···211

    7.2.5　信息传输及存储装备 ··212

  7.3　瓦斯灾害预警系统 ··212

    7.3.1　预警信息数据库 ··212

    7.3.2　预警软件设计及构建环境 ··214

    7.3.3　预警软件系统构建 ··215

    7.3.4　预警网络平台构建 ··221

第8章　瓦斯治理精细化管理 ··223

  8.1　突出矿井防突管理体系 ··223

    8.1.1　管理机构设置及职责 ··223

    8.1.2　防突管理制度 ··224

    8.1.3　防突技术及现场管理 ··231

  8.2　瓦斯地质管理 ··237

  8.3　瓦斯抽采工程管理 ··240

    8.3.1　瓦斯抽采一般规定 ··241

    8.3.2　瓦斯抽采设计与审批要求 ··241

    8.3.3　水力压裂施工要求 ··242

    8.3.4　瓦斯抽采钻孔施工要求 ···243

    8.3.5　瓦斯抽采钻孔验收要求 ···244

    8.3.6　瓦斯抽采钻孔封孔接抽要求 ··244

    8.3.7　瓦斯抽采计量要求 ··244

    8.3.8　瓦斯抽采超前及达标评判要求 ··245

    8.3.9　瓦斯抽采基础资料要求 ···246

第9章　瓦斯灾害防治实例 ··247

  9.1　重庆地区低透气性突出煤层瓦斯防治技术应用情况及效果 ·········247

  9.2　重庆重点突出矿区瓦斯灾害防治技术应用 ······························249

    9.2.1　瓦斯基本参数测定及瓦斯涌出量预测 ·································249

    9.2.2　突出矿井生产部署合理化管控实例 ·····································261

    9.2.3　低透气性突出煤层增透与瓦斯抽采技术 ····························267

    9.2.4　瓦斯灾害预测预警技术在重庆矿区的应用 ·························277

  9.3　瓦斯灾害防治技术在其他地区的应用 ··281

    9.3.1　顶板长钻孔水力化增透在山西新元煤矿的应用 ·················281

  9.3.2 水力压裂在 G75 高速公路特大断面瓦斯隧道揭煤的应用 ……………………288

  9.3.3 水力化增透技术在贵州省桐梓县万顺煤矿的应用 ……………………295

  9.3.4 瓦斯灾害预警技术在山西寺河和黑龙江新建煤矿的应用 ……………………301

主要参考文献 ……………………310

第1章 重庆低透气性突出煤层瓦斯灾害防治概述

重庆地区煤层地质条件复杂、煤层薄而松软、煤层透气性低、瓦斯压力大、瓦斯含量高、煤与瓦斯突出严重，瓦斯灾害治理难度大，但该地区广大科技工作者对瓦斯灾害防治技术及装备的研究由来已久，经历了无数次成功与失败，截至目前已取得了丰硕的科研成果，收效显著。本章主要介绍重庆地区煤矿瓦斯灾害基本情况，煤与瓦斯突出特点和基本规律，瓦斯地质保障、生产部署、保护层开采、抽采瓦斯、局部防突、防突预测预警以及瓦斯防治管理等方面的发展历程。

1.1 重庆地区矿井及瓦斯灾害概况

重庆市位于四川盆地东部，是全国煤矿灾害最严重的地区之一，瓦斯、粉尘、火、水、顶板五大灾害俱全。现有生产矿井中，60%以上为煤与瓦斯突出矿井，随着开采深度、强度的增加，瓦斯地质和开采条件发生变化，煤层突出危险程度有增大趋势。

截至 2012 年，重庆累计查明煤炭资源储量为 $52.36×10^8$t，保有基础储量为 $19.85×10^8$t，可采储量为 $10.19×10^8$t。重庆矿区主要含煤地层为二叠系上统龙潭组、吴家坪组及三叠系上统须家河组，其中龙潭组和吴家坪组煤炭储量约占总储量的 90%。重庆地区有松藻、南桐、南川、中梁山、天府、永荣、方斗山等 22 个矿区，其中生产矿井主要位于松藻、南桐、南川、天府、永荣 5 个矿区，其他矿区仅存零星生产矿井(重庆市煤炭学会，2005)。

松藻矿区为国家发展改革委批复的国家核准煤炭规划矿区，位于重庆市綦江区，主要含煤地层为二叠系上统龙潭组和二叠系下统梁山组，可采 2～3 层，煤层厚度为 0.6～3.0m，煤种为无烟煤。

南桐矿区大部分位于重庆市万盛经济开发区，主要含煤地层为二叠系上统龙潭组，可采 2～3 层，煤层厚度为 0.6～3.0m，煤种为肥煤、焦煤、瘦煤。

天府矿区位于重庆市北碚区、合川区和渝北区，主要含煤地层为二叠系上统龙潭组，可采 2～3 层，煤层厚度为 0.8～3.5m，煤种为焦煤、贫煤、瘦煤。

永荣矿区位于重庆市永川区、荣昌区、大足区、璧山区、沙坪坝区和铜梁区，主要含煤地层为三叠系上统须家河组，可采 4～7 层，煤层厚度为 0.4～0.6m，煤种为 1/3 焦煤。

中梁山矿区位于重庆市九龙坡区，主要含煤地层为二叠系上统龙潭组，可采 5～7 层，煤层厚度为 0.6～3.0m，煤种为焦煤。

渝东北产煤区包括重庆市万州区、忠县、奉节县、巫山县、巫溪县、梁平县、开州区、城口县、云阳县等产煤区(县)，主要含煤地层为三叠系上统须家河组、二叠系上统吴家坪组、二叠系下统梁山组，可采 1～4 层，煤层厚度为 0.3～1.0m，主要煤种为无烟煤、瘦煤、1/3 焦煤。

渝东南产煤区包括重庆市涪陵区、黔江区、南川区、长寿区、武隆县、垫江县、丰都县、彭水县、石柱县、秀山县等产煤区(县)，主要含煤地层为二叠系上统龙潭组、二叠系下统梁山组，可采 2～3 层，煤层厚度为 0.3～1.0m，煤种为肥煤、焦煤、瘦煤、无烟煤。重庆市主要矿区分布如图 1-1 所示。

图 1-1　重庆市主要矿区分布示意图

"十二五"期间，重庆强力推进煤矿整合技改、关闭退出，重庆煤矿数量从 2011 年的 747 个减少至 2015 年底的 407 个。2016 年后重庆根据《国务院关于煤炭行业化解过剩产能实现脱困发展的意见》(国发〔2016〕7 号)，对部分落后产能矿井实施关闭，截至 2018 年，重庆生产矿井仅有 44 个。生产矿井中有 16 个煤矿全采 0.8m 以下的极薄煤层，34 个煤矿开采倾角在 25° 以上的倾斜和急倾斜煤层。大、中型矿井 80%以上为突出矿井，生产矿井设计产能为 1863×10⁴t/a，其中以重庆市能源投资集团渝新能源有限公司的 18 个煤矿(设计产能为 1395×10⁴t/a)为重庆主力生产矿井。

重庆地区煤层地质条件复杂，煤层透气性低、煤层松软、瓦斯压力大、瓦斯含量高，瓦斯灾害严重，主要开采煤层透气性系数仅为 10^{-4}～10^{-3} mD(0.004～0.04m²/MPa²·d)，远小于 0.1m²/(MPa²·d)，属于难抽采和较难抽采煤层，是我国煤层透气性好的抚顺矿区、山西寺河矿等煤层透气性的千分之一，甚至万分之一。重庆矿区煤层坚固性系数 f 值一般在 1.0 以下，松藻、南桐等重点矿区开采煤层坚固性系数仅为 0.5 左右。现有生产矿井的开采深度一般为 500～600m，最深的南桐煤矿达到 770m。重庆地区煤层瓦斯压力一般为 2～4MPa，但松藻煤矿+175 瓦斯巷实测煤层瓦斯压力达到 5.4MPa；煤层瓦斯含量一般为 15～25m³/t，而松藻矿区石壕煤矿最大瓦斯含量达到 29.45m³/t。

虽然重庆地区煤矿瓦斯治理难度非常大，但是经过几代煤炭从业人员坚持不懈的辛勤付出和刻苦钻研，在瓦斯灾害治理方面取得很多具有地区特色的成果，对重庆地区煤矿安全生产起到了较好的促进作用。据统计，"十二五"期间，全市煤矿累计瓦斯抽采量为 25.48×10^8 m³，瓦斯利用量为 18.13×10^8 m³，综合利用率达 71.15%。通过有效抽采、利用瓦斯，煤矿安全生产条件及安全保障能力大幅度改善，"一通三防"重大安全事故得到有效遏制，安全生产形势明显好转，2017 年重庆煤矿百万吨死亡率下降至 0.286，创历史最好水平，表 1-1 是 2008～2018 年重庆煤矿安全生产情况统计表。2008～2018 年合计发生安全事故 891 次，死亡 1230 人，平均每起安全事故造成 1.38 人死亡；发生瓦斯事故 51 次，死亡人数为 245，平均每起瓦斯事故造成 4.8 人死亡；发生突出事故 12 次，死亡人数 85 人，平均每起突出事故造成 7.08 人死亡。近年来总体安全形势逐渐趋好，煤与瓦斯突出得到有效遏制。2008～2018 年累计突出 12 次，平均每年仅 1.1 次，个别年份全年无突出事故发生。

在重大、特大安全事故中仍然以瓦斯事故为主，如 2009 年 5 月 30 日同华煤矿发生瓦斯突出事故，喷出煤矸量达到 7318t，喷出距离达到 800m，喷出瓦斯量达到 28.5 万 m³，造成 30 人死亡，77 人受伤；2016 年 10 月 31 日，重庆市永川区金山沟煤业有限责任公司发生瓦斯爆炸事故，造成 33 人死亡。因此，瓦斯灾害防治工作依旧是煤矿安全生产中的重点、难点。

表 1-1　2008～2018 年重庆煤矿安全生产情况统计表

年份	安全事故		综合百万吨死亡率	瓦斯事故		突出事故	
	发生次数	死亡人数		发生次数	死亡人数	发生次数	死亡人数
2008	217	282	6.53	14	51	2	19
2009	160	234	5.42	10	60	4	45
2010	143	183	4.16	8	24	0	0
2011	120	153	3.51	4	21	0	0
2012	91	105	2.73	1	4	0	0
2013	64	92	2.39	4	13	3	11
2014	50	85	2.597	3	26	0	0
2015	23	31	1.258	4	9	2	7
2016	12	48	3.343	2	36	1	3
2017	3	3	0.286	0	0	0	0
2018	8	14	0.75	1	1	0	0
合计	891	1230	/	51	245	12	85

1.2 煤与瓦斯突出特点及突出规律

1.2.1 煤与瓦斯突出特点

重庆市能源投资集团下属松藻矿区、南桐矿区、天府矿区、中梁山矿区(原称为松藻矿务局、南桐矿务局、天府矿务局、中梁山矿务局)的煤与瓦斯突出矿井在重庆地区颇具代表性,在1951~2018年发生的突出情况见表1-2,分析发现重庆地区煤与瓦斯突出主要具有以下特点。

表 1-2　1951~2018 年四矿区突出情况统计表

项目		南桐矿区	松藻矿区	天府矿区	中梁山矿区	小计
瓦斯突出次数/次		1577	491	186	97	2351
石门	其中,发生次数/次	60	38	24	40	162
	占比/%	3.80	7.74	12.90	41.23	6.89
巷道	发生次数/次	806	164	157	56	1183
	占比/%	51.11	33.40	84.41	58.00	50.32
回采	发生次数/次	711	289	4	1	1005
	占比/%	45.09	58.86	2.15	1.00	42.75
平均突出强度/(t·次$^{-1}$)		68.31	81.42	318.92	328.70	
特大型突出次数/次		9	8	10	11	38
一次突出最大煤岩石量/t		8765	7138	12780	2800	
一次突出最大瓦斯量/(10^4m^3)		350	28.5	140	80.33	
突出死亡人数/人		364	284	110	97	855
一次突出最多死亡人数/人		82	125	13	33	

(1)始突深度浅。最小始突深度南桐矿区为74m,天府矿区为230m,松藻矿区为113m,中梁山矿区为97m。

(2)突出矿井多。矿区所采煤层均具有瓦斯突出危险。重庆能源投资集团在南桐、天府、松藻、中梁山矿区所属矿井均为瓦斯突出矿井,主采的中厚煤层均具有严重突出危险性,0.4m以下的极薄煤层也发生煤与瓦斯突出。

(3)突出次数多、突出频率高。据统计,1951~2018年底,发生瓦斯突出2351次,平均每年突出34.6次,最高突出年份为1989年,发生瓦斯突出达到113次。南桐矿区是突出最多的矿区,矿区共计突出1577次,平均每年突出21.19次。

(4)瓦斯突出强度大。先后发生特大型突出38次,1975年8月8日天府矿区三汇一矿石门揭煤时发生特大型突出,突出煤岩量12870t,突出强度居全国第一、世界第二。

(5)突出时瓦斯涌出量大。多次发生涌出100×10^4m^{3}以上瓦斯的突出,最大瓦斯涌出单量达350×10^4m^3,居全国和世界第一。突出吨煤瓦斯涌出量最高达700m^3,吨煤瓦斯涌出量超过 100m³ 以上的突出达 10 次。

(6) 瓦斯突出总体以巷道突出为主，工作面突出占有相当量。4 个矿区中巷道突出占总突出的 50.32%，回采工作面突出占总突出的 42.75%，松藻矿区回采工作面突出占总突出的 58.86%，回采工作面突出主要发生在保护层工作面，防治难度大。

(7) 实施防突措施时发生突出。钻孔抽(排)瓦斯是防突的重要手段，在钻孔过程中发生突出是执行防突措施的最大难点和安全隐患。松藻矿区相继发生打钻突出 38 次，死亡 19 人，最大突出煤量为 760t，瓦斯涌出量为 $4.48 \times 10^4 m^3$，最多一次死亡 6 人；南桐矿区发生打钻突出 12 次，最大突出煤量为 200t。

(8) 发生延期突出。南桐矿区在回采工作面无任何作业的情况下，发生延期突出 29 次，最大突出煤量 160t，平均突出煤量 60.5t，延期时间 1.5～13h，突出无规律。

(9) 特殊情况突出。在岩巷掘进中，遇溶洞、断层破碎带发生瓦斯突出，近距离煤层掘进和回采中发生临近层突出和底鼓，造成严重的伤亡事故。天府矿区刘家沟矿开拓岩石大巷，遇断层破碎带突出，死亡 6 人；南桐矿区南桐矿开采 K_3 层(上保护层)时发生底鼓，死亡 13 人。1999 年松藻矿区打通一矿 S1814 工作面开采过程中，由于工作面遇到断层，在进行工作面移架过程中发生煤与瓦斯突出，突出煤量为 15t，突出瓦斯量为 1100m³。2004 年松藻矿区石壕煤矿在施工穿层预抽钻孔时，对钻孔进行扩孔过程中发生突出，突出煤量为 170t，突出瓦斯量为 18000m³，所幸未造成人员伤亡。2017 年南桐矿区红岩煤矿在进行水力压裂的过程中，由于对地质构造探测不清，发生突出，突出煤量为 157t，突出距离达到 118.5m，突出瓦斯量为 50820m³。

1.2.2　煤与瓦斯突出规律

煤与瓦斯突出是一种极其复杂的动力现象，受各种地质因素和地应力、瓦斯及其他因素的影响。通过对几十年来重庆地区煤与瓦斯突出事故机理及原因的剖析，得出了该地区突出的如下基本规律。

(1) 突出受地质构造影响，呈现明显的分区分带性。突出大都发生在地质构造带内，特别是压扭性构造断裂带、向斜轴部、背斜倾伏端、扭转构造、帚状构造收敛部位、层滑构造带及煤层光滑面与倾角突变、煤层厚度变化地带等。

(2) 突出频率与开采深度呈正相关关系。始突深度一般为 74～230m，随着深度的增加，突出危险程度相应增加。南桐矿区红岩煤矿在平硐以上为不突出矿井，转入平硐以下开采时，即成为突出矿井。

(3) 突出煤层大都具有较高的瓦斯压力和瓦斯含量。一般情况下突出煤层的瓦斯压力大于 0.75MPa，瓦斯含量大于 6m³/t。

(4) 突出煤层大都具有软分层，而且突出危险性随软分层的增厚而增大。

(5) 突出发生在落煤时，主要发生在炮采、炮掘和风镐、手镐落煤工艺工作面。

(6) 突出主要发生在各类巷道掘进中。平巷掘进时发生的突出次数最多，上山掘进在重力的作用下突出的概率最高，石门揭煤发生突出的强度和危害性最大，在 38 次特大型突出中，有 34 次发生在石门揭煤层。

(7)突出受巷道布置、开采集中应力影响。在巷道密集布置区、采场周边的支承压力区、邻近层的应力集中地区进行开采活动，易发生瓦斯突出。

(8)瓦斯突出有相应预兆。生产水平及其以上区域以突出为主，压出和倾出为次，而且在突出发生之前大都有预兆。常见的预兆有劈裂声、闷雷声、煤炮声等，无声预兆有煤体变软、变暗、层理紊乱、支架压力增大、煤岩外鼓、掉渣、瓦斯涌出量增大或忽大忽小，打钻时喷煤、喷瓦斯、顶钻、卡钻等。

(9)在突出危险区域内，回拆巷道支架和工作面支架时易诱发瓦斯突出，清理瓦斯突出孔洞及回拆支架也会导致瓦斯再次突出。东林煤矿回拆报废石门揭煤层金属骨架时，发生瓦斯突出，造成多人死亡。

1.3　煤与瓦斯突出防治技术发展历程

回顾重庆地区煤与瓦斯突出防治历史，主要经历了以下几个阶段(重庆市煤炭学会，2005；重庆煤炭科学研究所，1976；俞启香，1992)。

1. 1960 年以前，以安全防护措施为主的阶段

以安全防护措施为主的阶段，发生煤与瓦斯突出时，主要是避免发生人员伤亡事故。采取的技术措施主要有手镐作业、震动爆破、"留大根"、"半边掘进"、支架掩护、设突出预兆观察员等。广泛使用的措施是震动爆破，即在人员远离工作面的条件下，放炮震动诱导突出，其特点是冒险作业，遇险撤人。

2. 1961～1988 年，以消除突出因素为主要防突措施的阶段

通过吸取事故教训、提高认识，从被动防御进入主动防御阶段。在 1960 年前后国家组织国内和苏联专家，对中梁山矿务局瓦斯突出进行研究，从此各局(矿)主要学习和推广苏联的防突方法，采用震动爆破、金属骨架、大直径超前钻孔等局部防突措施。1966～1979年，对瓦斯突出的机理和规律有了一定的认识，采取的措施由被动转为主动，各矿务局组织科研院所和工程技术人员进行科技攻关，远距离开采保护层兼预抽瓦斯的区域性防突措施在天府矿务局试验成功。南桐煤矿成功开采 $100 \times 10^4 m^2$ 不可采煤层为保护层，耗资 6000万元；由于煤层层间距近，易发生邻近层突出且经济上不堪重负，又在东林和鱼田堡煤矿进行了转层开采弱突出煤层为保护层兼卸压抽放试验，获得了成功。另外，水力冲孔技术、多排钻孔抽(排)瓦斯技术试验成功，并制定和完善了安全防护措施。1979～1988 年，在总结瓦斯突出规律的基础上，针对瓦斯突出具有明显分区分带的特点，首先在南桐矿务局开展了煤与瓦斯突出危险性的区域性预测预报工作，并取得了成功，在各局矿推广应用。通过理论指导、科学试验及经验总结，形成了一些区域性预测预报方法，开始按不同埋深、不同区域、不同构造、不同煤层采取针对性的防突措施，提出了"突出分类、分区选层、区别对待"的防治方针。

3. 1989～2008 年，煤与瓦斯突出的综合防治阶段

1988 年，原煤炭工业部颁布了《防治煤与瓦斯突出实施细则》，重庆地区的防突工作进入了法规化轨道。形成了"四位一体"（瓦斯突出危险性预测、防突措施、措施效果检验和安全防护措施）的综合防突措施。1990 年，原煤炭工业部制定了包括重庆地区在内的"五省一市一局"严重突出地区若干政策措施，在资金和装备上进行了重点扶持，各局矿都将防治瓦斯突出工作当作第一要务，进行集中整治，综合治理。南桐矿务局制定了"依靠科技、攻关进取、区别对待、综合治理"的方针，提出了以保护层开采为重点、以瓦斯抽放为突破口、以"五超"促"五保"的防治战略。"五超"是延深、开拓、预测预报、瓦斯抽放、保护层开采超前；"五保"是开拓保预抽、预抽保保护层、保护层保主采层、主采层保效益、瓦斯保民用。在这阶段，重庆地区的瓦斯突出防治技术得到了全面快速发展，尤其是针对两个"四位一体"相关技术得到了快速发展，如：卸压瓦斯抽采技术、下向钻孔抽采技术、本煤层瓦斯抽采技术以及"渐进式"快速石门揭煤技术、瓦斯涌出预警技术等。松藻矿区瓦斯防治水平的发展极大促进了我国瓦斯灾害防治水平的提高。松藻矿区（原松藻矿务局）是 20 世纪 80 年代投产的大型矿区。20 世纪 80 年代开始，矿区在联合国开发计划署、煤炭工业部、煤炭科学研究总院（简称"煤科总院"）、煤炭科学研究总院重庆分院（简称"重庆煤科院"）、煤炭科学研究总院抚顺分院（简称"抚顺煤科院"）等技术装备资金大力支持帮助下，开展了一系列的配套综合性防治瓦斯，以及煤与瓦斯突出防治攻关，在低透气性中厚煤层、薄煤层、严重突出煤层综合机械化采掘技术和装备，突出煤层区域预测，综合区域预抽，局部防突措施，快速石门揭煤，创新局部通风系统和方式，优化采掘部署，防突技术管理等方面，取得了重大突破。矿区年瓦斯抽采量由 $1×10^7m^3$ 提高到 $1×10^8m^3$ 以上，有效控制了瓦斯和突出灾害事故。在重庆地区的推动下，2002 年总体执行国家提出的"先抽后采，监测监控，以风定产"瓦斯灾害治理工作方针，2005 年松藻矿区参与编制的《煤矿瓦斯治理经验五十条》强调"高投入、高素质、严管理、强技术、重责任"，首次提出了将"抽放"变"抽采"，瓦斯抽采目标实现煤与瓦斯共采。2006 年我国公布的《煤矿瓦斯抽放规范》就明确提出"可保尽保、应抽尽抽、先抽后采、煤气共采""系统是基础、抽采是重点、防突是关键、监控是保障"等要求。2008 年全国煤矿瓦斯治理现场会提出了"通风可靠、监控有效、抽采达标、管理到位"，将瓦斯综合防治推向新的高度。

4. 2009～2018 年，煤与瓦斯突出综合防治深化阶段

2009 年国家组织专家对《防治煤与瓦斯规定》进行了修改，提出了两个"四位一体"综合防突措施，并特别强调区域措施的重要性，加强了对突出煤层开采、通风的管理。2009 年重庆能源投资集团引进水力压裂、水力割缝增透技术措施，进一步强调对开采层卸压增透作用。2011 年国家颁布的《煤矿瓦斯抽采达标暂行规定》进一步强调瓦斯抽采基础条件的重要性，并强调管理的可追溯性。之后瓦斯地质探测逐步精细化，大功率钻机、定向钻机得到了快速发展，钻机施工能力达到 300m 以上，定向钻孔施工能力达到千米以上，开始出现定向钻孔代替高抽巷、高位钻孔的瓦斯治理方式，中风压本煤层钻孔设备得到提高，已经能够实现松软煤层下向钻孔，成孔长度达 120m 以上，钻孔轨迹测试应用使瓦斯防治管理进一步完善。在瓦斯抽采监控方面，瓦斯抽采监控系统基本普及，瓦斯抽采计量方式逐步实现了机械化、信息化。瓦斯灾害预警技术得到全面发展、瓦斯涌出量预警、瓦斯达标评价系统、通风预警系统以及煤与瓦斯突出危险性预警系统取得全面发展，实现了矿井全员的定员、定位。重庆地区瓦斯灾害治理管理更加精细，装备更加先进，措施更加全面。

5. 2019 年以后，煤与瓦斯突出防治迈向智能化阶段

随着科学技术、装备的发展和国家对安全大环境的高度重视，国家率先提出了精准开采、智能化开采，并且在山西、山东、陕西等省份开展了示范工程。重庆地区针对急倾斜薄煤层的智能化开采，将逢春煤矿作为示范工程，在国内率先开展急倾斜薄煤层智能化开采研究。2019 年颁布的《防治煤与瓦斯突出实施细则》更加强调智能设备、先进仪器，明确限制了突出矿井"三量"可采期，强调区域效果检验钻孔应当采用视频监控等手段确定钻孔深度等。以《防治煤与瓦斯突出实施细则》为起点，瓦斯灾害防治工作开始迈向智能化，而实施防治煤与瓦斯突出过程的信息化、确保防突过程的质量可控是现阶段的重要任务，在未来 5~10 年实现防突的"完全"区域化、更多的地面化、高度的智能化，防治煤与瓦斯突出流程的简化，逐渐达到防治煤与瓦斯突出现场无人化，必然是未来突出矿井瓦斯灾害防治总的发展趋势。

以下将分别从瓦斯地质保障、矿井生产部署、保护层开采、瓦斯抽采技术、局部防突技术、突出预测预警及瓦斯防治管理技术 7 个方面，进一步介绍重庆地区过去几十年的瓦斯灾害防治发展历程。

1.3.1　瓦斯地质保障发展历程

1982 年以前为瓦斯地质研究初级阶段。1972 年南桐矿务局与四川矿业学院开始将地质力学的观点应用于瓦斯突出分布的研究。随后，天府煤矿、重庆煤炭研究所、重庆大学进一步应用地质力学的观点对煤与瓦斯突出进行了分析研究。

1983~1991 年为以突出预测为主的瓦斯地质研究阶段。1983 年煤炭工业部颁发的《关于加强瓦斯地质工作的通知》是瓦斯地质工作发展的一个新起点，加快了瓦斯地质工作的发展进程，进一步明确了瓦斯地质是煤矿安全技术的重要组成部分。重庆大学对南桐、松藻矿区煤岩力学特征、沉积关系及瓦斯运移规律开展了系统的研究，将地质因素作为开展瓦斯突出危险性预测的关键因素。

1992~2012 年为瓦斯地质理论及技术形成阶段。随着 1992 年《1：20 万中国煤层瓦斯地质图》和《文字说明》的出版，我国的瓦斯地质学形成了较系统的初步理论体系。其间，重庆各矿区先后进行了瓦斯地质图的绘制，分析了地质构造、煤层赋存与煤与瓦斯突出的关系。随着《防治煤与瓦斯突出规定》(2009)的颁布，重庆开始进行矿区、矿井、采掘工作面的三级瓦斯地质图的编制，松藻矿区提出三级地质保障管理措施(区队、科室、矿)。2012 年，重庆煤监局和地质矿产研究院牵头完成了《重庆市 1：50 万瓦斯地质图》的编制，系统总结了重庆地区瓦斯地质构造、煤层瓦斯赋存规律及瓦斯分布分带特征，重

庆地区瓦斯地质理论基本完善。钻探技术探测瓦斯地质已经规范化，物探技术及瓦斯地质保障系统处于研究试验阶段，初步形成了以钻探为主、物探为辅的地质探测技术。

2013年以后瓦斯地质保障技术进入深化阶段。重庆地区已广泛采用物探技术探测煤矿地质构造及赋存，如瞬变电磁仪、微地震、地震波技术及钻孔地质雷达，相比之前的地质探测技术探测精度更高、图像成像技术质量大幅提升。以矿井探测及地质理论基础数据结合监控系统的矿井瓦斯地质保障系统在重庆地区开始应用，逐步实现了瓦斯灾害预警及瓦斯地质系统的同时更新和在线共享。

1.3.2　矿井生产部署发展历程

1984年以前，采掘部署执行"三量"阶段。1961年原煤炭工业部颁布了《关于矿井和露天矿开拓煤量、准备煤量和回采煤量划分范围，计算方法和矿井巷道划分范围的规定》简称"三量规定"。"三量"对各级管理机关了解采掘关系现状及矿井采掘平衡起到了重要作用。在20世纪80年代初，为了保证"三量"平衡，针对突出矿井，重庆地区开始研究瓦斯灾害防治对采掘部署的影响。

1985～1999年，实施"三区成套、两超前"阶段。1985年南桐矿务局在"三量"的基础上提出了"五量"指标，之后南桐执行"五量""五保""五超前"。"五量"是指回采煤量、保护煤量、准备煤量、开拓煤量、水平煤量；"五保"是指开拓保预抽、预抽保保护层、保护层保主采层、主采层保效益、瓦斯保民用；"五超前"是指延深、开拓、预测预报、瓦斯抽采、保护层开采超前。1996年《煤矿安全规程》提出了"在突出矿井中开采煤层群时，必须首先开采保护层"的规定，之后重庆采掘部署普遍按照"三区成套、两超前"的布置原则。"三区"是指开拓区、保护层掘进与回采区、被保护层掘进与回采区；"两超前"是指开拓区超前保护层掘进区、保护层回采区超前被保护层掘进区。

2000～2015年，实施"三超前、五量"阶段。2000年后重庆在采掘部署方面重点着眼于防突，实现"掘、抽、采"协调发展。松藻矿区提出"采、掘、抽、保、钻"量化比例，细化了"三超前"，"三超前"是指掘进超前、抽采超前、保护层开采超前。"五量"是指开拓煤量、准备煤量、回采煤量、保护层抽采达标煤量、可供布置的被保护层煤量。掘进超前指标有开拓煤量可采期、准备煤量可采期、用于穿层抽采施工点的巷道抽采前形成时间、用于采面本煤层抽采的施工点巷道采前形成时间、不作采面本煤层抽采的回采巷道开采前形成时间。抽采超前指标有突出薄煤层巷道掘进条带预抽时间、突出薄煤层采面采前预抽时间、突出中厚煤层巷道掘进条带时间、突出中厚煤层采面开采前本煤层预抽时间。保护层开采超前指标有被保护层开采煤量和保煤层开采面积比、保煤量可采期、可供布置的保护层煤量可采期。各公司在"三超前、五量"的基础上逐步形成采掘部署管理办法及企业规范。尤其是在"十二五"期间，通过重庆松藻煤电有限责任公司和重庆大学等多家单位联合攻关，松藻矿区提出了煤与煤层气协调开采模式，并提出了具体量化指标。

2016年以后，采掘部署系统化、程序化管控阶段。进一步细化了"三超前、五量"指标，掘进超前包括掘进开拓巷道超前、掘进准备巷道超前、掘进回采巷道超前；抽采超前包括条带预抽瓦斯超前、本煤层预抽瓦斯超前、石门预抽瓦斯超前、穿层网格抽采瓦斯超前、邻近层抽采瓦斯超前及保护层开采超前。依据细化的采掘部署指标建立了采掘部署评价模型并开发了采掘部署评价软件，逐渐实现矿井采掘部署程序化、系统化评价。

1.3.3　保护层开采发展历程

20 世纪 60 年代中期到 80 年代初，为保护层开采试验阶段。重庆是我国最早开始保护层开采的地区，20 世纪 60 年代重庆对保护层开采进行了近距离和远距离保护层开采技术试验，试验结果证明，近到 7～8m，远到 80m 的煤层均可以作为保护层开采。20 世纪 60 年代，重庆地区对保护层的保护效果、保护范围、保护作用机理、扩大保护层的应用范围的技术途径进行了长期试验和推广应用。其中，1965 年重庆鱼田堡煤矿从保护层开采后瓦斯压力、瓦斯流量、岩层应力、巷道压力、岩石移动、煤层温度等方面系统地考察了保护层开采效果，并尝试了保护层开采与邻近层瓦斯抽采相结合实施瓦斯防治。

20 世纪 80 年代，主要对保护层开采影响因素进行研究，先后研究了工作面长度、作用时间、保护层厚度、层间岩石对保护层开采效果的影响，先后确定了保护层的残余瓦斯压力、残余瓦斯含量、顶底板位移等保护层开采效果考察指标体系。2013 年以后，在评价指标相对成熟的基础上，逐步开始保护层选择、开采效果的综合评价研究。特别是 2016 年后重庆大学建立了保护层首采层选择指标体系，并采用数学方法建立首采层选择评价模型，保护层选择从定性评价逐步达到定量评价及选择。

1.3.4　抽采瓦斯技术发展历程

1979 年以前，重庆地区瓦斯抽采处于先导性试验阶段。1958 年中梁山煤矿最先进行瓦斯抽采试验，1960 年以后，对岩溶、裂隙瓦斯抽采，开采层布置钻孔抽采邻近层卸压瓦斯，单排穿层钻孔预抽石门揭煤的煤层瓦斯进行了试验，此阶段采用的封孔材料主要是水泥和黄泥，实施堵孔的封孔工艺。

1980～1995 年，为瓦斯抽采技术全面发展阶段。相继发展了底板岩石巷道穿层网格钻孔抽采邻近层卸压瓦斯、保护层工作面底板穿层钻孔抽采采空区瓦斯、采空区密闭抽采技术、采空区插管抽采技术、采空区顶板高位钻孔抽采技术、回风巷道向采空施工裂隙带钻孔抽采裂隙瓦斯、下向钻孔抽采下邻近层卸压瓦斯技术。针对本煤层预抽，先后形成了顶板、底板穿层钻孔预抽，本煤层顺层钻孔预抽，掘进工作面条带预抽。其中，松藻煤矿完成的"下向钻孔施工工艺及成套装备"和打通煤矿完成的"无煤柱机采工作面综合抽采瓦斯技术"研究，推动了我国瓦斯抽采技术的发展。在封孔方面，开始尝试聚氨酯 A、B 料封孔或水泥砂浆机械封孔，机械封孔效果相比 20 世纪 80 年代前有显著提升，钻孔封孔长度普遍为 8～10m。

1995～2012 年，为强化瓦斯抽采阶段。松藻矿区先后试验了风力排渣施工本煤层顺层钻孔，高压水射流增透技术。特别是 2009 年以后广泛进行了本煤层钻孔压裂、穿层条带钻孔压裂、穿层网格钻孔压裂、本煤层中压注水等强化增透增渗措施试验。"两堵一注"封孔工艺逐渐完善，瓦斯抽采计量主要还是人工测流、测浓为主，瓦斯抽采在线计量进入试验阶段。

　　2013 年以后,为瓦斯综合抽采深化阶段。先后试验了采动稳定区地面钻井抽采、定向长钻孔瓦斯抽采技术。高效瓦斯抽采模式基本形成,针对石门揭煤采取水力压裂(水力割缝)+穿层网格预抽模式,针对防突巷道掘进采取水力压裂(水力割缝)+穿层条带预抽模式,针对保护层开采采取水力压裂(水力割缝)+穿层网格预抽+本煤层中压注水+本层预抽模式,并完善了压裂影响范围检测技术,开发了瞬变电磁仪法、微震检测法、盐度检测法及联合检测法等压裂影响范围检测技术,对水力压裂优化设计、安全边界确定、抽采泵等关键技术及装备进行了深化研究。针对提高瓦斯抽采效果,先后研究形成了一体化固孔装备及工艺、水力疏孔装备和技术及高效封孔技术,开发了钻孔质量评价技术、压裂效果评价技术等保障瓦斯抽采效果的管理技术。针对瓦斯抽采过程中的瓦斯浓度检测、钻孔施工过程控制管理,先后开发出了钻孔轨迹仪、快速瓦斯浓度测定仪器装置及瓦斯抽采在线监测系统。

　　水力化增透技术在重庆低透气性突出煤层瓦斯防治中起到了至关重要的作用,尤其是近几年极大地推动了重庆地区瓦斯抽采技术的发展。水力化增透技术在重庆主要经历了如下发展阶段。

　　(1)1965 年以前,为初级试验阶段。1965 年水力冲孔措施在原南桐矿务局鱼田堡煤矿试验成功。20 世纪 70 年代原国家燃化部组织召开会议,对原南桐矿务局“利用水力冲孔防止煤与瓦斯突出技术”进行了总结和推广。

　　(2)1966~2008 年,为调整优化阶段。重庆地区矿井进行了煤层注水、水力压裂及水力割缝相关技术的研究和优化,2006 年重庆能源集团与重庆大学合作开展水力割缝技术研究并取得成功,相关科技成果获得 2008 年国家科技进步奖二等奖,促进了水力化增透技术在重庆地区乃至全国的发展。

　　(3)2009~2013 年,为科技提升阶段。重庆能源集团开始跟踪行业内外高新技术的发展,学习油气行业的先进技术,集中力量攻破水力压裂关键技术与成套装备研发难题。经过集成创新,研发了具有自主知识产权的关键装备和压裂技术。

　　(4)2014~2018 年,为清水压裂成熟阶段。重庆能源集团开始对较为粗放的水力压裂技术进行控制性的完善研究,并且对水力压裂的各个工序进行精细化的完善。从压裂孔施工的精准定位,封孔的高强度、低收缩、速凝等方面,多泵并联,压裂过程的实时监控和及时调控压裂趋势,压裂后的保压和排采等方面,集中力量攻破水力压裂各个工序的关键技术与成套装备研发难题,形成了趋于成熟的低透气性煤层的水治瓦斯技术体系。

　　(5)2018 年以后,为技术转型升级阶段。随着煤矿开采深度加深,地层压力增大、突出煤层透气性更低,清水压裂已不能满足现场日益增长的煤层增透和抽采需要,重庆能源集团开始深化水力压裂研究,开展了加砂压裂试验。

1.3.5　局部防突技术发展历程

　　1960 年以前,采取被动安全防护技术阶段。石门揭煤主要采用瓦斯压力预测揭煤工作面的突出危险性,采用震动爆破揭煤,在震动爆破揭煤过程中频繁发生煤与瓦斯突出事故。

1961～1980 年，采取单一局部防突技术措施阶段。1960 年以后，重庆地区开始进一步研究石门揭煤防突技术，先后研究出水力冲孔、排放钻孔和预抽瓦斯等方法，中梁山煤矿试验了排放钻孔方法，松藻、南桐、天府、中梁山试验了大直径排放钻孔（300mm）方法，但在施工大直径钻孔期间发生突出后，国家限制了大直径排放钻孔的使用。此阶段主要是采用单排钻孔、多排钻孔、金属骨架或震动放炮的方式揭煤，这些技术大大降低了石门揭煤工作面煤与瓦斯突出的频率，特别是石门揭煤工作面特大型煤与瓦斯突出的频率。

1981～1999 年，局部综合防突技术阶段。1980 年以后，煤层突出危险性预测方法及技术取得重大进步，指标 D、K、K_1、V_{30}、Δh_2、S 值先后研究成功并应用，使石门揭煤防突工作克服了盲目性，提高了防突技术措施的针对性。中梁山煤矿首次实施石门多煤层联合预抽防突技术，整个局部防突采取了多排钻孔预抽、金属骨架及安全防护相结合的防突技术。之后松藻矿区率先实行了"四位一体"（突出危险性预测、防突措施、突出措施效果检验、安全防护）局部防突技术措施。

2000 年以后，局部综合防突技术深化阶段。2000 年左右，松藻矿区试验了 72mm、87mm 大直径排放钻孔，同时开始试验预测兼排放的局部防突技术措施。之后采用孔径为65mm、72mm、87mm 的钻孔进行突出危险性预测，预测钻孔同时作为排放钻孔的预测兼排放技术已成熟。2001 年，松藻矿区提出了"渐进式"石门揭煤技术（又称"五步法揭煤"），"五步"是指 10～5m、5～3m、3～2m、2～0m、过煤门，5 个技术管控程序，不采用规程规定岩柱一次性震动放炮揭煤，而采用浅掘浅进，渐进式常规远距离放炮揭煤，过突出煤层。为了提高揭煤效率，2009 年以后以水力压裂、水力割缝作为卸压增透手段，逐渐形成了以"水力压裂+穿层网格钻孔"为主，以"水力割缝+穿层网格抽采"为辅的高效快速石门揭煤技术。

1.3.6　防突预测预警发展历程

1982 年以前，为瓦斯突出危险预测研究启蒙阶段。重庆先后经历了一系列重特大煤与瓦斯突出事故，从煤矿地质角度分析了瓦斯突出特点及突出征兆，参考苏联突出危险预测指标进行试验研究。对突出危险性预测主要以学习苏联的预测理论和技术为主。

1983～1995 年，为瓦斯突出危险性静态预测指标研究阶段。先后研究了 D、K_1 指标，天府矿务局提出"十项指标"（重烃、瓦斯涌出量、瓦斯含量、坚固性系数、瓦斯放散初速度、综合指标 K、平均煤厚、煤厚标准差、煤厚变异指数、灰分）来判定煤层突出危险性。南桐矿务局与重庆大学、中科院地质研究所共同提出了钻孔每米钻屑量-钻屑温度差、钻孔瓦斯流量-钻屑温度差、钻孔瓦斯中氢增量-钻孔瓦斯中氩增量的预测指标，之后在总结突出规律的基础上，研究了"构造应力、断层、煤层厚度、软分层厚度、采场应力、Δh_2 和 S 值、煤层结构指标及突出点分布"瓦斯地质综合统计法。松藻矿务局采用"瓦斯地质、煤层瓦斯压力、煤层瓦斯含量、钻孔钻屑和瓦斯解析指标、采掘和钻孔动力现象"的小块段区域预测方法，针对回采工作面和掘进工作面突出危险性预测，采用"二指标一现象"预测，推动了我国突出危险性预测技术的发展。1995 年颁布的《防治煤与瓦斯突出细则》明确规定了以煤层破坏类型、瓦斯放散初速度、煤层坚固性系数及煤层瓦斯压力为指标进行煤层突出危险性预测，同时也提出了瓦斯地质统计法和综合指标法（D、K 指标），其中瓦斯地质统计法明确应分析煤层赋存、地质构造及煤与瓦斯突出规律。针对石门揭煤采取 Δh_2 或 K_1 及最大钻屑量 S_{max} 值两个钻屑指标进行突出危险性预测。

1996～2008 年，为突出预测预警动态指标的主要研究阶段。1996 年，重庆矿区试验了 V_{30} 和 K_v 瓦斯涌出量动态指标。在"九五"期间，南桐煤矿应用了新的 AE 活动、瓦斯涌出动态方法、传感器及信号传输、数据处理的设备及软件，首次成功应用 KJ54，在一定程度上实现了突出预测的自动化。"十五"期间，通过实时监测瓦斯动态涌出特征波形、提取与突出危险性相关的指标，建立了煤巷掘进炮后 V_{30} 指标、瓦斯涌出变异系数指标、炮后瓦斯涌出大速率指标等连续指标。

2009 年以后，为综合预测预警阶段。2009 年，在国家"十一五"科技项目的支撑下，在渝阳煤矿建立了一套集地质测量、生产、调度、通风、防突、监控于一体的瓦斯灾害预警体系，突出预测预警技术在重庆地区取得重大发展。预警技术实现了瓦斯灾害在线监测、超前提醒、趋势把握和灾害信息的及时发布。随着信息技术及硬件、软件的发展，瓦斯突出预测预报逐渐形成了集煤层瓦斯地质、技术措施、采掘影响、瓦斯涌出、突出危险指标于一体的综合瓦斯突出预警技术。近年来，以实现瓦斯抽采达标、通风系统、瓦斯地质保障、瓦斯抽采措施缺陷结合实时监测监控的动态数据作为预测预警的基础数据，通过建立预测预警模型，最终形成瓦斯灾害治理综合预警技术平台，实现了瓦斯突出的高效预测预警。

1.3.7　瓦斯防治管理发展历程

1985 年以前，瓦斯灾害防治管理处于粗放阶段。突出煤层瓦斯防治缺少完善的技术管理办法，基本上是凭经验操作，偶尔进行煤层瓦斯压力测定，以判断突出危险程度，但常常因封孔不严、判断不准，导致瓦斯突出事故频繁发生。

1986～2005 年，为瓦斯灾害防治规范化、专业化阶段。该阶段主要是政府监管部门强制引导企业进行规范化管理，1986 年发布的《煤矿安全规程》明确规定开采突出煤层的矿务局、矿都应设置专门机构，负责掌握突出的动态和规律，填写突出卡片等，重庆地区的突出矿井成立了专门的队伍，负责突出防治的施工和管理。1985 年松藻矿务局成立专业防突机构，开始针对突出矿井的干部和工人，开展突出基本知识和防治措施的培训。1987 年初步制定了《突出分级标准》和《突出矿井鉴定办法》，把重庆地区矿井划分为 A、B、C、D 管理。1988 年煤炭工业部颁布了防治煤与瓦斯突出的首套行业标准《防治煤与瓦斯突出细则》。1989 年重庆煤炭工业司颁布了《重庆煤炭工业公司防治煤与瓦斯突出管理办法》。通过对这一系列管理制度的贯彻实施，基本形成了以开采保护层为主，配合瓦斯抽放的防治方法，采掘工作面实施"四位一体"（突出危险性预测、防突措施、防突措施效果检验、安全防护）的综合防突管理体系。1997 年煤炭工业部颁布的《矿井瓦斯抽采管理规范》明确规定矿井通风部门需要配备专业技术人员，负责瓦斯抽采管理，总结抽采效果，必须建立专业的抽放队伍，负责打钻、管路安装等工程施工和瓦斯参数测定，必须建立健全岗位责任制、钻孔钻场检查管理、抽采工程质量验收等制度。石壕煤矿率先对瓦斯抽采中的防火要求加强了管理，要求检测抽采管路和抽采钻孔的一氧化碳浓度。2000 年国家颁布了《煤矿安全监察条例》，明确煤矿生产企业须设置安全生产机构和配备安全人员，要求特种作业人员需要取得资格证书，职工在上岗前需要进行安全教育和培训。各矿业公司均制定了企业瓦斯治理管理制度，主要涉及钻孔设计、施工，抽采管路管理，以及抽采系统管理的相关制度及作业规程。

2006 年以后，为瓦斯灾害治理综合管理阶段。2006 年以后，各矿开始遵循"以抽定产、以风定产、技术突破、装备升级、管理创新、全面提高"的瓦斯治理原则，严格按照"通风可靠、抽采达标、监控有效、管理到位"的瓦斯综合治理 16 字工作方针开展工作。各突出矿井严格执行两个"四位一体"的综合防突措施。2011 年国家颁布了《煤矿瓦斯抽采达标暂行规定》，重庆的高瓦斯、突出矿井均配备地面瓦斯抽采系统，并且按照规定开展了回采工作面、掘进面等的抽采达标评判工作。各矿井对瓦斯灾害的管理逐渐实现标准化、体系化，建立了适合矿井本身的抽采达标体系，更加注重瓦斯灾害防治的过程管理，在瓦斯抽采硬件、人员、设计、资料、施工过程及检验方面实现全过程的记录、存档，达到可追溯的目的，逐步形成精细化的瓦斯灾害治理管理。2015 年以后，部分矿井在瓦斯抽采监控平台的基础上，实现了瓦斯抽采分析、措施缺陷、涌出异常分析的综合管理平台。

通过众多从业者的艰苦奋斗和无私奉献，几十年后的今天，重庆地区瓦斯灾害治理成效突飞猛进，增透抽采效果明显提高，抽采达标时间明显缩短，应用成效显著，基本消灭了煤与瓦斯突出事故。

第2章 矿井瓦斯地质保障技术

瓦斯是与煤炭共生的一种地质资源，通过多年的研究表明：地质构造区域易发生煤与瓦斯突出事故。因此在矿井煤与瓦斯突出防治工作中，应该结合矿区地质条件和煤层赋存条件，积极开展瓦斯地质探测新工艺、新技术、新装备的研究、开发和推广应用，真正把好突出防治的第一道关，方能防患于未然。

2.1 重庆地区煤田地质特征

2.1.1 大地构造的地理位置

重庆位于四川盆地东部，而四川盆地地处扬子地台偏西北侧，是在扬子地台内形成的构造-沉积盆地（翟光明等，1989；童崇光等，1987）。盆地西北侧为龙门山台缘断褶带，向外过渡为松潘—甘孜地槽褶皱系；东北侧为大巴山台缘断褶带，向外过渡为秦岭地槽褶皱系；东南和西南侧为滇黔台褶带。盆地具有明显的菱形边界，大致呈北东向展布，如图 2-1 所示。

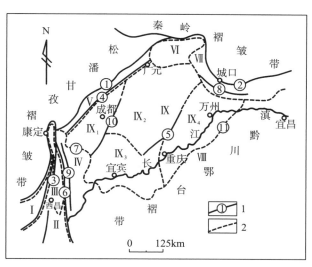

1—断裂带及其编号；2—构造单元分区线；Ⅰ—盐源—丽江台缘拗褶带；Ⅱ—康滇隆起；Ⅲ—西昌盆地；Ⅳ—峨眉山—凉山块断带；Ⅴ—龙门山台缘拗褶带；Ⅵ—米仓山台缘拗褶带；Ⅶ—大巴山台缘拗褶带；Ⅷ—滇黔川鄂台褶带；Ⅸ—四川盆地；Ⅸ₁—川西低隆背斜带；Ⅸ₂—川中平缓背斜带；Ⅸ₃—川南低陡背斜带；Ⅸ₄—川东高陡背斜带

断裂带：①龙门山；②城口；③安宁河；④彭灌；⑤华蓥山；⑥小江；⑦峨眉山—瓦山；⑧万源；⑨甘洛—汉源；⑩龙泉山；⑪七曜山

图 2-1 重庆大地构造地理位置（童崇光，1987）

2.1.2 地质构造特征

重庆位于上扬子板块,西部为四川台拗东部边缘,中部为川东南褶皱束,东北部为大巴山台拗褶皱带,东南部为上扬子台褶带。境内以华蓥山和七曜山断裂为界,分为3个不同的构造区,华蓥山断裂以西为川中平缓丘陵区,属川中台拱,盖层褶皱多为穹隆、短轴背斜和鼻状背斜构造;华蓥山和七曜山断裂之间为川东褶皱带,主要构造呈北东—南西向展布,背斜紧闭,向斜宽缓,组成雁行排列的隔挡式构造。七曜山—金佛山基底断裂东南为渝东南断褶隆起区,褶皱轴向和断裂构造走向以 NE 向为主,相互平行交替排列,同时存在少数 NNE、NNW 向构造,为隔槽式褶皱构造带。根据重庆区域性大断裂、大地构造单元分区及其构造特征,基本可以划分为3个构造区域,即大巴山逆冲构造带、渝东南箱式—隔槽式构造带及渝西—渝东隔档式构造带。重庆地质构造特征如图2-2所示。

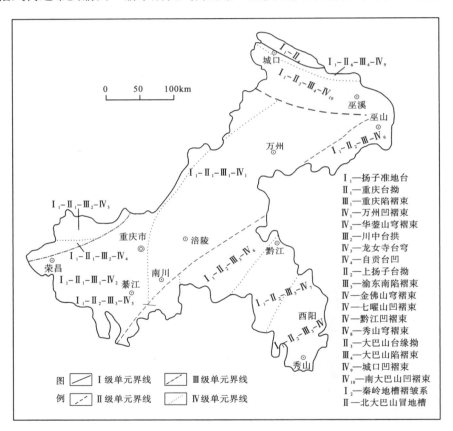

图 2-2 重庆市构造纲要图

大巴山地区从印支晚期的扬子板块与华北板块碰撞拼合到新生代,发生了陆内俯冲、推覆滑脱、岩浆侵入等地质作用。该区构造形态以 NW-NWW-EW 向为主,大巴山以城巴断裂沿下震旦统发生滑脱的薄皮冲断和褶皱为特征,向南推覆使两板块间地壳缩短达100km,形成一系列向南西凸出的叠瓦状逆冲推覆弧形构造,称为"大巴山弧"。该区褶皱和断裂对煤系的改造、破坏较大,加之成煤环境较差和构造挤压等因素的影响,煤层厚度变化大,稳定性差,分布范围有限。

华蓥山与七曜山断裂之间的川东高陡褶皱带和扬子板块南部边缘褶冲带,构造形态以 NE-NNE 向为主。该区所表现出的隔档式—箱式—隔槽式褶皱分带体系,是自中生代以来受太平洋板块俯冲影响,由武陵—雪峰基底褶冲隆起带向北西推覆挤压,发生的薄皮冲断褶皱。主要是沿志留系和下寒武统滑脱面,由南东向北西发生阶状挤压的分层递进滑脱,产生湘西、秀山、酉阳的隔槽式,至七曜山断裂的箱式及越过七曜山而出现的高陡带隔档式褶皱体系。川东高陡褶皱带位于稳定的四川地块,在早白垩世晚期的燕山运动中受影响,而七曜山南东至雪峰隆起在印支早期相继开始了隆升拗陷运动,应力强度由南东向北西减弱。这一规律一方面显示由南东向北西构造应力总体是由强变弱且期次减少,另一方面反映出构造应力受基底固结程度的控制。

2.1.3 煤层赋存地层

重庆地区出露的地层属于扬子地层区,地表主要出露有下古生界的寒武系、奥陶系、志留系,上古生界的二叠系,中生界的三叠系、侏罗系及白垩系地层,重庆主要地层见表 2-1。重庆地区成煤作用始于震旦世陡山沱期(Z_bd),止于早侏罗世珍珠冲期(J_1z)。主要有 4 个成煤期,以上二叠统龙潭组(吴家坪组)、上三叠统须家河组为主成煤期,下二叠统梁山组(P_1l)、下侏罗统珍珠冲组为次成煤期。另外,震旦纪陡山沱组(Z_bd)、下寒武统水井沱组($\mathcal{C}_1s$)、中二叠统晚期孤峰组(P_2g)。含煤地层相关的区域地层情况见表 2-1。

表 2-1 重庆市区域地层简表

界	系	统	组	代号	岩性描述	厚度/m
新生界	第四系	全新统		Q_h	主要为松散黏土、砂、碎石、砾石散乱堆积而成	0~40
		更新统		Q_P	Ⅰ、Ⅱ、Ⅲ、Ⅳ、Ⅴ、Ⅵ级阶地冲积相堆积层及冰水堆积层	0~25
中生界	白垩系	上统	正阳组(夹关组)	K_2z K_2j	砖红色钙质粉砂岩、细砂岩,底部为砾岩	0~120
	侏罗系	上统	蓬莱镇组	J_3p	由长石石英砂岩及长石砂岩夹泥岩、粉砂质泥岩组成	124~1300
			遂宁组	J_3s	由中厚层细—中粒砂岩、泥质粉砂岩及泥岩、粉砂质泥岩组成	200~600
		中统	沙溪庙组	J_2s	细—中粒砂岩、泥质粉砂岩、粉砂岩及泥岩不等厚互层。可进一步划分为上沙溪庙组(J_2s)和下沙溪庙组(J_2xs)	1750~2042
			新田沟组	J_2x	细—中粒砂岩、砂质泥岩,中部夹钙质泥岩	50~490
		下统	自流井组	J_1zl	可划分为 3 个段。大安寨段为生物碎屑灰岩、泥岩,马鞍山段以泥岩为主,东岳段为泥岩夹生物碎屑灰岩	300~420
			珍珠冲组	J_1z	由细砂岩、粉砂岩、泥岩、粉砂质泥岩和煤层组成。可划分为 3 个岩性段,1、2 段含可采及局部可采煤层,3 段只含不可采煤层或煤线	180~391
	三叠系	上统	须家河组	T_3xj	为一套内陆河湖沼泽相含煤碎屑岩沉积。分 7 个岩性段,1、3、5、7 为含煤泥岩段,2、4、6 为厚层砂岩段。渝东分 6 个岩性段	150~650

续表

界	系	统	组	代号	岩性描述	厚度/m
中生界	三叠系	中统	雷口坡组 (巴东组)	T₂l T₂b	分4个岩性段,1、3段以泥质灰岩、白云质灰岩为主,夹钙质泥岩;2、4段以紫红色泥岩、粉砂岩为主,夹钙质泥岩及泥灰岩薄层,底部有0~0.9m的水云母黏土岩(绿豆岩)	350~1145
		下统	嘉陵江组	T₁j	以碳酸盐岩为主。按岩性可划分为4段,2、4段以白云岩、白云质灰岩为主,夹灰岩及膏溶角砾岩;3段以灰岩为主,夹白云质灰岩;1段为灰岩,含泥质灰岩	300~800
			飞仙关组 (大冶组)	T₁f T₁d	分4个岩性段,4段为紫红色泥质灰岩夹钙质泥岩;3段以紫红色泥岩为主,夹薄层条带状泥灰岩;2段以青灰色灰岩为主,夹紫红色泥岩;1段为紫红色钙质泥岩夹灰岩	380~480
古生界	二叠系	上统	大隆组 (长兴组)	P₂c P₂d	分3个岩性段,3段为青灰色灰岩,局部含硅质层及燧石条带;2段为灰白色中—厚层灰岩,含燧石结核;1段为深灰色泥质灰岩。渝东为大隆组,岩性主要为硅质岩	63~170
			吴家坪组 (龙潭组)	P₂l P₂w	分5个岩性段,5段为深灰色砂岩、泥岩夹灰岩;4段为燧石灰岩夹黑色钙质泥岩;3段为灰黑色细砂岩,砂质泥岩夹2~6层煤;2段为深灰色致密灰岩夹燧石结核;1段为泥岩夹2~3层煤层。渝东为吴家坪组,可分2段,1段为含煤段	36~381
		下统	孤峰组	P₁g	以硅质泥岩、泥岩为主,夹少量灰岩和岩煤	0~92.44
			茅口组	P₁m	灰色、灰白色灰岩,泥质灰岩,生物碎屑灰岩,含燧石结核或条带	80~250
			栖霞组	P₁q	灰黑色沥青质灰岩、深灰色灰岩、生物碎屑灰岩,夹黑色泥岩,含燧石结核及条带	27~300
			梁山组	P₁l	泥岩、砂质泥岩、泥质粉砂岩。含9号煤层,厚0~6.00m	0.8~40.27
	石炭系	中统	黄龙组	C₂h	以灰岩为主,底部或顶部为泥岩,硅质白云岩夹煤层	0~82
	泥盆系	上统	水车坪组	D₃s	灰、紫红色泥岩,粉砂质泥岩,粉砂岩不等厚互层,夹灰岩、泥灰岩	5~310
	志留系	中统	回星哨组	S₃h	泥岩、粉砂质泥岩、砂岩及硅质岩	21~144
			韩家店组	S₂h	上部为紫色泥质灰岩与杂色泥岩互层,下部为紫红色泥岩粉砂岩夹粉砂质泥岩	280~773
		下统	小河坝组 (石牛栏组) (罗惹坪组)	S₁xh S₁s S₁lr	中、上部为灰绿、黄绿色泥岩、砂质泥岩夹粉砂岩,下部为同色泥岩夹粉砂岩	344~603
			龙马溪组	S₁lm	上部为灰绿、黄绿色泥岩,下部为灰黑色泥岩	163~314
	奥陶系	上统	五峰组	O₃w	灰黑色炭质页岩,夹砂质页岩、砂质灰岩	5~15
			临湘组	O₃l	浅灰色疙瘩状灰岩,富含黄铁矿	1~23
			宝塔组	O₃b	上部为灰色龟裂纹灰岩,中部夹生物碎屑灰岩,下部为肉红色花斑状泥质灰岩	7~50
		中统	十字铺组 (牯牛潭组)	O₂s O₂g	上部为泥灰岩,下部为砂质泥岩	7~42
			湄潭组 (大湾组)	O₂m O₂d	黄绿色泥岩、砂质泥岩,顶部为生物碎屑灰岩	45~232
			红花园组	O₂h	黄绿色泥岩与生物碎屑灰岩互层	15~90

续表

界	系	统	组	代号	岩性描述	厚度/m
古生界	奥陶系	下统	分乡组	O_1f	生物灰岩、鲕状竹叶状灰岩、浅灰色中厚层状白云质灰岩夹黄绿色泥岩	52～90
			桐梓组（南津组）	O_1t O_1n	上部为灰白色砂岩、砂质泥岩，中部为灰色白云岩、泥岩，下部为黄绿色泥岩，底部为生物碎屑灰岩	12～300
	寒武系	上统	毛田组	$\in_3m$	浅灰、灰白色白云岩、泥质白云岩，上部夹燧石团块或条带	99～109
			后坝组	$\in_3h$	浅灰色白云岩、灰质白云岩夹板状白云质泥岩	117～250
		中统	西王庙组（平井组）	$\in_2x$	上部以灰岩、貂皮白云质灰岩、泥质白云岩、灰质白云岩为主，夹石英粉砂质泥岩；下部为长石石英砂岩、粉砂岩、泥岩及泥质白云岩	24
			石冷水组（陡坡寺组）高台组	$\in_2s$ $\in_2d$ $\in_2g$	厚层状灰岩，白云质灰岩与灰质白云岩及白云岩互层。白云岩夹石膏层，石膏含石盐假晶	46～230
		下统	石龙洞组（清虚洞组）	$\in_1sl$ $\in_1q$	隐晶质白云质灰岩，灰质白云岩及灰岩，偶在中部有一层 18m 厚的板状泥质粉砂岩	150～293
			天河板组	$\in_1t$	上部以灰岩、白云质灰岩、泥质灰岩及夹角砾状灰岩为主，下部为古杯灰岩、泥质灰岩及鲕状灰岩，或厚至巨厚层状含泥质灰岩	159～1369
			石牌组	$\in_1sp$	上部为粉砂质泥岩及泥岩、石英粉砂岩，下部为薄至中厚层状灰岩及少量粉砂岩和薄板状至中厚层状粉砂岩夹灰岩扁豆体	148～399.9
			水井沱组	$\in_1s$	中上部为砂质泥岩、石英粉砂岩及钙质石英粉砂岩，下部为泥岩	15～200
新元古界	震旦系	上统	灯影组	Z_2dn	硅质岩、白云岩、凝灰质砂岩、夹泥岩	14～470
		下统	陡山沱组（跃岭河群）	Z_1d Z_1yl	上部为板岩夹凝灰岩、凝灰质砂岩，下部为凝灰砾岩，夹黄铁矿、绢云母千枚岩	6～357
	南华系	上统	南沱组（明月组）	Nh_2n Nh_2m	硅质岩、白云岩、凝灰质砂岩夹页岩	88～120
		下统	大塘坡组	Nh_1d	硅质板岩、凝灰质板岩、含炭质板岩及凝灰质砾岩、硅质岩等，偶夹灰岩	27～170
			千子门组	Nh_1q		4～10
	青白口系	上统	板溪群	Pb_2b	上部为凝灰砾岩，下部为凝灰板岩、绢云母千枚岩	

2.1.4　煤炭资源分布

重庆煤炭资源比较丰富，是我国南方煤炭生产的重要基地。现有 38 个区（县）中，有 34 个区（县）有含煤地层分布。截至 2012 年，重庆探明煤炭资源储量为 $52.36 \times 10^8 t$，保有基础储量为 $19.85 \times 10^8 t$，可采储量为 $10.19 \times 10^8 t$。

重庆含煤地层多，但主要含煤地层为二叠系上统龙潭组（吴家坪组）和三叠系上统须家河组。其中，龙潭组占总量的 63.5%，须家河组占总量的 27.4%，吴家坪组占总量的 8.3%，梁山组占总量的 0.66%，珍珠冲组含煤性最差，仅占总量的 0.13%。煤炭资源主要分布在渝黔交界的南桐、松藻、南武地区和华蓥山煤田南段天府、中梁山和永荣地区，其次是渝东的红岩煤田及渝东含煤区。渝东南含煤区及大巴山含煤区煤层聚积与赋存条件较差，煤炭资源较为贫乏，多为中厚煤层、薄煤层和极薄煤层。煤炭资源分布具有如下特点。

(1)分布广。重庆 38 个区(县)中有 34 个区(县)有含煤地层，但是 65%的煤炭分布在南桐煤田、华蓥山煤田和永荣煤田；35%分布在渝东含煤区、渝东南含煤区、红岩煤田和大巴山含煤区。

(2)煤层赋存条件较差。重庆地区多数矿井的煤层薄，煤层倾角大。国有重点煤矿开采厚度在 1.3m 以下的薄煤层占 50%左右，其他煤矿所采的煤层绝大部分为薄煤层和极薄煤层；全市煤层倾角大于 45°的储量占 20%～30%。

(3)煤种齐全，但煤质差。重庆煤炭资源中，无烟煤占 48%，烟煤、贫煤占 12%，瘦煤占 16%，焦煤占 14%，肥煤占 4%。炼焦用煤占保有储量的 35.5%，非炼焦用煤占 64.5%。一般而言，重庆地区的煤质较差，含硫量高，灰分大，其中含硫量小于 3%的煤占保有储量的 9%，含硫量大于 3%的煤占保有储量的 91%。

(4)开采技术条件复杂，自然灾害严重。煤层顶底板岩层Ⅱ、Ⅲ类居多；煤层薄、透气性低、瓦斯压力和瓦斯含量较高，普遍具有爆炸危险性，部分煤层属于易自燃煤层；矿区地质构造复杂(断层、溶洞、褶曲多)，多种地质灾害复合存在。例如，松藻矿区就具有煤层薄，水平、缓倾斜、倾斜煤层同时存在，煤层瓦斯压力大等特点。

2.2 瓦斯地质规律

2.2.1 瓦斯地质赋存规律

1. 影响煤层瓦斯赋存的因素

1)煤的变质程度

煤的变质程度关系到瓦斯生成量及煤层储层特性等。煤的挥发分产率和镜质组的最大反射率是反映煤化作用的有效指标，能直接反映有机质的生烃过程。

影响瓦斯生成量的主要因素是煤的变质程度。龙潭组和吴家坪组煤层变质程度整体上高于须家河组，且以深成变质作用为主。龙潭组和须家河组煤层挥发分与瓦斯含量的关系如图 2-3 所示。

从图 2-3 可以看出，煤的变质程度是造成龙潭组、吴家坪组与须家河组煤层瓦斯含量差异较大的原因之一。据李恒乐等(2015)研究表明，龙潭组、吴家坪组煤层变质程度普遍较高，煤级分布较广，从肥煤到无烟煤均有分布；挥发分为 6%～26%；瓦斯含量也较高，主要为 $10\sim30$ m³/t。须家河组煤的煤级较低，挥发分为 16%～40%，瓦斯含量在 7 m³/t 以下。变质程度对瓦斯含量的影响一方面表现在成煤时期瓦斯的生成能力上，另一方面表现在煤体对瓦斯的吸附能力上。煤的变质程度越高，煤体生成瓦斯的能力和吸附瓦斯的能力越强，煤层的瓦斯含量越高。

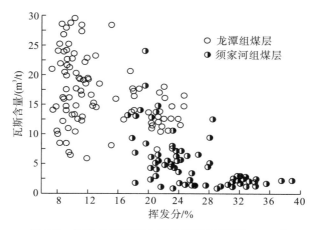

图 2-3　挥发分与瓦斯含量关系图(李恒乐，2015)

在平衡水条件下，煤体的吸附能力(兰氏体积)与变质程度(最大反射率)呈倒 U 字型关系，如图 2-4 所示。

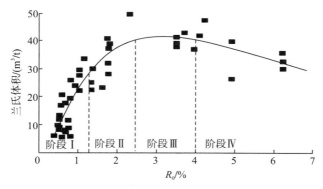

图 2-4　平衡水煤样兰氏体积与最大反射率(R_0)的关系(苏现波等，2005)

从图 2-4 看出，煤体的吸附能力随煤阶增高的变化速率分为 4 个阶段：R_0 小于 1.3%，煤体的吸附能力随煤阶增高呈快速增强趋势，增强速率在 4 个阶段中最大；R_0 为 1.3%~2.5%，该阶段煤体的吸附能力持续增强，但增强速率明显小于第一阶段；R_0 为 2.5%~4.0%，煤体的吸附能力整体处于最强阶段，但变化速率最小；R_0 大于 4.0%，煤体的吸附能力开始缓慢降低(苏现波等，2005)。

重庆地区二叠系煤体镜质组含量为 49.5%~93.3%，一般为 70%~90%；惰质组含量为 6.7%~50.5%，一般为 10%~30%；壳质组少见。煤体镜质组的最大反射率 R_0 平均为 2.02%，如图 2-5 所示。主要矿区煤变质程度指标与含气量对比见表 2-2。

南桐矿区 R_0 平均为 1.82%，松藻矿区 R_0 平均为 2.48%，中梁山矿区 R_0 平均为 1.95%，天府矿区 R_0 平均为 1.8%。总体而言，重庆地区煤的变质程度 R_0 为 1.39%~2.51%，属于阶段Ⅱ，煤体的吸附能力持续增强，处于吸附能力较强的阶段。其中，松藻矿区 R_0 为 2.43%~2.51%，基本处于吸附能力最强阶段，是松藻矿区瓦斯含量大的主要原因之一，平均含气量达 27.1m³/t。

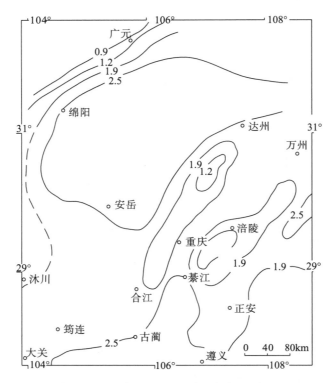

图 2-5　重庆地区二叠系上统煤层最大反射率 R_0（杨明显，2011）

表 2-2　重庆主要矿区煤变质程度指标与含气量对比表（杨明显，2011）

矿区	镜质体最大反射率 R_0/%	煤层挥发分 V_{ad}/%	等温吸附能力 /(cm³/g)	平均含气量 /(m³/t) （埋深为 1000～1500m）
南桐	1.36～2.22 (1.82)	12.12～22.23 (18.22)	6.80～27.63	20.2
松藻	2.43～2.51 (2.48)	7.76～14.45 (9.65)	27.30～44.30	27.1
中梁山	1.71～2.15 (1.95)	15.88～26.39 (17.15)	22.44～31.84	19.3
天府	1.58～2.10 (1.8)	15.22～24.47 (16.58)	27.07～36.19	15.6

注：括号内为平均值。

2）沉积环境封盖能力

煤层瓦斯赋存特征除与煤的变质程度、煤岩组成等自身条件相关外，还受煤层瓦斯保存条件的影响。从煤层瓦斯含量而言，瓦斯保存条件往往比生成的能力更为重要。含煤岩系的沉积环境影响聚煤特征，含煤岩系的岩性、岩相组成及其空间组合，在很大程度上决定着煤层的物性和盖层围岩特征，通过围岩的透气性能影响瓦斯的保存条件，是影响煤层瓦斯聚集与保存的基础地质条件。因此，重庆各矿区的瓦斯分布与龙潭组、吴家坪组、须家河组的沉积环境（盖层条件）密切相关。

龙潭组自下而上可分为 5 段，其中 1、3、5 段为含煤段，2、4 段为灰岩段，主要发育海陆过渡相(潟湖—海湾—潮坪)及浅海碳酸盐沉积。聚煤区以障壁海岸沉积环境为主，形成南桐潮坪、綦江海湾、华蓥山潮坪等成煤古地理单元，包括南桐、松藻、华蓥山等矿区。此类沉积环境对煤层的封盖能力较强。受沉积作用控制，龙潭组煤层顶底板主要为封盖能力较强的海湾—潮坪—沼泽/泥炭相泥岩或粉砂质泥岩。例如，沥鼻峡盐井矿区碳酸盐岩占 20%，泥质岩占 48%，碎屑岩占 23%，地层单元完整，整体封盖能力较强。

煤层顶底板作为封盖瓦斯的第一道屏障，其封盖能力随碎屑含量减小、颗粒变细和泥质含量增大而增强。例如，南桐矿区近煤层的泥岩、页岩，以片状、鳞片状黏土矿物为主，结构致密，一般粒径小于 0.005mm，面孔隙率平均为 1.4%，孔隙以小孔为主，小于 100nm 的平均占 65.3%，孔容为 $0.0114 \sim 0.0172 cm^3/g$，平均为 $0.0146 cm^3/g$，而煤的微孔容为 $0.0159 \sim 0.0322 cm^3/g$，平均为 $0.0239 cm^3/g$，几乎是煤层顶底板孔容的 2 倍，因此，近煤层顶底板的透气性极差，是良好的封闭层；次近煤层的细砂岩、粉砂岩，以微晶或细屑颗粒为主，粒径为 $0.005 \sim 0.25 mm$，面孔隙率平均为 1.9%，原生及次生孔隙多被黏土矿物充填，也是较好的不透气层；远离煤层的各种灰岩，晶间孔隙、裂隙较发育，面孔隙率平均为 3.1%，但由于其远离煤层及邻近顶底板岩层，对瓦斯逸散的影响不大，从而形成了一个良好的封闭体系。因此，在龙潭组沉积环境控制下具有较强封盖能力的围岩条件是造就该组煤层瓦斯富集的基础地质条件。

吴家坪组是与龙潭组同期的异相沉积，总厚度为 35~60m。按其岩性自下而上可分为两段，下段是含煤岩系，为一套滨海潟湖沼泽相碎屑岩沉积，由钙质泥岩、泥岩、粉砂岩、铝土质页岩和煤层组成，厚 3~5m；上段为碳酸盐岩台地沉积，由灰岩、硅质岩、碳质泥岩组成，厚 30~55m。吴家坪组含煤层段的沉积环境与以薄层状泥岩、页岩为主的煤层顶底板岩性组合，显示其对瓦斯的封盖能力较强。但由于吴家坪下段岩层的总厚度较小，对瓦斯的封存不能起决定性作用。其下伏茅口灰岩和上覆长兴灰岩均为碳酸盐岩台地沉积体系，裂隙、岩溶发育，富水性较强，对瓦斯的封盖能力较差。因此，煤系及其相邻层段的岩石组合不利于瓦斯富集，是造成吴家坪组煤层瓦斯含量总体较低的关键地质原因。

须家河组自下而上可划分为 7 个岩性段，1、3、5、7 段为含煤段，2、4、6 段为砂岩段，主要发育河流冲积平原、湖滨—三角洲及湖泊沉积体系，煤层主要发育于湖侵和高位体系域的湖滨—三角洲沉积体系中，如图 2-6 所示。最有利的聚煤中心位于达州—开江—梁平及永川—荣昌两个区域。各砂岩段一般为厚层状中粒石英砂岩，泥质胶结，质地疏松，局部夹薄层泥质粉砂岩，底部均见河床底部粗砂、砾岩的冲刷不整合面，即与下伏地层呈冲刷接触。这种质地疏松的砂岩盖层及后期河流冲刷现象有利于瓦斯逸散，是造成须家河组煤系瓦斯含量较低的关键因素。

3) 构造应力场

构造应力场对煤与瓦斯突出的区域性分布起着十分重要的影响作用。四川盆地川东地区主体构造定型时期较晚，古今构造应力场基本保持一致并长期不变。古构造应力场造成煤体破坏后，由于现代构造应力场的继承性，应力得不到松弛，有利于瓦斯富集。

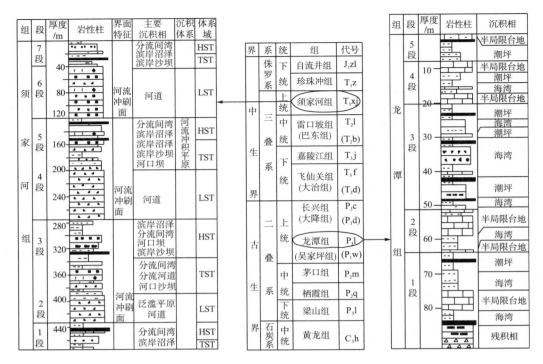

图 2-6　重庆地区主要含煤地层沉积相及层序地层柱状图(李恒乐等，2015)

瓦斯压力、突出危险性与构造应力场的变化具有同步性。重庆地区的煤与瓦斯突出主要发生在地质构造变动比较剧烈的应力集中区。煤矿开采区域的煤层大部分赋存于背斜两翼及倾伏端和向斜区，构造应力集中，煤体结构遭到破坏，广泛发育构造煤，是煤与瓦斯突出的敏感地带。例如，中梁山背斜的两翼、松藻矿区羊叉滩背斜的两翼、天府背斜两端的倾伏地区、南桐矿区南桐背斜的两翼及八面山向斜等都是严重突出区。另外，南桐煤矿在王家坝向斜轴部具有强烈的岩爆现象，磨心坡矿瓦斯压力高达 11.1MPa，鱼田堡矿的始突深度仅为 74m，这些都印证了构造应力场，特别是现代构造构造应力场参与和激发了煤与瓦斯突出。但是，由于背斜轴部处于引张环境，很少有突出发生。

在多期次方向大致相同的挤压应力场作用下，重庆地区的煤系发育了大量的压扭性断层、扭褶带、隐伏(走向)逆断层、层滑构造带等控制煤与瓦斯突出的构造破坏带。例如，南桐鱼田堡矿煤与瓦斯突出集中分布在 F_1 隐伏断层、鱼塘角扭折带和鸦雀岩扭折带附近，突出次数约为该矿总突出次数的 60%以上，其中 F_1 隐伏断层附近发生特大型突出 2 次，最大突出煤量为 5000t，鸦雀岩扭折带内发生 1 次特大型突出，突出煤量为 8765t，瓦斯量为 $2×10^6 m^3$。另外，在层滑构造的推挤作用下，煤层易产生顺层剪切滑动，造成软分层(构造煤)大量发育，局部地区沿断层上、下盘形成具有较高瓦斯压力的"煤包"和"瓦斯包"，在这种煤体结构、煤厚及其产状的突变地带，极易发生特大型突出。例如，位于华蓥山帚状构造收敛端的三汇一矿在隐伏走向逆断层 F_{14-4} 的上、下盘煤包处，就发生了突出煤量分别为 12780t 和 2807t 的特大型突出，如图 2-7 所示。

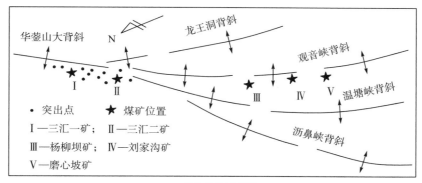

(a) 帚状构造示意图

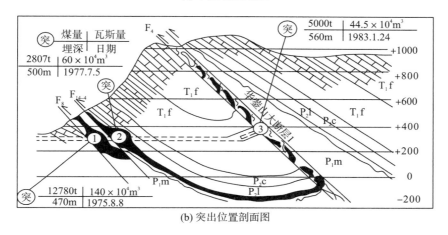

(b) 突出位置剖面图

图 2-7　天府矿区帚状构造及突出位置地质剖面图(唐洪友，1992)

2. 煤层瓦斯分布特点

综合多年地质勘查、现场生产实测和科研项目研究资料，重庆瓦斯分布具有如下特点：

(1) 瓦斯非均匀性分布。在重庆 34 个含煤区(县)中，形成瓦斯的母质分布的广泛性，使瓦斯分布具有明显的分散性。综合而言，重庆煤层瓦斯又相对集中分布在松藻、天府、南桐、中梁山等矿区。

(2) 瓦斯主要分布于上二叠统龙潭煤系。目前，松藻、天府、南桐等矿区开采的是龙潭煤系中的煤层；永荣矿区开采的是须家河煤系中的煤层；其他区(县)地方煤矿则开采的是零星分布且埋藏较浅的梁山煤系、龙潭煤系、吴家坪煤系、须家河煤系中的煤层。重庆地区开采龙潭组和吴家坪组煤层的矿井主要为高瓦斯矿井和突出矿井，而开采须家河组煤层的矿井主要为低瓦斯矿井。从分布区域上看，龙潭组煤层瓦斯含量和瓦斯压力明显高于吴家坪组和须家河组，而吴家坪组略高于须家河组。龙潭组煤层具有高瓦斯含量、高瓦斯压力、煤与瓦斯突出严重等特征，瓦斯含量一般为 $15 \sim 25 \mathrm{m}^3/\mathrm{t}$，最高达到 $29.45 \mathrm{m}^3/\mathrm{t}$；瓦斯压力一般为 $2 \sim 4 \mathrm{MPa}$，最大达到 $11.1 \mathrm{MPa}$。吴家坪组煤层瓦斯含量一般为 $5 \sim 15 \mathrm{m}^3/\mathrm{t}$，最高达到 $27.05 \mathrm{m}^3/\mathrm{t}$；瓦斯压力一般为 $0.2 \sim 0.8 \mathrm{MPa}$，最大达到 $1.74 \mathrm{MPa}$。须家河组煤层瓦斯含量一般为 $2 \sim 8 \mathrm{m}^3/\mathrm{t}$，最高达到 $23.47 \mathrm{m}^3/\mathrm{t}$；瓦斯压力一般为 $0.2 \sim 0.6 \mathrm{MPa}$，最大达到

1.66MPa。重庆地区主要煤矿区的瓦斯分布如图 2-8 所示。

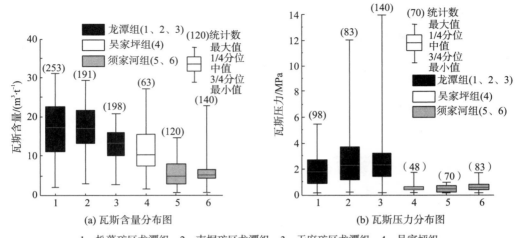

(a) 瓦斯含量分布图　　　　　　　(b) 瓦斯压力分布图

1—松藻矿区龙潭组；2—南桐矿区龙潭组；3—天府矿区龙潭组；4—吴家坪组；
5—永荣矿区须家河组；6—渝北须家河组

图 2-8　重庆地区主要煤矿区煤层瓦斯分布箱式图 (李恒乐等，2015)

(3) 瓦斯受高、中煤级煤控制。煤级越高，生成瓦斯越多。一般而言，每吨低煤级的褐煤形成时，只能生成 $38 \sim 68 m^3$ 瓦斯；每吨高煤级的无烟煤形成时，则能生成 $346 \sim 422 m^3$ 瓦斯。重庆高煤级的贫煤、无烟煤主要分布于松藻矿区、渝东南含煤区、红岩煤田等；中煤级的肥煤、1/3 焦煤、焦煤、瘦煤等主要分布于南桐、天府、中梁山、永荣等矿区和渝东含煤区；区内没有低煤级褐煤和长焰煤。

(4) 瓦斯的分布受储层条件的影响。重庆地区的主要煤系——龙潭煤系是在东吴运动后发育的煤盆地中形成的，后期经受了印支运动、燕山运动、喜山运动的影响。因此，重庆瓦斯的储层条件受成煤构造，后期构造期数、强度和范围，以及区域热史的影响，表现出明显的不均一性；后期构造还对煤层的煤体结构造成不同程度的破坏等。储层条件的不均一性和不同程度的破坏影响了瓦斯的分布。

(5) 瓦斯资源的分布量随开采深度的增加而增大。

3. 瓦斯分区分带特征

依据重庆区域构造、瓦斯分布特征和瓦斯赋存构造控制特征，本书将重庆含煤地区划分为 2 个高突瓦斯带、2 个高瓦斯带和 2 个低瓦斯带，分别为南桐高突瓦斯带、华蓥山高突瓦斯带、永荣高瓦斯带、渝东南低瓦斯带、渝东低瓦斯带和大巴山高瓦斯带。矿区瓦斯分带如图 2-9 所示。

1) 南桐高突瓦斯带

南桐高突瓦斯带位于川东高陡褶皱带东部，包括南桐、松藻、南武 3 个矿区。主要含煤岩系为龙潭组，含煤面积约为 $566 km^2$。该带煤层瓦斯含量高，瓦斯压力大，瓦斯含量最高达 29.45 m³/t。历史上共发生煤与瓦斯突出 1978 次，占重庆地区全部突出的 86.5%。其中，突出量大于 1000t 的突出有 7 次，最大突出煤量为 8765t，最大涌出瓦斯量为 $350 \times 10^4 m^3$。

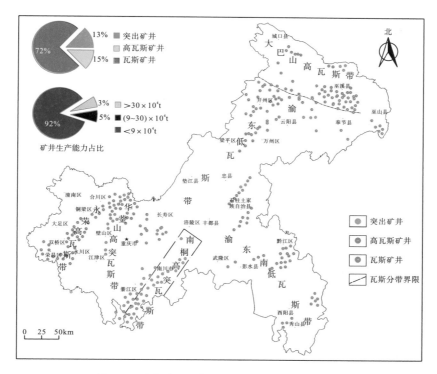

图 2-9　重庆矿区瓦斯分带图(李恒乐等，2015)

2）华蓥山高突瓦斯带

华蓥山高突瓦斯带位于川东高陡褶皱带西部，包括天府和中梁山矿区。主要含煤岩系为龙潭组，含煤面积约为 157km^2。该带煤层瓦斯含量高，瓦斯压力大，瓦斯含量最高达 28.33m^3/t。历史上共发生煤与瓦斯突出 308 次，占重庆地区全部突出的 13.5%。其中，突出量大于 1000t 的突出有 18 次。中国最大的一次煤与瓦斯突出就发生在该地区的三汇一矿，突出煤量为 12780t，瓦斯量为 140×10^{4}m^3。

3）永荣高瓦斯带

永荣高瓦斯带包括永荣煤田内的西山、螺观山、新店子、古佛山、花果山、黄瓜山、东山等矿区。含煤地层为三叠系上统须家河组，以高瓦斯矿井为主。带内井田的煤层瓦斯含量一般为 2~4m^3/t，最高为 6.46m^3/t，瓦斯压力一般小于 0.4MPa，最大为 0.55MPa，无煤与瓦斯突出矿井。

4）渝东南低瓦斯带

渝东南低瓦斯带包括黔江区、彭水县、秀山县地区所属矿井，含煤地层为二叠系上统吴家坪组。该区域褶皱构造发育，但有大量通向地表的大断裂，为瓦斯逸散提供了较好的条件。另外，该区域没有大型的煤矿，开采深度较浅，年产量较低，所属矿井大多为低瓦斯矿井。

5）渝东低瓦斯带

渝东低瓦斯带包括长寿—遵义基底断裂、七曜山基底断裂和沙市隐伏断裂所包围的区域，含煤地层为须家河组和吴家坪组。与重庆其他地区相比，该区域褶皱较平缓，数量较少，煤矿开采深度浅，多位于背斜顶部和两侧较浅的位置。

6) 大巴山高瓦斯带

大巴山低瓦斯带包括城口县、巫溪县、巫山县及开州区、奉节县部分区域所属矿井。含煤地层为吴家坪组和须家河组。煤层瓦斯压力 0.28～1.21MPa。

2.2.2　重点突出矿区瓦斯地质规律

1. 松藻矿区瓦斯地质规律

1) 矿区地质构造

松藻矿区位于重庆市以南，渝、黔两地交界的綦江县赶水、打通、石壕、安稳境内。矿区呈 NNE 向展布，北起藻渡河，南到习水县温水镇 53 号断层，南北走向长约 39.5km，东西宽 2.0～15.0km，面积约为 235.5km²。

松藻矿区的大地构造位置处于川鄂湘黔隆起褶皱带中段西侧酒店垭背斜西翼、箭头垭背斜—桑木场背斜西翼发育的次级褶皱带上，平面分布呈北东收敛、南西散开的放射状，形成由东向西依次有两河口向斜、羊叉滩背斜、大木树向斜和鱼跳背斜的向西突的鼓包构造，如图 2-10 所示。

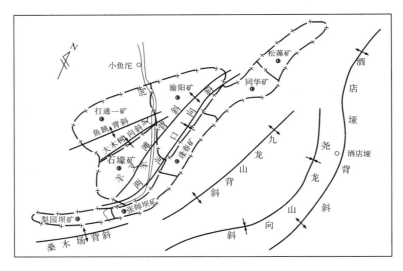

图 2-10　松藻矿区构造纲要图

矿区北段为单斜构造。中部受九龙山背斜影响，出现地层起伏轻微的次一级半圆弧褶曲群，褶曲宽度在观音桥为 450m，向南逐渐增大，至弧顶最宽达 1500m。次一级褶曲区煤层多为缓倾斜，倾角为 0°～20°。随着次一级褶曲的出现，断裂也增多。矿区南段为正常的单斜构造。矿区地层走向存在两个明显的转折，一个位于北段松坎河附近，另一个位于南段张狮坝井田的仙峒河附近。

矿区内各矿井开采煤系地层为上二叠统龙潭组，主要开采 M₆₋₃、M₇₋₂、M₈、M₁₀、M₁₁ 等煤层。

2) 矿区瓦斯地质规律

松藻矿区开采的含煤地层为晚古生代二叠系龙潭组。该组地层属振荡频繁的海陆交替相沉积。煤系地层形成以来，主要经历了印支、燕山、喜马拉雅构造运动，现今的大地构造格架、地貌分区及地质构造特征，都是中生代末—新生代初期的燕山、喜马拉雅构造运动奠定的。松藻矿区瓦斯参数测定结果见表 2-3。

表 2-3　松藻矿区瓦斯压力及瓦斯含量统计表

序号	矿井	考察时间	考察地点	煤层编号	煤层底板标高/m	瓦斯压力/MPa	瓦斯含量/(m³/t)
1		2007.2	+2402222 运巷 6# 钻场	K_3	240	2.7	23.15
2		2007.2	+1002219-1 运 160m 钻场	K_3	100	2.3	19.87
3	松藻煤矿	2008.6.26	+100 主石门	K_1	100	2.7	19.10
4		2008.6.30	+100N3 石门	K_1	100	2.6	18.47
5		2008.8.14	+80 主石门	K_1	80	3.2	22.69
6		2008.8.15	+80N1 石门	K_1	80	3.3	22.87
7		2008.7.17	+175 瓦斯巷	K_3	175	5.4	28.51
8		2008.8.24	+240N2 石门	K_3	240	3.7	25.88
9	打通一矿	2007.7.27	E 区 W 翼 W6#中部斜坡	M_8	239	2.9	19.60
10		2008.1.22	E 区 W 翼 W6#中部斜坡	M_7	245	1.62	19.49
11		2007.12.01	W 区 W7#中部斜坡	M_8	254	2.78	22.60
12		2007.12.01	W 区 W7#中部斜坡	M_7	260	2.94	19.10
13	渝阳煤矿	2007.5	+150 水平北二盘区西翼	M_7	150	1.71	16.89
14		2008.5.7	北三区 N3702 中瓦斯巷中段	M_8	80	2.68	19.38
15	石壕煤矿	2007.1.18	南三区 4#瓦斯巷	M_8	378	1.7	17.96
16		2007.1.22	S1628 瓦斯巷	M_8	365	2.31	23.34
17		2008.9	北三区 2#瓦斯巷中段	M_8	190	2.45	29.45
18		2008.9	北三区 2#瓦斯巷中段	M_7	266	1.8	16.28
19	逢春煤矿	2007.5.12	460N1 石门	M_6	462	2.7	20.55
20		2007.5.12	460N1 石门	M_{7-2}	462	4.3	22.98
21		2007.5.12	460N1 石门	M_8	461	4.5	24.61
22		2008.6.2	+523S6 区	M_8	533	3.6	23.86
23		2008.6.2	+523S6 区	M_{7-2}	535	3.1	19.71
24		2008.6.2	+523S6 区	M_{6-3}	535	2.0	18.94
25		2008.11.13	张狮坝+680 水平	M_8	680	3.0	21.13
26		2008.11.13	张狮坝+680 水平	M_{7-2}	680	2.5	18.41
27	同华煤矿	2007.7.8	±0 水平一区六石门	K_1	0	1.7	15.53
28		2007.7.8	±0 水平二区	K_3	1	4.9	23.46
29		2008.1.10	+270 水平总回风斜巷	K_1	270	1.25	13.22

　　总结多年现场实测数据得到，矿区 M_6、K_1 煤层百米埋深瓦斯含量梯度为 1.92m³/t；M_7、K_2^b 煤层百米埋深瓦斯含量梯度为 2.7m³/t；M_8、K_3^b 煤层百米埋深瓦斯含量梯度为 3.0m³/t。矿区 M_6、K_1 煤层百米埋深瓦斯压力梯度为 0.44MPa；M_7、K_2^b 煤层百米埋深瓦斯压力梯度为 0.48MPa；M_8、K_3^b 煤层百米埋深瓦斯压力梯度为 0.68MPa。矿区煤层瓦斯含量与底板标高的关系如图 2-11 至图 2-14 所示；瓦斯压力与煤层底板标高的关系如图 2-15 至图 2-18 所示。

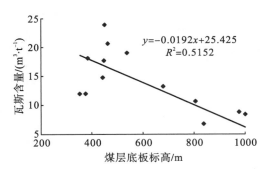

图 2-11　M_6 煤层瓦斯含量与底板标高的关系　　　图 2-12　M_7 煤层瓦斯含量与底板标高的关系

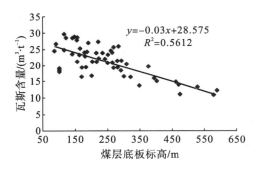
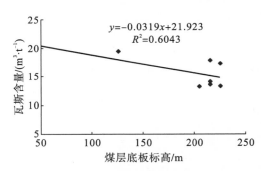

图 2-13　M_8 煤层瓦斯含量与底板标高的关系　　　图 2-14　M_{11} 煤层瓦斯含量与底板标高的关系

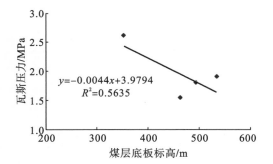
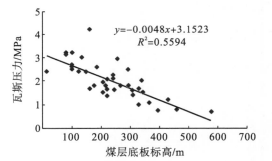

图 2-15　M_6 煤层瓦斯压力与底板标高的关系　　　图 2-16　M_7 煤层瓦斯压力与底板标高的关系

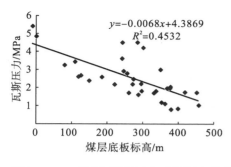
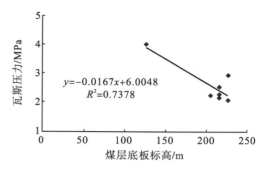

图 2-17　M_8 煤层瓦斯压力与底板标高的关系　　　图 2-18　M_{11} 煤层瓦斯压力与底板标高的关系

松藻矿区瓦斯分布存在以下规律：

(1)松藻矿区的瓦斯地质条件有利于煤系中瓦斯的形成和保存，煤层及围岩中富含瓦斯。煤层瓦斯含量最高为 29.45m^3/t，煤层瓦斯压力最大为 5.4MPa。

(2)石壕煤矿、打通一矿和渝阳煤矿处于矿区中部的鼓包构造范围内，由于地层倾角平缓及近水平，无煤层的自然露头，更有利于瓦斯的保存，煤层瓦斯含量相对较大。石壕煤矿 M_8 煤层最高瓦斯含量为 29.45m^3/t，打通一矿 M_8 煤层最高瓦斯含量为 24.03 m^3/t，渝阳煤矿 M_8 煤层最高瓦斯含量为 29.44 m^3/t。

(3)矿区内煤层瓦斯含量随煤层埋深增加而升高，规律明显。

(4)矿区构造复合部位，应力叠加集中，其瓦斯含量高、突出危险性大。位于两河口向斜和羊叉滩背斜倾伏收敛部位，即逢春煤矿北部或同华煤矿南部(观音桥井田)和逢春、石壕煤矿的南部地区，构造煤发育，瓦斯含量高。

3)煤与瓦斯突出特征

松藻矿区是全国瓦斯灾害最严重的矿区之一，开采过程中煤与瓦斯突出频繁发生。截至 2018 年，全区共发生煤与瓦斯突出 491 次，最大突出煤量为 2910t，始突深度为 113m。严重突出矿井煤与瓦斯突出情况见表 2-4。

表 2-4　松藻矿区各矿井煤与瓦斯突出情况统计表

矿井名称	突出次数/次	最大突出煤量/t	始突深度/m	最大瓦斯压力			最高瓦斯含量		
				压力/MPa	埋深/m	煤层编号	含量/(m^3/t)	埋深/m	煤层编号
石壕煤矿	37	1624	260	2.45	584	M_8	29.45	584	M_8
打通一矿	262	1408	240	2.94	460	M_{7-3}	24.03	663	M_8
渝阳煤矿	64	695	234	3.41	610	M_8	29.44	615	M_8
松藻煤矿	45	470	176	5.40	560	M_8	28.51	560	M_8
同华煤矿	74	—	113	4.80	379	K_3^b	23.46	379	K_3^b
逢春煤矿	9	2910	200	4.60	422	M_8	25.87	476	M_8

松藻矿区煤与瓦斯突出的主要特点如下。

(1)在矿区构造复合部位，由于构造应力叠加、集中，瓦斯含量高，突出危险性大。主要包括两河口向斜和羊叉滩背斜倾伏收敛部位的南北两端，即逢春煤矿北部或同华煤矿南部(观音桥井田)和逢春、石壕煤矿的南部地区，构造煤发育，煤层瓦斯压力大，瓦斯含量高，突出危险性大。

(2)由于石壕煤矿、打通一矿和渝阳煤矿处于矿区中部的鼓包构造范围内，地层倾角平缓及近水平，无煤层的自然露头，更有利于瓦斯的保存。煤层原始瓦斯压力大，瓦斯含量高，突出危险性较单斜煤层的矿井大。

(3)在断层附近区域，一般情况下，压性、压扭性断层两侧突出危险性增大。据生产统计，在落差为0.5m的断层两侧10m范围内有突出危险；落差为0.5~1m的断层两侧20m范围内有突出危险；落差为1~2m的断层两侧30m范围内突出危险性更大。

(4)局部褶曲轴线两侧，特别是呈封闭型的背斜或向斜轴部，其轴线两边30~50m范围内瓦斯含量相对富集，突出危险性增大。

(5)煤层产状及赋存变化的局部区域。在煤层走向、倾向及倾角变化，煤层变厚，特别是构造煤(软分层)增厚区域，突出危险性增大。一般而言，在煤厚变化达40%以上、构造煤(软分层)厚度达15cm以上的区域，突出危险性较大。

2. 南桐矿区瓦斯地质规律

1)矿区地质构造

南桐矿区位于重庆市东南部，渝、黔两地交界的重庆市万盛经济开发区。矿区范围南起綦江区藻渡河，北止南川区南坪木渡河；南北走向长约45km，东西宽2.0~15.0km，面积约为382km²。

南桐矿区大地构造位置处于川东高陡构造带的东南缘。受区域北东向和南北向构造控制，总体呈北东向展布。在此背景上，发育一系列平行排列的南北向褶皱和走向断层。矿区主要由两个一级背斜和两个一级向斜组成，还发育许多次级褶皱(朱兴珊，1993)。矿区构造纲要如图2-19所示。矿区内各矿井均开采二叠系龙潭组的K_1、K_2、K_3煤层。

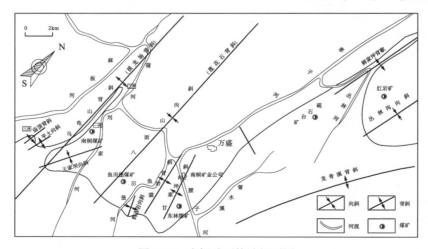

图2-19　南桐矿区构造纲要图

2) 矿区瓦斯地质规律

南桐矿区煤层及围岩中都富含瓦斯，且瓦斯压力大、含量高。对矿区内各矿井煤层的瓦斯压力及瓦斯含量进行测定表明，瓦斯含量、瓦斯压力随着煤层的埋深增加而增大。矿区百米埋深瓦斯含量梯度为 $2.57m^3/t$，百米埋深瓦斯压力梯度为 0.8MPa。矿区瓦斯含量统计见表 2-5 和表 2-6，瓦斯含量、瓦斯压力与埋深的关系如图 2-20 和图 2-21 所示。

表 2-5　南桐矿区瓦斯含量统计表

矿名	底板标高 /m	埋深 /m	瓦斯含量 /(m³/t)	矿名	底板标高 /m	埋深/m	瓦斯含量 /(m³/t)
南桐煤矿	-92.3	429	16	红岩煤矿	370	304	2.6
	-197	508	16.4		238	362	10.2
东林煤矿	200	110	2.6		188	462	14
	100	210	9.6		90	535	17.23
	50	260	17.1	新田湾 煤矿	320	291	8.27
	-50	360	18.4		180	428	11.25
	-100	410	17.5		40	581	12.97
砚石台 煤矿	159	491	9.83		-100	731	16.67
	-60	683	14.11	兴隆煤矿	50	450	24
	-125	735	15.65	鱼田堡 煤矿	-145	525	22
	-250	620	22.9		-207	612	24

表 2-6　南桐矿区瓦斯压力统计表

矿名	底板标高/m	埋深/m	瓦斯压力 /MPa	矿名	底板标高/m	埋深/m	瓦斯压力/MPa
南桐煤矿	167	260	1.55	红岩煤矿	317.4	373	0.47
	90	240	1.85		216	394	2.35
	4	380	2.6		90	535	3.9
	-5	315	2.5		0	617	4.1
	-97	427	4.2	新田湾煤矿	320	291	2.2
	-197	518	5		180	428	3.2
	-626	683	4.25		40	581	4.3
东林煤矿	200	90	0.5		-100	731	5.1
	160	150	0.9	兴隆煤矿	50	450	3.5
	0	310	1.97		300	300	1.5
	-50	360	2.3		125	480	3.3
	-100	410	3.1		-331	706	5.1
砚石台 煤矿	159	491	1.3	鱼田堡煤矿	-85	435	3.1
	-60	683	3.1		33	402	3.3
	-185	794	4				
	-250	620	6.8				

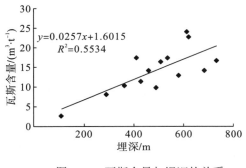

图 2-20 瓦斯含量与埋深的关系   图 2-21 瓦斯压力与埋深的关系

南桐矿区瓦斯分布的主要规律如下：

(1) 瓦斯含量、瓦斯压力与煤层埋深关系密切。区内煤层瓦斯含量、瓦斯压力随煤层埋深增加而增大，呈现明显的正线性相关。

(2) 在矿区构造复合部位，应力叠加集中，瓦斯含量高，突出危险性大。例如，在南桐煤矿的 F_{1a}、F_{1b}、F_{1c} 断层及收敛部位等地区，构造煤发育，瓦斯含量高。从区域上分析，南桐煤矿受王家坝向斜影响，鱼田堡矿受八面山向斜影响，多处发生扭折(鱼塘角扭折带)；红岩矿的 F_7 断层为压扭性构造；东林矿北部和砚石台矿受八面山向斜和鲜家坪背斜影响，地层发生倒转。这些构造区域煤层的瓦斯含量、瓦斯压力较其他区域要大。

(3) 煤层瓦斯含量随煤层中构造煤厚度的增加而升高。生产实践表明，区内各矿井 K_2 煤层构造煤厚度大于或等于 0.1m 的区域瓦斯含量高，突出危险性大。

3) 煤与瓦斯突出特点

矿区内各矿井开采二叠系龙潭组的 K_1、K_2、K_3 煤层，其中 K_3 煤层为全区可采，K_1、K_2 煤层为局部可采，开采深度最大为-650m。从统计资料分析，K_3 煤层普遍突出且突出强度大，K_2、K_1 为局部突出煤层。截至 2018 年，矿区内共发生 1577 次瓦斯突出，各矿井各煤层发生突出的次数见表 2-7。

表 2-7 南桐矿区各矿井煤层突出次数统计表   单位：次

煤层名称	红岩	砚石台	东林	鱼田堡	南桐	新田湾	合计
K_3	无	37	153	221	131	20	562
K_2	无	无	无	194	227	7	428
K_1	42	143	无	321	81	无	587
合计	42	180	153	736	439	27	1577

矿区内煤与瓦斯突出的主要特征如下。

(1) 在矿区构造复合部位和应力集中叠加部位，瓦斯含量和瓦斯压力相对较大，突出危险性增大。例如，在南桐煤矿 F_{1a}、F_{1b}、F_{1c} 断层带的 01、02、03 区和断层带收敛部位的一区、三区内，构造煤发育，煤层瓦斯压力大，瓦斯含量高，突出危险性大。

(2) 在断层、褶皱带附近区域瓦斯突出危险性大。在大断层、褶皱带的共同作用下，伴生或派生的小构造使煤的层面发生层间滑动，形成软分层，煤的结构被破坏，渗透性降低,煤体瓦斯不易解吸,是事故多发地带。据生产统计,在落差为 0.5m 的断层两侧 10m 范围内有突出危险;落差为 0.5~1m 的断层两侧 20m 范围内有突出危险;落差为 1~2m 的断层两侧 30m 范围内突出危险性增大。

(3)在煤层产状及赋存状态变化的局部区域,突出危险性较大。在煤层走向、倾向及倾角变化,煤层变厚,特别是构造煤(软分层)增厚区域,突出危险性增大。一般在煤厚变化达 20%以上、构造煤(软分层)厚度达 10cm 以上的区域,突出危险性较大。

3. 天府矿区瓦斯地质规律

1)矿区地质构造

天府矿区位于重庆市北郊,地跨重庆市北碚区、渝北区和合川区。矿区南起北碚嘉陵江边的白庙子,北至渝北区华蓥山脉的宝顶背斜,全长 37km,平均倾斜宽 3.5km,面积约为 103km²。

天府矿区大地构造位置处于川东褶皱带华蓥山复式背斜南缘。华蓥山复式背斜在三汇坝以北主要构造为宝顶背斜,在三汇坝以南分岔为龙王洞背斜、观音峡背斜、温塘峡背斜、沥鼻峡背斜和悦来场向斜、北碚向斜、璧山向斜,如图 2-22 所示。构造走向由北北东向

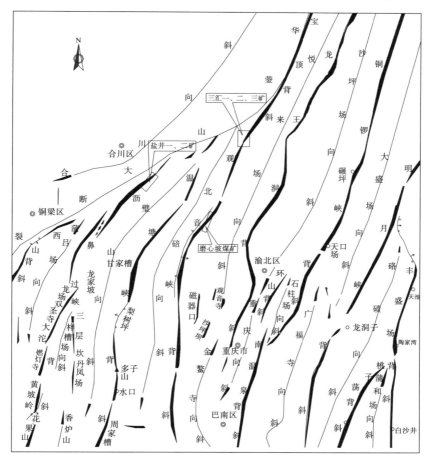

图 2-22　天府矿区构造纲要图

逐步转向南北向，向南西撒开，形若帚状，又称华蓥山帚状构造。天府矿区的磨心坡煤矿位于观音峡背斜北段枢纽起伏的短轴背斜(天府背斜)中段的西翼；三汇一矿、二矿、三矿位于观音峡背斜北段龙家湾背斜的东翼，F_4大断层的下盘；盐井一矿、二矿位于沥鼻峡背斜北段中部南东翼。

2)矿区瓦斯地质规律

矿区构造多为压扭性逆断层，有利于封闭瓦斯。矿区内，部分矿井的瓦斯含量测量结果见表2-8，瓦斯压力分布见表2-9；百米埋深瓦斯含量梯度为1.87m³/t，百米埋深瓦斯压力梯度为1.17MPa；煤层瓦斯压力与埋深的关系如图2-23和图2-24所示。

表2-8 天府矿区瓦斯含量统计表

矿名	测点底板标高/m	埋深/m	瓦斯含量/(m³/t)	矿名	测点底板标高/m	埋深/m	瓦斯含量/(m³/t)
磨心坡矿	110	575.0	10.76	三汇二矿	819	212.5	17.63
	−10	665.0	15.30		779	229.1	18.61
	−115	675.0	12.90		674	391.7	20.66
	−220	784.0	13.80		674	431.0	11.32
三汇一矿	580	421.8	12.89	三汇三矿	310	220.0	2.78
	610	409.5	8.00		240	340.0	9.91
	480	636.0	17.29		20	750.0	17.04
	440	440.7	11.96		−130	830.0	17.66

表2-9 天府矿区瓦斯压力统计表

矿名	测点底板标高/m	埋深/m	瓦斯压力/MPa	矿名	测点底板标高/m	埋深/m	瓦斯压力/MPa
磨心坡矿	245	420	2.00	三汇二矿	819	212.5	1.50
	210	464	0.74		779	229.1	1.74
	−115	780	9.60		674	391.7	2.20
	−220	865	11.10		674	431.0	1.40
三汇一矿	580	421.8	1.20	三汇三矿	310	220.0	0.20
	610	409.5	0.74		240	340.0	1.13
	480	636.0	2.10		20	750.0	4.29
	440	440.7	1.85		−130	830.0	4.90

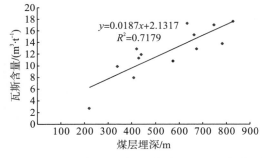

图2-23 天府矿区煤层瓦斯含量与埋深的关系

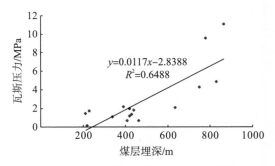

图2-24 天府矿区煤层瓦斯压力与埋深的关系

3)煤与瓦斯突出分布规律

天府矿区是重庆地区煤与瓦斯突出最为严重的地区之一。据统计，截至 2018 年，天府矿区各煤矿共发生突出 186 次，其中三汇一矿发生了至今为止全国最大的一次煤与瓦斯突出，突出煤量为 12780t，突出瓦斯量为 $140×10^4 m^3$。矿区几乎各个可采煤层均具有突出危险性，最大瓦斯压力和最高瓦斯含量分别高达 12MPa 和 30m³/t。影响天府矿区煤与瓦斯突出危险的主要因素有：

(1)煤层埋藏深度。例如，三汇一矿 K_1 煤层埋藏深度为 324m 时，瓦斯压力为 0.74MPa，瓦斯含量为 8.0m³/t，而埋深为 713m 时，瓦斯压力为 2.85MPa，瓦斯含量为 22.84m³/t；K_4 煤层埋深为 379m 时，瓦斯压力为 0.74MPa，瓦斯含量为 8.0m³/t，而埋深为 713m 时，瓦斯压力为 2.1MPa，瓦斯含量为 18.86m³/t。随着煤层埋藏深度增加，地应力增大，煤层瓦斯压力增大，瓦斯含量升高。在受压状态下，煤层弹性潜能增大，突出危险程度增大，发生突出时突出的煤量、瓦斯量增加。

(2)地质构造。三汇一矿大量实践表明，矿井 40 次煤与瓦斯突出都与地质构造带有关系。每次发生突出后，通过收集现场资料，发现突出点周围都存在地质构造和软分层增厚现象。在地质构造带内，煤质发生变化，煤层破碎，硬度小、强度低；在地质构造影响范围内，受地质构造应力影响，有利于瓦斯的封存，不利于瓦斯的逸散，煤层瓦斯压力大，瓦斯含量高，瓦斯的放散速度增大。根据考察，在构造带所测得的瓦斯参数 K_1 要比正常带大；地质构造影响有多远，突出就会在多远的地方发生。为此，地质构造带为煤与瓦斯突出创造了有利条件，也直接影响煤与瓦斯突出的危险性和突出的严重程度。

(3)地应力。煤与瓦斯突出是在地应力、瓦斯、煤结构 3 个方面综合作用下大量的煤和瓦斯瞬间涌入采掘空间的一种动力现象，其中地应力是煤与瓦斯突出的关键因素，是煤与瓦斯突出发生的先决条件，地应力包括煤体上覆岩体的自重应力、地质构造带的构造应力、采掘活动过程中的采掘集中应力。因此，煤与瓦斯突出均发生在一定的深度。受地应力影响，煤层在受压状态下积聚大量的弹性潜能。当采掘活动进入后，破坏了承压状态下煤层的受力平衡状态，煤体弹性潜能得到突然释放，就发生煤与瓦斯突出事故。

(4)突出煤层的煤体结构。煤层结构在煤与瓦斯突出过程中起阻止的作用。如果煤体结构比较松软，易破碎，当高的地应力、瓦斯压力积聚并失去原有的平衡时，就会直接突破和损坏安全屏障，从而发生煤与瓦斯突出。通过统计分析，三汇一矿 40 次煤与瓦斯突出中均与煤体结构变化有直接联系。在突出发生的地点，煤层中的软分层煤增厚；煤层节理发育、层理紊乱、暗淡无光泽；煤层破坏程度大，用手可捻成粉末状，为典型的Ⅲ、Ⅴ类破坏煤层；煤层硬度小、强度低，平均坚固性系数 f 值小于 0.5，突出危险性随着 f 值的减小而增大。

(5)采掘活动。矿井历年的煤与瓦斯突出事故都是在外力作用下产生的，即在施工防突钻孔、放炮、落煤过程中发生的。采掘活动改变了煤体原有的应力平衡状态，使煤体内和煤体周围岩体的地应力进行重新调整。如果调整过程过快，地应力得以突然释放，就会导致煤与瓦斯突出。

2.3　矿区瓦斯地质数字化技术

2.3.1　瓦斯地质数据

瓦斯地质信息数字化处理技术是通过构建矿井瓦斯地质数据库，将瓦斯地质信息数字化入库，实现瓦斯地质信息的数字化处理。瓦斯地质信息数字化处理包括以下几个方面。

1. 煤层赋存状态及地表地形信息

煤层赋存状态数字化是通过专门的矿图编辑工具，将煤层顶底板等高线添加到数据库中，以煤层顶底板等高线的形式对煤层赋存状态进行数字化处理。

对地表地形采用空间曲面 TIN 的格式进行数字化，主要内容为地面高程点、地形等高线、交通线、水系水域等。地表地形数字化处理的目的是为井下采掘作业深度计算、煤层瓦斯赋存状况分析及突出危险区域划分提供基础数据服务。

2. 地质勘探资料

地质钻孔信息数字化的主要内容为地质勘探钻孔、地质勘探线及井下探煤钻孔等，具体包括钻孔坐标、钻孔编号、钻孔类型、钻孔直径、穿过层位、钻孔深度、见煤深度、煤层厚度、孔口标高等资料。

3. 采掘巷道资料

对采掘巷道进行数字化处理，是根据地测部门提供的巷道空间三维坐标测点和属性，在数据库中建立相应的基于 GIS 的图形对象，并对其名称、用途、所属煤层等主要功能属性进行补充。

4. 生产揭露地质构造

地质构造影响井田、采区的划分，工作面、巷道布置及采掘作业的正常进行，还影响矿井瓦斯赋存状态，瓦斯突出危险区、带的分布。对地质构造的数字化，采用与采掘巷道相类似的方法，将地质构造填写到空间信息数据库中，并对其名称、落差、倾角、方位角、构造类型等主要属性进行补充。

5. 井下实测瓦斯参数

瓦斯参数主要是在井下现场测定煤层瓦斯压力、瓦斯含量，取样在实验室测定煤的吸附常数、工业性分析参数、K_1-P 关系等参数。通过瓦斯地质动态分析系统的专用记录表和绘图工具，记录瓦斯参数并自动生成瓦斯参数点的图例符号信息，包括煤样的所属煤层、取样地点、取样时间、埋深、标高等属性信息。在瓦斯参数的基础上，自动生成瓦斯压力等值线、瓦斯含量等值线，划分瓦斯赋存区域。

6. 突出事故点信息

突出事故点信息记录煤与瓦斯突出事故的发生时间、发生地点、事故类型、突出煤量、突出瓦斯量、伤亡人数、突出点标高、突出点煤厚、突出区域地质构造情况等信息。主要通过瓦斯地质动态分析系统的专用记录表和绘图工具，记录突出事故点并自动生成突出事故点图例符号信息。

2.3.2　瓦斯地质数据存储与交换技术

按信息的观点，把表征煤矿系统中瓦斯与地质诸多要素的数量、质量、分布特征、相互联系和变化规律的数字、文字、图像和图形等的总称定义为瓦斯地质信息。

瓦斯地质信息是一种空间信息，其数据与空间位置联系在一起。与一般地质信息相比，瓦斯地质信息具有明显的动态性、分级性、多源性、相关性、共享性等特征。

动态性特征是指随着矿井生产的进行，通过采掘、钻探、实测、监控等手段会获得新的瓦斯地质信息，需要运用依赖于时间维的数据结构来进行处理，对已有的信息不断进行补充和完善。

分级性是指对于同一问题的不同研究层次，要求使用不同的瓦斯地质信息。例如，研究矿区级别的瓦斯地质规律，要求掌握宏观上的瓦斯地质信息，如区域地质构造对矿区的瓦斯控制作用等；在研究工作面级别的瓦斯地质规律时，则需要详细搜集工作面在掘进、生产期间的所有瓦斯地质信息，如构造煤的跟踪观测、日常预测指标、瓦斯涌出变化情况等。

多源性是指瓦斯地质信息来源比较广泛，既有常规观测数据，又有实测及统计数据，还有分析推测的数据等。数据表现形式有的是以数据文件形式存储，有的是以文本形式存储，有的是以图形形式存储等。在对这些信息进行综合管理、操作运用时，首先应该进行数据规范的统一。

相关性是指瓦斯地质信息的相关特征，主要是指瓦斯信息与地质信息之间、不同的地质信息之间、不同的瓦斯信息之间、不同区域的瓦斯地质信息之间的相互联系，是瓦斯地质信息的一个重要特征。

共享性是指矿井各生产部门既相互独立，又相互配合。有些瓦斯地质数据是矿山企业某部门先用，有些数据是某部门后用，还有些数据需要几个部门同时用。这些就涉及数据的共享问题，需要有效地组织并管理瓦斯地质信息，以协调各部门之间的关系。

由于瓦斯地质信息的固有特征，传统的存储、管理瓦斯地质信息的方式存在信息系统性不强、格式不统一、利用率低、存储难度大、共享性差等缺陷，严重影响分析瓦斯规律并进行决策的可靠性及效率。因此，基于 GIS 技术开发了瓦斯地质信息数据库。该技术结合地理学、地图学及遥感和计算机科学，已经被广泛地应用在不同的领域，可以对整个矿井的地理空间数据及其相关属性数据进行采集、存储、管理、运算、分析和显示。使用 GIS 对瓦斯地质数据进行矢量化，将涉及的空间实体划分为点、线、面对象存入空间数据库，以图层的形式动态、分类管理瓦斯地质数据，以便读取和分析。同时，GIS 技术提供了强大的二次开发组件，开发人员能自由地进行空间分析、拓扑运算等操作，可以编程拟合多元回归模型，自动分析瓦斯赋存规律的主控因素，并对原始数据进行进一步筛选，使瓦斯赋存规律模型可以动态更新。

2.3.3　典型矿井瓦斯地质数据库

1. 瓦斯地质数据库架构

重庆地区瓦斯地质数据库的构建是以中煤科工集团重庆研究院有限公司的瓦斯灾害监控与应急技术国家重点实验室为依托，以 Microsoft SQL Server Express 2012 为数据库管理工具，按照矿井→矿区→地区的逐级汇总模式，以重庆能源投资集团下属的松藻矿区、南桐矿区、永荣矿区、天府矿区、中梁山矿区的国有重点矿井为对象，设计、建立重庆地区瓦斯数据库的基本架构。终极目标是以电子数据的形式集中存储重庆地区关键矿区、主要矿井的瓦斯地质信息，形成重庆地区矿井瓦斯地质大数据中心，如图 2-25 所示。

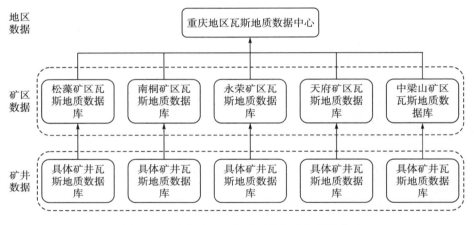

图 2-25　重庆地区瓦斯地质数据库架构设计

2. 矿井瓦斯地质数据库的构建

矿井瓦斯地质数据库主要存储具体矿井的瓦斯地质信息。根据《煤矿矿井瓦斯地质图编制方法》（AQ/T 1086—2011）和矿井的实际瓦斯地质图内容，构建瓦斯地质数据库结构，如图 2-26 所示。

数据库用于分别存储具体矿井的地表地形、煤层赋存、地质钻孔、采掘巷道、地质构造、瓦斯赋存、煤样分析参数和瓦斯突出事故等信息。

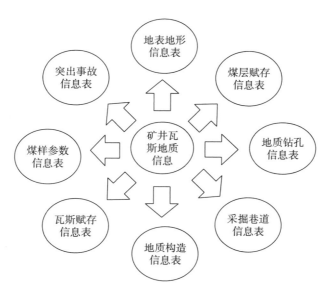

图 2-26　构建矿井瓦斯地质数据库结构

3. 煤层瓦斯地质智能成图

瓦斯地质图具有动态性。随着井下煤层瓦斯实测数据的补充和丰富，煤层瓦斯赋存规律模型也随之动态更新。煤层瓦斯地质图编制主要包括以下内容：

(1) 从空间数据库中提取矿井瓦斯地质图所需的基础数据，按矿井瓦斯地质图标准通过软件自动上图。

(2) 根据预测模型，利用已有的瓦斯参数预测深部的瓦斯压力、瓦斯含量，并提取一定数量的采样点，结合原始数据自动拟合生成瓦斯压力、瓦斯含量等值线，自动生成煤层瓦斯地质图。

(3) 导出、打印生成煤层瓦斯地质图。

2.4　地质异常探测技术

我国以地下采煤为主，生产技术条件复杂，采空区、断层、陷落柱等不良地质异常体是制约煤炭安全生产的隐蔽致灾因素。综合运用各种物探方法在矿井采掘工作面周围探测地质异常，以及了解与采矿有关的工程地质问题，是矿井地质工作者的首选手段。近年来，随着物探仪器实现了数字化和智能化，其方法和技术日臻完善，应用范围不断扩大，采用多种物探资料综合解释地质探测结果，取得了明显的地质效果。矿井物探方法很多。目前，应用有效和常用的方法主要为无线电波透视法、矿井瞬变电磁法、矿井地震勘探法及地质雷达法等。

2.4.1　防爆探地雷达探测技术

1. 探测原理

探地雷达(ground penetrating radar, 简称 GPR, 又称地质雷达)方法是一种用于确定地下介质分布光谱(1MHz～1GHz)的电磁技术。探地雷达利用发射天线发射高频宽带电磁波脉冲, 接收天线接收来自地下介质的界面的反射波, 如图 2-27 所示。电磁波在介质中传播时, 其路径、电磁场强度与波形将随所通过介质电性性质及几何形态的变化而变化。因此, 根据接收到的波的旅行时间(双程走时)、幅度和波形资料, 可推断介质的物理结构和形态。

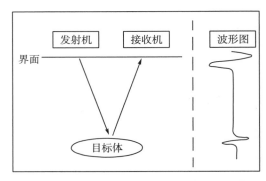

图 2-27　探地雷达原理示意图

探地雷达方法具有高探测分辨率和高工作效率的特点, 能直接识别地下目标体, 不需要复杂的理论推演。目前, 该技术已广泛应用于工程地质调查、工程质量检测、矿产资源勘查、水文与生态环境调查、地质灾害探测、矿井地质探测、考古和地下掩埋物的探测等领域。

2. 探测系统

KJH-D 防爆探地雷达由防爆主机、发射机、接收机、系列天线、采集和处理软件、高速通信线缆等组成, 如图 2-28 所示。该系统可超前探测矿井掘进头前方 30～50m 内的断层构造、陷落柱、溶洞、裂隙带、采空区、含水带等矿井地质异常情况。

图 2-28　KJH-D 防爆探地雷达

3. 防爆探地雷达探测技术应用

打通一矿 S208 瓦斯巷在掘进期间采用 KJH-D 型防爆探地雷达进行超前探测。雷达探测频率为 100MHz，选用点测方式，探测点距为 0.1m。沿巷道掘进工作面共布置了 8 条测线，横测线(自左帮→右帮)分别为上、下两条；纵测线(自顶板→底板)分左、右两条及偏左帮 30° 方向、偏右帮 30° 方向两条，共 4 条纵测线；在自掘进工作面至后方 6m 处的左帮、右帮巷道腰线位置，向侧帮内岩层方向各布置一条测线，测线布置如图 2-29 所示。探测成果如图 2-30 所示。

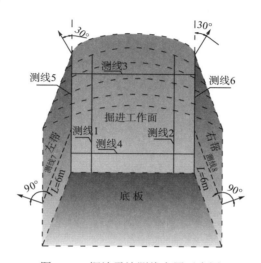

图 2-29　探地雷达测线布置示意图

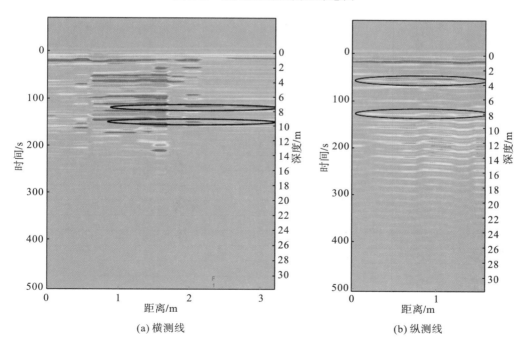

(a) 横测线　　　　　　　　　　　　　　　(b) 纵测线

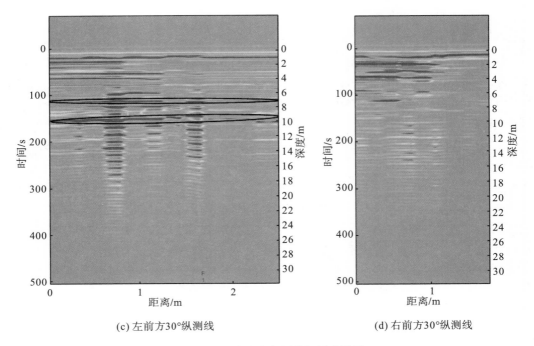

(c) 左前方30°纵测线   (d) 右前方30°纵测线

图 2-30   探地雷达各测线探测成果图

图 2-30 中纵轴为探测深度，横轴为左帮到右帮的距离。图 2-30(a) 中掘进工作面前方7m、9.5m 有信号反射，图 2-30(b) 中掘进工作面前方 3.8m、8m 有信号反射，图 2-30(c)中掘进工作面左前方 30°前方 7m、10m 有信号反射，10m 处信号较清晰，图 2-30(d) 中掘进工作面右前方 30°前方 6m、10m 有信号反射。初步确定掘进工作面前方约 10m 距离可能为岩溶或裂隙发育。后经掘进验证，巷道前方存在断层破碎带，证明了探测的准确性。

2.4.2   瞬变电磁仪探测技术

1. 探测原理

瞬变电磁法是利用在地表铺设不接地回线或接地线源向地下发射一次脉冲电磁场，在一次脉冲电磁场关断间歇期间，利用线圈或接地电极观测二次感应涡流场。测量由地下导电介质产生的二次感应衰减电磁场随时间变化的特征，从测量到的异常数据分析出地下不均匀体的导电性能和位置，从而达到解决探测地下地质问题的目的。

矿井瞬变电磁法以磁源(载流线圈)作为激励场源，激发向介质传播的瞬变电磁场。在导电率为 σ、导磁率为 μ 的均匀各向同性介质内敷设面积为 S 的矩形发射回线，在回线中供以阶跃脉冲电流：

$$I(t) = \begin{cases} I, & t < 0 \\ 0, & t \geq 0 \end{cases} \tag{2-1}$$

在电流断开之前($t < 0$ 时)，发射电流在回线周围的介质空间中建立起一个稳定的磁场，如图 2-31 所示。

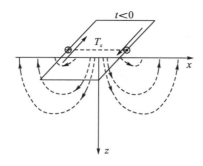

图 2-31　矩形框磁力线

在 $t=0$ 时刻，将电流突然断开，由该电流产生的磁场也立即消失。一次磁场的这一剧烈变化通过空气和地下导电介质传至回线周围的大地中，并在大地中激发出感应电流以维持发射电流断开之前存在的磁场，使空间的磁场不会即刻消失。

任一时刻，地下电流在地表产生的磁场可以等效为一个水平环状线电流的磁场。在发射电流刚关断时，该环状线电流紧接发射回线，与发射回线具有相同的形状。随着时间的推移，该电流环向下、向外扩散，并逐渐变形为圆电流环，如图 2-32 所示。

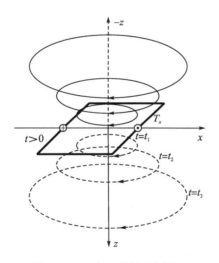

图 2-32　瞬变电磁场"烟圈"

等效电流环很像从发射回线中"吹"出来的一系列"烟圈"。因此，人们将地下涡旋电流向下、向外扩散的过程形象地称为"烟圈效应"。根据"烟圈效应"理论，晚期场主要由离发射线圈较远的前方介质的感应电流激发产生，反映掘进工作面前方较远距离岩层的电性结构分布信息。早期场由离掘进工作面较近的介质的感应电流激发产生，反映离巷道工作面距离较近岩层的电性结构分布信息。瞬变电磁仪就是根据接收的纯二次场随时间延迟的变化信息，得到巷道工作面前方岩层的电性结构变化信息，从而实现超前预报探测。

2. 探测系统

YCS1024(A)矿用本质安全型瞬变电磁仪(图 2-33)，由电源模块、存储模块、液晶显示模块、核心控制模块、高速双 AD 采集模块、同步发射电路模块、USB 鼠标、网口等组成，是一种为煤矿、交通等行业提供地质安全保障的地球物理探测仪器，该仪器有 62.5Hz、25Hz、12.5Hz、6.25Hz、2.5Hz 工作频率，可以实现超过 100m 深度的探测。

图 2-33　YCS1024(A)矿用本质安全型瞬变电磁仪

3. 瞬变电磁仪探测技术应用

石壕煤矿 N1640S 瓦斯巷掘进期间采用瞬变电磁仪进行碛头前方富水性情况探测。沿巷道前方顶板斜上 45°、顺巷道掘进方向、巷道前方底板斜下 45°、碛头前方纵剖面 4 个方向布置测线，探测成果如图 2-34 所示。

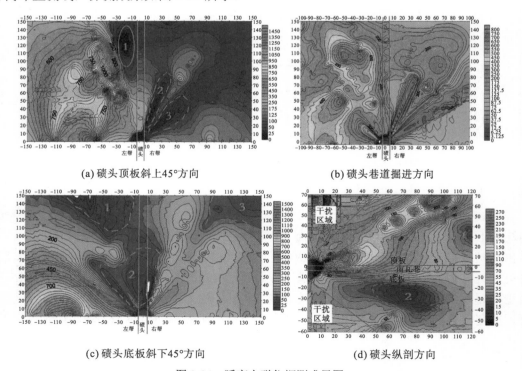

(a) 碛头顶板斜上45°方向

(b) 碛头巷道掘进方向

(c) 碛头底板斜下45°方向

(d) 碛头纵剖方向

图 2-34　瞬变电磁仪探测成果图

图 2-34(a)中碛头前方顶板 30°～45°方向内暂未发现低阻异常区域,富水性较弱,碛头前方有两处低阻区域 1 和 2,推测为受工作面钢钎和钢丝影响而形成的;图 2-34(b)中碛头前方发现 3 处低阻异常区域,即富水性较强区域,碛头前方两处低阻区域 2 和 3,推测为受工作面钢钎和钢丝影响而形成的;碛头前方异常低阻区域 1,推测为岩溶裂隙构造,导水且含水,有可能富集瓦斯;图 2-34(c)中碛头前方底板 30°发现 3 处低阻异常区域,即富水性较强区域,推测为岩溶裂隙构造,导水且含水,有可能富集瓦斯;图 2-34(d)中碛头前方发现 2 处低阻异常区域,即富水性较强区域,碛头前方两处低阻区域 1 和 2,推测为岩溶裂隙构造,导水且含水。经巷道掘进验证,实际揭露结果与探测结果相近。

2.4.3　近距离小偏移距地震反射波法

1. 探测原理

为了避免先于目的层反射波到达的直达纵波、横波、面波、声波和折射波等的干扰,地面反射波法地震勘探选择了足够大的偏移距。而在浅层和极浅层探查时,偏移距略大,则可能形成宽角反射,并带来一系列难题。为解决这一问题,地质雷达、水声法等通常采用极小偏移距的发射、接收系统,以避开先于反射波产生的一系列干扰波。依照这些方法,在巷道掘进工作面进行超前探测时,采用小偏移距的激发接收系统,可避开直达纵波、声波、面波的干扰,而且不仅可探查断层等近似平面型的异常体,还可探查陷落柱等有限大小的地质体。考虑矿井掘进工作面现场条件的影响,通常将激发点和接收点布置在掘进巷道的工作面,激发震源为铜锤,通过单道检波器接收。数据采集采用多次锤击单道的接收方式。通过分析地震波信号的振幅、频率等信息,获取掘进工作面前方的地质异常情况。小偏移距地震反射波法超前探测原理如图 2-35 所示。

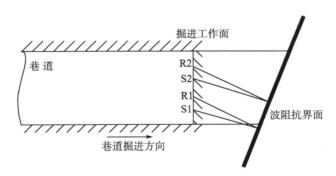

图 2-35　小偏移距地震反射波法超前探测原理图

2. 探测系统

便携式矿井地质探测仪如图 2-36 所示。该仪器以震波为弹性波波源。根据震波在不同地层中衰减和传播速度的差异,对被探测介质的距离(厚度)和速度进行探测。探测前,根据探测内容及目的设置好仪器参数,并做好检波器的接收准备;然后进行人工锤击,产生震源,仪器自动完成数据采集。该种探测技术有反射共偏移探测和单点探测两种类型。

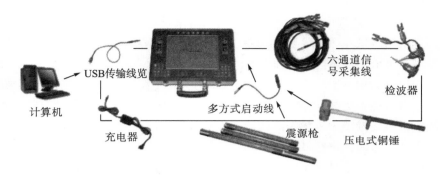

图 2-36　便携式矿井地质探测仪

3. 近距离小偏移距地震反射波法应用

同华煤矿 E_6 瓦斯巷 120m 处，采用反射共偏移探测方法对地质构造进行探测，探测成果如图 2-37 所示。

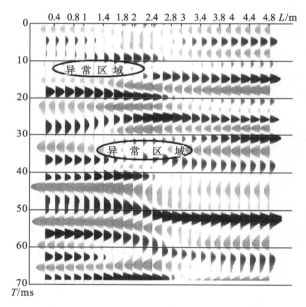

图 2-37　E_6 号瓦斯巷反射共偏移探测波形解析图

通过对反射共偏移探测波形进行分析，开口点以北 544～548m、575～580m 为异常区域，异常带长度分别为 4m、5m。后经巷道实际揭露，开口点以北 552m 揭露一 0.6m 大小的溶洞，无水和瓦斯。574m 处揭露一裂隙，产状为 7°∠73°，裂隙宽度为 0.5～0.85m，可见深度为 0.4～0.5m，无水和瓦斯，对巷道影响长度为 4m。

2.4.4　钻孔地质雷达超前探测技术

1. 探测原理

井下地质体中具有不同的介电常数。电磁波在不同地质体中的传播速度不同，但在特定介质中的传播速度是不变的。因此，根据钻孔雷达记录的孔壁反射波与异常体反射波的时间差，计算出异常体的深度。该技术的探测原理如图 2-38 所示。

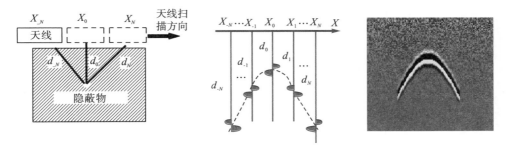

图 2-38 雷达探测原理图

图 2-39 所示为钻孔雷达探测示意图。将发射天线和接收天线放置在钻孔中，向钻孔周围 360° 空间发射和接收雷达信号，并以一定的速度推进，自动扫描探测成像。利用该技术，可探测钻孔周围 30m 范围内的地层信号，从而分析有害地质体的距离和规模。

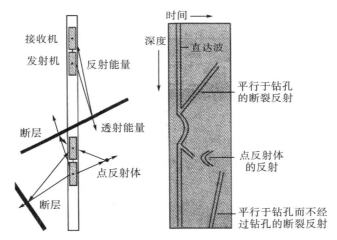

图 2-39 钻孔地质雷达成像示意图

2. 探测系统

钻孔地质雷达仪器由一体化主机、天线及配套软件等部分组成，如图 2-40 所示。钻孔雷达具有连续、无损、高效和高精度等优点。

图 2-40 钻孔雷达实物图

3. 钻孔地质雷达超前探测技术的应用

逢春煤矿+300S 大巷的新掘进碛头进行了钻孔地质雷达探测应用。钻孔雷达探测前，在+300S 大巷碛头沿中线位置距底板 1.5m 施工两个钻孔，地质探孔竣工图如图 2-41 所示。

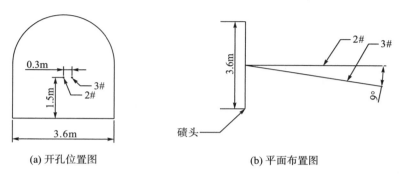

(a) 开孔位置图　　　　　　　　　　　(b) 平面布置图

图 2-41　地质探孔布置图

钻孔施工完毕后使用钻孔地质雷达对+300S 大巷碛头进行了全方位探测，探测结果如图 2-42 所示。

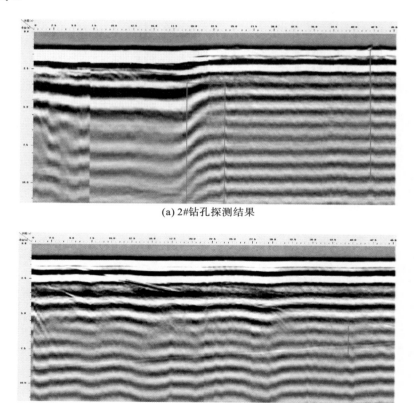

(a) 2#钻孔探测结果

(b) 3#钻孔探测结果

图 2-42　钻孔地质雷达再次探测结果

　　图 2-42 中曲线圈出的区域为雷达信号明显异常的区域。从图 2-42(a) 中可以看出，探测钻孔深度 12.5m 附近可能为构造，20~25m 出现异常，判断可能为岩性变化或破碎，42m 附近可能为裂缝；图 2-42(b) 中，12m 附近可能为构造，40m 处可能为裂缝。逢春煤矿钻探和巷道掘进中确定了在距离检测点前方 34m 和 44m 处均存在小断层，与钻孔地质雷达探测结果基本符合。

2.4.5　无线电波坑道透视技术

1. 探测原理

　　电磁波在地下岩层中传播时，由于各种岩、矿的电性参数(电阻率、介电常数等)不同，因此对电磁波能量的吸收有一定的差异。电阻率较低的岩、矿具有较大的吸收作用。另外，伴随断裂构造或空洞所出现的界面，能够对电磁波产生折射、反射等作用，造成电磁波能量的损耗。因此，如果巷道之间、钻孔与地面之间或钻孔之间电磁波穿越岩层、煤层的过程中，存在含水地段、陷落柱、断层、空洞或其他不均匀地质构造，则电磁波能量就会被其吸收或完全屏蔽，信号显著减弱，形成透视异常。交换发射机与接收机的位置，测得同一异常，则这些异常交会的地方就是地质异常体的位置。研究煤层、各种岩层及地质构造对电磁波传播的影响(包括吸收、反射、二次辐射等作用)所造成的各种异常，从而进行地质解释，如图 2-43 所示。

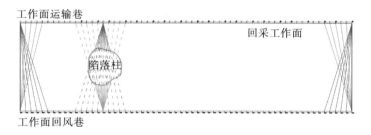

图 2-43　无线电波透视射线示意图

　　煤层中断裂构造的界面，地质构造引起的煤层破碎带，煤层破坏软分层带，以及富含水低电阻率带等都能对电磁波产生折射、反射和吸收，造成电磁波能量的损耗。如果发射源发射的电磁波穿越煤层的过程中，存在断层、陷落柱、富含水带、顶板垮塌和富集水的采空区、冲刷区、煤层产状变化带、煤层厚度变化和煤层破坏软分层带等地质异常体，则接收到的电磁波能量就会明显减弱，形成透视阴影(异常区)。矿井电磁波透视技术就是根据电磁波在煤层中的传播特性而研制的一种收、发电磁波的仪器和资料处理系统。

2. 探测系统

　　WKT-0.03 无线电坑道透视仪如图 2-44 所示。无线电坑道透视仪主要用于煤矿回采工作面及钻孔之间的含水或导水构造、顶底板破碎带、断层、陷落柱、煤层厚度变化、瓦斯富集区等方面的探测，也可用于非煤矿山井下两巷道之间的地质异常体的探测。采用 3

种频率(0.3MHz、0.5MHz、1.5MHz)，可同时发、收，也支持一发双收，遥控控制，分别以高、中、低3种分辨率同时探测回采工作面地质构造和瓦斯富集区，多个频率相互验证，排除假异常，探测准确度高，工作面穿透距离大于或等于300m。

图 2-44　WKT-0.03 无线电坑道透视仪

WKT-0.03 矿用本质安全型无线电坑道透视仪的发射机可发射固定频率的电磁波，可以采用多频组合发射，而接收机可接收发射机发射的穿过煤岩层的电磁波，并存储接收到的数据，上传至计算机进行存储和处理，还可以通过矿用手机利用 Wifi 控制发射机和接收机。采用该仪器，可以进行煤矿回采工作面及钻孔之间的含水或导水构造、顶底板破碎带、断层、陷落柱、煤层厚度变化、瓦斯富集区等方面的探测，也可用于非煤矿山井下两巷道之间的地质异常体的探测。

3. 无线电波坑道透视技术的应用

松藻煤电公司打通一矿采用 WKT-0.03 型无线电坑道透视仪对 W2708 工作面无线电坑道进行透视探查。

W2708 工作面 M_{7-3} 煤层，厚度为 0.90~1.27m，平均厚度为 1.10m，黑色，半亮型，质纯，性脆，节理发育，顶部泥质较重。煤层中下部夹一层厚度不均的软分层，瓦斯含量较高。煤层直接顶为砂质泥岩，伪顶为泥岩，直接底为泥岩。该煤层下距 K_1 砂岩 9.73m，下距奥陶系中统峰峰组顶面平均为 30.94m。煤层地质构造简单，煤层赋存稳定，平均倾向为 265°，倾角为 5°~11°，平均为 8°。根据 W2706S 回风巷所揭露资料，预计 W2708 运输巷西段运开口点以西 263m、282m 处将分别揭露 f_{W-7-70}、f_{W-7-71} 正断层，W2708S 回风巷西段回开口点以西 150m、167m 处将分别揭露 f_{W-7-70}、f_{W-7-71} 正断层。

工作面布置测点间距为 10m，发射点间距为 50m，每个发射点对应 11 个接收点。W2708 工作面坑透工作在运输巷和南回风巷之间进行，共布置 109 个测点，20 个发射点，测点布置如图 2-45 所示，探测成果如图 2-46 所示。

由图 2-46 可以看出，无线电波对 W2708 回采工作面的异常区域有较好的反映，经过室内数据处理，探测总体衰减系数在 0.42~0.62。成果图中由蓝到红表示电磁波衰减程度由强到弱。蓝色区域电磁波衰减程度最强，穿透性最差，表示煤体完整性较差；红色区域电磁波衰减程度最弱，穿透性最好，表示煤体完整性较好。探测区域共解释两处异常，见图中红色标志所示。结合巷道掘进地质资料，推测异常主要是由断层影响所致，同时，异常区也有可能为煤层软分层构造发育区，可能存在瓦斯富集。后经回采验证，图中圈定的异常区存在断层构造。

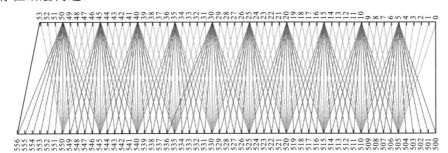

图 2-45　测点布置图

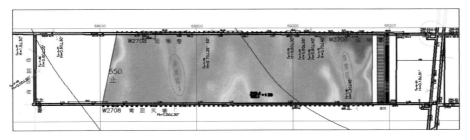

图 2-46　无线电波透视衰减系数层析成像成果图

2.4.6　长距离地震波探测技术

1. 探测原理

依据地震反射勘探技术的原理，反射地震波超前探测法主要通过地震波在指定的震源点激发，通常是在煤矿巷道中以爆炸或锤击作为震源，地震波在煤岩中以球面波的形式传播。当地震波遇到地质异常界面时，地震波会发生反射，反射回来的信号由高精度的地震检波器接收。通过对反射信号的运动学和动力学特征进行分析，可以提取由不良地质体(断层、陷落柱等)构成的反射界面，达到超前探测的目的。图 2-47 所示为矿井巷道地震波反射超前探测示意图。

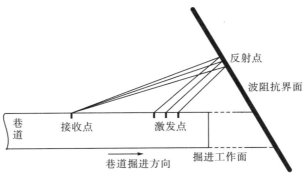

图 2-47　矿井巷道地震波反射超前探测示意图

在矿井中，应用地震波超前探测技术通常采用单道或两道、多炮激发的观测系统。根据煤矿井下巷道的特点，激发点和接收点通常布置在巷道的一侧。采用小药量炸药震源激发，高精度三分量地震检波器接收地震信号。三分量检波器记录了 2 个水平方向和 1 个垂直方向的信号。多分量检波器接收的地震信号携带了更为丰富的信息，更易识别小的地质异常构造的位置和影响范围。接收到的地震信号主要通过反射波提取、地震波速度分析及偏移成像，提取掘进工作面前方的反射界面的信息，超前预报异常地质构造。

2. 探测系统

DTC-150 防爆超前探测仪如图 2-48 所示，主要用于煤矿巷道掘进工作面、铁路隧道和公路隧道的掘进，用于超前地质探测预报。主机通频带为 0.1～4000Hz，超前探测距离可达 150m，主要探测巷道掘进工作面前方的断层、破碎带、岩溶陷落柱、采空区、饱水危险带及岩性变化带。

图 2-48　DTC-150 防爆超前探测仪

3. 长距离地震波探测技术应用

打通一矿 S209 瓦斯巷为岩巷，宽 2.8m，高 2.8m。围岩为茅口灰岩，坚硬，层理不清，裂隙较发育，为查明巷前方地质构造，采用地震超前探测法进行超前探测，测点布置如图 2-49 所示。

掘进面　　　　　　　　　　　　　炮孔　　　　　　　　　　　　　　接收孔

图 2-49　现场测线布置示意图

图 2-50 为地震数据记录图，图中可见各爆破激发良好，起跳清晰，数据一致性较好。探测成果如图 2-51 所示。

从图 2-51 可以看出，掘进工作面正前方 28～44m、70～83m、108m 处存在反射界面，推断为断层、裂隙发育或者其他物性差异界面的影响。后经过回采验证，在掘进工作面前方约 35m、75m 处，均存在断层破碎带，且存在少量裂隙水，与探测成果较吻合。

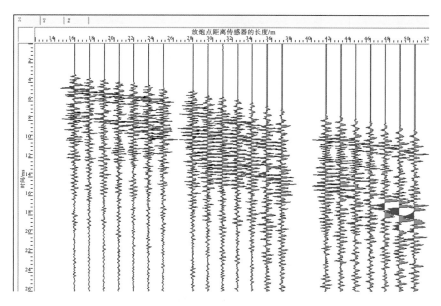

图 2-50　原始数据记录

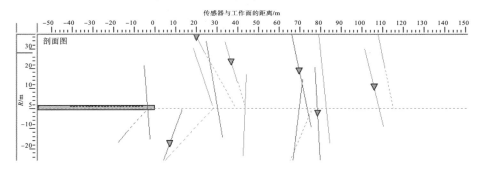

图 2-51　探测成果图

第 3 章　突出矿井生产部署合理化管控技术

重庆地区突出矿井具有地质构造条件复杂，煤层瓦斯压力大、瓦斯含量高、煤质松软、透气性低，防治煤与瓦斯突出难度极大，导致采掘工作面单产单进较低。实践证明，合理的采掘部署能够为矿井"一通三防"和瓦斯治理提供充足的空间和时间，促进瓦斯"先抽后采"，解决"抽掘采"比例失调难题，对于突出矿井瓦斯治理意义重大。

本章提出矿井生产部署"三超前、五量"指标体系，并且确定突出矿井"三超前、五量"指标的合理值，在指标体系及指标计算的基础上建立了矿井合理部署评价模型，并提出实现矿井合理生产部署的保障措施。

3.1　矿井部署管控的意义

我国《能源中长期发展规划纲要(2004—2020 年)》中明确提出"坚持以煤炭为主体、电力为中心、油气和新能源全面发展的能源战略"目标。预期 2030 年左右中国能源发展将出现历史性转折点，煤炭年利用量越过峰值，其战略地位将从主力能源调整为重要的基础能源。但我国能源结构的特点决定了煤炭工业在我国国民经济中的基础地位将是长期和稳固的，具有不可替代性，在未来若干年煤炭仍然是我国的主力能源。

重庆地区所属煤矿煤层赋存及开采条件复杂，具有瓦斯压力大、瓦斯含量高、透气性低、地质构造复杂、近距离多煤层、倾角变化大、煤层薄、矿压大、埋深大等特点，开采深度超过 500m，有些矿井已超过 600m，且以每年 20m 的速度向深部延伸，随着开采深度的增加，地应力、瓦斯压力和含量显著增大，矿井煤层多数具有突出危险性，瓦斯抽采达标周期长，抽、采、掘极不平衡；多数矿井采掘部署趋于紧张，瓦斯治理的时间和空间不能满足接替要求，严重影响矿井的安全生产。面对重庆地区复杂的开采地质条件，重庆地区一代又一代采矿人为了矿井安全及生产任务的完成，从单一的采掘生产计划到如今推行全面合理部署管控，大致经历了 3 个阶段：一是 20 世纪 60~80 年代末，矿井只编制采掘生产计划；二是 20 世纪 90 年代，矿井除编制采掘计划外，还要编制瓦斯抽采计划，即"采、掘、抽"计划；三是 2000 年以后松藻矿区率先实行矿井全面部署管理，提出"三超前、五量"的部署管控管理理念，把矿井部署管理常态化纳入矿井安全、生产、经营的管理工作中，效果显著。这对松藻矿区的发展和煤炭开采、安全管理有着划时代的意义。

鉴于此，重庆地区的煤矿企业、科研院所、主管部门对合理部署研究、瓦斯治理等方面高度重视，在我国突出矿井较早地进行瓦斯综合治理和采掘部署研究，并取得了较好的经验和效果。合理采掘部署是大范围防治瓦斯灾害的基础，能为瓦斯灾害防治留下足够的时间、空间，有效防范煤矿伤亡事故。但合理部署的原则、方法和评价体系尚未建立，难以较好地指导安全生产。因此，通过研究并制定不同开采条件下的采掘部署管控技术及其标准，并严格执行，实现采掘部署合理、主动，确保矿井水平、采(盘)区、回采工作面接替不脱节，生产系统畅通、可靠，安全高效完成生产计划，保障矿井持续发展，对煤矿安全生产意义重大，并为重庆地区乃至全国类似煤矿提供示范和经验借鉴。

3.2　矿井部署管控的基本概念

3.2.1　"三超前"

"三超前"是指煤矿的掘进巷道超前、瓦斯抽采超前、保护层开采超前。

1. 掘进巷道超前

掘进巷道超前(简称掘进超前)是指掘进开拓巷道超前、掘进准备巷道超前、掘进回采巷道超前。

1)掘进开拓巷道超前

掘进开拓巷道超前是指矿井按照设计要求，接替水平、采区(盘区)的通风、运输、行人、排水、供电、安全等系统的井筒、主要大巷、车场、暗斜井、硐室、主要石门、煤仓等为满足安全生产需要所提前完成的井巷工程。

2)掘进准备巷道超前

掘进准备巷道超前是指矿井按照设计要求，接替采区(盘区)通风、运输、行人、排水、供电、瓦斯治理专用巷道、联络巷道、上(下)山、辅助硐室、辅助车场、采区内石门、溜煤眼等为满足安全生产系统形成、瓦斯治理等所需要提前完成的井巷工程。

3)掘进回采巷道超前

掘进回采巷道超前是指矿井按照回采工作面设计要求，为保证瓦斯治理及各大生产、安全系统的安装而需要提前完成的煤层掘进巷道工程。

2. 瓦斯抽采超前

瓦斯抽采超前是指条带预抽瓦斯超前、本层预抽瓦斯超前、石门预抽瓦斯超前、穿层网格抽采瓦斯超前、邻近层抽采瓦斯超前等。

1)条带预抽瓦斯超前

条带预抽瓦斯超前是指在工作面煤层巷道(机巷、切眼、风巷、煤层轨道巷等)对应的底板(或顶板或煤系地层内)稳定岩层中布置的瓦斯治理专用巷道内，每隔一定距离布置一个钻场，在钻场中向工作面煤巷位置及两边需控制范围(按钻孔设计控制范围的要求)施工网格式的密集穿层钻孔，预抽煤巷条带瓦斯，在较短的时间内区域性消除煤巷及其周围需要控制范围内煤体的突出危险，使之具备煤巷掘进条件所提前进行的瓦斯预抽工程。

2)本层预抽瓦斯超前

本层预抽瓦斯超前是指在回采工作面煤层巷道(包括进风巷、回风巷、轨道巷、开切眼)中，按照设计要求，在煤层内施工顺层抽采瓦斯钻孔而提前进行的煤层瓦斯预抽工程。

3) 石门预抽瓦斯超前

石门预抽瓦斯超前是指在石门(或揭煤上山)揭煤前,按照揭煤设计(措施)对石门(或揭煤上山、下山)需要控制范围的煤体进行提前预抽瓦斯,使达到具备揭煤条件的瓦斯预抽工程。

4) 穿层网格抽采瓦斯超前

穿层网格抽采瓦斯超前是指在专用瓦斯治理巷道中每隔一定距离布置一个钻场,在钻场中向回采工作面需控制范围(按抽采设计)施工网格式密集穿层钻孔,预抽或卸压抽采工作面煤层(或邻近层)的瓦斯,在较短的时间内区域性消除工作面控制范围内煤体的突出危险,使之具备回采条件而提前进行的瓦斯抽采工程。

5) 邻近层抽采瓦斯超前

邻近层抽采瓦斯超前是指通过专用瓦斯治理巷道对开采煤层的邻近煤层(包括上、下煤层)及相邻岩层中的瓦斯提前进行的瓦斯抽采工程。

3. 保护层开采超前

保护层开采超前是指保护层开采超前被保护层的面积(或煤量,超前时间、空间)符合《煤矿安全规程》的要求。

3.2.2 矿井"五量"

矿井"五量"是指煤与瓦斯突出矿井的开拓煤量、准备煤量、回采煤量、保护层抽采达标煤量、可供布置的被保护煤量;非突出矿井(包括单一煤层矿井)只有"三量",即开拓煤量、准备煤量、回采煤量。

1. 开拓煤量

开拓煤量是指在矿井可采储量范围内已完成设计规定的主井、副井、风井、井底车场、主要石门、采(盘)区大巷、回风石门、回风大巷、主要硐室和煤仓等开拓掘进工程后,形成矿井通风、排水等系统所圈定的煤炭储量,减去开拓区内地质及水文地质损失、设计损失量和开拓煤量可采期内不能回采的临时煤柱及其他煤量。

2. 准备煤量

准备煤量是指在开拓煤量范围内已完成了设计规定的采(盘)区主要巷道掘进工程,形成完整的采(盘)区通风、排水、运输、供电、通信等安全、生产系统后,且煤与瓦斯突出煤层煤巷条带区域无突出危险的煤层中,各区段(或倾斜条带)可采储量与回采煤量之和。

3. 回采煤量

回采煤量是指准备煤量范围内,已按设计完成工作面进风巷、回风巷等回采巷道及开切眼掘进工程所圈定的,且瓦斯抽采、防突和防治水的效果已达到工作面安全回采要求的可采储量,即正在回采或只要安装设备后便可进行正式回采的工作面的可采煤量之和。

4. 保护层抽采达标煤量

保护层抽采达标煤量是指矿井开采的保护煤层工作面通过瓦斯抽采后达标的所有工作面的可采煤量之和。

5. 可供布置的被保护煤量

可供布置的被保护煤量是指矿井开采保护层后可以布置开采的所有被保护煤层工作面的可采煤量之和。

3.2.3　矿井部署管控的其他相关概念

1. 开拓煤量可采期

开拓煤量可采期是指矿井期末开拓煤量与当年计划产量或设计(核定)产能之比(年)。

2. 准备煤量可采期

准备煤量可采期是指矿井期末准备煤量与当年平均月计划产量之比(月)。

3. 回采煤量可采期

回采煤量可采期是指矿井期末回采煤量与当年平均月计划回采产量之比(月)。

4. 保护层抽采达标煤量可采期

保护层抽采达标煤量可采期是指矿井期末保护层抽采达标煤量的总量与矿井当年平均月计划的保护层产量之比(月)。

5. 可供布置的被保护煤量可采期

可供布置的被保护煤量可采期是指矿井期末可供布置的被保护煤量的总量与矿井当年平均月计划的被保护层产量之比(月)。

6. 矿井核定能力

矿井核定能力是指政府主管部门对矿井核定的产能(10^4t/a)。

7. 厚保比

中厚或厚煤层开采过程中,保护层开采工作面面积与被保护层保护面积之比。

3.3　矿井部署方式及特征

重庆地区所属煤矿开采布置方式大体分为两种:一种是水平或近水平缓倾斜煤层采用的倾斜长壁条带式开采布置方式(简称"倾斜条带长壁布置方式");另一种是倾斜(或急倾斜)煤层采用的走向长壁开采布置方式(简称"走向长壁布置方式")。根据开采布置方式不同，其部署各有特点。

3.3.1 倾斜条带长壁布置方式部署特点

(1)保护层选择。选择突出危险性较小的薄煤层作为保护层开采，对上部或下部的煤层进行保护，多采用上保护层开采，先采突出危险性较小的薄煤层作为上保护层，对下部的中厚煤层进行保护；少数为下保护层开采，先采突出危险性较小的下保护层，对上部的中厚煤层进行保护；也有选择煤系中间突出危险性较小的薄煤层作为保护层开采。

(2)保护层瓦斯治理。采用专用瓦斯治理巷道进行条带预抽、穿层网格抽采瓦斯和本层预抽瓦斯。

(3)专用瓦斯治理巷布置。主要选择在煤层下方的茅口灰岩中(或煤系稳定的岩石中)，利用专用瓦斯巷对保护层进行超前预抽(包括条带预抽、穿层网格抽采瓦斯)。

(4)瓦斯抽采主要方式有条带预抽瓦斯、本层预抽瓦斯、石门揭煤预抽瓦斯、穿层网格抽采瓦斯、邻近层抽采瓦斯等。倾斜长壁条带式开采部署如图3-1所示。

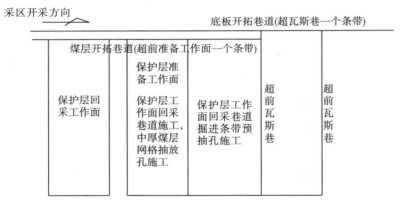

图 3-1 倾斜长壁条带式开采部署图

3.3.2 走向长壁布置方式部署特点

(1)保护层选择。选择突出危险性较小的薄煤层作为保护层开采，对上部或下部的煤层进行保护，多采用上保护层开采，先采突出危险性较小的薄煤层作为上保护层，对下部的中厚煤层进行保护；少数为下保护层开采，先采突出危险性较小的下保护层，对上部的中厚煤层进行保护；也有选择煤系中间突出危险性较小的薄煤层作为保护层开采。

(2)保护层瓦斯治理。利用底板茅口灰岩阶段大巷道(或者专用瓦斯治理巷道)进行条带预抽和穿层网格抽采瓦斯。

(3)瓦斯抽采主要方式有条带预抽瓦斯、本层预抽瓦斯、石门揭煤预抽瓦斯、穿层网格抽采瓦斯、邻近层抽采瓦斯等。倾斜煤层走向长壁开采部署如图3-2所示。

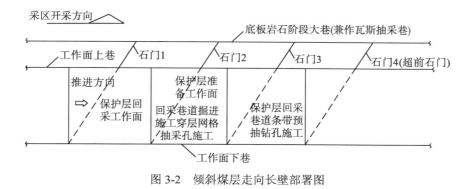

图 3-2   倾斜煤层走向长壁部署图

3.4   矿井部署管控指标体系

3.4.1   矿井部署现状

原煤炭工业部发布了《关于矿井和露天矿井开拓煤量、准备煤量和回采煤量划分范围的规定》(简称"三量"规定),但随着矿井从非突出矿井向煤与瓦斯突出矿井的升级,国家制定的为保证矿井顺利接替的"三量"规定已不能适应煤与瓦斯突出矿井接替的需要。许多煤与瓦斯突出矿井,在实际"三量"及"三量"可采期远大于规定值的情况下仍然出现采掘接替紧张现象。其原因是"三量"中的准备煤量和回采煤量中部分煤量仍然具有突出危险性,需通过瓦斯治理,消除突出危险后才能进行采掘作业,而瓦斯治理需要时间、空间,若矿井没有预留足够的瓦斯治理时间、空间,就会导致矿井接替紧张。许多煤矿企业已意识到这个问题,采取了保护层开采或预抽煤层瓦斯等措施治理煤层瓦斯,保证矿井的顺利接替和安全开采。但许多矿井未进行"采、掘、抽"的合理部署编排和平衡研究,未能解决"采、掘、抽"之间合理的时空关系问题,导致生产组织困难,接替紧张。因此,通过研究突出矿井(包括高、低瓦斯矿井)"采、掘、抽"的平衡关系,建立矿井合理部署管控技术指标,重庆地区的矿井提出了矿井部署管控"三超前"、"五量"及其可采期技术指标体系。

3.4.2   矿井部署管控技术指标体系

矿井部署管控技术指标体系由矿井"三超前"和矿井"五量"及其可采期构成,分别是掘进巷道超前、瓦斯抽采超前、保护层开采超前和开拓煤量、准备煤量、回采煤量、保护层抽采达标煤量、可供布置的被保护煤量。矿井部署管控技术指标见表 3-1。

表 3-1   矿井合理部署管控技术指标体系

矿井合理部署管控技术指标体系	具体指标
	掘进巷道超前
三超前	瓦斯抽采超前
	保护层开采超前

续表

矿井合理部署管控技术指标体系	具体指标
五　量	开拓煤量及其可采期
	准备煤量及其可采期
	回采煤量及其可采期
	保护层抽采达标煤量及其可采期
	可供布置的被保护煤量及其可采期

3.5　管控指标的确定

3.5.1　掘进超前技术指标

1. 掘进开拓巷道超前

1）时间规定

在水平、采区（盘区）的接替回采工作面投产时，必须提前完成接替回采工作面设计所需要的所有开拓进尺，且对有煤与瓦斯突出、水文地质条件极其复杂、有冲击地压、煤巷掘进机械化程度与综合机械化采煤程度的比值小于 0.7 的矿井至少提前 3 年完成，其他矿井至少提前 2 年完成，并形成两个安全出口和独立的通风系统。

2）空间规定

（1）倾斜条带长壁布置方式的矿井，其主要开拓巷道按接替方向超前距离规定：对有煤与瓦斯突出、水文地质条件极其复杂、有冲击地压、煤巷掘进机械化程度与综合机械化采煤程度的比值小于 0.7 的矿井至少超前 2 个工作面条带的走向长度的位置，其他矿井至少超前 1 个工作面条带的走向长度的位置。

（2）走向长壁布置方式的矿井，其主要开拓巷道按接替方向超前距离规定：对有煤与瓦斯突出、水文地质条件极其复杂、有冲击地压、煤巷掘进机械化程度与综合机械化采煤程度的比值小于 0.7 的矿井至少超前 2 个工作面长度的位置，其他矿井至少超前 1 个工作面长度的位置，并形成独立的通风系统。

2. 掘进准备巷道超前

1）时间规定

在采区（盘区）的接替回采工作面投产时，必须提前完成接替回采工作面设计的所有准备进尺，保障有足够的设备安装、瓦斯治理时间，且对有煤与瓦斯突出、水文地质条件极其复杂、有冲击地压、煤巷掘进机械化程度与综合机械化采煤程度的比值小于 0.7 的矿井提前 2 年完成，其他矿井提前 1 年完成，并形成两个安全出口和独立的通风系统。

2）空间规定

（1）倾斜条带长壁布置方式的矿井，其专用瓦斯巷道按接替方向超前距离规定：对有煤与瓦斯突出、水文地质条件极其复杂、有冲击地压、煤巷掘进机械化程度与综合机械化采煤程度的比值小于 0.7 的矿井至少超前完成 2 个工作面条带的瓦斯巷道，其他矿井至少超前 1 个工作面条带的瓦斯巷道，并形成独立的回风系统。

(2) 走向长壁布置方式的矿井，按接替方向、阶段（或区段）大巷石门及石门回风上（下）山超前距离规定：对有煤与瓦斯突出、水文地质条件极其复杂、有冲击地压、煤巷掘进机械化程度与综合机械化采煤程度的比值小于 0.7 的矿井至少提前揭穿 3 个石门，其他矿井至少提前揭穿 2 个石门，并形成独立的通风系统。

3. 掘进回采巷道超前

1) 时间规定

在上一个（保护层）回采工作面开采结束时，必须提前完成接替回采工作面投产的所有回采巷道进尺，且对有煤与瓦斯突出煤层的接替回采工作面至少提前 12 个月完成，对无煤与瓦斯突出煤层的接替回采工作面至少提前 3 个月完成，留有足够的本层瓦斯治理、设备安装时间、空间。

2) 空间规定

突出煤层：接替回采工作面至少提前 1 个月具备回采条件；非突出煤层：接替回采工作面至少提前 0.5 个月具备回采条件。

3.5.2　瓦斯抽采超前技术指标

瓦斯抽采超前技术指标主要指条带预抽瓦斯超前、本层预抽瓦斯超前、石门预抽瓦斯超前、穿层网格抽采瓦斯超前、邻近层抽采瓦斯超前等。评价标准是抽采达标（瓦斯含量在 8m^3/t 以下，或者瓦斯压力在 0.74MPa 以下）。

1. 条带预抽瓦斯超前

1) 时间规定

穿层条带预抽瓦斯达标超前时间不小于 1 个月。

2) 空间规定

穿层条带钻孔控制范围需满足掘进巷道外侧抽采设计（或符合防突措施规定）要求。抽采达标超前煤层巷道掘进工作面最小距离不小于 300m。

2. 本层预抽瓦斯超前

1) 时间规定

抽采达标超前时间不少于 1 个月。

2) 空间规定

本层预抽瓦斯达标超前的长度不小于 300m。

3. 石门预抽瓦斯超前

1) 时间规定

按照计划揭煤时间提前 1 个月达标。

2）空间规定

石门预抽钻孔的控制范围严格执行石门揭煤防突设计（或防突措施）规定。

4. 穿层网格抽采瓦斯超前

1）时间规定

穿层网格抽采瓦斯超前抽采时间不小于 3 个月。

2）空间规定

严格按照穿层网格钻孔设计布置钻孔，控制回采工作面抽采范围。超前工作面采止线距离不小于 300m。

5. 邻近层抽采瓦斯超前

1）时间规定

在回采工作面投产前，邻近层抽采钻孔按照抽采设计施工完毕，超前抽采时间不小于 1 个月。

2）空间规定

在工作面投产前，在回采工作面独立的通风系统内完成设计的所有邻近层抽采钻孔。

3.5.3 保护层开采超前技术标准

1. 时间规定

按照矿井计划厚保比要求，期末抽采达标的保护层煤量可采期不得小于 5 个月；被保护层采掘活动必须滞后保护层开采 3 个月的动压期。

2. 空间规定

保护层面积/主采层面积不小于 1.2；接替的被保护层工作面投产前，其工作面必须完全受保护（按照设计）；开采保护层的采掘活动边界线超前被保护层应不小于 100m。

3.5.4 "五量"可采期控制指标

根据国家煤矿安监局《防范煤矿采掘接续紧张暂行办法》（煤安监技装〔2018〕23 号）的规定，结合重庆地区所属突出煤矿多年部署管理经验和矿井具体情况，总结提出以下矿井"五量"可采期控制技术指标，见表 3-2。

表 3-2 矿井"五量"可采期控制技术指标表

序号	指标名称	煤与瓦斯突出矿井	高瓦斯矿井	水文地质类型极其复杂的矿井	水文地质类型复杂的矿井	冲击地压矿井	煤巷掘进机械化程度与综合机械化采煤程度的比值小于0.7的矿井	其他
1	开拓煤量可采期/年	≥5	≥4	≥5	≥4	≥5	≥3	≥3

序号	指标名称	煤与瓦斯突出矿井	高瓦斯矿井	水文地质类型极其复杂的矿井	水文地质类型复杂的矿井	冲击地压矿井	煤巷掘进机械化程度与综合机械化采煤程度的比值小于0.7的矿井	其他
2	准备煤量可采期/月	≥14	≥12	≥14	≥14	≥14	≥14	≥12
3	回采煤量可采期/月	≥5	≥5	≥5	≥5	≥5	≥5	≥5
4	保护层抽采达标煤量可采期/月	≥5	—	—	—	—	—	—
5	可供布置的被保护煤量可采期/月	≥12	—	—	—	—	—	—

3.6　管控指标的计算方法

3.6.1　"五量"及其可采期计算方法

1. 开拓煤量

开拓煤量计算公式为

$$Q_{开} = (LhMD - Q_{地损} - Q_{呆滞}) K \tag{3-1}$$

式中，$Q_{开}$ 为开拓煤量，t；L 为已完成开拓工程的采(盘)区煤层的平均走向长度，m；h 为已完成开拓工程的采(盘)区煤层的平均倾斜长度，m；M 为开拓区域煤层的平均厚度，m；D 为煤体视密度，t/m³；$Q_{地损}$ 为地质及水文地质损失，t；$Q_{呆滞}$ 为呆滞煤量，包括永久煤柱的可回采部分和开拓煤量可采期内不能开采的临时煤柱及其他煤量，t；K 为采区回采率。

2. 准备煤量

准备煤量计算公式为

$$Q_{准} = \sum_{i=1}^{n} \left(L_i I_i M_i D_i K_i + q_i \right) + Q_{回} \tag{3-2}$$

式中，$Q_{准}$ 为准备煤量，t；L_i 为第 i 个区段采煤工作面的有效推进长度，m；I_i 为第 i 个区段采煤工作面的平均长度，m；M_i 为第 i 个区段煤层的平均厚度，m；D_i 为第 i 个区段煤体视密度，t/m³；K_i 为第 i 个区段工作面的回采率；q_i 为第 i 个区段巷道掘进出煤量，t；n 为区段个数；$Q_{回}$ 为回采煤量，t。

煤与瓦斯突出煤层煤巷条带区域无突出危险应当满足下列条件：

(1) 煤与瓦斯突出煤层所圈定的准备煤量范围内回采巷道及开切眼的煤巷条带采取区域防突措施后，各单元评价测点测定的煤层残余瓦斯压力或残余瓦斯含量都小于预期的防突效果达标瓦斯压力或瓦斯含量，且在施工测定钻孔时没有喷孔、顶钻或其他动力现象。

(2)开采保护层后,准备煤量或准备煤量范围内回采巷道及开切眼的煤巷条带在保护层的有效保护范围以内。

(3)准备煤量可以按煤巷掘进方向分段计算,各分段长度不得小于300m。

3. 回采煤量

回采煤量按式(3-3)计算。瓦斯抽采、防突和水害防治效果达到安全回采要求的可采储量,可以按工作面推进方向分段计算,分段长度不得小于300 m。

$$Q_{回} = \sum_{i=1}^{n} L_i I_i M_i D_i K_i \tag{3-3}$$

式中, $Q_{回}$ 为回采煤量,t; L_i 为第 i 个工作面的有效或剩余推进(回采)长度,m; I_i 为第 i 个回采工作面的平均长度,m; M_i 为第 i 个回采工作面煤层的平均厚度,m; D_i 为第 i 个工作面煤体视密度,t/m³; K_i 为第 i 个工作面的回采率; n 为回采工作面个数。

瓦斯抽采和防突效果应当满足下列条件:

(1)对于突出煤层,开采保护层后,回采煤量所圈定范围内的煤层在保护层的有效保护范围内;采取煤层瓦斯区域预抽防突措施后,所有评价测点测定的煤层残余瓦斯压力或残余瓦斯含量都小于预期的防突效果达标瓦斯压力或瓦斯含量,且在施工测定钻孔时没有喷孔、顶钻或其他动力现象。

(2)回采煤量所圈定范围内的煤层可解吸瓦斯量应当满足表3-3的规定(国家安全生产监督管理总局、国家发展和改革委员会、国家能源局、国家煤矿安全监察局,2011)。

表3-3　回采煤量所圈定范围内的煤层可解吸瓦斯量指标

工作面日产量/t	可解吸瓦斯量/(m³/t)
≤1000	≤8
1001～2500	≤7
2501～4000	≤6
4001～6000	≤5.5
6001～8000	≤5
8001～10000	≤4.5
>10000	≤4

(3)高瓦斯、突出矿井的易自燃煤层,采用放顶煤开采时,回采煤量所圈定范围内的本煤层瓦斯含量应不大于6m³/t。

(4)防治水的效果应当满足下列条件:①回采煤量范围内的煤层及顶底板影响范围内已查清水文地质情况;②回采煤量范围内的煤层及顶底板应施工的疏排水、注浆加固等防治水工程已完成,且防治水效果已达到工作面安全回采要求。

(5)有下列情况之一的,不得计算为回采煤量:①所圈定的回采范围内瓦斯抽采不达标,或未按照规定进行抽采达标评判的煤量;②所圈定的回采范围内水害防治不达标,或未按照规定进行水害防治效果验证的煤量;③有冲击地压危险的煤矿,所圈定的回采范围内采煤工作面没有进行冲击危险性评价，或评价为严重冲击地压工作面的煤量；④所圈定的回采范围内受其他次生灾害影响的煤量。

4. 保护层抽采达标煤量

保护层抽采达标煤量计算公式为

$$Q_保 = \sum_{i=1}^{n} L_i I_i M_i D_i K_i \tag{3-4}$$

式中，$Q_保$ 为保护层抽采达标煤量，t；L_i 为第 i 个保护层工作面的有效或剩余推进（回采）长度，m；I_i 为第 i 个保护层工作面的平均长度，m；M_i 为第 i 个保护层工作面煤层的平均厚度，m；D_i 第为第 i 个保护层工作面煤体视密度，t/m³；K_i 为第 i 个保护层工作面的回采率；n 为保护层工作面个数。

5. 可供布置的被保护煤量

可供布置的被保护煤量（$Q_{被保}$）指矿井各被保护层可供布置开采的保护煤量之和，计算公式为

$$Q_{被保} = \sum_{i=1}^{n} L_i I_i M_i D_i K_i \tag{3-5}$$

式中，$Q_{被保}$ 为可供布置的被保护煤量，t；L_i 为第 i 个可供布置工作面的有效或剩余推进（回采）长度，m；I_i 为第 i 个可供布置的工作面的平均长度，m；M_i 为第 i 个可供布置的工作面煤层的平均厚度，m；D_i 为第 i 个可供布置的工作面煤体视密度，t/m³；K_i 为第 i 个可供布置的工作面的回采率；n 为可供布置的工作面个数。

3.6.2　矿井"五量"可采期计算方法

1. 开拓煤量可采期

开拓煤量可采期计算公式为

$$T_1 = \frac{Q_开}{矿井核定产量（设计能力或矿井年计划产量）} \tag{3-6}$$

2. 准备煤量可采期

准备煤量可采期计算公式为

$$T_2 = \frac{Q_准}{矿井当年平均月计划产量} \tag{3-7}$$

3. 回采煤量可采期

回采煤量可采期计算公式为

$$T_3 = \frac{Q_回}{矿井当年平均月计划产量} \tag{3-8}$$

4. 保护层抽采达标煤量可采期

保护层抽采达标煤量可采期计算公式为

$$T_4 = \frac{Q_{保}}{矿井当年保护层计划产量} \quad\quad (3\text{-}9)$$

5. 可供布置的被保护煤量可采期

可供布置的被保护煤量可采期计算公式为

$$T_5 = \frac{Q_{被保}}{矿井当年计划的保护煤层产量} \quad\quad (3\text{-}10)$$

当矿井实际月产量连续两个月超过计划月产量的10%时,应当按实际产量重新计算矿井"五量"可采期。

3.7 矿井部署管控合理性的评价方法

3.7.1 矿井合理部署管控技术指标评价体系

矿井合理部署管控技术指标体系由矿井"三超前"和矿井"五量"可采期构成,其管控技术指标评价体系见表3-4。

表3-4 矿井部署管控技术指标评价体系

体系名称	指标分类	指标名称	分值/分
矿井部署管控技术指标体系（100分）	三超前（60分）	掘进超前	20
		瓦斯抽采超前	25
		保护层开采超前	15
	"五量"可采期（40分）	开拓煤量可采期	8
		准备煤量可采期	8
		回采煤量可采期	8
		保护层抽采达标煤量可采期	8
		可供布置的被保护煤量可采期	8

3.7.2 "三超前"指标评分标准

"三超前"指标总分设置为60分,其中掘进超前分值为20分,瓦斯抽采超前分值为25分,保护层开采超前分值为15分。

1. 掘进超前评分标准

掘进超前评分标准见表3-5。

表 3-5　掘进超前评分标准表

指标	时间规定	空间规定	评分细则	得分
掘进开拓巷道超前（5分）	在水平、采区（盘区）的接替回采工作面投产时，必须提前完成接替回采工作面设计所需要的所有开拓进尺，且对有煤与瓦斯突出、水文地质条件极其复杂、有冲击地压、煤巷掘进机械化程度与综合机械化采煤程度的比值小于0.7的矿井至少提前3年完成，其他矿井至少提前2年完成，并形成两个安全出口和独立的通风系统	（1）倾斜条带长壁布置方式的矿井，其主要的开拓巷道按接替方向超前距离规定：对有煤与瓦斯突出、水文地质条件极其复杂、有冲击地压、煤巷掘进机械化程度与综合机械化采煤程度的比值小于0.7的矿井至少超前2个工作面条带的走向长度的位置，其他矿井至少超前1个工作面条带的走向长度的位置 （2）走向长壁布置方式的矿井，其主要的开拓巷道按接替方向超前距离规定：对有煤与瓦斯突出、水文地质条件极其复杂、有冲击地压、煤巷掘进机械化程度与综合机械化采煤程度的比值小于0.7的矿井至少超前2个工作面长度的位置，其他矿井至少超前1个工作面长度的位置，并形成独立的通风系统	符合时间规定要求得2.5分；否则得0分 符合空间规定要求得2.5分；否则得0分	
掘进准备巷道超前（5分）	在采区（盘区）的接替回采工作面投产时，必须提前完成接替回采工作面设计需要的所有准备进尺，保障有足够的设备安装、瓦斯治理时间，且对有煤与瓦斯突出、水文地质条件极其复杂、有冲击地压、煤巷掘进机械化程度与综合机械化采煤程度的比值小于0.7的矿井提前2年完成，其他矿井提前1年完成，并形成两个安全出口和独立的通风系统	（1）倾斜条带长壁布置方式的矿井，其专用瓦斯巷道按接替方向规定：对有煤与瓦斯突出、水文地质条件极其复杂、有冲击地压、煤巷掘进机械化程度与综合机械化采煤程度的比值小于0.7的矿井至少超前完成2个工作面条带的瓦斯巷道，其他矿井至少超前1个工作面条带的瓦斯巷道，并形成独立回风系统 （2）走向长壁布置方式的矿井，其按照接替方向、阶段（或区段）大巷石门及石门回风上（下）山超前距离规定：对有煤与瓦斯突出、水文地质条件极其复杂、有冲击地压、煤巷掘进机械化程度与综合机械化采煤程度的比值小于0.7的矿井至少提前揭穿3个石门，其他矿井至少提前揭穿2个石门，并形成独立的通风系统	符合时间规定要求得2.5分；否则得0分 符合空间规定要求得2.5分；否则得0分	
掘进回采巷道超前（5分）	在上一个（保护层）回采工作面开采结束时，提前完成接替回采工作面投产的所有回采巷道进尺，且对有煤与瓦斯突出煤层的接替回采工作面至少提前12个月完成，对无煤与瓦斯突出煤层的接替回采工作面至少提前3个月完成，留有足够的本层瓦斯治理、设备安装时间、空间	突出煤层：接替回采工作面至少提前1个月具备回采条件 非突出煤层：接替回采工作面至少提前0.5个月具备回采条件	符合时间规定要求得2.5分；否则得0分 符合空间规定要求得2.5分，否则得0分	
当年进尺结构（5分）	完成当年总进尺计划（2分） 完成当年开拓巷道进尺计划（1分） 完成当年准备巷道进尺计划（1分） 完成当年回采巷道进尺计划（1分）	—	完成一项得满分，否则得0分	
小计		X_1		

备注：对于存在两个水平、两个采区（盘区）、多个接替回采工作面、多个掘进工作面的情况，按照本标准分别打分后进行加权平均为此项最后得分。

2. 瓦斯抽采超前评分标准

瓦斯抽采超前评分标准见表 3-6。

表 3-6　瓦斯抽采超前评分表

指　标	时间规定	空间规定	评分细则	得分
条带预抽瓦斯超前 (5 分)	抽采达标超前时间不少于 1 个月	达标超前距离不小于 300m	符合时间规定要求得 2.5 分,否则得 0 分; 空间符合要求得 2.5 分,否则按比例扣分	
本层预抽瓦斯超前 (5 分)	抽采达标超前时间不少于 1 个月	达标超前距离不小于 300m	符合时间规定要求得 2.5 分,否则得 0 分; 空间符合要求得 2.5 分,否则按比例扣分	
石门预抽瓦斯超前 (5 分)	抽采达标超前时间不少于 1 个月	符合石门揭煤抽放钻孔设计(或防突措施规定)的控制范围	符合时间规定要求得 2.5 分,否则得 0 分; 空间符合要求得 2.5 分,否则得 0 分	
穿层网格抽采瓦斯超前(5 分)	超前抽采时间不少于 3 个月	超前不小于 300m	符合时间规定要求得 2.5 分,否则得 0 分; 空间符合要求得 2.5 分,否则按比例扣分	
邻近层抽采瓦斯超前 (5 分)	超前抽采时间不少于 1 个月	在工作面投产前,在回采工作面独立的通风系统内完成设计的所有邻近层抽采钻孔	符合时间规定要求得 2.5 分,否则得 0 分; 空间符合要求得 2.5 分,否则得 0 分	
小计		X_2		

注:对于存在多回采工作面、多石门、多掘进工作面的情况,按照本标准分别打分后,进行计算。

3. 保护层开采超前评分标准

保护层开采超前评分标准见表 3-7。

表 3-7　保护层开采超前评分表

指标	时间规定	空间规定	评分细则	得分
保护层开采超前 (15 分)	按照矿井计划厚保比要求,期末抽采达标的保护层煤量可采期不得小于 5 个月(3 分) 被保护层采掘活动必须滞后保护层开采 3 个月的动压期(3 分)	保护层面积/主采层面积不小于 1.2(3 分) 被保护层工作面投产前,其接替工作面必须完全受保护(按照设计)(3 分) 保护层超前被保护层采掘活动不少于 100m(3 分)	符合时间规定得 6 分,一项未完成扣 3 分 符合空间规定要求得 9 分,一项未完成扣 3 分	
小计		X_3		

注:对于存在多个保护层工作面的情况,按照本标准分别打分后,进行加权平均为此项最后得分。

3.7.3　"五量"可采期评分标准

"五量"可采期评分标准见表 3-8。

表 3-8　"五量"可采期评分标准表

序号	指标名称	煤与瓦斯突出矿井	高瓦斯矿井	水文地质类型极其复杂的矿井	水文地质类型复杂的矿井	冲击地压矿井	煤巷掘进机械化采煤化程度与综合机械化采煤程度的比值小于 0.7 的矿井	其他	评分细则	得分
1	开拓煤量可采期/年	≥5	≥4	≥5	≥4	≥5	≥3	≥3	符合控制指标得 8 分;否则得 0 分	

续表

序号	指标名称	煤与瓦斯突出矿井	高瓦斯矿井	水文地质类型极其复杂的矿井	水文地质类型复杂的矿井	冲击地压矿井	煤巷掘进机械化程度与综合机械化采煤程度的比值小于0.7的矿井	其他	评分细则	得分
2	准备煤量可采期/月	≥14	≥12	≥14	≥14	≥14	≥14	≥12	符合控制指标得8分；否则得0分	
3	回采煤量可采期/月	≥5	≥5	≥5	≥5	≥5	≥5	≥5	符合控制指标得8分；否则得0分	
4	保护层抽采达标煤量可采期/月	≥5	—	—	—	—	—	—	符合控制指标得8分；否则按照比例扣分	
5	可供布置的被保护煤量可采期/月	≥12	—	—	—	—	—	—	符合控制指标得8分；否则按照比例扣分	
6	合计	X_4								

3.7.4　矿井部署得分

通过对"三超前"和"五量"可采期指标进行打分，然后将各个指标的得分求和，可得矿井部署最终得分

$$X = X_1 + X_2 + X_3 + X_4 \tag{3-11}$$

式中，X_1 为矿井掘进超前得分；X_2 为矿井抽采超前得分；X_3 为矿井保护层超前得分；X_4 为矿井"五量"可采期得分。

矿井最终得分和评价应考虑以下情况：

①矿井末采、关闭矿井收缩式开采等非正常生产矿井不在此列。

②部分矿井缺项的单项打分时不计得分，待矿井得出总分再依据缺项总分按百分比反算矿井最终得分。计算式如下：

$$T = \frac{100 \times Q}{100 - P} \tag{3-12}$$

式中，T 为最终得分；Q 为评分总分；P 为缺项总分。

3.8　矿井部署管控合理性判识

3.8.1　矿井部署合理性评价分类

矿井部署合理性评价可分为 4 类：部署主动、部署正常、部署基本正常、部署紧张，见表 3-9。

表 3-9　矿井部署合理性评价表

评价标准	类型	检查得分(X)	评价结论
$X \geqslant 90$ 分	部署主动		
90 分 $> X \geqslant 80$ 分	部署正常		
80 分 $> X \geqslant 70$ 分	部署基本正常		
$X < 70$ 分	部署紧张		

注：1.矿井未采、关闭矿井收缩式开采等非正常生产矿井不在此列；2.部分矿井缺项的单项打分时不计得分，待矿井得出总分再依据缺项总分按百分比反算矿井最终得分。

3.8.2　矿井部署紧张的判断

矿井部署是否紧张，除按照本标准判断外，还需严格按照《防范煤矿采掘接续紧张暂行办法》(煤安监技装〔2018〕23 号)的规定进行判定。矿井有下列情形之一的，为采掘接续紧张。

(1)除衰老矿井和计划停产关闭矿井外，正常生产矿井的开拓煤量、准备煤量、回采煤量可采期小于《防范煤矿采掘接续紧张暂行办法》(煤安监技装〔2018〕23 号)第三条规定的最短时间的。

(2)开采煤层群的突出矿井，具备开采保护层条件，未优先选取无突出危险的煤层或者突出危险程度较小的煤层作为保护层开采的。

(3)未按《煤矿安全规程》形成完整的水平或采(盘)区通风、排水、供电、通信等系统，进行回采巷道施工的。

(4)采(盘)区内同时作业的采煤工作面和煤巷掘进工作面个数超过《煤矿安全规程》规定的。

(5)擅自缩短工作面走向(推进)长度的(除遇大断层构造带或煤层变薄带不可采等外)，或未经批准擅自将一个采区划分为多个采区的。

(6)煤层群开采时，未留有足够的顶底板稳定时间，施工近距离邻近煤层回采巷道的。

(7)擅自减少瓦斯、水害等重大灾害治理巷道工程、钻孔工程，或擅自缩减瓦斯抽采时间，减少灾害治理措施的。

(8)采煤工作面生产安全系统未形成就进行采煤的。

(9)各省级煤矿安全监察局和煤矿安全监管部门认定并经国家煤矿安全监察局批复确认的其他采掘接续紧张情形。

3.9　矿井部署管控的实施保障

3.9.1　部署管理的指导思想、职能与职责

1. 指导思想

以安全高效为目标，依靠科技，提高机械化、智能化水平；以瓦斯治理为重点，确保

瓦斯抽采、掘进和保护层开采超前；以技术改造为手段，优化系统、简化环节，合理集中生产；以驱动创新，推广新技术、新工艺、新设备、新材料为突破口，实现减人提效、节能降耗、减排增效。

2. 部署管理的职能与职责

矿井应明确生产部署管理机构，配备部署管理人员，明确各级领导和生产部署管理职能职责。制定生产部署管理办法。明确责任者是部署执行的主体，负责矿井年度生产建议计划和矿井五年生产部署规划方案编制，并按审定的计划和部署方案组织生产。明确谁负责矿井年度生产建议计划的审批及矿井五年生产部署规划方案的审定，谁负责矿井生产部署总体管控，负责对生产部署进行过程监管、督导和考核。

3.9.2　矿井部署的编制

1. 部署编制原则

依法依规，科学布局；安全高效，持续改进；立足当前，兼顾长远；"抽、采、掘"协调平衡；做到"三超前"、"五量"符合要求；确保后劲，持续发展。

2. 部署编制依据

《煤矿安全规程》《生产矿井储量管理规程》《煤炭工业矿井设计规范》《防治煤与瓦斯突出细则》《煤矿防治水细则》《防范煤矿采掘接续紧张暂行办法》等的规定和相关技术政策、矿井地质勘查报告、矿井(改扩建)设计、核定生产能力；矿井历年开采水平、机械化程度、"采、掘、抽"关系现状；年度煤炭销售预测计划；确定的矿井生产规模和生产格局，审定的水平、采区、工作面接替关系；矿井当期开采技术水平、机械化程度、"三超前"关系现状等。

3. 部署编制时间要求

计划一年，编排三年，规划五年。

4. 部署编制内容

(1)主要技术经济指标：矿井原煤产量、原煤灰分、掘进进尺(各类进尺)、瓦斯抽采钻孔进尺、瓦斯抽采量、保护层面积、瓦斯利用率等。

(2)矿井"三超前"、"五量"及其可采期。

(3)万吨掘进率、采掘机械化程度、装载机械化水平。

(4)矿井生产重大节点目标和其他重要生产、技术指标等。

3.9.3　矿井部署管理基础资料

1. 必备基本图表

(1)矿井采掘工程平面图(1∶2000～1∶5000)。

(2)年度"采、掘、抽"计划示意图(1∶2000～1∶5000)。

(3)采掘接替关系图表(3年)(1∶2000～1∶5000)。

(4)矿井通风系统动态图(1∶2000～1∶5000)。

(5)矿井抽采工程动态图(1∶1000～1∶2000)(每月分类标注)。

(6)矿井水平、采区(盘区)、工作面设计平面布置动态图(1∶2000～1∶5000)。

(7)其他需要的相关图纸。

2. 台账、报表的建立

(1)主要生产技术指标统计台账及各类报表。

(2)矿井"三超前"台账(3年)(分类建立)。

(3)矿井"五量"台账及报表(5年)。

(4)瓦斯抽采钻孔进尺、抽采量、抽采率、瓦斯利用率等统计台账及报表。

(5)编制的矿井生产和灾害治理规划、年度计划,统筹采掘工程、灾害治理工程安排表。

(6)部署管理检查、考核表。

(7)其他需要的相关台账和报表。

第4章 保护层开采防突技术

在煤与瓦斯突出矿井开采煤层群时，先行开采不突出或者突出危险性较小的煤层，由于采动影响而使邻近突出煤层瓦斯压力、瓦斯含量大幅降低，煤层透气性显著提高，大量高压瓦斯释放从而消除突出煤层的突出危险。长期以来的科学研究与生产实践证明，开采保护层是防治煤与瓦斯突出最有效、最可靠、最经济的区域性防突措施，被国内外普遍采用，成为煤矿防突的基本技术政策、安全管理的主要内容、生产发展的关键环节，对突出矿井煤炭的安全高效开采具有重要意义。保护层的选择、保护边界的考察与确定、保护层的无煤柱开采和煤柱管理、被保护层卸压瓦斯抽采等是开采保护层的关键技术。

4.1 保护层开采及技术效应

4.1.1 保护层开采的历史

早在 1958 年重庆地区就在天府矿务局进行开采保护层防治煤与瓦斯突出的试验与研究，并取得了明显的效果。在推广至南桐、中梁山、松藻矿务局的应用过程中又对保护层开采的防突机理、保护效果、保护范围、保护效应等进行了深入研究，积累了丰富的经验，形成了具有重庆地区特色的保护层开采与卸压瓦斯抽采成套技术，是重庆煤矿防治强突出煤层煤与瓦斯突出的最可靠的区域措施。

4.1.2 保护层及围岩特征

众所周知，重庆是煤与瓦斯突出的重灾区，突出矿井的各个可采煤层都有突出危险性，为保护层的选择与开采带来许多困难与风险。重庆地区主要煤矿的保护层、被保护层、层间岩性见表 4-1。

表 4-1 重庆地区主要煤矿的保护层、被保护层、层间岩性

矿井	保护层					被保护层		层间距/m	岩性
	层名	位置	倾角/(°)	采高/m	稳定性	层名	突出危险性		
打通一矿	7	上	8	1.2	稳定	8		9	页岩、粉砂岩、石灰岩
石壕煤矿	7	上	8	1.2	稳定	8		9	页岩、粉砂岩、石灰岩
中梁山矿	K_2	下	65	0.7	稳定	K_1	强突出煤层	3～7	页岩、粉砂岩、石灰岩
渝阳煤矿	7	上	9	1.2	较稳定	8		9	页岩、粉砂岩、石灰岩
南桐煤矿	5	下	30	1.0	稳定	4		25	页岩、粉砂岩、石灰岩
东林煤矿	6	下	40	1.3	稳定	4		40	页岩、粉砂岩、石灰岩

矿井	保护层					被保护层		层间距/m	岩性
	层名	位置	倾角/(°)	采高/m	稳定性	层名	突出危险性		
鱼田堡煤矿	3	上	30	0.7	不稳定	4	强突出煤层	5~6	泥岩、页岩
鱼田堡煤矿	6	下	30	1.0	稳定	4		40	页岩、粉砂岩，石灰岩
磨心坡煤矿	2	上	60	0.6	稳定	9		85	页岩、砂岩、石灰岩

4.1.3　保护层开采效果

1. 保护效应参数及其变化

鱼田堡、渝阳煤矿属于近距离上保护层，南桐煤矿属于中距离下保护层，中梁山煤矿属于近距离下保护层，磨心坡煤矿属于远距离上保护层。开采后的被保护层的瓦斯压力 P、透气性系数 λ、煤层相对变形量 ε、钻孔瓦斯抽采流量 Q 等保护效应参数的变化如图 4-1 至图 4-5 所示。

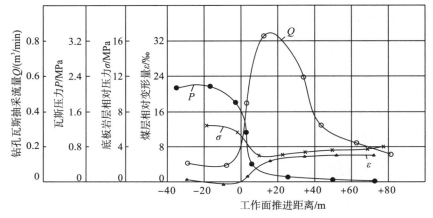

图 4-1　鱼田堡煤矿 3 号煤层开采后 4 号煤层的相关参数变化

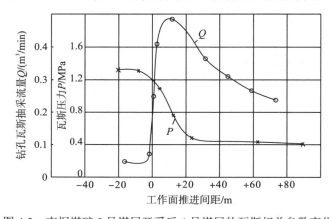

图 4-2　南桐煤矿 5 号煤层开采后 4 号煤层的瓦斯相关参数变化

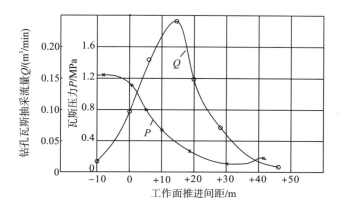

图 4-3　渝阳煤矿 7 号煤层开采后 8 号煤层的瓦斯相关参数变化

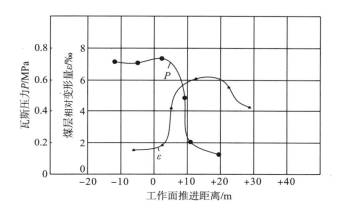

图 4-4　中梁山煤矿 2 号煤层开采后 1 号煤层的瓦斯相关参数变化

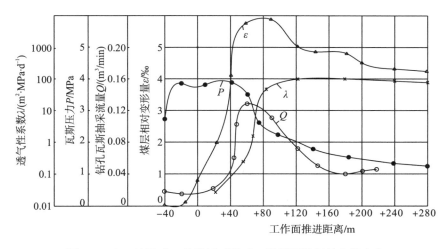

图 4-5　磨心坡煤矿 3 号煤层开采后 9 号煤层的相关参数变化

2．保护效应参数变化的规律

从图 4-1 至图 4-5 可以得出保护层开采效应参数变化规律如下。

（1）工作面煤壁前方不远处小范围煤岩压缩，被保护层瓦斯压力略有增大，被保护层透气性系数略有减小。

（2）在工作面煤壁附近的被保护层开始出现应力、瓦斯压力减小，煤层发生膨胀变形（煤厚最大），抽采钻孔瓦斯流量增大；工作面后方 0.5～1.5 倍层间距处效应指标变化量达到最大值。

（3）在采空区后方的煤层透气性系数 λ、煤层相对变形量 ε 有所减小，但远大于原始值。

（4）随着工作面的推进，钻孔瓦斯抽采流量达到最大值后逐渐衰减，并有下列规律。

①钻孔瓦斯抽采量达到最大值的点与工作面煤壁的距离基本符合式(4-1)、式(4-2)。

$$L_{上} = \frac{h}{\tan 60°} + 10 = 0.58h + 10 \tag{4-1}$$

$$L_{下} = \frac{h}{\tan 75°} + b = 0.27h + b \tag{4-2}$$

式中，$L_{上}$ 为开采上保护层的卸压抽采钻孔瓦斯抽采量达到最大值的位置与工作煤壁的距离，m；h 为保护层与被保护层的距离，m；$L_{下}$ 为开采下保护层的钻孔瓦斯抽采量达到最大值的位置与工作煤壁的距离，m；b 为工作面控顶距离，m。

②钻孔瓦斯抽采流量衰竭位置与工作面煤壁的距离 l 基本符合式(4-3)。

$$l = \frac{h}{\tan 60°} + 40 = 0.58h + 40 \tag{4-3}$$

式中，h 为保护层与被保护层的距离，m。

3．保护效应参数变化的本质

根据矿井实际保护效果变化规律，结合矿压变化规律可以得出：保护层开采后在煤壁前方不远范围内产生支承压力，形成应力集中区；在采空区上下一定范围内的煤岩层，从近似的三向等压状态变成单向、双向或三向不等压状态后，岩层发生垮落、破断、离层、位移，煤岩应力降低；同时，煤层中的原生裂隙张开，次生裂隙产生，透气性增强，瓦斯快速解吸并通过裂隙迅速、大量流向采空区或抽采钻孔；被保护层的瓦斯大量流出后，煤层瓦斯含量、瓦斯压力大幅度降低。

4.2 保护层开采的基本技术

4.2.1 开采保护层的防突原理

保护层开采后，因围岩受力状态发生改变而自然向采空区移动，采空区上方岩层在重力和瓦斯压力共同作用下依次垮落、产生裂隙、弯曲下沉，采空区下方岩层发生膨胀、位移。这些不同方式的移动都会使保护层上下一定范围内的被保护层发生一系列变化：保护层开采→被保护层卸压→透气性增强、瓦斯解吸→瓦斯迅速沿裂隙、钻孔等通道排出→保护层瓦斯压力、瓦斯含量降低→煤层强度提高。保护层开采防突作用原理如图 4-6 所示。

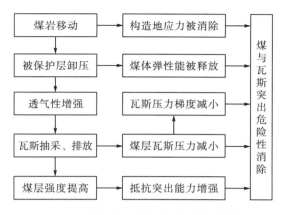

图 4-6　保护层开采防突作用原理框图

4.2.2　保护层选择遵循的原则

保护层选择是保护层开采技术的核心内容，选择时应充分遵循下列原则。

1. 保护层稳定性较好

保护层厚度(不小于 0.5m)应比较均衡，断层、褶曲少，能够实现全面、规模化开采；直接顶、底有明显标志，不因偶尔煤层缺失、尖灭、错断迷失方向而误穿突出煤层。因此，保护层的赋存应尽量稳定。

2. 瓦斯突出危险性小

在开采多煤层的突出矿井中，应根据煤层突出危险性评估、鉴定、生产实践划分出各煤层的突出危险性(强突出煤层、弱突出煤层、不突出煤层)，优先选择不突出煤层作保护层，若无不突出煤层可选择，则应以弱突出煤层作保护层。

3. 不能破坏被保护层

开采下保护层时，不能因采后的顶板垮落、移动而使上覆可采煤层的完整性和连续性遭到破坏。其层间距 H 应根据采高、煤层倾角、采空区处理方式、顶板特性等综合分析确定，且符合式(4-4)。

$$H \geqslant H_{\min} \tag{4-4}$$

当 $\alpha < 60°$ 时，$H_{\min} = KM\cos\alpha$；当 $\alpha \geqslant 60°$ 时，$H_{\min} = KM\sin(\alpha/2)$。

式中，H 为保护层与被保护层的间距，m；$H_{\min}$ 为允许最小层间距，m；M 为保护层开采厚度，m；α 为保护层倾角，(°)；K 为顶板管理系数，垮落法管理顶板时，K 取 10，充填法管理顶板时，K 取 6。

4. 开采时安全有保障

开采近距离下保护层时，要有采高限制，不得因煤层厚度增大而无限增大采高，防止被保护层处于垮落带而完整性遭到破坏，大量卸压瓦斯涌入采空区进入工作面。对此，一般不选择近距离下保护层。对层间为易软化、膨胀岩层的上保护层，层间距离不得小于

8m，以防被保护层的高压瓦斯引起层间岩层鼓起、破坏而危及工作面安全。

5. 便于瓦斯高效抽采

保护层的位置、与各邻近煤层的间距、层间岩性都影响瓦斯抽采巷道的布置，进而影响抽采的合理性、可靠性。所以保护层的选择要求：一是便于设计瓦斯抽采巷道，满足保护层瓦斯的预抽和保障被保护层、邻近层瓦斯的卸压抽采；二是抽采巷道岩层稳定，保障抽采巷道、钻场、钻孔不遭受较严重采动破坏而影响抽采效果。

6. 利于采掘接替部署

煤与瓦斯突出矿井开拓、准备巷道一般布置在煤系底部的岩层中。当选择上保护层时，各区段石门必然要先掘过未受保护的强突出煤层，防突风险较大，揭煤与巷道准备时间较长而不利于采掘部署。若选择下保护层，不仅避免了上保护层的弊端，还因在倾斜方向下保护层采煤工作面至少超前于被保护层工作面一个区段而避免采掘集中，所以下保护层有利于采掘部署。

4.2.3　保护范围的划定方法

保护层有效保护范围的考察技术性强，工作要求高。考察时环境、条件较难代表矿井普遍情况，考察结果难以达到安全工作所要求的绝对可靠。因此，原则上按《防治煤与瓦斯突出细则》中规定的方法进行保护范围划定。

1. 法向保护范围与划定

重庆地区保护层的开采都是采用全部陷落法管理采空区，经长期实践证明，采高 $h \geqslant 0.5\text{m}$、采煤工作面长度 $L \geqslant 80\text{m}$ 或采取无煤柱开采时，下保护层法向最大保护距离 $h_{\text{下 max}} = 80\text{m}$，上保护层法向最大保护距离 $h_{\text{上 max}} = 50\text{m}$。

2. 沿倾斜方向的保护范围

保护层停采 3 个月后，对被保护层沿倾斜方向的保护范围根据卸压角 δ 划定，如图 4-7 所示。矿井若无实测的卸压角可参考表 4-2。

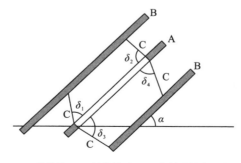

A—保护层；B—被保护层；C—保护范围边界线

图 4-7　保护层停采后沿倾斜方向的保护范围示意图

表 4-2　保护层沿倾斜方向的卸压角

煤层倾角 α/(°)	卸压角 δ/(°)			
	δ_1	δ_2	δ_3	δ_4
0	80	80	75	75
10	77	83	75	75
20	73	87	75	75
30	69	90	77	70
40	65	90	80	70
50	70	90	80	70
60	72	90	80	70
70	72	90	80	72
80	73	90	78	75
90	75	80	75	80

3. 沿走向方向的保护范围

保护层采煤工作面停采时间超过 3 个月后，对被保护层沿走向的保护范围可在始采线、终采线及所留煤柱边界线以 $\delta_5=56°\sim60°$ 的卸压角划定，如图 4-8 所示。

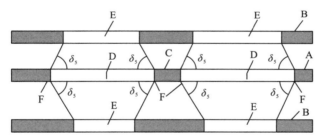

A—保护层；B—被保护层；C—煤柱；D—采空区；E—保护范围；F—始采线、终采线

图 4-8　保护层停采后沿走向的保护范围示意图

4. 保护层工作面超前距离

正在开采的保护层工作面必须超前于被保护层掘进工作面，超前距离不得小于 3 倍保护层与被保护层的间距，且不得小于 100m。

5. 保护关系图的编制要求

(1)不规则煤柱规则化。煤柱是指保护层开采过程中留下的未开采的煤体。在平面或立面图上，实际煤柱轮廓线与煤层走向或倾向明显不一致的煤柱称为不规则煤柱。在不规则煤柱外轮廓画一个与煤层走向、倾向平行的外接矩形。将不规则的实际煤柱转换为编制保护关系图的矩形煤柱的过程称为不规则煤柱规则化。实践证明，以这个规则化的煤柱为基础编制的保护关系图才具有可靠性。所以，保护关系图的编制应首先把不规则煤柱规则化。

(2)保护关系图编制要点。保护关系图至少由保护层与被保护层合一的平(或立)面图，通过煤柱的走向、倾向剖面图构成。保护关系图的比例不得小于1:1000。在剖面图上画出规则化的煤柱(涂黑)及卸压线、卸压角、被保护层未保护范围(煤柱危害范围)(涂红)，标注未保护范围尺寸、标高、层间距、煤层倾角等。在平(或立)面图上画出保护层煤柱(涂黑)及附近被保护层的设计、施工巷道和未保护范围(涂红)，标注未保护区拐点坐标(x、y、z)及其与相关巷道的尺寸。

4.3　保护层无煤柱开采技术

4.3.1　保护层煤柱及危害

保护层煤柱是指保护层开采过程中未予开采的层面宽度大于 2 倍煤层厚度的那部分煤层。

1. 埋下突出隐患

煤柱支撑着采空区部分上覆岩层，承载着远大于原岩应力的支承压力，并按一定的角度向上下煤岩层传递，使对应范围的被保护层地应力、瓦斯压力增大，透气性降低，煤与瓦斯突出危险程度与防突难度增大，是被保护层瓦斯突出的隐患。

2. 留下自燃隐患

煤柱边缘煤炭被压崩塌，煤柱内形成部分裂隙，采空区处于微弱通风状态，此时的煤炭容易自然发火，成为自然火灾的物质条件。留设煤柱就是留下自燃、火灾隐患。

3. 丢失煤炭资源

留设煤柱使煤炭没有得到全面开采，既丢失了部分资源，又增大了矿井的开采成本。

4.3.2　保护层无煤柱开采

无煤柱开采技术早已成熟，且内容广泛，方法繁多。本书只简述普遍应用的几种技术。

1. 煤层中不布置开拓巷道和准备巷道

重庆瓦斯突出矿井的开拓巷道(井筒、主石门、井底车场、集中运输大巷、集中回风大巷、采区石门)，准备巷道(各采区上山、硐室等)基本上布置在煤系下部距煤层20m以外的较厚且坚硬的茅口石灰岩中。上覆的各煤层都跨过这些巷道开采，不留设开拓巷道和准备巷道保护煤柱。

2. 无障碍回采不留采空区煤柱

保护层回采过程中，不管煤层厚度如何变化，都按设计的最小至最大采高之间全面回采，有煤采煤，无煤采岩，不留设任何采空区煤、岩柱和具有支撑性的设施。

3. 沿空护巷不留区段走向煤柱

保护层开采时，将运输机巷维护起来作为下区段的回风巷，使区段之间不留走向条带煤柱。

4. 沿边掘巷不留采区倾向煤柱

在相邻老采空区的新采区的各区段开切眼的一边紧贴老采空区沿煤层掘进，实现采区之间不留设倾向煤柱。

5. 条带式开采不留石门煤柱

将每个开采水平划成几个条带，在条带内每隔 400～500m 划分一个区间，每个区间用一个运输石门和一个回风石门分别与条带集中运输、回风巷联通。正常情况下两个区间的巷道构成后才能回采。当采煤工作面采近第 n 个区间石门时，第 $n+1$ 个区间已形成生产系统，此时，采煤工作面就正常采过第 n 个区间石门，不留石门煤柱。

应用上述保护层无煤柱开采技术就能够实现保护层的全面有效开采，而被保护层得到全面保护。

4.4　卸压瓦斯抽采关键技术

卸压瓦斯是指保护层开采后，被保护层和其他邻近层卸压后解吸、涌出的瓦斯。

4.4.1　瓦斯卸压区域

一般情况下保护层采煤工作面的煤壁，采过的风巷、机巷，煤壁至采空区侧 $0.58h+40\text{m}$（h 为保护层与被保护层的间距）的各法向面与被保护层的交线所圈定的范围为被保护层的瓦斯卸压区域。由于采煤工作面是运动的，所以被保护层的瓦斯卸压区域也是动态变化的。

4.4.2　瓦斯运移规律

在瓦斯卸压区域的瓦斯沿着原生裂隙，采动裂隙、裂缝，抽采钻孔快速流动至采空区和瓦斯抽采系统。若保护层与被保护层之间有致密、厚层状弯曲变形岩层，则此岩层就是卸压瓦斯沿采动裂隙流动的障碍，卸压瓦斯唯有沿穿层钻孔流出。

4.4.3　瓦斯可抽区域

被保护层瓦斯卸压区及其对应的采动离层区、裂隙区、冒落区都为卸压瓦斯的可抽区域，但卸压瓦斯的压力、浓度在上述 4 个可抽区依次降低，其抽采效果也依次降低，因在靠前区域的抽采会拦截靠后区域的瓦斯，为卸压瓦斯抽采的选择提供了技术依据。突出矿井应优先考虑在抽采效果较好的靠前区域抽采，其次才考虑在采空区抽采。

4.4.4　瓦斯抽采方法

保护层开采卸压瓦斯抽采至关重要，重庆地区的绝大多数突出矿井通常是在每个区段都布置了 1 条岩层瓦斯抽采专用巷道，在抽采巷道内向保护层和其他邻近层布置钻孔抽采卸压瓦斯。

在下保护层，或保护层上部的邻近层的卸压瓦斯量较大时，可在回风巷向采空区上方的被保护层或其他邻近层施工高位长钻孔抽采卸压瓦斯。

若钻孔抽采还无法保证采煤工作面、回风流瓦斯浓度不超限，则可采取采空区瓦斯抽采，主要采空区瓦斯抽采方式有两种：一是回风巷埋管采空区瓦斯抽采，二是抽采巷向采空区打钻孔插管道抽采采空区瓦斯。

4.5　煤柱及危害范围管控技术

4.5.1　煤柱的管控

1. 不得擅自留设煤柱

保护层的开采设计要尽量不留设煤柱；矿井在保护层巷道施工与采煤过程中不得留设煤柱，遇到不可抗拒因素非留煤柱不可时，必须经企业总工程师批准。

2. 建立煤柱技术档案

煤柱留设过程中矿井地测部门的专业人员必须到现场测绘煤柱的形状、尺寸、拐点坐标、煤层倾角等技术资料，并编号建立煤柱技术档案。

3. 关键图纸标注煤柱

在采掘工程平面图、矿井瓦斯地质图、工作面开采设计图上醒目地标注出煤柱位置及相关资料，以方便矿井各有关部门全面掌握，综合管控煤柱。

4.5.2　危害范围管控

1. 分期编制煤柱保护关系图

保护关系图的准确性、可靠性除与煤柱的形状、尺寸相关外，还与层间距、煤岩层倾角密切相关。被保护层石门揭煤前、煤巷掘进前、工作面回采前都得按煤柱危害范围的分布采取防突措施，但这 3 个时期人们对层间距、煤岩层倾角的掌握是从粗略推断到精确测量的过程，所以对同一煤柱要编制 3 个时期的保护关系图来确定煤柱危害范围，以便采取可靠的防突措施。

2. 报送煤柱危害范围通知书

在被保护层的煤柱危害范围及其附近采掘期间，矿井每月要向相关矿领导、安全生产部门、瓦斯防治部门及相关采、掘、通施工作业区队报送经矿总工程师批准的煤柱危害范围通知书。让矿井相关单位、个人提前掌握煤柱危害范围的情况，提醒相关单位、个人应做好必要的准备工作。

3. 现场标定煤柱危害区位置

采煤工作面在进入煤柱危害区 20m 前，掘进工作面在进入煤柱危害区 50m 前，煤柱管理部门要在现场醒目地标示进入煤柱危害范围控制点，注明由此点向前多少米就进入煤柱危害区，以防止误入煤柱危害范围。

4. 现场挂设煤柱危害区图版

煤柱管理部门在掘进工作面后方 50m 左右，采煤工作面风、机巷后方 20m 左右挂设煤柱危害区图版，在图版上画出煤柱危害区的大小、位置、与巷道边缘的距离，并每季度更换一次，以保证精准防突。

5. 煤柱危害范围防突措施管控

对掘进条带将要遇到的煤柱危害范围，只能提前采取穿层钻孔预抽煤层瓦斯的区域防突措施；对回采区域的煤柱危害范围的本层区域防突措施，必须在 20m 以上的有效保护屏障防护下才能实施；掘进工作面过煤柱危害范围的防突措施钻孔超前距离不得小于 7m；采煤工作面过煤柱危害范围的防突措施钻孔超前距离不得小于 5m。

4.6　保护层开采及保护效果考察案例

4.6.1　矿井简况

以南桐矿业公司（过去的南桐矿务局）的南桐煤矿保护层开采和卸压瓦斯抽采及保护效果考察作为实例。南桐煤矿有 3 个可采煤层，从上到下分别为 4、5、6 号煤层，6 号煤层位于煤系的底部。各煤层厚度分别为 2.5m、0.8m、1.2m，倾角为 30° 左右，层间距分别为 24m、15m 左右。层间岩层为粉砂岩、页岩、石灰岩，其中，5 号煤层顶部 5～13m 有一层坚硬的硅质石灰，煤系下部为厚层稳定的茅口石灰岩。各煤层都有突出危险，其中 4 号煤层为强突出煤层。目前采深为 700～800m。

4.6.2　保护层开采

1. 开采顺序

因各可采煤层都有突出危险，4 号煤层为强突出煤层，5 号煤层稳定且突出危险性较小，所以以 5 号煤层为保护层，4、6 号煤层分别为上下被保护层。在垂直方向的开采顺序为 5、4、6 号煤层。在倾斜方向的开采顺序为下行式。

2. 保护层无煤柱开采

（1）开拓、准备巷道布置在底板岩层中。开拓巷道（井筒、主石门、井底车场、硐室、集中运输大巷、集中回风大巷、采区石门），准备巷道（各采区上山、硐室等）都布置在煤系下部距煤层 20m 以外的厚层、坚硬的茅口石灰岩中，如图 4-9 所示。上覆的各煤层都跨过这些巷道开采，不留设开拓、准备巷道保护煤柱。

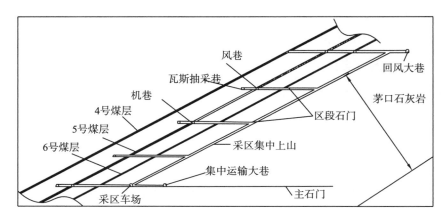

图 4-9　可采煤层及主要巷道布置示意图

（2）无障碍回采不留采空区煤柱。保护层回采过程中，不管煤层厚度如何变化，都按设计大于 0.5m 的采高开采，有煤采煤，无煤采岩，不留设任何采空区煤、岩柱和具有支撑性的设施。过去采用炮采，现采用综采，最小采高为 1.1m。

（3）运输平巷沿空护巷不留区段条带煤柱。保护层开采时，运输机巷的金属支架不撤，另在采空区侧垒 1m 左右的矸石袋档矸护巷，将运输平巷维护起来作为下区段的回风平巷，使区段之间不留走向条带煤柱，如图 4-10 所示。

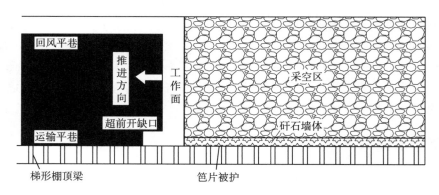

图 4-10　运输平巷沿空护巷示意图

（4）沿边掘开切眼不留采区倾向煤柱。新采区在相邻老采空区侧的掘各区段开切眼时，留 1m 左右的档矸煤柱，如图 4-11 所示。采煤后，此小煤柱被压垮，对被保护层形不成支撑作用，以实现采区之间不留设倾向煤柱。

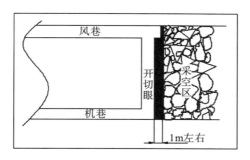

图 4-11　开切眼沿空掘进示意图

应用上述保护层无煤柱开采技术基本能够实现保护层的全面有效开采，使被保护层得到全面保护。

4.6.3　卸压瓦斯抽采

一般情况下保护层采煤工作面的煤壁，采过的风巷、机巷，煤壁至采空区侧 $0.58h+40m$（h 为保护层与被保护层间距）的各法向面与被保护层的交线所圈定的范围为被保护层的瓦斯充分卸压区，如图 4-12 所示。由于采煤工作面是运动的，所以，被保护层的瓦斯卸压区域也是运动的。在此区域钻孔的抽采量最大，抽采效果最佳。为了保证抽采可靠，此区域的抽采钻孔一定不能遗漏，且向采空区方向呈扇形布置，以保证开孔点附近的钻孔被破坏之前能较好地抽采瓦斯。

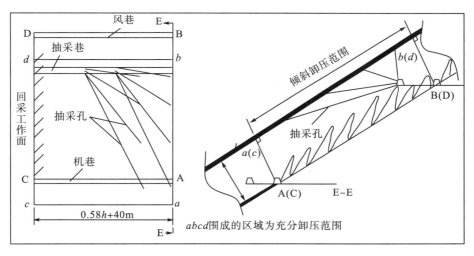

图 4-12　充分卸压范围与抽采钻孔布置示意图

4.6.4　保护效果及考察

采用重庆煤科院研制的 DGC 煤层瓦斯含量测定系统测定保护后的被保护层残余瓦斯含量来进行保护效果考察。具体做法是 4 号煤层机巷每掘进 30～50m 在工作面正前方和煤层真倾斜上方各打 1 个煤层钻孔，取煤样送瓦斯实验室测定保护、抽采后的残余瓦斯含量，临界值为 $8m^3/t$。以此作为保护层掘进，采煤前的保护效果考察。

南桐煤矿自开采保护层以来，被保护层煤层未发生过 1 次煤与瓦斯突出，也没有出现过考察指标超限。表明以 5 号煤层作保护层开采，同时抽采强突出煤层卸压瓦斯的防突效果是可靠的。

4.7　开采保护层教训及经验

4.7.1　开采保护层的教训

虽然开采保护层是最有效、最经济、最可靠的区域防突措施，但我们在早些年间的探索、试验过程中也遭受了一些挫折与教训。

1. 近距离上保护层采场底板快速鼓起

南桐矿区鱼田堡煤矿 3 号保护层与强突出被保护层层间距为 5～6m，采高为 0.6m 左右，层间为遇水易软化、膨胀的泥岩、页岩。保护层开采过程中，底板软化，在被保护层的高压瓦斯(3MPa 左右)作用下，采空区、采场底板迅速鼓起，顶底板间距离快速缩小。同时采空区与被保护层形成贯通裂隙，大量卸压瓦斯涌入采空区，进入工作面，导致工作面瓦斯浓度严重超限。

2. 卸压瓦斯大量涌向采空区及工作面

中梁山煤矿开采近距离下保护层时，被保护层的卸压瓦斯大量($10m^3/min$ 以上)涌向采空区进入工作面造成大范围瓦斯浓度超限。鱼田堡煤矿开采中距离下保护层时在顶板初次来压、周期来压期间，被保护层卸压瓦斯大量($10～30m^3/min$)涌向采空区进入工作面造成大范围瓦斯浓度超限。

3. 卸压瓦斯抽采不充分而突出

1983～1995 年，鱼田堡煤矿开采中距离下保护层后，因保护层与被保护层之间有 7～9m 厚的呈塑性弯曲下沉的致密硅质石灰岩，阻止卸压瓦斯向采空区流动，因卸压瓦斯抽采钻孔少，抽采不充分，瓦斯潜能未充分释放到防突的限度而在保护范围内发生 27 次煤与瓦斯突出，并发生多次防不胜防的延期突出，最大突出煤量 533t，且存在人身伤亡。

4. 煤柱危害区发生突出

重庆地区各突出矿井在保护层开采后，遗留煤柱区所对应的被保护层区域，因未受保护(煤柱危害区)而发生多次突出，且有多次人员伤亡。一度成为 20 世纪 70～80 年代瓦斯防治的重点和难点。

5. 远距离上保护层的保护效果不达标

由图 4-5 可知，磨心坡煤矿开采层间距达 80 余米的远距离上保护层后，距保护层采煤工作面煤壁走向距离为 280m 的采空区侧的被保护层残余瓦斯压力还有 1.2MPa 左右，该瓦斯压力未达到防突标准。

4.7.2　开采保护层的经验

重庆地区在开采保护层的过程中总结出了以下经验。

1. 保护层层间距不宜过小

选择下保护层时不仅要考虑被保护层不能受采动破坏，还要根据岩性保证被保护层的卸压瓦斯不能大量周期性涌入保护层采空区造成瓦斯浓度超限。因此，一般不开采近距离下保护层。选择近距离上保护层时，应尽量避免底板遇水易软化、膨胀的岩层，且层间的距离不得小于 7 倍采高。

2. 必须充分抽采卸压瓦斯

被保护层的卸压瓦斯得不到充分抽采，一是可能大量涌入保护层采空区进入工作面，具有潜在的瓦斯爆炸、燃烧、窒息危险，为瓦斯治理增加了难度；二是若层间有弯曲下沉的封闭性岩层，瓦斯排放受限，被保护层可能仍然存在突出危险。因此保护层开采必须充分抽采卸压瓦斯。

3. 开采保护层尽量不留煤柱

一是煤柱危害区的瓦斯突出及其防治威胁矿井安全，影响经济开采；二是无煤柱开采的技术已经成熟；三是无煤柱开采有利于防火、防水、增产、降尘。因此在开采设计、巷道施工、煤炭回采的全过程都应坚持保护层无煤柱开采。

4. 严格把控煤柱及危害区

无论是历史原因留设的规模性煤柱，还是近期开采过程出现不可抗拒因素留设的局部煤柱，都要从技术管控、危害区突出防治等方面把握住各道关口（具体管控后有详述），严防煤与瓦斯突出。

5. 保护层开采应合理超前

保护层开采超前是煤矿瓦斯治理"三超前"的内容之一，是矿井的重点安全工程，也是保障采掘部署合理，实现均衡生产的主要工作，更是防止生产与安全出现混乱而冒险蛮干引发瓦斯事故的保证，所以必须始终保持保护层开采的合理超前量。

第5章 高效抽采瓦斯技术

抽采瓦斯是防治矿井瓦斯灾害的治本措施,抽采效果将会直接影响矿井的安全生产。本章主要介绍重庆地区多年来通过科技攻关形成的高效抽采瓦斯模式和一系列综合抽采瓦斯技术,重点介绍针对松软低透气性突出煤层的水力化增透高效抽采技术及装备,包括控制水力压裂、超高压水力割缝、本煤层中压注水等技术,还介绍了瓦斯抽采达标快速评价技术。

5.1 瓦斯抽采概述

5.1.1 瓦斯抽采原则及分类

1. 瓦斯抽采原则

瓦斯抽采是一项集技术、装备和效益于一体的工作,因此做好瓦斯抽采工作需要遵循以下原则。

(1)目的性原则。瓦斯抽采主要是降低风流中的瓦斯浓度,改善矿井生产安全状况,并使通风处于合理和良好状况,因此应尽可能在瓦斯进入矿井风流之前将其抽采出来。在实际应用中,瓦斯抽采还可作为一项防治煤与瓦斯突出的措施单独应用。此外,抽采的瓦斯是一种优质、清洁能源,只要保持一定的抽采量和浓度,就可以加以利用,从而形成"以抽促用,以用促抽"的良性循环。

(2)适用性原则。瓦斯抽采必须适应矿井瓦斯地质条件、煤炭企业的可承受能力,不能单纯考虑技术工艺的先进性,还需综合考虑施工成本、技术成熟度及适用性等。

(3)针对性原则。瓦斯来源是构成矿井或采区瓦斯涌出的组成部分,在瓦斯抽采过程中应根据瓦斯来源,并考虑抽采时间和空间条件,采取不同的抽采原理和方法,实现有针对性的瓦斯抽采。

(4)高效性原则。无论采取何种瓦斯抽采方式,其最终目的均是实现矿井安全生产和煤层气开发及利用,这就要求采取的瓦斯抽采方式能够快速、高效地实现瓦斯抽采,从而降低作业地点瓦斯浓度或者取得较好的瓦斯抽采量。

(5)安全性原则。瓦斯抽采必须要以保证矿井安全生产为前提,不能因为瓦斯抽采产生煤炭自燃等次生灾害。另外,瓦斯本身是一种爆炸气体,在瓦斯抽采过程中应该防止管道瓦斯泄漏,保证施工作业地点瓦斯浓度可控。

2. 瓦斯抽采分类

我国瓦斯抽采尚未形成统一分类,常见的有如下3种分类方式。

(1)根据空间关系划分：单一抽采、综合抽采［本煤层抽采、邻近层抽采、采空区抽采、围岩(岩溶)瓦斯抽采］。

(2)根据时间关系划分：采前抽采(预抽)、采中抽采(卸压抽)、采后抽采(残抽)。

(3)根据是否改变煤体的原始状态划分：原始煤体抽采、煤体增透抽采。

5.1.2 瓦斯抽采方法的选择依据

在进行瓦斯抽采方法选择时，一般需要考虑瓦斯来源、煤岩性质、采掘部署条件及抽采技术工艺等。

(1)瓦斯来源。矿井瓦斯涌出来源可分为开采层瓦斯涌出、邻近层瓦斯涌出、采空区瓦斯涌出，瓦斯来源不同选择的抽采方式不尽相同。

(2)煤岩层性质。在瓦斯抽采工艺选择时，如果煤层松软，透气性差，本煤层钻孔施工易垮孔，则可选择穿层或者顶底板定向穿层钻孔工艺技术。另外，煤岩层赋存条件也直接影响钻孔布置，如薄煤层、中厚煤层、特厚煤层瓦斯抽采方式可能不同。

(3)采掘部署条件。瓦斯抽采钻孔施工需要必要的作业空间，其巷道和工作面布置方式、矿井的采掘部署直接影响抽采工艺的选择，如煤层群开采过程，选择的首采煤层不同，采取的抽采工艺、技术也不尽相同。

(4)抽采工艺及技术。瓦斯抽采技术及工艺具有本身的适用条件，如地面井抽采技术，其抽采工艺复杂，成本高，适用于距离地表深度不大且具有足够长的预抽时间的突出煤层的预抽。

(5)抽采难易程度。抽采难易程度主要是煤层在进行预抽时根据煤层透气性和钻孔流量衰减系数来衡量，如果煤层本身属于较难抽采煤层，那么选择本煤层预抽则不能取得较好的抽采效果。

5.1.3 开采层瓦斯抽采

开采层瓦斯抽采又称为本煤层瓦斯抽采，主要是为了减少煤层中的瓦斯含量和回风流中的瓦斯浓度，对开采煤层实施的瓦斯抽采方式。

1. 本煤层瓦斯流动及涌出特征

瓦斯在煤层中流动需要具备 2 个条件：一是要有一定的流动通道，即煤层要有一定的透气性；二是煤体中的瓦斯必须具备一定的压力。目前主流观点认为，在原始煤层的一定范围内，煤层的透气性基本可以认为是一个定值，因此原始煤层中的瓦斯流动状态主要取决于煤体中的瓦斯压力。在矿井中，瓦斯从高压流向低压的流动状态大多数表现为矿井的瓦斯涌出，特殊情况下可形成瓦斯喷出和煤与瓦斯突出。

在进行采掘活动时，将会破坏煤层中的原始应力平衡状态，导致煤体透气性发生变化，从而使煤层中的瓦斯压力平衡状态受到破坏，形成瓦斯流场。对于本煤层来讲，在顶底板不透气，且巷道掘进形成的情况下，本煤层瓦斯的流动可看作单向流动，这种流动对相邻巷道风流中的瓦斯浓度会产生直接的影响。回采工作面的瓦斯涌出包括开采层瓦斯涌出和邻近层瓦斯涌出，而对于单一煤层开采瓦斯涌出主要以开采层瓦斯涌出为主。单一煤层开采工作面瓦斯涌出量包括煤壁瓦斯涌出量和落煤瓦斯涌出量，当工作面推进速度增大时，开采层相对瓦斯涌出量中的煤壁涌出部分由于煤壁寿命的缩短而减小，而采落煤炭涌出部分则由于煤壁残余瓦斯含量的升高而增大，然而后者增加的速度小于前者减少的速度，所以开采层相对瓦斯涌出量随着工作面推进速度的增大而减小，如图 5-1 所示。

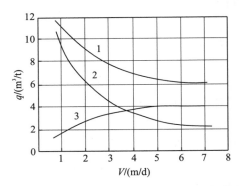

1—开采层相对瓦斯涌出量；2—煤壁瓦斯涌出分量；3—采落煤瓦斯涌出分量

图 5-1　开采层相对瓦斯涌出量与工作面推进速度的关系

本煤层巷道中的瓦斯涌出包括掘进工作面瓦斯涌出和掘进落煤瓦斯涌出，掘进工作面瓦斯涌出量与掘进速度、掘进方式、机械装备等有关。在一定掘进速度条件下，巷道中瓦斯涌出的分布是以工作面端头为零点，瓦斯涌出量随着巷道长度的增加而增大，如图 5-2 所示。

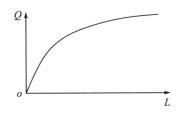

图 5-2　瓦斯涌出量与巷道长度的关系曲线

2. 开采层瓦斯抽采方法

1）穿层钻孔预抽本煤层瓦斯技术

底板岩巷穿层钻孔采前抽采回采工作面瓦斯是在工作面煤层底板 15～25m 的岩层中布置一条或两条岩巷，在岩巷内每隔一定距离施工一个钻场，在钻场内向煤层施工网格式的上向穿层钻孔。钻孔布置如图 5-3 所示。

2）顺层钻孔预抽本煤层瓦斯技术

工作面顺层钻孔预抽是在工作面已有的煤层巷道内（如运输巷、回风巷、开切眼等）向煤体施工顺层钻孔，抽采煤体瓦斯，以区域性消除煤体的突出危险性。顺层钻孔的间距与钻孔的抽采半径、抽采时间、抽采负压等因素有关，孔间距通常为 2～5m，钻孔长度根据工作面倾向长度设计，且保证钻孔在工作面倾斜中部有不少于 10m 的重叠长度，如

图 5-4 所示。

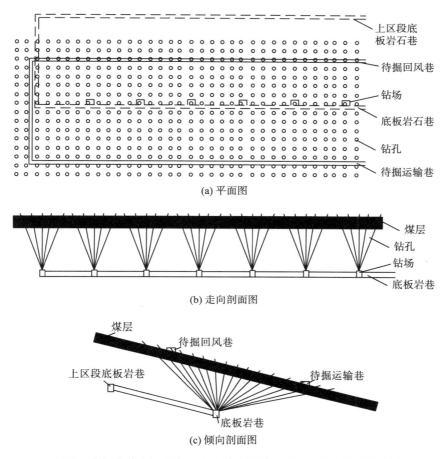

(a) 平面图

(b) 走向剖面图

(c) 倾向剖面图

图 5-3　底板岩巷大面积穿层钻孔采前抽采煤层瓦斯钻孔布置示意图

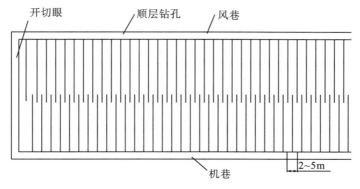

图 5-4　工作面倾向顺层钻孔布置示意图

图 5-4 中开采层顺层钻孔轴向与工作面开切眼平行，为扩大钻孔与煤层的接触面积，提高抽采效果，也可采用与煤巷斜交的顺层钻孔抽采，斜交钻孔布置如图 5-5 所示。

本煤层顺层钻孔布置时，如果煤层的厚度大于顺层钻孔的有效影响范围，在厚度方向上布置一排顺层钻孔不足以充分抽采煤层瓦斯,则可在煤层厚度方向上布置 2～3 排钻孔。

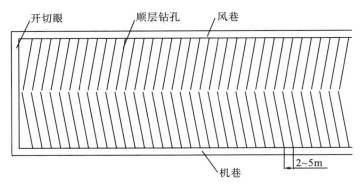

图 5-5   工作面倾向倾斜顺层钻孔布置示意图

3) 掘进工作面本煤层钻孔抽采技术

掘进工作面本煤层钻孔抽采技术主要有顺层钻孔条带掘进前预抽和边掘边抽技术。顺层钻孔条带掘进前抽采法是在工作面掘进的过程中,采用顺层钻孔掘进前抽采煤巷前方和煤巷周围需控制范围内的煤体瓦斯,待区域性地消除钻孔控制范围内的突出危险性后再进行掘进工作,保障煤巷掘进工作的安全。钻孔布置如图 5-6 所示。

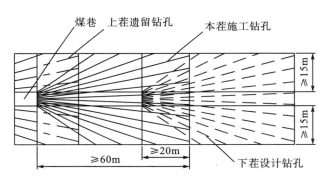

图 5-6   煤巷条带钻孔布置平面示意图

边掘边抽就是在掘进巷道的两帮,随掘进巷道的推进,每间隔 50～100m 施工一个钻场,每个钻场内沿巷道掘进方向施工 80～150m 深的抽采钻孔,钻孔布置如图 5-7 所示。钻孔直径和钻孔深度可根据钻机能力调整,一般深度以不超过 200m 为宜。

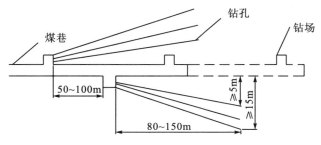

图 5-7   边掘边抽钻孔布置

5.1.4　邻近层瓦斯抽采

开采煤层群时，回采煤层的顶底板围岩将发生冒落、移动和卸压，透气性系数增大，回采煤层附近煤层中的瓦斯就能向回采煤层的采空区转移，即邻近层瓦斯涌出。邻近层瓦斯抽采即是在有瓦斯赋存的邻近层内预先掘进抽采瓦斯的巷道，或预先从开采煤层或围岩大巷内向邻近层打钻孔，将邻近层内的瓦斯抽出。

1. 邻近层瓦斯流动及涌出特征

当开采煤层附近的地层中具有邻近煤层或大量不可采煤层时，一般情况下，在煤层开采后，由于围岩的移动和地应力重新分布，在地层中产生了大量的裂隙，使顶底板附近煤层中的瓦斯大量涌入开采空间，如图 5-8 所示。

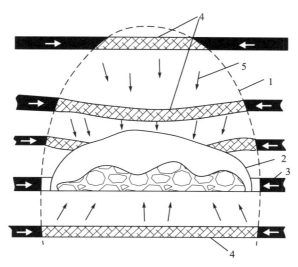

1—卸压区；2—垮落区；3—开采煤层；4—邻近层；5—瓦斯流动

图 5-8　邻近层瓦斯流动

回采工作面第一次落顶后，在工作面上覆岩层形成卸压区和垮落区。一般情况下，处于垮落区的邻近层有一些将会直接向采空区涌出瓦斯，而有一些则是通过裂隙向采空区涌出瓦斯。一些煤层尽管处于卸压区，但不能立即释放瓦斯，而是要等待采场上覆裂隙发展到该煤层后，煤体中的瓦斯才会通过采动裂隙流向开采煤层采空区。

通常情况下，上部卸压变形区域涌出瓦斯的范围是随时间和空间的不断变化而变化的，并且在达到一定程度后即停止。开采层上方有多个邻近层时，在工作面推进过程中会出现多次瓦斯涌出量突然增加的现象。下邻近层的瓦斯涌出情况与上邻近层的瓦斯涌出有所区别，在工作面推进后，由于采空区出现大面积空间，开采层下方的地层即向采空空间鼓起，在层间形成大量的裂隙，为下邻近层瓦斯涌向采空区提供流动通道。下邻近层瓦斯涌出一般比较缓慢，但当层间岩层强度低而且距离不大时，在下邻近层高压瓦斯的推动下，可以形成底鼓，造成底板破裂、瓦斯突然喷出。由于煤系地层裂隙发展的不连续性，邻近层瓦斯涌出往往具有"跳跃"的性质。

2. 邻近层瓦斯抽采方法

邻近层瓦斯抽采按其位置分为上邻近层抽采和下邻近层抽采。

1）上邻近层抽采方式

上邻近层瓦斯抽采是邻近层位于开采层的上部，通过巷道或钻孔来抽采上邻近层的瓦斯。根据岩层的破坏程度与位移状态可把顶板划分为垮落带、裂隙带和弯曲下沉带，如图5-9所示；垮落带高度一般为采高的5倍，在距开采层近的处于垮落带内的煤层，随垮落带的垮落而垮落，瓦斯完全释放到采空区，很难进行上邻近层抽采。裂隙带的高度为采厚的8～30倍，裂隙带因充分卸压，瓦斯大量解吸，是抽采瓦斯的最好区域，瓦斯浓度高，抽采量大。因此，上邻近层取垮落带高度为下限距离，裂隙带高度为上限距离。结合钻孔施工位置，可将上邻近层瓦斯抽采分为如下几种形式。

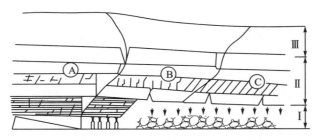

A—煤壁支撑影响区；B—离层区；C—重新压实区

I—垮落带；II—裂隙带；III—弯曲下沉带

图 5-9　工作面上覆岩层的分区分带

（1）开采层风巷向上施工钻孔抽采邻近层瓦斯。对于缓倾斜或倾斜煤层的走向长壁工作面，将抽采钻孔布置在回风巷，如图5-10所示。该布置方式的优点有：①抽采负压与通风压力方向一致，有利于提高邻近层的抽采效果；②瓦斯抽采管路设置在回风巷，容易管理，有利于安全。

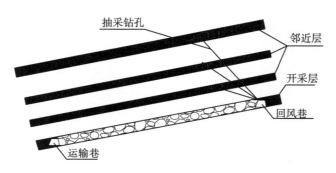

图 5-10　钻场设在回风巷内抽采钻孔布置图

（2）开采层运输巷向上施工钻孔抽采邻近层瓦斯。钻场在工作面运输巷的布置方式如图5-11所示。其优点有：①在进风巷一般均设有电源和水源，钻孔施工方便；②一般情况下，运输巷即为下一阶段的回风巷，因此不存在由于抽采瓦斯而增加巷道维护时间和工程量的问题。

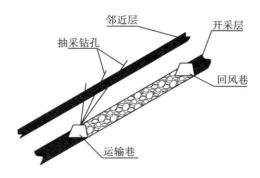

图 5-11　钻场布置在进风巷内的钻孔布置图

　　(3)顶板岩巷内施工钻孔抽采邻近层瓦斯。钻场布置在开采层顶板岩巷内，由钻场向邻近层打穿层抽采钻孔，如图 5-12 所示。由于石门有一定距离限制，因此每一个钻场的钻孔应采用多排扇形布置为佳。

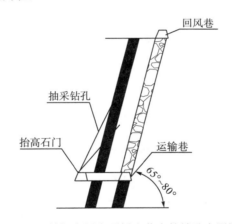

图 5-12　钻场布置在顶板岩巷内的钻孔布置图

　　(4)倾斜高抽巷抽采邻近层瓦斯。在工作面尾巷开口，沿工作面回风巷与尾巷间的煤柱平移 5m 左右起坡，坡度为 30°～50°，施工至上邻近层后顺煤层施工 20～40m，施工完毕，在其坡底构筑封闭墙，然后从封闭墙插管进行抽采，布置方式如图 5-13 所示。

　　倾斜高抽巷沿走向方向的间距主要取决于开采层回采工作面采后所形成的卸压空间，一般取 150～200m。

　　(5)地面井抽采上邻近层瓦斯。地面井抽采邻近层卸压瓦斯具有施工安全、方便管理的优点，地面钻孔通常是在煤层开采之前完成施工，可以实现"一孔多用"，即采前预抽、采中抽采及采后卸压瓦斯抽采，通常钻孔间距为 200～500m，钻孔布置方式如图 5-14 所示。

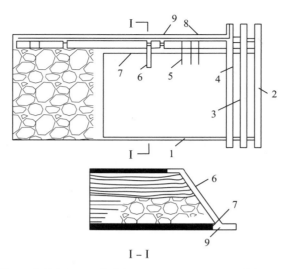

1—工作面进风巷；2—运输上山；3—轨道上山；4—回风上山；5—抽采钻孔；6—岩石高抽巷；
7—工作面回风巷；8—瓦斯抽采巷；9—工作面尾巷

图 5-13　上邻近层倾斜高抽巷抽采方式

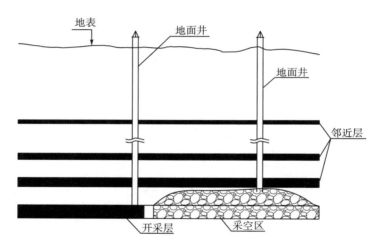

图 5-14　地面井抽采邻近层瓦斯

2）下邻近层抽采方式

下邻近层瓦斯抽采即是邻近层位于开采层的下部，通过巷道或钻孔来抽采下邻近层的瓦斯。下邻近层瓦斯抽采可分为如下几种形式。

（1）岩巷施工钻孔抽采下邻近层瓦斯。通常钻场设在开采层底板岩巷内，由钻场向邻近层施工穿层钻孔抽采邻近层瓦斯，如图 5-15 所示。下邻近层抽采的优点有：①抽采钻孔服务时间一般较长，除抽采卸压瓦斯外，还可用于开采前的预抽和邻近层回采后的采空区瓦斯抽采，不受回采工作面开采的时间限制；②钻孔一般处于主要岩巷内，因此相对减少了巷道维修工程量，对抽采设施的施工和维护也较为方便。

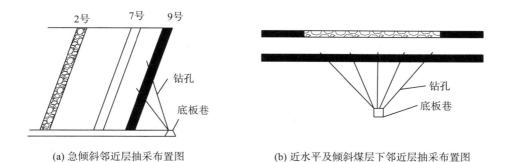

(a) 急倾斜邻近层抽采布置图　　　　(b) 近水平及倾斜煤层下邻近层抽采布置图

图 5-15　钻场设置在底板岩巷内钻孔布置方式

(2) 由开采层运输巷、风巷等施工斜交钻孔抽采下邻近层瓦斯。钻场布置在开采层准备阶段运输巷内,如图 5-16 所示。松藻打通一矿为提高下邻近层瓦斯的抽采效果,在 S1713 工作面除继续采用层外巷道上向钻孔抽采下邻近层瓦斯外,又进行了 7 号煤层层内巷道下向钻孔抽采下邻近层瓦斯,钻孔布置如图 5-17 所示。采用该钻孔布置方式,关键是解决钻孔孔内排水问题,孔内积水是影响该技术抽采效果的主要因素。

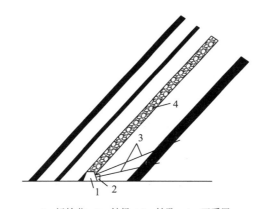

1—运输巷；2—钻场；3—钻孔；4—开采层

图 5-16　打通一矿开采层运输巷布置钻孔抽采下邻近层瓦斯

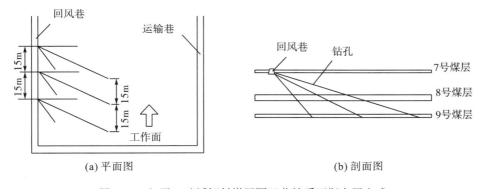

(a) 平面图　　　　　　　　　(b) 剖面图

图 5-17　打通一矿缓倾斜煤层回风巷抽采瓦斯布置方式

3. 邻近层抽采的选择原则及抽采参数的确定

邻近层抽采方式主要是根据开采周围岩层卸压范围和瓦斯变化情况来确定。邻近层层位与开采层间距的上限和下限与层间距离、开采层厚度、层间岩性、倾角等均有关系。邻近层的抽采效果还取决于抽采参数，这些抽采参数主要包括如下几个方面。

1）层位及层间距

通常，在缓倾斜煤层条件下，上邻近层抽采的极限层间距为 120m 左右，下邻近层为80m 左右；在急倾斜煤层条件下，上、下邻近层各为 60m 左右。但是，间距太近时，岩层垮落不利于瓦斯抽采。实践证明，一般层间距小于 10m 的邻近层，瓦斯抽采效果较差。

2）钻孔角度和长度

钻孔角度一般取决于钻孔开孔位置与终孔所达到的层位。确定抽采邻近层瓦斯钻孔角度的原则为：钻孔能入工作面采动影响的裂隙带内，而且伸进工作面方向的距离越大越好；抽采上邻近层瓦斯时，钻孔始终处于垮落带之外，避免穿入采空区，以防大量漏气，影响抽采效果。

钻孔角度计算如式（5-1），钻孔角度确定如图 5-18 所示。

$$\tan(\alpha \pm \beta) = \frac{h}{h\cot(\varphi \pm \alpha) + b} \tag{5-1}$$

式中，α 为煤层倾角，（°）；β 为钻孔与水平线的夹角，（°）；h 为开采层距邻近层的距离，m；φ 为煤层开采后的卸压角度，（°）；b 为中间巷道隔离煤柱的宽度，m。

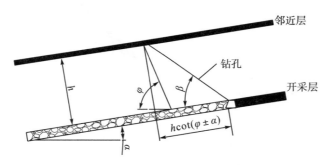

图 5-18　抽采邻近层瓦斯钻孔角度的确定

钻孔长度以钻孔终点的层位为准，抽采隐邻近层瓦斯时，钻孔要打到邻近层，而抽采显邻近层瓦斯时，钻孔终孔可打到裂隙带。

3）钻孔间距

钻孔抽采间距的确定，应考虑钻孔开始起作用和能有效抽采的距离。根据邻近层瓦斯涌出规律，在未受到开采层采动影响而卸压之前，邻近层瓦斯处于原始状态，此时由于煤层透气性差，钻孔瓦斯抽采量小。只有当工作面采过钻孔一定距离后，由于卸压，煤层透气性增强，瓦斯抽采量将大幅度增加并达到最大值，然后又逐渐减小，直到钻孔失去作用。因此，钻孔开始抽采卸压瓦斯时滞后于工作面的距离称为开始抽出距离，从开始抽采瓦斯至钻孔失去作用的距离称为有效抽采距离。

钻孔抽采影响距离如图 5-19 所示。合理的钻孔间距应处于 $L_1 \sim L_2$。考虑抽采时瓦斯流量不够大和抽采量不均衡，计算钻孔间距时应考虑一定的系数，如式(5-2)。

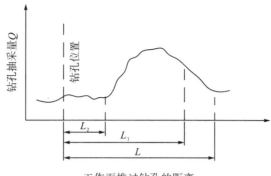

图 5-19　钻孔抽采影响距离

$$H = K(L_1 - L_2) \tag{5-2}$$

式中，H 为合理钻孔间距，m；L_1 为钻孔有效抽采距离，m；L_2 为钻孔开始抽采距离，m；K 为系数。

4) 钻孔直径

抽采邻近层瓦斯时，抽采钻孔仅作为引导瓦斯的通道，因此孔径对抽采效果的影响主要表现在瓦斯沿钻孔流动的阻力不同，但相差不大，见表 5-1。但是钻孔孔径大则施工难度大，且费用高。因此，在邻近层瓦斯抽采中，钻孔直径一般以 75～94mm 为宜。

表 5-1　50m 孔长不同孔径不同瓦斯流量下的阻力损失　　　单位：Pa

孔径/mm	钻孔瓦斯流量/(m³/min)		
	1.0	2.0	2.5
25	132.4	539.6	845.6
100	28.5	113.8	178.5
125	8.8	34.3	54.0
150	2.9	13.7	20.6

5) 钻孔抽采负压

为了提高瓦斯抽采量，在保证抽采瓦斯浓度在安全许可范围内的前提下，可提高邻近层瓦斯抽采负压，以提高邻近层瓦斯抽采效果。一般邻近层抽采钻孔孔口负压以 6.7～13.3kPa 为宜。

5.1.5　采空区瓦斯抽采

开采厚煤层或邻近层处于垮落带时，其中大量的瓦斯会直接进入采空区。当回采工作面的采空区或老采空区积存大量瓦斯时，往往会被漏风带入生产巷道或工作面，造成瓦斯浓度超限而影响生产，因此需要对采空区进行瓦斯抽采。

1. 采空区瓦斯来源与涌出特征

煤层群开采时，采空区瓦斯涌出来源主要包括上下邻近层瓦斯涌出及采空区内遗煤瓦斯涌出。在单一煤层开采时，采空区的瓦斯涌出基本全是采空区遗煤瓦斯涌出。当工作面沿非单一煤层从开切眼向采区边界推进时，在工作面基本顶第一次垮落以前的时间内，采空区的瓦斯涌出仍然是以留在采空区内的煤中涌出的瓦斯为主，当工作面基本顶第一次垮落时，就会从卸压后的邻近煤层和岩层向采空区涌入大量的瓦斯，采空区的瓦斯涌出量将显著增加。并且，在工作面继续推进到基本顶下一次垮落前，瓦斯涌出量一般情况下将逐渐减少，但仍大于基本顶第一次垮落前的瓦斯涌出量。当工作面到达采区边界而停止推进时，采空区的瓦斯涌出量将逐渐下降并趋于零。因此，采空区的瓦斯涌出量一般情况下主要取决于垮落带的瓦斯涌出。

在工作面基本顶第一次垮落期前，采空区的绝对瓦斯涌出量主要取决于煤层和岩石的瓦斯含量、基本顶垮落步距、工作面长度、上下邻近层厚度、煤的渗透性能及其他因素。当采空区由一个垮落带或几个垮落带组成时，其瓦斯涌出量均按统一形式的曲线衰减，但是这些曲线的方程及其有关参数是不同的，这是因为由几个垮落带组成的采空区的瓦斯涌出量一般是按复杂的规律衰减的，这一规律既与垮落带的数量、垮落带所处地质构造的状态等因素有关，又与每一带的瓦斯涌出衰减过程有关。

工作面采空区是一个巨大的巷道网络和采空裂隙空洞区域，瓦斯在采空区流动主要受通风系统和压力分布的影响，如典型 U 型通风工作面，工作面上隅角是采区通风压力最低的地点，因此采空区瓦斯大量流向该处，致使上隅角瓦斯聚集，处理较为困难，如图 5-20 所示。

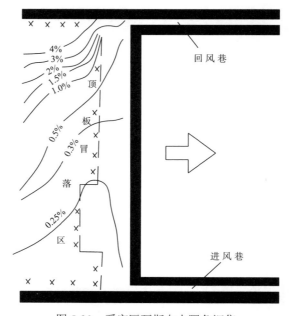

图 5-20   采空区瓦斯向上隅角汇集

图 5-20 中，从上隅角涌出的瓦斯并不是来自上隅角，而是来自采空区中的大部分区域，这些区域中的瓦斯在通风压力的作用下集中在上隅角。当采空区的垮落空间扩展到邻近的采空空间时，若该区域储存有大量瓦斯，则在通风压力的作用下也可以流入正在开采的空间；区域外的瓦斯可来自左右相邻区域，也可来自上下区域。

2. 采空区瓦斯抽采方法

1) 密闭插管抽采

密闭插管抽采是采空区瓦斯抽采最常用和最简单的方法，即最先将采空区或回采工作面的进风巷或回风巷加以密闭，密闭墙厚 1～3m，灌以砂、粉尘、泥浆等材料，保证墙体严密不漏风，然后将抽采管路穿过密闭墙，伸入采空区内进行抽采，抽采深度以 10m 以上为最佳，抽采时，应对密闭空间内的气体成分、浓度、抽采负压等参数进行密切监控，防止漏风引起采空区浮煤自燃。采空区插管抽采布置如图 5-21 所示。插入管的直径为75～100mm，处在采空区内一端的管长 2～2.5m，管壁穿有小孔，该管尽量靠近煤层顶部，处于瓦斯浓度较高的地点。这种方法抽出的瓦斯浓度不高，通常只有 10%～25%，其抽采效果取决于抽出的混合气体中的瓦斯浓度和支管中的抽采负压两个主要因素。这一方法的优点是简单易行、成本低，缺点是效率低。

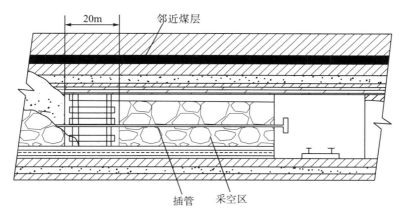

图 5-21　插管法抽采采空区瓦斯示意图

2) 埋管法抽采

埋管法抽采和插管法抽采基本是相同的类型，埋管布置如图 5-22 所示。当第一条管路进入采空区达到 30m 时，预埋第二条管路，在第一条管路的 60m 处用三通和阀门与第二条管路相接，此时第二条管路处于关闭状态；当工作面揭过第二条管路管口 30m 时，打开第二条管路的阀门并投入抽采，以此类推。该方法的优点在于控制简单，缺点是管材消耗较大，不能根据实际情况对瓦斯抽采口进行调节。

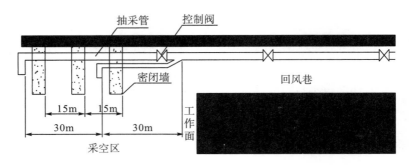

图 5-22　采空区埋管布置图

3）高位巷抽采法

高位巷抽采法主要是在煤层顶板上方一定距离施工高抽巷,高抽巷布置主要有走向高抽巷和倾向高抽巷。高抽巷的层位选择非常重要,选择煤岩体裂隙发育,且在抽采时间内不易被岩层垮落所破坏的区域,如果岩巷布置过低,则在综采工作面推过后能很快抽出瓦斯,但巷道容易发生破坏而与采空区连通。采空区走向高抽巷布置如图 5-23 所示。

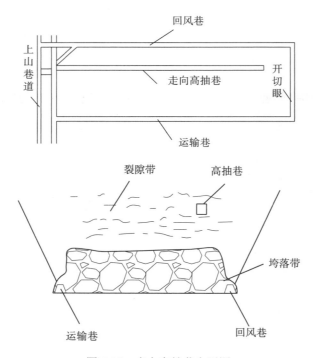

图 5-23　走向高抽巷布置图

4）穿层钻孔抽采法

向垮落拱上方打钻抽采瓦斯,钻孔孔底应处在初始垮落拱的上方,以捕集垮落破坏带上部卸压层和未开采煤层或下部卸压层涌向采空区的瓦斯,如图 5-24 所示。

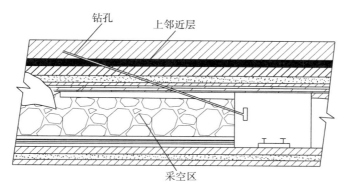

图 5-24　向垮落拱上方打钻孔抽采采空区的瓦斯

5）顶板走向钻孔抽采法

在采煤工作面回风巷每隔 100m 左右施工一个钻场，为了使钻孔开孔能够布置在岩层相对稳定的层位中，钻场在回风巷下帮按照 30° 向上施工，距开采煤层顶板 5m 后变平，再施工 4m 平台，平台净高 2.2m，宽 4m，钻场里口变平处要刷长至 5m。钻场巷道的底板为开采煤层的顶板，这样即可为开孔提供距煤层顶板 5m 以上的高度。

为了使钻孔能够布置在岩层相对稳定的层位中，并且能在切顶线前方不出现钻孔严重变形和垮孔现象，根据垮落带、裂隙带的发育高度，决定钻孔的终孔布置在裂隙带的下部、垮落带的上部。钻孔深度为 130～150m，钻孔终孔高度位于顶板向上 15～20m，倾斜方向在工作面上出口向下 3～30m。钻场及钻孔布置如图 5-25 所示。

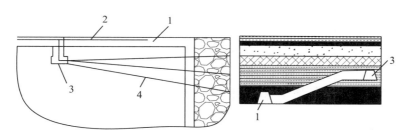

1—回风巷；2—抽采管；3—钻场；4—钻孔

图 5-25　开采煤层顶板走向钻孔布置示意图

3. 影响采空区瓦斯抽采的主要因素

由于采空区内透气性能好，采空区瓦斯抽采的最大特点是低负压高流量。因此，只要合理地调节好采空区瓦斯抽采参数，就会取得较好的抽采效果。根据采空区瓦斯抽采的特点，影响采空区抽采的主要因素有密闭质量、抽采能力、穿层钻孔层位、煤层自燃发火等级等。

（1）密闭质量。采空区进回风巷密闭，由于施工质量、矿山压力等因素的影响，密闭墙及其周围煤岩层往往会产生漏气，致使抽采瓦斯浓度降低，甚至会引起采空区遗煤自燃。在生产实践中，为了解决密闭墙漏气问题，常采用均压密闭的措施。

（2）抽采能力。在进行采空区瓦斯抽采时，需要及时调节抽采负压，当抽采负压在一定范围内调节时，可增加采空区瓦斯抽采量。但抽采负压过高不但使抽采量增加不多，而且容易吸入空气引起采空区内遗煤自燃。为此，在抽采采空区瓦斯时，应控制一定的抽采负压，抽采负压应根据实际抽采过程进行调节。

（3）穿层钻孔层位。对采空区瓦斯抽采实施穿层钻孔抽采时，穿层钻孔终孔点需要落入裂隙带内，并且钻场与钻场之间的钻孔需有合理的重叠。若钻孔终点落入采空区垮落带，则容易引起采空区内遗煤自燃；若采空区钻孔终孔位于裂隙带上部，则起不到抽采卸压瓦斯的作用，不经济。

（4）煤层自燃发火等级。瓦斯抽采与煤层火灾防治具有密切联系，过度的瓦斯抽采给易自燃及自燃煤层火灾防治带来困难，煤层自燃发火期、工作面推进速度直接影响采空区抽采方式。

5.1.6　围岩（岩溶）瓦斯抽采

煤系地层中的岩层含有瓦斯，特别是靠近煤层的岩层，其瓦斯含量较高，岩层中的瓦斯基本以游离瓦斯为主，只有在岩层中含有有机物时才会增加一部分吸附瓦斯，这部分瓦斯称作围岩瓦斯。通过钻孔、巷道等抽采方法对围岩中富含的瓦斯实施抽采，就是围岩瓦斯抽采。

1. 围岩（岩溶）瓦斯来源及涌出特征

重庆地区揭露的溶洞分为有水溶洞、封闭式干溶洞两种，二者均不同程度地伴有瓦斯异常涌出。岩溶主要位于茅口灰岩中，其溶蚀空间的充填物大多以方解石为主，并因溶洞距古剥蚀面垂距的不同而略有差别。据渝阳煤矿掌握的资料，当距古剥蚀面垂距为 5~20m 时，充填物大多为铝质泥岩、煤和方解石及其混合物，其他垂距范围内探明溶洞的充填物以方解石或冰洲石居多。例如，该矿在-60m 运输大巷施工中曾揭露一处溶洞，溶洞中发现有较多的冰洲石结晶物。现代岩溶充填物因受地表渗流的影响，或伴有淤泥、流砂等物质积存，二者不尽相同。

从特征及形成时间来看，重庆地区揭露的茅口灰岩岩溶属于喜马拉雅运动（黄汲清，1945）后期岩溶。岩溶瓦斯一般具有突发涌出形式、瓦斯聚集量大、瓦斯压力大、瓦斯浓度高等特征。

2. 围岩（岩溶）瓦斯抽采方法

当岩溶瓦斯、水的涌出量较大，有持续的瓦斯和水源补给，短时间不足以将安全威胁降至容许范围内时，为确保安全，需对岩溶瓦斯实施抽采。主要采用锚杆、锚网、喷浆、架设工字钢支架等措施对岩溶实施封堵、加固，并对封堵区进行抽采。常用岩溶封堵抽采方法如图 5-26 所示。

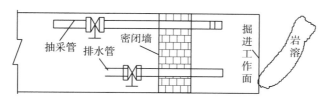

图 5-26 岩溶瓦斯密闭巷道抽采方法

当掘进工作面探测到岩溶裂隙时，在瓦斯涌出量小、浓度低、无压力的情况下，可以直接采取临时封堵探眼抽采的方式进行处理。若直接在掘进工作面进行探测及局部治理仍然存在一定的安全威胁，则可将抽采工程退后至距离掘进工作面 5～20m 范围施工浅部钻场进行处理，确保有足够的安全屏障。抽采钻孔布置如图 5-27 所示。

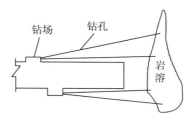

图 5-27 超前钻孔抽采岩溶瓦斯布置图

5.2 高效抽采瓦斯模式

5.2.1 高效抽采瓦斯模式分类

重庆地区高瓦斯矿井、突出矿井低透气性煤层采用"水力压裂为主，水力割缝补充"的区域水力化增透措施。目前少数煤矿为单一突出煤层开采，虽然无保护层开采，但提前采取了水力化增透措施，其余的煤与瓦斯突出矿井均采取了开采保护层措施，高效抽采瓦斯模式主要分为以下几种。

1. 石门揭煤："水力压裂(水力割缝)+穿层网格预抽"模式

在实施穿层区域预抽措施前，对石门实施水力压裂为主、水力割缝补充的增透措施。其中，"水力压裂+穿层网格预抽"模式的具体做法是在石门工作面距煤层垂距为 7~10m 处施工 1~2 个压裂钻孔，压裂钻孔孔径一般为 75mm，采取"两堵一注"式封孔工艺，封孔长度一般是钻孔岩石段长度，采用一台或者多台泵并联实施压裂，压裂后一般保压 5~10 天，然后进行排采。保压结束后，对石门揭煤区域煤层施工穿层钻孔进行预抽，穿层钻孔孔径一般为 75mm 或 94mm，钻孔终孔间距为 5～7m，封孔长度为 6m，倾斜煤层钻孔控制石门边界线左右、上下不小于 12m，急倾斜煤层钻孔控制石门边界线左右不小于 12m，边界线上不小于 12m，边界下不小于 6m。钻孔布置如图 5-28 所示。

"水力割缝+穿层网格预抽"模式的具体做法既可以是对部分穿层钻孔实施割缝，也可以是在设计穿层钻孔之间单独布置割缝钻孔，采用高压清水泵配合专用的高压割缝钻头，实施高压水力割缝措施，配合穿层钻孔预抽揭煤区域煤层瓦斯。实践中，常把水力割缝作为水力压裂增透技术的补充措施。

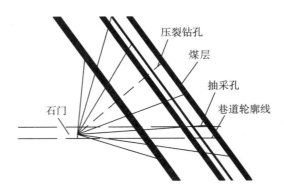

图 5-28　"水力压裂+穿层网格预抽" 钻孔布置图

2. 防突掘进："水力压裂(水力割缝)+穿层条带预抽"模式

突出煤层(保护层)巷道掘进前，首先在茅口灰岩中布置瓦斯抽采专用巷实施穿层条带预抽。为提高瓦斯抽采效果、缩短抽采时间，在实施条带穿层预抽前，沿巷道走向方向以间距为 30～100m 施工压裂钻孔，钻孔孔径一般为 75mm，终孔控制煤层顶板 0.5m，施工完毕后采用"两堵一注"封孔工艺，封孔长度为岩孔全长，封孔后采用一台或多台压裂泵并联实施水力压裂，压裂后保压 5～10 天。保压结束后，对掘进条带区域内的压裂钻孔进行接抽，同时在专用瓦斯巷内施工穿层预抽钻孔，孔径一般为 75mm，钻孔终孔间距为 5～20m，预抽封孔长度一般为 6m，倾斜煤层钻孔控制巷道上下两侧 15m。钻孔布置如图 5-29 所示。

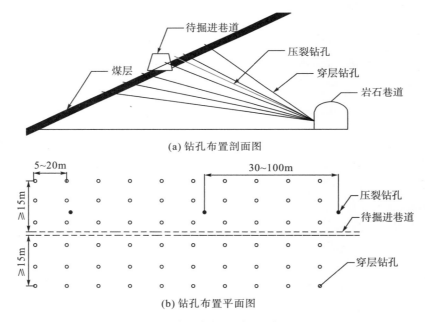

(a) 钻孔布置剖面图

(b) 钻孔布置平面图

图 5-29　穿层条带压裂钻孔布置图

3. 保护层开采："水力压裂(水力割缝)+穿层网格预抽"+"本煤层中压注水+本层预抽"模式

保护层开采的"水力压裂(水力割缝)+穿层网格预抽"模式是在煤层底板岩石专用瓦斯抽采巷内每间隔 50~100m 施工水力压裂钻孔,沿工作面倾斜钻孔布置,个数由工作面长度决定,一般 100m 长度内的工作面,在工作面长度方向施工一个压裂钻孔,超过 100m 则每 50~100m 逐渐增加钻孔个数。压裂钻孔孔径一般为 75mm,施工至煤层顶板 0.5m。经过封孔、压裂、保压之后,对工作面区域在底板瓦斯抽采巷内以间距为 10~50m 施工瓦斯抽采钻场,钻场内施工穿层预抽钻孔,钻孔孔径一般为 75mm,钻孔终孔间距为 5~20m,在保护层工作面回采前进行煤层瓦斯预抽,若是被保护煤层,则可实现保护层开采后的卸压瓦斯抽采。钻孔布置如图 5-30 所示。

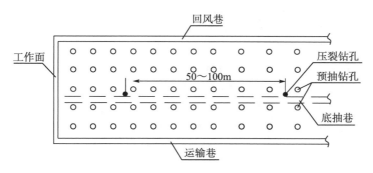

图 5-30　压裂区穿层网格抽采钻孔布置图

"本煤层中压注水+本煤层预抽"模式主要是针对工作面回风巷或者运输巷已经形成的保护层开采工作面,在工作面回采之前,以 30~50m 的钻孔间距施工孔径一般为 75mm 的煤层注水钻孔,钻孔封孔长度不少于 20m。封孔后实施中压注水,注水压力为 15~25MPa。注水完成之后,通过运输巷施工本煤层顺层钻孔进行预抽,也可以采取回风巷和运输巷同时施工本煤层预抽钻孔方式,本煤层预抽钻孔孔径一般为 75mm,钻孔间距根据注水效果、煤层透气性及预抽时间确定,一般为 1.5~10m。钻孔布置如图 5-31 所示。

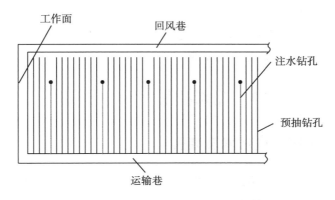

图 5-31　注水区本煤层顺层钻孔抽采布置图

在工程实践中，并非单纯以水力压裂、水力割缝、煤层注水与传统的穿层钻孔和本煤层顺层钻孔进行配套，而是根据煤层赋存、巷道开拓布置情况及采掘接替情况选择抽采工艺技术，为了达到快速消突的目的，实践中往往采用两种或两种以上的增透技术结合传统的抽采工艺，从而实现高效抽采。

5.2.2　高效抽采瓦斯模式的先进性

重庆地区高效抽采瓦斯模式的先进性主要体现在以下 3 个方面。

(1) 大幅度提高煤层透气性和抽采效果，实现快速达标。在重庆松软低透气性煤层中应用高效抽采瓦斯模式之后，煤层透气性普遍能够提高 100 倍以上，部分矿井应用水力压裂之后煤层透气提高超过 300 倍，瓦斯抽采浓度提高 2~8 倍，瓦斯抽采流量提高 3 倍以上，瓦斯抽采效果最好的松藻矿区瓦斯抽采量提高 20 倍以上，实施水力化瓦斯抽采模式后，其工作面推进速率普遍提高 1.3 倍，石门揭煤时间缩短 30%以上，实现工作面抽采达标时间缩短 25%以上。

(2) 水力化增透技术和抽采技术结合模式具有多样性，适用广泛。根据压裂效果既可以实施单泵压裂，也可以实施双泵甚至多泵联合压裂；根据煤层赋存条件，可以实现单一煤层压裂、多煤层分层压裂、多煤层联合压裂等模式。还可以应用水力压裂技术压裂煤层顶板，扩大矿井开采工作面的卸压空间，从而提高卸压瓦斯的抽采效果。

(3) 可根据需要选择超高压、高压、中压水力割缝，满足不同的要求。

5.2.3　高效抽采瓦斯模式的适用条件

(1) 水力压裂配合不同钻孔布置的抽采模式，主要适用于透气性系数较低、在压裂影响半径范围内未受到破坏的原始煤体，在压裂有效影响范围内无裂隙、钻孔等导通因素的区域，具有抵抗最大注水压力的压裂边界条件的要求等。需要说明的是，煤体破坏类型直接影响了水力压裂效果，煤体完整性越好，压裂效果就越明显，研究表明煤体破坏类型为Ⅰ和Ⅱ类的煤层的压裂效果明显优于破坏类型为Ⅲ、Ⅳ和Ⅴ类的煤层。

(2)"煤层中压注水+本煤层预抽"模式一般适用于在注水压裂影响半径范围内未受到破坏和无通道贯通的原始煤体。

(3) 水力割缝配合不同钻孔布置的抽采模式，一般不受具体条件限制，无论是软煤，还是硬煤均能够取得不错的割缝增透效果，煤层坚固性系数在 0.5 以上时增透效果更佳。

5.3　瓦斯抽采技术与装备

5.3.1　本煤层中风压钻进技术及装备

在重庆松软突出薄煤层中施工本煤层顺层钻孔的过程中，常出现塌孔、喷孔、卡钻现象(孙玉林，2012；周松元，2011)，而采取水力排渣方式上述现象更严重，因此常使用空气排渣钻进的方式。

空气钻进是以一定压力的空气作为排渣介质的钻进方法,钻进过程中,压缩空气通过钻杆内通孔、钻头水口(眼)进入孔底,在孔壁与钻杆柱构成的环状间隙内形成高速风流,将钻进过程中产生的钻屑携带至孔外。由于在钻头底部压缩空气的压力突然降低,吸收周围热量,降低孔底钻头部位的环境及钻头的温度,不但降低了钻具被烧毁的可能性,而且改善了钻具的工作环境,延长了钻头的使用寿命(殷召元,2011)。在松软煤层钻进中,空气钻进对孔壁的扰动较小,能够减少钻孔坍塌、卡钻等事故,具有较高的成孔率和较大的成孔深度,同时空气不会阻塞瓦斯的释放通道,有利于瓦斯抽采。但是空气钻进在重庆地区主要存在以下问题。

(1)煤层埋藏深,地质构造复杂,构造应力大。重庆地区煤矿开拓将逐步向深部延深,埋深越来越大,地应力大,区域构造极其发育,构造对煤层的影响和破坏十分严重。特别是遇松软煤层和煤层内有水时,难以钻进,成孔率较低,因此钻孔需重复施工,施工时间较长,并容易留下空白带(殷新胜,2009;唐怀林,2012)。

(2)煤层瓦斯含量高,瓦斯压力大,钻进困难。重庆地区煤矿煤层瓦斯压力大(8～10MPa)、瓦斯含量高($20\sim24\mathrm{m}^3/\mathrm{t}$),在钻进过程中,钻头的旋转对软煤产生冲击和破碎力,使煤体破碎,瓦斯迅速解吸。煤体瓦斯的快速解吸使流入钻孔中的瓦斯涌出量增加几倍甚至几十倍,这时钻孔前后方形成了较大的瓦斯压力,出现了明显的瓦斯流,高压瓦斯流对破坏的煤颗粒起着边运送边粉化的作用,同时继续向钻孔周边扩大影响范围,钻进过程中易出现不排粉及卡钻现象,最终造成钻机负荷过大而无法钻进。

(3)煤层松软,抗压强度低,成孔困难。重庆地区有的区域煤层倾角为 30°～45°,f 值为 0.3～0.4,有的区域煤层的 f 值仅为 0.25,煤层极为松软,抗压强度低,易于垮落,难以成孔。

(4)煤矿原采用的钻机能力小,电机功率小,额定给进力及钻杆扭矩小,钻孔参数不合理。若采用地面压风机供风,供风路线长,风压小(仅为 0.3～0.6MPa),在钻进时易发生卡钻,施工时间长,成孔深度不足。

(5)上向钻孔施工虽然相对较容易,但在施工过程中由于煤层自重的原因,在施工时存在打钻突出的安全威胁,因此施工上向顺层钻前必须在对应的岩巷采用穿层钻孔施工不小于20m 的安全屏障,导致瓦斯治理时间长,钻孔施工量大。

(6)采用常风压施工的顺层钻孔抽采效果差,平均抽采浓度一般为 5%～15%,平均抽采纯流量为 0.003 $\mathrm{m}^3/\mathrm{min}$。

针对上述情况,松藻矿区深入优化了顺层钻孔钻进钻头直径、钻杆直径、供风压力、供风流量、供风风速,形成一套中风压钻进装备,主要包括 ZDY3200S 型煤矿用全液压坑道钻机、MLGF16/7-90G 型防爆移动空气压缩机(作为供风风源)、Φ73mm 宽叶螺旋式钻杆或 Φ73mm 三菱钻杆、Φ94mm 三翼大眼合金钻头。MLGF16/7-90G 型防爆移动空气压缩机的主要技术参数见表 5-2。

表 5-2 MLGF16/7-90G 型防爆移动空气压缩机的主要技术参数

项目名称	参数	备注
排气量/(m³/min)	12.3	
排气压力/MPa	1.25	

续表

项目名称	参数	备注
额定电压/V	660/1140	
电机功率/kW	90	
电机转速/(r/min)	1485	
机组输入比功率/kW	8.590	
外形尺寸/(mm×mm×mm)	2965×1200×1591	长×宽×高

在松藻矿区采用中风压钻进技术，钻孔成孔率达 98%，最大成孔深度达 120m，台机效率提升 50%；南桐矿区钻进深度提高 2 倍以上，最大孔深达到 150m，钻孔成功率平均达到 82%，提高了 3 倍。

5.3.2　高效钻机具及工艺

1.坑道式大功率钻机钻进技术

重庆地区原来主要采用 ZY750 型、ZDY-850 型、ZDY1200S(MK-4)型和 ZDY-1250 型钻机施工瓦斯抽采钻孔，以上型号的钻机均存在钻机功率小、扭矩小、人工上下钻杆(不能机械上下钻杆)、劳动强度大、效率低、安全性差、易发生伤害事故等缺点。在施工过程中极易出现抱钻、卡钻、断钻等现象，造成钻孔施工效率低，影响矿井抽采部署，同时钻孔垮孔后易堵孔，预抽效果差。为了提高松软煤层瓦斯抽采钻孔的成孔率，针对重庆矿区煤炭开采规模及巷道断面尺寸，渝新能源投资有限公司采用了 ZDY4500SWL 型大功率钻机。

ZDY4500SWL 型煤矿用全液压坑道钻机为无级调速钻机，采用双立柱固定、双油缸升降、单油缸支撑，如图 5-32 所示。主要适用于煤矿井下钻瓦斯抽、排放孔，煤层注水孔，地质勘探孔和各种工程孔。适用于岩石坚固性系数 $f \leqslant 10$ 的各种煤层、岩层。特别适用于在井下不移动钻机时，在复杂多变巷道内的钻孔(多孔，360°)。根据巷道或钻场断

图 5-32　ZDY4500SWL 型煤矿用全液压坑道钻机

面面积的不同，可定制不同行程的升降缸和支撑缸。钻机采用集中式布置，整机共分为主机工作系统、泵站部分和操作台控制部分三大部分，各部分之间用胶管连接，其中与主机部分通过快换接头连接，解体性好。在井下便于搬移、运输，摆布灵活。在运输较差的地区，主机还可进一步解体。

该钻机主机外形尺寸（长×宽×高）为 3700mm×1100mm×1850mm，整机质量为7500kg（不包含钻杆），额定转矩为 4500～1800N·m，额定转速为 85～200r/min，液压系统额定压力为小泵调定工作压力15MPa、大泵调定工作压力 20MPa，履带式行走速度为 1～5km/h，爬坡能力为 20°，电动机功率为 75kW，配套钻杆为 Φ73mm×800mm，适应巷道宽度、高度2.8m 以上的巷道，最低开孔高度为 0.7m。该钻机具有如下优势。

(1)各系统集成于履带车上，减少了人工搬运钻机工序，减少了搬迁人员，降低了钻机搬迁人员的体力消耗。

(2)采用不同行程范围的专用支撑液压缸，稳定可靠，配用接长杆，能更广泛地适应不同巷道高度，降低了钻机的支撑难度。

(3)工作台工作角度采用双回转减速器控制，钻机可在空间范围内任意方向和角度灵活调整并具有自锁功能，实现一次定位锚固，多角度、多方位钻孔作业，提高了钻孔开孔精准度，降低了人工调整方位、倾角的工作量。

(4)钻机扭矩大，采用直径为 73mm 的钻杆施工能够一次性施工直径为 94mm 的钻孔，煤层的暴露面积增大，有利于瓦斯抽采。

2. 定向深孔钻进技术

定向长钻孔瓦斯抽采是目前瓦斯治理的主要手段之一，与普通钻孔相比，定向长钻孔具有钻孔轨迹精确可控、成孔性好、钻孔深度大、覆盖范围广、瓦斯抽采效率高等优点，实现了煤层瓦斯的大范围、远距离高效抽采，同时兼顾远距离探顶、探底、探构造、探放水等多种功能，在我国众多的高瓦斯、突出矿区得到推广应用，取得了较好的瓦斯抽采和治理效果。

1)定向钻进技术优势

定向钻进技术是一种依靠自然弯曲规律或者利用井下特殊工具、测量仪器等人为造斜手段，采用定向钻机使钻孔的钻进轨迹按照设计方向钻达预定目标层的钻井工艺技术。与一般钻井工艺相比，定向钻进技术有如下优势。

(1)钻孔轨迹精确可控、成孔性好、钻孔深度大。

(2)定向钻进施工不受工作面回风巷、运输巷掘进工程的限制，在回风巷、运输巷掘进没有完成之前就可以打钻预抽，因此可以提前施工，增加预抽时间。

(3)与一般钻进工艺相比，定向钻进钻场数量少，且钻场掘进施工工程量、移动转场的次数、日常维护和管理工作量都大幅减少。

2)定向钻进技术原理

定向钻进技术是利用泥浆泵提供的高压水通过送水器、通缆钻杆进入孔底马达，驱动孔底马达旋转，带动钻头旋转切削煤岩层，钻进过程中整个钻杆柱不旋转，仅孔底马达带动钻头回转钻进；钻进轨迹控制主要通过改变孔底马达弯角的方向来实现，采用随钻测量系统实时监测钻孔设计轨迹与实钻轨迹偏斜状况，实时调整工具面向角，实现对钻孔轨迹倾角、方位角的控制，以达到调整钻孔轨迹的目的。定向钻进原理如图5-33所示。

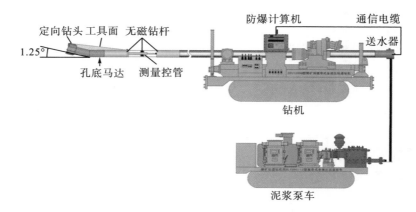

图 5-33　定向钻进轨迹控制原理图

3) 定向钻进技术适用条件

定向钻进技术可用于煤矿井下瓦斯抽采，可实现井下瓦斯抽采钻孔从"无控钻进"到"精确定向钻进"的跨越，对于不同的布孔方式，定向钻进技术的适用条件不同。

(1) 煤层适用条件：①坚固性系数 $f \geqslant 1$ 的较完整煤层；②无明显的构造与裂隙发育；③避免在煤层陷落柱区域内布置定向钻孔。

(2) 顶底板岩层适用条件：①岩层成孔性好，坚固性系数 $1 \leqslant f \leqslant 6$；②岩层较为完整、赋存均匀、分布稳定，无明显的构造与裂隙发育；③避免在炭质泥岩、铝质泥岩等遇水膨胀性岩层内布置。

4) 定向钻进抽采技术

(1) 顺层定向钻孔煤巷条带抽采。可采用顺层钻孔预抽条带瓦斯作为区域防突措施的煤层，在掘进工作面布置3个定向钻孔(可以根据实际情况增减钻孔数量)，其中一个钻孔位于巷道顶板轮廓线附近，另外两个钻孔根据钻孔控制范围布置。根据煤层透气性情况，可对轮廓线附近钻孔实施水力压裂，压裂、保压后作为预抽钻孔，也可不实施水力压裂，钻孔长度一般为500m左右。钻孔布置如图5-34所示。

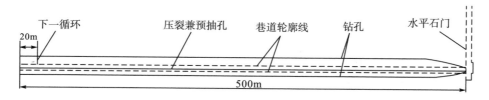

图 5-34　顺层定向长钻孔预抽巷道条带布置图

(2) 穿层定向钻孔煤巷条带抽采。穿层长钻孔预抽又分为穿层梳状长钻孔和穿层带状长钻孔。

穿层梳状长钻孔：在煤层顶(底)板施工一个岩石钻孔，作为主预抽钻孔。主预抽钻孔每钻进一定距离后施工分支钻孔进入煤层，并在煤层中钻进 100m 左右后停止施工，继续施工主预抽钻孔并施工下一个分支钻孔。

第一个穿层梳状钻孔每个分支钻孔见煤点设计在煤巷上部轮廓线附近，整个钻孔施工完毕后进行封孔压裂，压裂完成后作为预抽孔使用。根据煤层瓦斯赋存状况和预抽情况，矿井可根据实际情况确定钻孔数量。钻孔布置如图 5-35 所示。

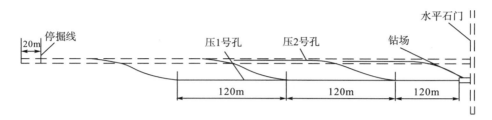

图 5-35　预抽段穿层梳状压裂长钻孔布置图

穿层带状长钻孔：如果煤层条件好，钻孔成功率高，则可施工穿层带状长钻孔进行条带预抽，即在煤层顶(底)板施工钻场，在钻场施工长钻孔，钻孔穿过岩石进入煤层后继续钻进，直至钻孔深度达 500m 后停止施工。钻孔布置如图 5-36 所示。

图 5-36　穿层带状长钻孔布置图

(3)顺层定向钻孔工作面预抽。在工作面运输巷内按照一定间距布置定向钻孔施工钻场，在钻场内沿着煤层走向施工定向长钻孔预抽工作面煤层瓦斯，钻孔深度根据钻机能力确定，一般为 400~600m，钻孔间距按照煤层透气性等相关物性参数确定。钻孔布置如图 5-37 所示。

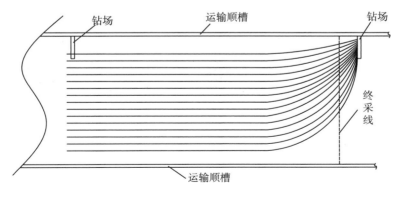

图 5-37　本煤层顺层定向长钻孔布置示意图

（4）定向钻孔高位抽采。在回风巷每隔 400～600m 布置钻场，采用定向钻机向顶板一定层位施工顶板长钻孔，一般一个钻场内施工 3～6 个定向长钻孔抽采顶板裂隙带卸压瓦斯，必要时候可设置分支钻孔。常见钻孔布置如图 5-38 所示。

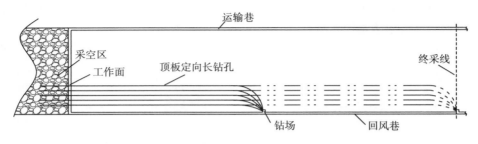

图 5-38　顶板定向长钻孔布置示意图

5）应用成效

定向深孔钻进技术在盐井一矿 21401 工作面进行了现场试验，采用 ZDY6000LD（B）型定向钻机及配套定向钻进设备，在 K_{14} 煤层顶板砂岩、砂质泥岩层位共计施工 3 个顶板高位钻孔，最大钻孔深度为 501m，定向钻进累计进尺 1446m，钻进过程中采用 1.25°带衬底垫片的螺杆马达进行轨迹调整，螺杆马达造斜效果好，钻孔轨迹控制效果良好，钻孔参数变化能够满足设计要求。

5.3.3　一体化固孔技术及工艺

一体化固孔技术是一种较为理想的护孔抽采技术，即钻孔成孔后不取出钻具，从钻杆内部下入带有筛眼的 PVC 管，作为护壁管和瓦斯抽采通道，既解决了钻孔的塌孔问题，又不影响瓦斯抽采，提高了瓦斯抽采效果，如图 5-39 所示。该技术的关键过程如下：使用门式可开闭钻头+大通径钻杆钻进至设计孔深，下入带有锚头的 PVC 管并将钻头顶开，PVC 管和锚头穿过钻头送至孔底，连接于 PVC 管孔底端上的锚头的翼片打开，并牢固地卡于孔壁上，取出钻杆而 PVC 管则留在孔内。

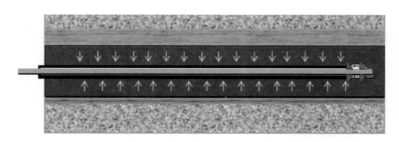

图 5-39　下套管工艺图

采用该技术降低了下筛管难度，缩短了下筛管的时间，护孔套管下到位后，在同样的封孔技术和抽采负压情况下，可大幅提高钻孔的有效抽采长度和抽采浓度，提升了抽采效率，解决了消突不到位的难题，保证瓦斯抽采更充分、更均匀，消除了因钻孔到位而抽采不到位形成的空白带,确保煤层瓦斯预抽到位,实现突出煤层掘进和开采安全。

该技术采用 ZYW-3200 型液压钻机施工顺层钻孔,钻杆和钻头采用三棱钻杆和金钢石拍门钻头。三棱钻杆直径为 80mm,钻头为 115mm,下全套筛管采用的整体式筛管外径为 32mm,内径为 25mm,筛眼孔径为 3～5mm,孔底固定装置翼片展开后最大外径达 140mm。锚头与套管采用丝扣连接。钻机、钻杆、钻头、锚头、套管、封孔和接抽胶管如图 5-40 所示。

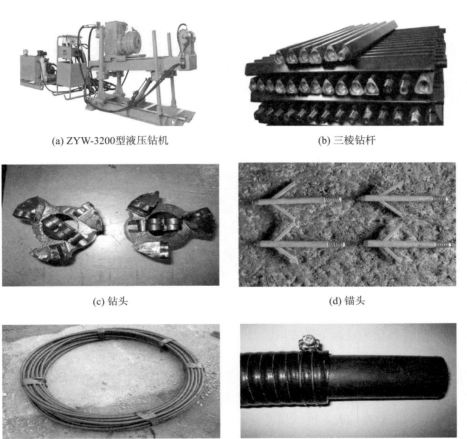

(a) ZYW-3200型液压钻机　　　　　　　　　　　　(b) 三棱钻杆

(c) 钻头　　　　　　　　　　　　　　　　　(d) 锚头

(e) 套管　　　　　　　　　　　　　(f) 封孔和接抽胶管

图 5-40　松软突出煤层筛管固孔装备图

筛管固孔实施步骤如下。

第一步,顺层钻孔终孔到设计深度后,停止钻进,退钻并拆卸 3～5 根钻杆,将液压钻机动力头退至机架底部。

第二步,将孔底固定装置固定在筛管顶部,人工将筛管送入钻杆内部,顶开开闭式钻头的横梁,将筛管送入钻孔底部,并向后拉动,确保固定装置将筛管固定在顺层钻孔的底部,防止拆卸钻过程中筛管被带出。

第三步,在顺层钻孔孔口处锯掉多余的筛管,拆卸出孔内剩余的钻杆。

应用成效：采用孔内下套管平均单孔瓦斯抽采浓度为 45.8%～74.7%，未下套管钻孔平均单孔抽采浓度为 21.4%～44.8%，孔内下套管与未下套管抽采钻孔相比，平均单孔瓦斯抽采浓度提高了 24.4%～29.9%。

5.3.4 "两堵一注"带压封孔技术及工艺

重庆地区煤层瓦斯赋存的典型特征为"两高一低"，即煤层瓦斯压力高、煤层瓦斯含量高、煤层透气性系数低，原先采用传统"两堵一注"封孔工艺，即钻孔按设计施工完成后，将 DN40mm PVC 胶管、注浆管及排气管用棉纱按图 5-41 的要求缠绕，棉纱段长度为 0.5m，捆绑固定后，蘸取马丽散，插入孔内 6m 处；待马丽散充分反应硬化后，通过预留注浆管注浆，注浆材料为水泥砂浆混合物，中间空间注满停止注浆，封孔完成。

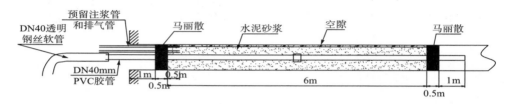

图 5-41　传统的"两堵一注"封孔工艺示意图

传统的"两堵一注"封孔工艺无法封严近水平瓦斯治理钻孔的原因有：①重力作用使水泥砂浆在充填时一直沉在底部，封孔段顶部空隙无法封严；②水泥砂浆硬化后会产生收缩，很难完全充填整个空间，钻孔顶部空隙会增大，导致漏气；③煤层松软，钻孔施工导致应力重新分布，钻孔周围煤体裂隙带内会产生大量裂隙，构成气体流动空间，因此，仅仅对钻孔内进行封堵无法避免钻孔周围漏气；④人工操作马丽散，不能做到 100%封堵成功。

针对近水平孔孔内及孔周围煤岩体内裂隙分布规律，考虑传统"两堵一注"封孔工艺的不足，需对其进行优化改进，形成主动式承压封孔工艺。利用 1.5MPa 的压力将流动性强、膨胀率较大且分布均匀、抗压强度高、致密性好的封孔材料注入注浆空间，填满后继续加压使浆液进入孔周围的煤岩体内，充填裂缝，彻底封堵钻孔及周围裂隙。利用囊袋替换马丽散以提高注浆空间边界的承压强度，使注浆压力达到 1.5MPa 以上。主动式承压封孔原理如图 5-42 所示。

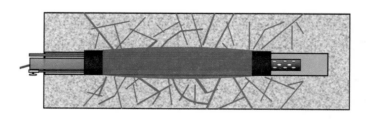

图 5-42　主动式承压封孔原理图

　　囊袋抽采瓦斯用注浆式(带压式)封孔器主要由注浆管、瓦斯抽采管、单向阀、爆破阀、囊袋、堵头、瓦斯抽采花管(集气段)等构成，如图 5-43 所示。该封孔器的注浆管与注浆泵连通，液浆因注浆泵压力进入注浆管及囊袋 1、囊袋 2，囊袋迅速膨胀，将囊袋的外侧紧固在煤层孔壁上，将封孔器两端的孔封闭；当压力大于 1.5MPa 时，液浆将两个囊袋中间的部分充满，当压力降到 1.5MPa 左右时停止注浆，进而实现多层密封，通过瓦斯抽采管连接钻场或巷道瓦斯抽采管路进行瓦斯抽采。

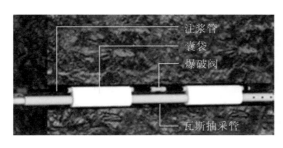

图 5-43　囊袋式封孔器结构及实物图

　　具体施工步骤如下。

　　第一步，快速、简便地将封孔器完全插入钻孔内。

　　第二步，将封孔器与注浆泵压力源连通。

　　第三步，打开气动搅拌器，搅拌均匀后开始注浆，出浆口压力达到 1.5MPa 时，爆破阀爆破。

　　第四步，注浆一段时间后，压力控制再次回到 1.5MPa 左右，停止注浆泵，封孔完成。封孔前后对比如图 5-44 所示。

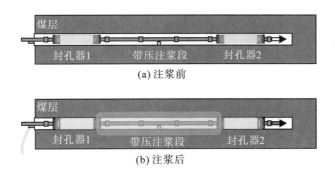

图 5-44　囊袋式封孔器效果示意图

　　高压封孔泵是决定封孔效果的关键设备，它由单螺杆泵、离合器、搅拌机构、变速箱、防爆电动机和机架等组成，如图 5-45 所示，参数见表 5-3。

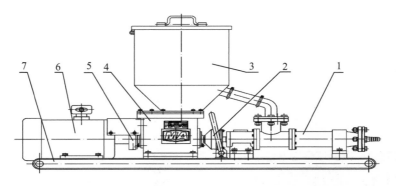

1—螺杆泵；2—离合器；3—搅拌机构；4—变速箱；5—联轴器；6—防爆电动机；7—机架

图 5-45　高压封孔泵结构示意图

表 5-3　高压封孔泵参数表

名称	参数	备注
封孔深度/m	160	
额定排出压力/MPa	3.6	
理论流量/(L/min)	12	
电动机型号	YBK2-160M-4	
电动机额定功率/kW	11	
电动机额定电压/V	380/660	
搅拌桶容量/L	62	
外形尺寸/(mm×mm×mm)	2200×526×950	长×宽×高
质量/kg	430	

当防爆电动机处于运动状态时，搅拌桶搅架旋转，对按水灰比要求加入搅拌桶内的水泥、水进行不断的搅拌，直至搅拌均匀。在水泥稠浆搅拌均匀后，操作离合器手柄使离合器接合，此时，减速系统通过离合器驱动单螺杆泵转动，将搅拌桶内混合均匀的水泥稠浆通过连接管吸入泵体内，经加压后从泵的出口输出，完成对水泥稠浆的输送，在泵工作的过程中，搅拌桶一直处于搅拌状态。

5.3.5　新型水气渣分离技术及装备

在高瓦斯、突出煤矿井下施钻时，常出现瓦斯喷孔、超限等安全事故。抽采钻孔作为区域瓦斯治理手段显得越来越重要。而目前很多矿井在钻孔施工过程中，过煤层喷钻严重，致使高频率、高浓度的"双高"现象越来越严重，极大地威胁着井下的安全生产。为此，研发了煤矿井下钻孔的水气渣分离一体化连抽装置，如图 5-46 所示。

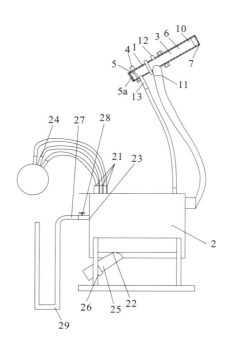 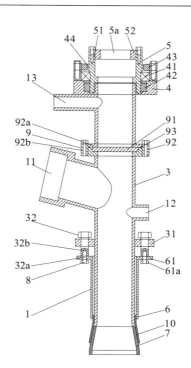

(a) 煤矿井下水气渣分离一体化装置结构示意图　　　(b) 粉尘瓦斯捕捉筒结构示意图

1—粉尘瓦斯捕捉筒；2—水气渣分离箱；3—内筒；4—轴承座；5—转动头；5a—通孔；6—外筒；7—喇叭口锥管；8—挡环；9—插板阀；10—密封套；11—排渣口；12—喷雾进水孔；13—第二排渣口；21—瓦斯回收孔；22—出渣口；23—放水口；31—第一连接耳；32—螺杆；32a—前端杆部；32b—后端螺纹杆部；41—轴承；42—密封环；43—透盖；44—防尘圈；51—转动套；52—压环；61—第二连接耳；61a—穿孔；91—插板；91a—手柄；92—阀体；92a—第一腰形法兰；92b—第二腰形法兰；93—密封元件

图 5-46　煤矿井下钻孔的水气渣分离一体化连抽装置结构示意图

　　水气渣分离器包括粉尘瓦斯捕捉筒、气渣分离箱。粉尘瓦斯捕捉筒上设有排渣口和喷雾进水孔，水气渣分离箱设有瓦斯回收孔、出渣口和放水口。粉尘瓦斯捕捉筒包括一部分长度伸入钻孔内的内筒，内筒的外壁通过密封装置与钻孔内壁形成密封连接，内筒的外端通过轴承座内设有的轴承同轴转动连接一个转动头，转动头上设有一个可穿过钻杆的通孔，通孔与内筒的管孔同轴线，通孔直径小于内筒的管孔直径。排渣口和喷雾进水孔设在内筒上。

　　该装置在用于煤矿井下钻孔抽排粉尘及瓦斯混合气时，密封装置使粉尘瓦斯捕捉筒的内筒与钻孔内壁形成密封连接，粉尘及瓦斯从内筒管孔的管壁与钻杆之间的间隙涌出，并通过粉尘瓦斯捕捉筒的喷雾进水孔喷水加湿后负压吸入分离箱分离成渣、水和瓦斯，渣和水分别从分离箱的出渣口和放水口排出，瓦斯进入瓦斯抽排管被收集，从而实现水气渣的分离，避免施工点瓦斯浓度超限和实现良好降尘的目的。

5.3.6　水力作业疏孔技术及装备

　　重庆地区煤层赋存条件复杂、地层压力大、煤层松软、瓦斯抽采钻孔施工后容易垮塌，且抽采钻孔施工前实施水力压裂增透措施后，煤岩层水量增多，成孔后，孔内煤、岩、黄铁矿结核及铝土层在遇水发泡后发生蠕性膨胀，更容易垮塌，堵塞瓦斯流动通道，造成钻孔报废，常规压风吹排渣效果差，工作量大。

WSZ 14/45-200 型瓦斯抽采钻孔水力作业机如图 5-47 所示。该作业机主要由履带行走装置、喷头、可缠绕钢管、输管器、滚筒缠绕机构、液压支架体、液压泵站、移动式操纵执行台、注水泵站（含水箱）高压水软管、液压油管、连接电缆和电控系统等组成。其中，履带行走装置、喷头、可缠绕钢管、输管器、滚筒缠绕机构、液压支架体及液压泵站等构成了作业机主机。

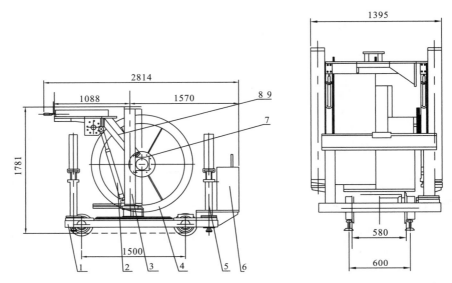

1—运行小车；2—调向机构；3—升降支柱；4—主轴；5—液压支撑部；6—控制箱；7—深度指示仪；
8—左支臂；9—右支臂；10—轴管器；11—不锈钢管及喷头；12—链条张紧机构

图 5-47　瓦斯抽采孔水力作业机结构示意图

瓦斯抽采孔水力作业机的工作原理是将一条可缠绕钢管有序地缠绕在滚筒上，利用机械机构将钢管的圆周运动转变为直线运动，实现向外连续送管；又可将钢管的直线运动转变为圆周运动缠绕在滚筒上，实现向内收管。将喷头连接在钢管头部，将高压水通过钢管传送至喷头上，形成高压水射流，对煤矿井下瓦斯抽采钻孔实现水力强化作业或对其他孔道进行清洗疏通。该水力作业机具有体积小、功率大、移动性强的特点，并且自带履带前进、后退行走装置，具有爬坡和转弯行走、作业部分旋转等功能，能较好地满足南方矿井疏通堵塞钻孔的需要。煤矿井下水力作业机参数见表 5-4。

表 5-4　煤矿井下水力作业机基本参数

序号	项目	基本参数	备注
1	主机高压水额定压力/MPa	60	
2	额定给进力/kN	≥5	
3	额定拉拔力/kN	≥10	

序号	项目	基本参数	备注
4	升降高度范围/m	1.45～2.25	
5	水平旋转角度范围/(°)	0～100	
6	调向角度范围/(°)	左右±80	
7	爬坡角度/(°)	18	
8	外形尺寸/(mm×mm×mm)	2600×1300×1550	长×宽×高
9	主机质量/kg	≤2300	不含钢管

5.3.7　封孔质量检测及评价技术

1. 封孔质量检测技术

煤层瓦斯抽采钻孔封孔质量是影响抽采效率的重要因素之一，YFZ3 型抽采钻孔封孔质量检测仪是基于煤层钻孔瓦斯流动理论设计的一种便携式矿用本质安全型仪器，如图 5-48 所示。

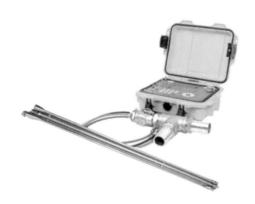

图 5-48　YFZ3 型瓦斯抽采钻孔封孔质量检测仪

YFZ3 型瓦斯抽采钻孔封孔质量检测仪能测量瓦斯抽采钻孔中不同深度的压力、甲烷浓度、氧气浓度。根据测量结果，综合判断钻孔封孔泄漏位置，为瓦斯抽采钻孔封孔深度及封孔质量提供设备保障。其性能参数见表 5-5。

表 5-5　瓦斯抽采钻孔封孔质量检测仪参数表

监测参数	测量范围	显示分辨率	基本误差
绝压/kPa	0～120.0	0.1	±1.5%FS
甲烷/%	0～100.0	0.01(0～10.0)	±5%FS(0～1.00)
		0.1(10.0～100)	±5.0%FS(1.0～100)
氧气/%	0～25.0	0.1	±5%FS(0～5.0)
			±3% FS(5.0～25.0)

封孔质量检测仪的工作原理如图 5-49 所示。其主要操作步骤如下。

(1)拆除用于连接抽采管和接抽管的弯管，将瓦斯参数探测管沿抽采管送到预计的取样位置。

(2)将瓦斯参数探测管与快接三通上的采样测量口相连，并将快接三通连接到抽采管和接抽管上。

(3)开启封孔质量检测仪电源，开始测试抽采钻孔不同位置的瓦斯浓度(负压)，记录并存储相关测试数据。

(4)待所有测点都测定完成后，将瓦斯参数探测管从接入口中撤出。

(5)分析数据，获得钻孔内瓦斯流动规律，评价钻孔封孔质量，确定可能存在的漏气通道。

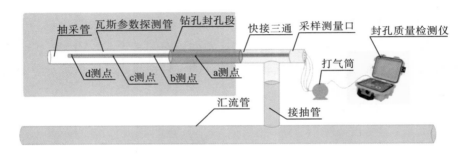

图 5-49　封孔质量检测仪的工作原理示意图

若抽采钻孔内不同孔深(深度逐节增加)的瓦斯浓度基本保持不变或波动范围较小，并且抽采负压呈现线性衰减，则表明抽采钻孔封孔质量较好；若孔内负压和瓦斯浓度在某处出现阶梯式突降，则表明抽采钻孔封孔质量较差，并且该处即为漏风摄入点或串孔位置。封孔质量的定性判断准则如下。

(1)测点的瓦斯浓度明显低于 b 测点，则表明由钻孔封孔管向钻孔内漏气。

(2)测点的瓦斯浓度明显低于 c 测点，则表明由封孔密封段向钻孔内漏气，密封质量差。

(3)测点的瓦斯浓度明显低于 d 测点，则表明煤体或岩体向钻孔内漏气，存在裂隙带漏气通道，封孔深度不足。

(4)测点的瓦斯浓度明显偏小，则表明抽采钻孔的深部存在漏气通道或原始瓦斯浓度偏低。

2. 封孔质量评价技术

除采用 YFZ3 型瓦斯抽采钻孔封孔质量检测仪检测封孔效果外，还可以根据抽采钻孔的瓦斯抽采浓度、抽采纯流量及衰减系数 3 项指标进行综合评判，对单项指标打分，3 项指标分值和所占权重相乘之和为综合分值，根据综合分值确定抽采钻孔的封孔效果。封孔质量评价指见表 5-6。

表 5-6　封孔质量评价等级表

项　目	穿层钻孔数值范围	顺层钻孔数值范围	综合分值
抽采浓度 A/%	$A \leqslant 20$	$A \leqslant 10$	20
	$20 < A \leqslant 40$	$10 < A \leqslant 30$	40
	$40 < A \leqslant 60$	$30 < A \leqslant 50$	60
	$60 < A \leqslant 80$	$50 < A \leqslant 70$	80
	$A > 80$	$A > 70$	100
抽采纯流量 B/ (m^3/min)	$B \leqslant 0.01$	$B \leqslant 0.05$	20
	$0.01 < B \leqslant 0.05$	$0.05 < B \leqslant 0.1$	40
	$0.05 < B \leqslant 0.1$	$0.1 < B \leqslant 0.15$	60
	$0.1 < B \leqslant 0.15$	$0.15 < B \leqslant 0.2$	80
	$B > 0.15$	$B > 0.2$	100
衰减系数 C/d^{-1}	$C > 0.25$	$C > 0.25$	20
	$0.2 < C \leqslant 0.25$	$0.2 < C \leqslant 0.25$	40
	$0.15 < C \leqslant 0.2$	$0.15 < C \leqslant 0.2$	60
	$0.1 < C \leqslant 0.15$	$0.1 < C \leqslant 0.15$	80
	$C \leqslant 0.1$	$C \leqslant 0.1$	100

在评价指标中抽采浓度、抽采纯流量、衰减系数 3 项指标的权重分别为 50%、30%、20%，封孔质量综合分值按式(5-3)计算。

$$X = A \times 50\% + B \times 30\% + C \times 20\% \tag{5-3}$$

计算出的综合分值结合表 5-7 确定煤矿井下抽采钻孔封孔效果。另外，在封孔实施过程中，若出现封孔材料注不进去、无返浆或注浆压力无法升压，未达到设计要求，则直接判断封孔无效。

表 5-7　封孔效果评价指标及分值表

综合分值	等级
$X \geqslant 80$	效果好
$60 \leqslant X < 80$	效果较好
$40 \leqslant X < 60$	有效
$X < 40$	无效

5.3.8　抽采参数快速测定技术

1. 在线瓦斯抽采参数测定仪

GD4-Ⅱ型瓦斯抽采参数智能测定仪是本质安全型智能式传感器，如图 5-50 所示。主要用于矿井瓦斯抽采浓度、负压、温度、压差、标准状态(温度为 20℃，大气压力为 100kPa)下的纯瓦斯流量和混合量等参数的检测和计算。该测定仪融合了瓦斯抽采产能预测技术，拥有抽采效果评价和预测功能，可根据实测历史数据对监测区域内的抽采效果进行评价，预测监测区域的抽效果达标日期。产品采用一体化结构,可与不同型式的节流件进行配接,采用非色散红外测量甲烷浓度,具有温度和压力补偿功能。主要技术参数见表 5-8。

图 5-50   GD4-Ⅱ型瓦斯抽采参数智能测定仪

表 5-8   GD4-Ⅱ型瓦斯抽采参数智能测定仪的主要技术指标

参数	压差/kPa	绝压/kPa	甲烷浓度/%		温度/℃
测量范围	0.000～5.000	0.0～120.0	0.00～100.0		0.0～100.0
显示分辨率	0.001	0.1	0.01(0～10)	0.1(10～100)	0.1
基本误差	±1.5%FS	±1.5%FS	±7%FS(0～1)	±7%FS(1～100)	±1.5%FS

2. 便携式抽采参数测定装置

1) WGC-Ⅱ瓦斯抽采管道气体参数测定仪

WGC-Ⅱ型瓦斯抽采管道气体参数测定仪是一种便携式矿用本质安全型仪器,如图 5-51 所示。该测定仪主要通过差压传感头、绝压传感头、甲烷浓度传感头和温度传感头分别监测瓦斯抽采管道中各测点的压差、抽采负压、甲烷浓度及气体温度,能配合孔板、皮托管计算并显示抽采瓦斯的混合流量和纯甲烷流量,可测量 120 个测点的数据。主机通过取气接头与孔板流量计(DN50)及皮托管 DN20 连接(图 5-52),并使用专用的密封垫来确保仪器测量管路的气密性。其主要技术指标见表 5-9。

图 5-51   WGC-Ⅱ型瓦斯抽采管道气体参数测定仪

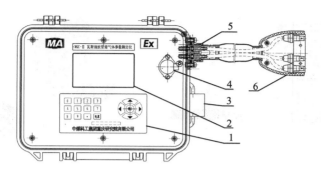

1—按键面板；2—显示屏；3—过滤器；4—充电插座；5—进气插座；6—取气接头

图 5-52　WGC-Ⅱ型瓦斯抽采管道气体参数测定仪结构图

表 5-9　WGC-Ⅱ型瓦斯抽采管道气体参数测定仪主要技术指标

参数	压差/kPa	绝压/kPa	甲烷浓度/%		温度/℃
测量范围	0.000～5.000	0.0～120.0	0.00～100.0		0.0～100.0
显示分辨率	0.001	0.1	0.01(0～10)	0.1(10～100)	0.1
基本误差	±1.5%FS	±1.5%FS	±0.07%FS(0～1)	±7%FS(1～100)	±1.5%FS

　　孔板流量计及皮托管安装示意图如图 5-53 所示。将取气管大头一端的取气头同孔板流量计或皮托管连接，孔板流量计用于钻孔孔口测量，皮托管外径上印有刻度，采用中心点法，用于支管或主管路测量(DN100~DN1000)，注意气流方向，取气管小头一端同仪器主机进气插座相连。

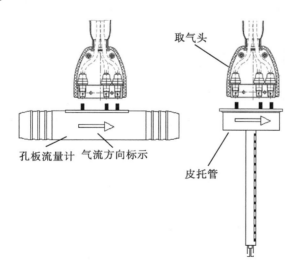

图 5-53　孔板流量计及皮托管安装示意图

　　WGC-Ⅱ型瓦斯抽采管道气体参数测定仪可测定单孔和抽采管道的瓦斯流量、浓度、负压、温度等参数，如图 5-54 所示。

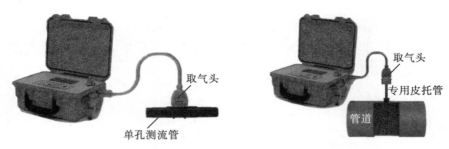

(a) 单孔参数测定示意图   (b) 抽采管道测定示意图

图 5-54   WGC-Ⅱ型测定仪单孔和抽采管道参数测定示意图

2）ZKC6 型瓦斯抽采管道气体参数测定仪

ZKC6 型瓦斯抽采管道气体参数测定仪是一种以 ARM 微处理器及多功能外围电路为核心的智能化、数字化矿用便携式仪表，具有温度、压力、差压、甲烷浓度、一氧化碳浓度和流速测量与流量计算显示功能，能够实现煤矿瓦斯管道的温度、压力、差压、甲烷浓度、一氧化碳浓度、气体流速等参数的快速测量。测定装置包含主机（图 5-55）和传感器（图 5-56）。ZKC6 型瓦斯抽采管道气体参数测定仪的技术指标见表 5-10。

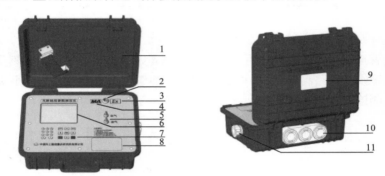

1—主机外壳；2—连接器；3—Ex 标志；4—MA 标志；5—抽气排气嘴；6—显示窗；
7—按键；8—主机铭牌；9—装置铭牌；10—过滤器；11—气压平衡阀

图 5-55   ZKC6 型瓦斯抽采管道气体参数测定仪主机外观示意图

1—电缆；2—连接器；3—防水塞；4—探头外壳；5—皮托管；6—皮托管温度传感头；7—皮托管取压口

图 5-56   ZKC6 型瓦斯抽采管道气体参数测定仪探头外观示意图

表 5-10　ZKC6 型瓦斯抽采管道气体参数仪的技术指标

类别	测量范围	基本误差
温度/℃	-10～50	±2.5%
压力/kPa	20～200	±1.5%
压差/Pa	0～450	±0.75%
甲烷浓度/%	0～1.00	±0.07%
	1～100	真值的±7%
一氧化碳浓度/10^{-6}	0～100	±4×10^{-6}
	100～500	真值的±5%
	>500	真值的±4%
流速/(m/s)	0.3～15	±0.3m/s

ZKC6 型瓦斯抽采管道气体参数测定仪在实际使用中，需预先在瓦斯测量管道上开两个孔，其中一个孔作为甲烷和一氧化碳取气用，一个孔用作测量流量，两孔均为直径为 10mm 的螺纹孔。两个孔开孔位置要求直管段较长，气流较稳的位置，一般要求开孔位置前 7 倍、后 5 倍管道内径，两个孔之间保持 20cm 以上的距离，当管道内有积水时应避免垂直向下开孔，以防皮托管插入积水中，开孔如图 5-57 所示。仪器与管路连接如图 5-58 所示。

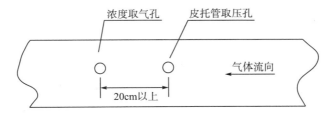

图 5-57　开孔示意图

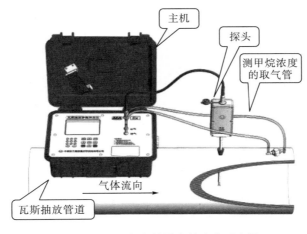

图 5-58　测量仪在管道上的安装示意图

5.3.9　采空区瓦斯抽采技术

重庆地区普遍采用专用排瓦斯巷的技术解决瓦斯浓度超限问题。但《煤矿安全规程》(2016 版)规定取消使用尾排系统，为解决采空区和回风隅角瓦斯积聚问题，重庆地区研究出了"高抽巷+抽采钻孔""Y 型通风+沿空留巷插管抽采""U 型通风+正向抽排""U型通风+引排""穿层钻孔残抽"等技术。

1. 高抽巷+抽采钻孔

在松藻矿区极近距离煤层群开采中，7 号煤层作为保护层开采，而被保护层 6 号煤层与保护层间距仅为 6~7m。在开采 7 号煤层时，大量的被保护层卸压瓦斯流向采空区，导致工作面回风巷瓦斯浓度超限，采用常规的穿层钻孔、高位钻孔抽采邻近层瓦斯不能有效解决瓦斯浓度超限难题，为此采取"高抽巷+抽采钻孔"的方式抽采邻近层卸压瓦斯。

该抽采方式将高抽巷布置在被保护层顶板中，处于裂隙带内，在工作面倾斜方向距离回风巷 15m 左右，高抽巷掘进断面为 $5.56m^2$，采用锚网梁支护，在高抽巷尽头采取扇形布置抽采钻孔，钻孔控制工作面回风巷以内 60m 的范围，之后按照 15m 间距，与巷道成 34°夹角施工抽采钻孔，钻孔倾角为-14°，孔深为 80m。高抽巷和抽采钻孔布置如图 5-59 所示。

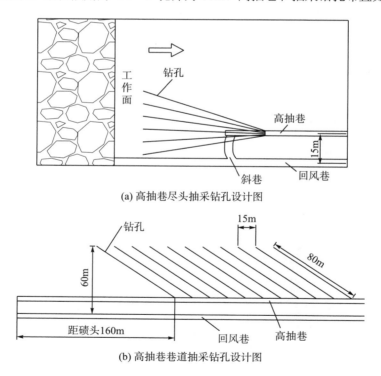

(a) 高抽巷尽头抽采钻孔设计图

(b) 高抽巷巷道抽采钻孔设计图

图 5-59　高抽巷及抽采钻孔布置示意图

抽采孔施工完后，在高抽巷巷口施工密闭墙，连接管道进行巷抽，在瓦斯抽采巷内距离回风联络巷 16.5m 和 3m 施工永久密闭墙，如图 5-60 所示。

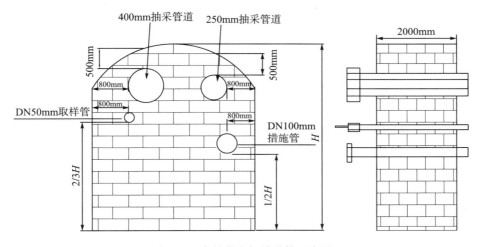

图 5-60　高抽巷密闭墙结构示意图

在施工密闭墙时需要注意以下事项。

(1)密闭建造材料采用预制墩、32.5 级水泥、河沙、矿井生产用水(不得含有油脂等杂物)，水∶水泥∶河沙=0.3∶1∶3。

(2)墙体周边掏槽，掏槽深度不小于 0.4m，须见硬顶、硬帮，墙体与岩体接实。

(3)用预制墩施工时，竖缝要错开，横缝要水平，排列须整齐；砂浆要饱满，灰缝要均匀一致。墙体平整，必须保证 1m 内墙面凹凸不大于 10mm，墙体无裂缝、干缝、重缝和空缝。

(4)墙体砌筑完后，用水泥砂浆勾缝，在墙体与巷道两帮和顶接触处抹裙边 0.1m，保证密闭墙严密不漏风。

2. Y 型通风+沿空留巷插管抽采

工作面采用 Y 型通风系统，实行两进一回方式。其优点一是采空区的瓦斯通过巷旁支护流入回风平巷，能较好地解决回采工作面上隅角的瓦斯浓度超限问题；二是工作面两端均处于进风流中，改善了作业环境；三是实行沿空留巷，可提高工作面回采率。Y 型通风系统如图 5-61 所示。

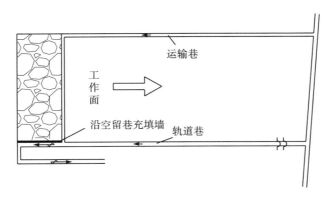

图 5-61　Y 型通风系统图

　　Y 型通风+沿空留巷插管抽采就是在施工沿空留巷充填墙时，以 5m 间距预埋采空区抽采管，抽采管管径为 250mm，支管安装位置距充填顶板 200mm，抽采支管末端靠采空区一侧使用预制墩进行支护，防止垮矸堵塞抽采支管口。沿空留巷保证有 3 根预埋抽采支管对采空区实施抽采。Y 型通风+沿空留巷插管抽采布置如图 5-62 所示。

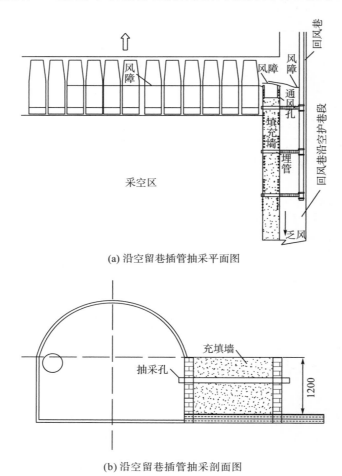

(a) 沿空留巷插管抽采平面图

(b) 沿空留巷插管抽采剖面图

图 5-62　工作面沿空留巷插管抽采布置图

3. U 型通风+正向抽排

　　U 型通风+正向抽排技术是在运输巷进风、回风巷回风的 U 型通风工作面，将移动抽采泵布置在底板巷道，在煤层采空区和底板巷道中安设 DN250mm 抽采管连接到移动泵，对采煤工作面采空区的瓦斯进行抽排，从而防止瓦斯浓度超限，如图 5-63 所示。

　　重庆地区部分高瓦斯、突出矿井采用采空区双埋管抽采，也取得了显著的效果。采空区双埋管抽采技术具体布置如图 5-64 所示。当第一条管路达 30m 时，预埋第二条管路，在第一条管路的 60m 处用三通和阀门与第二条管路相接，此时第二条管路处于关闭状态，当工作面推过第二条管路管口 30m 时，打开第二条管路的阀门并投入抽采，以此类推。该方法的优点是控制简单，缺点是管材消耗较大，不能根据实际情况对瓦斯抽采口进行调节。

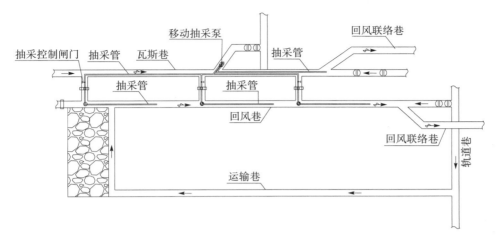

图 5-63　采煤工作面采空区抽采管道布置图

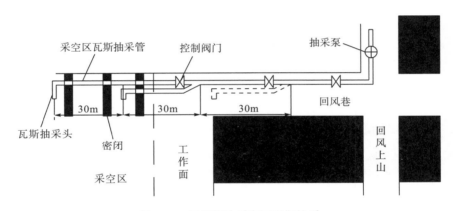

图 5-64　双埋管法采空区瓦斯抽采

4. U 型通风+引排

结合以往采煤工作面实施引排的经验可以得出，15kW 局部通风机，引排风筒直径为 600mm，引排风量可达到 150~250m³/min。引排技术能控制隅角瓦斯超限，保证安全并能满足正常生产，具有一定的推广价值。但引排或抽排风筒比较容易损坏，若要使用必须编制安全技术保障措施。

5. 穿层钻孔残抽

重庆地区普遍在底板岩巷施工网格穿层钻孔预抽本煤层瓦斯。在工作面回采过程中，由于原岩应力平衡被打破，二次应力重新分布导致顶底板变形垮塌，部分穿层钻孔产生变形、堵塞等。根据钻孔实际抽采效果，继续利用抽采浓度高于 10% 的穿层钻孔进行采空区抽采，但需要注意的是，在高瓦斯、突出矿井穿层钻孔残抽过程中，若管理不善，可能引起易自燃及自燃煤层火灾事故。

5.3.10　围岩(岩溶)瓦斯探测与抽采技术

重庆地区具有高压富水的岩溶含水层和岩溶裂隙瓦斯突出危险,断层带、裂隙破碎带、陷落柱等地质构造破坏了隔水层的连续性,最容易成为岩溶裂隙瓦斯和水的突出通道,是发生岩溶裂隙瓦斯和水突出的重要因素。

随着采深的加大,多次出现岩溶水和岩溶裂隙瓦斯异常涌出现象,因此,重庆地区系统地研究了岩溶裂隙瓦斯灾害治理方式,提出岩溶瓦斯富集区"四位一体"的综合防治技术,如图 5-65 所示。第一步是岩溶瓦斯小块段区域预测,主要采取由宏观到微观、由远及近、由粗到精的防治理念;第二步是实施梯级渐进式局部探测,主要遵循"物探先行、钻探验证、钎探补充、梯次推进"的原则;第三步是实施近距离局部防治,综合选取"绕、抽、排、堵"的防治方案;第四步是采取安全防护措施掘进,重点使用好远距离爆破、防逆流隔离正反向风门、紧急安全避险等措施。

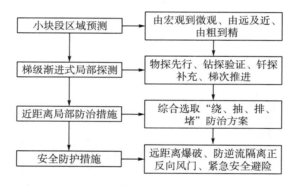

图 5-65　岩溶瓦斯富集区"四位一体"防治技术流程

1. 小块段区域预测

通过对矿井主控构造、地表水渗流情况、埋深、邻近区域岩溶揭露资料等因素进行综合分析,得出矿井岩溶分布总体特征,小块段区域预测则是具体细化。

结合区域主控构造和已经揭露的岩溶裂隙瓦斯分布情况,可以绘制出粗略的岩溶裂隙瓦斯区域分布图,然后经过细致分析并预测出岩溶裂隙瓦斯分布的大体情况,但粗略的岩溶裂隙瓦斯分布范围对指导矿井设计及生产安全管理不具有准确的针对性,故需要预测、推测出更科学、更准确、更细化的岩溶裂隙瓦斯分布点位置。因此,可以结合煤矿瓦斯地质图的编绘理念,采用区域预测观点来预测岩溶裂隙瓦斯。

2. 梯级渐进式局部探测

采用物探手段可以初步预测前方 80~150m 有无异常。没有异常,则可以减少钻探孔的密度;若有异常,则采用钻机进行探测,施工时辅助钎探钻孔做更精确的探测。结合研究区实际,设计物探超前距离为 10m,钻探超前距离为 5m,钎探超前距离为 1.5m。

(1)物探。所有茅口巷施工前,先进行物探试验,判断前方有无不良地质体。为使测定更加精确，每掘进 80～150m 采用 KDZ1114-6A30 型矿井地质探测仪对工作面进行一次全方位探测，根据物探探测结果进行综合分析后，划定物探异常区或非异常区。巷道进入物探异常区 10m 前进行物探复核。

对复核仍存在异常的区域，在距异常区 10m 前采取钻机探测。地质技术人员综合分析巷道物探异常区范围、已掘区域情况、所在采区或水平揭露的岩溶瓦斯赋存情况、构造发育情况，并确定钻探孔参数。对复核不存在物探异常区的，不再采取钻探探放措施，但钎探孔的施工及爆破要求仍按原物探异常区执行。

（2）钻探。选用 ZYG-150 型矿用坑道全液压钻机施工前探钻孔。钻孔数量视岩溶规模而定，通常布置 3~6 个钻孔，钻孔施工方向应尽量沿巷道中心线布置，钻孔孔径一般为 75mm。

（3）钎探。使用 YT-29 型气腿式风动凿岩机进行施工，安设直径为 42mm 的钻头和直径为 22mm 的六角中空碳素钎杆进行施工。全岩掘进工作面设计 5 个探测钻孔，1 号、3 号、5 号钻孔设计孔深为 2.6m；2 号、4 号钻孔设计孔深为 2.79m。在保证前后两轮钻孔控制范围交替覆盖的前提下，正常区域每个循环施工 3 个探孔，第一个循环施工 1 号、2 号、3 号探孔，第二个循环施工 3 号、4 号、5 号探孔。异常区域施工时，施工 1~5 号探孔，如图 5-66 所示。

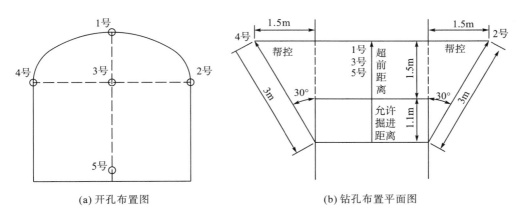

(a) 开孔布置图 (b) 钻孔布置平面图

图 5-66 探孔布置示意图

3. 近距离局部防治措施

在对岩溶瓦斯进行近距离局部防治的工作中，应根据前期预测分析结果，有针对性地选取"绕、抽、排、堵"的防治措施。

（1）绕。为了避免裂隙和构造对安全生产造成较大影响，对已探明的较为复杂的岩溶裂隙、构造，主要采用避绕的主动方法以降低施工复杂程度和潜在的安全风险，修改施工设计，从而确保安全，参考设计如图 5-67 所示。

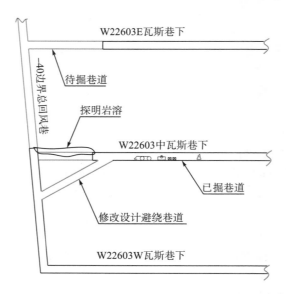

图 5-67　打通一矿 W22603 中瓦斯巷岩溶避绕设计图

（2）抽。"抽"就是要利用研究区已经完善的主干抽采系统，在岩溶裂隙外直接封闭接抽，实现有害气体的安全使用，"变患为宝"。这就需要在瓦斯抽采巷掘进施工时，安装瓦斯抽采管道，末端距离掘进工作面以不超过 200m 为宜，便于及时接抽岩溶裂隙瓦斯。当短期内抽采管道安装有困难时，可直接将供水、供风管路改作岩溶裂隙瓦斯抽采管路，以快速有效地减轻岩溶瓦斯的威胁。

因此，当掘进工作面探测到岩溶裂隙时，在涌出量小、浓度低、无压力的情况下，可以直接采取临时封堵探孔抽采的方式进行处理。如果直接在掘进工作面进行探测及局部治理仍然存在一定的安全威胁，则方案设计可将抽采工程退后至距离掘进工作面 5～20m 范围施工浅部钻场进行处理，确保有足够的安全屏障。抽采钻孔如图 5-68 所示。

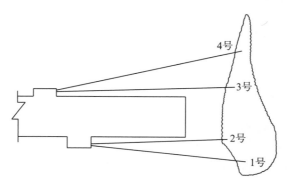

图 5-68　岩溶裂隙瓦斯抽采钻孔图

（3）排。"排"就是当岩溶裂隙瓦斯富集量较少时，充分利用局部通风措施，将有害气体安全排放至矿井总回风系统。全岩巷掘进施工过程中，当各类探测钻孔获知岩溶瓦斯风险信息时，若岩溶内积存的水量少、瓦斯涌出特征平缓，对采掘工作面作业人员安全威胁较小，则可以采用钻机或凿岩机在距岩溶一定距离施工钻孔进行超前控制排放瓦斯、水等有害物质。

施工探测钻孔的同时，进一步验证岩溶瓦斯的影响范围及含水情况，并根据瓦斯涌出量采取针对性的防范措施，将事故威胁降到最低。但排放瓦斯方案的核心是确保通风系统稳定可靠，且应根据实际探测结果进行分析计算，提高局部通风机能力或增设风机数量，以加大局部通风系统的供风量，将掘进工作面甲烷浓度降到 0.5%以下，有效控制排放，实现安全生产。

（4）堵。"堵"就是当岩溶瓦斯、水的涌出量较大，有持续的瓦斯和水源补给，短时间不足以将安全威胁降至允许范围内时采取的屏蔽措施。以对岩溶封堵的位置来区分，大致可分为 3 类。一类是主要作用于岩溶内部。例如，对岩溶裂隙实施注浆封堵措施，如铁路、桥隧工程、矿井主要开拓井巷遇到岩溶时应首选这类工程措施，目的是确保围岩稳定性，防止岩溶空洞进一步扩大，进而危及工程安全。第二类是在岩溶外部实施封堵，对矿井用于抽采瓦斯的次要井巷工程，可以首先选择实施避绕，对揭露岩溶在较为安全的位置实施封堵，并对封堵区采取抽采措施，必要时还可以启封封堵设施。比较典型的做法是在掘进工作面退后一定位置施工一道密闭墙，并预留抽采钻孔进行抽采。第三类是在岩溶揭露处实施封堵。对于岩溶影响范围小的情况，为确保支护安全，采用锚杆、锚网、喷浆、架设工字钢支架等措施对岩溶实施封堵、加固，目的是确保支护安全并防止岩溶空洞积聚瓦斯。

矿井常用岩溶外部封堵抽采如图 5-69 所示。

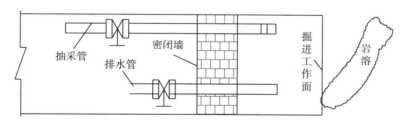

图 5-69　岩溶外部封堵抽采布置图

4. 安全防护措施

1）技术措施

（1）防突风门。在瓦斯巷开口前，由通风队分别在瓦斯巷进风联络巷按规定设计、施工一组正反向防突风门备用。

防逆流隔离正反向风门构筑的技术要求如下：防逆流风门通常由墙垛、门板、闭锁装置、防逆流设施等组成。反向风门应进行专门设计，原则上墙垛厚度不小于 0.8m，掏槽深度不小于 0.2m（硬岩不受此限），反向风门的风筒、水沟、刮板输送机道等，需要设计防逆流装置，防逆流装置还应进行专门设计并保证有足够的强度，防止岩溶裂隙瓦斯异常涌出时逆流至采区进风系统。考虑到瓦斯异常涌出时高浓度瓦斯冲击门板，大量动能在局部或一个点获得能量释放产生撞击火花，不得采用金属制品防逆流风门。为保证有足够的强度，风门及附属设施强度需要保证 0.6MPa 的静载荷承压要求。

正常情况下防突风门必须打开，遇岩溶裂隙瓦斯需要关闭时按安全措施要求执行。

（2）盾构机远距离操作。盾构机工作面采用远程控制，人员在距离盾构机 200m 以外进行远距离操作盾构机掘进。

（3）紧急安全避险系统。紧急安全避险系统分为监测监控系统、人员定位系统、紧急避险系统、压风自救系统、供水施救系统、通信联络系统、自救个人装备七大部分。

在掘进工作面投产前及时形成安全监测系统，按规定在掘进工作面局部通风机、回风、工作面、盾构机远程操作处设置瓦斯传感器，瓦斯传感器报警、断电浓度设置为 0.5%，复电浓度小于 0.5%，对盾构机和带式输送机设置开停传感器，掘进工作面回风设置风速传感器、粉尘传感器，掘进工作面设置一氧化碳传感器、硫化氢监测传感器，同时设置声光报警装置。

掘进工作面巷道每隔 100m 安设一组压风自救器，盾构机远程控制操作处安设一组压风自救器。

掘进工作面人员必须配备人员定位装置和压缩氧自救器。

2）安全措施

（1）加强工作面局部通风管理。由瓦斯检查员每班对局部通风机和风筒进行检查，发现风筒漏风应及时处理。

（2）瓦斯检查员每班必须对该面的通风设施进行检查，每班不少于 4 次瓦斯检查，若发现瓦斯涌出量增大，必须立即向通风队和通风调度汇报，由通风队向通风部汇报，并立即组织人员到现场进行原因调查和处理。

（3）监测工每 3 天对工作面的瓦斯监测探头用空气样和标气样调校一次，保证传感器显示与实际瓦斯浓度误差不超过 0.1%，每 3 天对工作面的断电功能测试一次，并做好记录。

（4）通风调度对盾构机掘进工作面要做重点调度，随时监控掘进工作面的瓦斯变化情况，当瓦斯浓度达到 0.5%时，及时向通风部汇报。

（5）瓦斯检查员每班必须将光学瓦斯检测仪的瓦斯数据与瓦斯监测传感器显示数据做对比，发现误差大于 0.1%时，必须立即向通风调度和通风队汇报，通风队立即派人查明原因，进行处理。

（6）防止电气失爆。机运部的防爆检查员每 3 天和掘进队电工每天要对工作面的电气设备进行检查，防止电气失爆，并要有检查记录以备查。

（7）当工作面出现瓦斯涌出，导致工作面或回风瓦斯浓度达到 0.5%时，工作面人员必须立即停止工作，切断电源，将人员撤到进风巷中，立即向矿调汇报。通风队、抽采队立即派人到现场查明原因，进行处理。

（8）用盾构机配置钻机施工前探钻孔时，人员必须佩戴压缩氧自救器，携带便携式瓦斯检测仪，工作面回风系统不得有人。

3）组织措施

（1）施工前必须由施工队队长或技术员向参加该项工作的全体员工贯彻学习施工组织措施并签字。

（2）巷道施工过岩溶、裂隙异常区期间矿调度室做重点调度。

5.4　水力化增透技术及装备

5.4.1　高压控制水力压裂增透技术及装备

1. 控制水力压裂增透机理

1) 控制水力压裂裂缝起裂机理

煤矿井下控制水力压裂技术就是通过钻孔向煤岩层压入液体,当液体压入的速度远远超过煤岩层的自然吸水能力时,由于流动阻力的增加,进入煤层的液体的压力就会逐渐上升,当超过煤层上方的应力时,煤岩层内原来的闭合裂隙就会被压开形成新的流通网络,煤岩层渗透性就会增强,压开的裂隙为煤岩层瓦斯的流动创造了良好的条件。

2) 控制水力压裂裂缝延伸原理

煤矿井下控制水力压裂裂缝延伸的条件为由压裂泵提供的高压水注入弱面充水空间时的注入压力大于因煤岩体自身的孔隙润湿和毛细作用造成压力损失的滤失压力。

当高压水进入层理面和裂隙系统时,携带煤岩颗粒形成封堵带,一级弱面压力逐渐升高,当弱面开裂后,空间增大,封堵作用减弱,煤岩颗粒向前推进形成二次封堵,再次将煤岩体压开,裂缝依次向前延伸。

3) 控制水力压裂裂缝延伸方向

煤矿井下控制水力压裂裂缝的形态取决于地应力的大小和方向。裂缝类型与地层中的垂直应力和水平应力的相对大小有关。一般认为,人工裂缝垂直于地层最小主应力,平行于地层最大主应力。

4) 控制水力压裂增透原理

压力水进入煤岩层之后,依次进入一级弱面(张开度较大的层理或切割裂隙)、二级裂隙弱面、原生微裂隙,同时压力水在裂隙弱面内对壁面产生内压作用,导致裂隙弱面发生扩展、延伸,以致相互之间发生联接贯通,实现压裂分解。内部裂隙弱面的扩展、延伸及相互贯通,形成相互交织的贯通裂隙网络,提高了煤岩层的渗透率。待压裂完成后排出压裂液,形成瓦斯渗流通道,增强煤岩层透气性,使较远处的瓦斯能够通畅地流入钻孔中,起到减少钻孔工程量、提高瓦斯抽采率、缩短抽采时间的作用。

控制水力压裂需要通过控制高压水的压力和排量,使压裂影响控制在一定的范围之内,以免出现常规压裂有可能导致巷道围岩变形,顶底板管理困难的状况,并在压裂影响范围内形成均匀抽采瓦斯的立体通道网络。

2. 控制水力压裂技术概要

煤矿井下控制水力压裂是保障压裂安全、压裂效果有效措施。控制水力压裂就是通过采取硬岩冲击钻进水力压裂钻孔施工准确到位、压裂钻孔封孔密实、压裂液注入压力流量等参数合理、范围可控等措施,并针对不同地质条件,优化出重复压裂、吞吐压裂、喷射压裂、水力压冲、分层组压裂、顶底板压裂等工艺,达到预期的压裂范围和效果。控制水力压裂体系如图 5-70 所示。

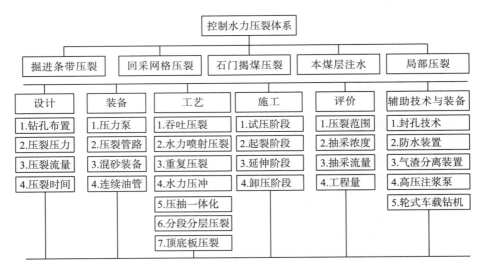

图 5-70　控制水力压裂技术与装备体系

1) 控制压裂关键技术

水力压裂从工艺角度分为吞吐压裂技术、水力喷射压裂技术、水力压冲技术、分段分层压裂技术、顶底板压裂技术、高压封孔技术等(李全贵, 2011; 韩金轩, 2012; 王永辉, 2012)。

吞吐压裂技术是通过向钻孔内不断注入高压水进行压裂, 然后快速卸压排水排渣, 如此反复地压入、排出, 将大量的煤粉掏出, 形成大尺寸的裂隙缝槽, 使煤层充分卸压; 反复压裂可致使多裂隙形成和延伸, 扩大压裂影响范围, 达到高效抽采煤层瓦斯的目的。吞吐压裂适合任何条件的压裂, 是对重复压裂的改进和优化。

水力喷射压裂技术是利用喷嘴形成的高速射流, 进入煤层后其轴心速度迅速衰减, 动能转化为压能, 使得孔内压力迅速升高, 当超过起裂压力时, 在射流末端就会形成压裂效果的新工艺。该技术适用于石门揭煤、顺层条带等, 在硬煤及顶底板内为喷射压裂, 在软煤中实施冲孔配合压裂顶底板, 如图 5-71 所示。软煤是指Ⅲ至Ⅴ类煤, 硬煤是指Ⅰ、Ⅱ类煤。

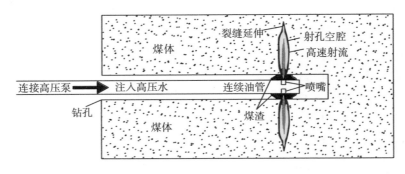

图 5-71　水力喷射压裂技术示意图

水力压冲技术是通过中间压裂孔注入高压水, 压裂煤岩体, 利用高压水对压裂孔的煤体进行连续冲刷, 将煤岩粉从辅助孔压出, 形成大尺寸的卸压空间, 实现压裂与冲孔相结合的新工艺, 如图 5-72 所示。该技术适用于软煤层或软分层的卸压增透。

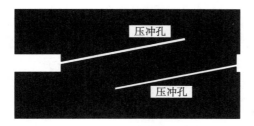

图 5-72　水力压冲技术示意图

　　分段分层压裂技术是在钻孔内沿着钻孔方向，在瓦斯含量较高的两个或多个层位上，严格控制射孔孔眼的位置、数量和孔径，通过一次压裂施工，同时压开几个煤岩层，达到联合高效抽采瓦斯的目的，如图 5-73 所示。

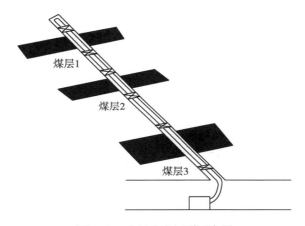

图 5-73　分层分段压裂示意图

　　顶底板压裂技术是在煤层顶底板进行水力压裂，在岩层中形成与煤层沟通的裂隙网络，煤层中瓦斯通过裂隙网络快速运移到围岩内，压裂完成后通过在围岩中施工钻孔抽采瓦斯的新工艺。该技术适用于煤层渗透性极差、煤体破坏严重或不存在内生裂隙的煤层。顶底板压裂布置如图 5-74 所示。

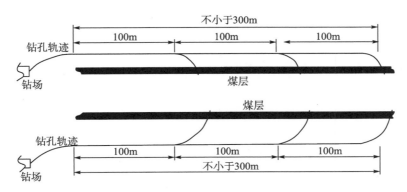

图 5-74　顶底板压裂技术示意图

2)控制水力压裂安全保障技术

煤矿井下控制水力压裂安全保障技术包括：安全影响因素判识、围岩参数数据库构建、压裂方案专项设计、压裂施工前安全确认、压裂施工安全确认、压裂后验收评价改进，也称为水力压裂安全保障"六步法"，具体如图 5-75 所示。

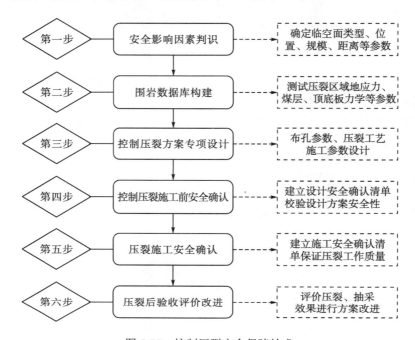

图 5-75　控制压裂安全保障技术

(1)安全影响因素判识。控制水力压裂安全影响因素分为两大类：①主观影响因素，主要为压裂钻孔封孔质量，受封孔长度及封孔材料强度因素影响；②客观影响因素，压裂区域客观存在的巷道、地质钻孔、水体、地质构造、临空面等。

(2)围岩数据库构建。在压裂区域取煤层、顶板、底板的煤岩样，通过资料分析、实验室测试及现场测定等方式，获得压裂区域地应力、侧压系数、煤岩样强度、泊松比等参数，构建压裂区域的围岩数据库。

(3)控制压裂方案专项设计。结合现场和压裂设计要求，确定压裂钻孔布置参数(压裂孔倾角、方位、孔间距)和压裂工艺施工参数(破裂压力、泵组压力、压入水量、压入流速)，制定控制压裂系统专项设计方案，详细控制压裂参数按照本章内容相关计算。

(4)控制压裂施工前安全确认。压裂前，结合安全影响因素及围岩参数数据库，应用模型公式对压裂设计方案的安全性进行安全确认，安全确认主要有封孔长度安全确认、安全边界安全确认，封孔深度，安全边界确认。

(5)压裂施工安全确认。根据重庆市地方标准《煤矿井下水力压裂技术安全规范》(DB50/T 461—2012)要求，制定煤矿井下控制水力压裂现场施工安全确认清单。现场施工严格按照清单要求一步进行安全确认。

(6)压裂后验收评价改进。压裂作业完成后，由技术人员进行验收，对压裂区域临空面薄弱点是否存在危险进行现场校验，评估水力压裂设计方案的安全性；对压裂钻孔的施工质量和压裂区域的抽采效果、现场安全防护执行情况等进行实测和检测，分析是否达到设计目的；针对验收结果进行优化改进，为后续改进水力压裂安全保障技术体系提出可行方向。

3. 煤矿井下控制水力压裂关键参数及优化设计

煤矿井下控制水力压裂关键参数包括压裂钻孔布置参数(倾角、方位角、间距)和压裂工艺施工参数。

1) 压裂钻孔布置参数

(1) 倾角。

压裂钻孔倾角不仅影响钻孔施工的难易程度，还直接影响压裂结束后压裂液的返排效果。为了能够高效抽采瓦斯，要求压裂钻孔在压裂结束后能够返排压裂液，避免压裂液不能及时排出导致封堵煤层基质块内部的瓦斯。穿层钻孔压裂时，应保证压裂钻孔压裂管出水孔方向与煤层倾角大致相同，压裂钻孔为仰角孔；回采工作面进行本煤层顺层钻孔水力压裂时，以采用仰角钻孔为宜，顺层钻孔布置如图 5-76 所示。

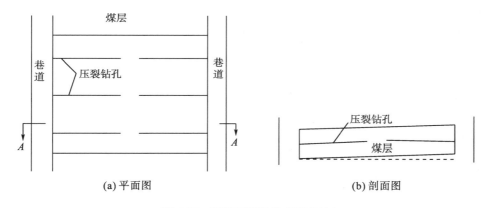

(a) 平面图　　　　　　　　　　　　　(b) 剖面图

图 5-76　顺层压裂钻孔布置方法

(2) 方位。

压裂钻孔方位很大程度上决定了压裂裂缝的延伸规模，影响压裂钻孔方位选择的因素主要有两个：地应力和原始裂隙发育情况。为了使水力压裂半径最大化，取得理想的压裂效果，压裂钻孔的方位是由应力场和裂隙场耦合决定的，压裂钻孔的方位应尽可能与最大主应力方向、主裂隙方位垂直。

(3) 间距。

为避免出现压裂盲区，在进行井下钻孔水力压裂前，应初步估算压裂裂缝半长，设计好压裂钻孔间的距离。两个压裂钻孔间的最佳理论距离应该为裂缝半长的 2 倍，裂缝半长可采用现场实测及经验相结合的方法综合确定。钻孔方位与裂隙的几何关系如图 5-77 所示。

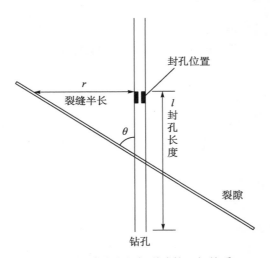

图 5-77　钻孔方位与裂隙的几何关系

2) 压裂工艺施工参数

（1）破裂压力。

煤层裂缝破裂压力是指开启煤层裂缝的最小压力。根据破裂压力可确定压裂过程中的泵注最低压力、泵注排量及压裂设备所需的功率等，破裂压力依据公式（5-4）确定。

$$p_\mathrm{f} = p_1 + p_2 + p_3; \quad p_1 = \sum_{i=1}^{n} \gamma_i h_i \tag{5-4}$$

式中，p_f 为破裂压力，MPa；p_1 为上覆岩压力，MPa；γ_i 为上覆岩石比重；h_i 为岩石厚度；p_2 为岩石的抗拉强度，MPa；p_3 为管道摩擦阻力，MPa。

（2）泵注压力。

泵注压力决定能否压开煤层、能否形成达到设计要求的裂缝，同时还决定压裂泵的选择。若选择的压裂泵最大泵压太小，则很难压开煤层，而达不到压裂的效果；若最大泵压太大，则会造成资源浪费。若想保证煤层被完全压开，则最大泵压 p_bmax 必须要大于泵注压力 p_b，泵注压力 p_b 包括煤体破裂压力 p_f、管道摩擦阻力 p_g、重力摩阻压力 p_z 等，如式（5-5）。

$$p_\mathrm{bmax} > p_\mathrm{b} = p_\mathrm{g} + p_\mathrm{z} + p_\mathrm{f} \tag{5-5}$$

在压裂施工过程中，流体在压裂管路中运移时，会产生阻力损失，即管道摩阻，包括沿程阻力损失和局部损失，即

$$p_\mathrm{g} = \lambda \rho \frac{l}{d} \frac{v^2}{2} + \varsigma \frac{v^2}{2} \tag{5-6}$$

式中，ρ 为压裂液密度，g/cm^3；l 为管路长度，m；d 为管路内径，cm；v 为管内液体的平均流速，m/s；λ 为摩擦系数，是雷诺数和流经管路的管壁粗糙度的函数；ς 为阻力系数。

重力摩阻压力是由压裂泵和压裂孔位置的高差产生的水柱压力，如式（5-7）。

$$p_\mathrm{z} = \rho g (h_1 - h_0) \tag{5-7}$$

式中，p_z 为重力摩阻压力，Pa；ρ 为水的密度，kg/m^3；g 为重力加速度，m/s^2；h_0 为压裂泵位置标高，m；h_1 为压裂孔处标高，m。

（3）压入水量。

压入水量根据需要压裂的预定影响范围及煤岩层影响体孔隙率计算，如式（5-8）。

$$v_{水} = v_{体}k; \quad v_{体} = abh \tag{5-8}$$

式中，$v_{体}$ 为注水影响体体积，m^3；k 为影响体孔隙率，%；a 为影响体长度，m；b 为影响体宽度，m；h 为影响体高度，m。

在注水形成压力之前，需充填压裂泵组至压裂孔的管道及压裂孔，需水量按照式（5-9）计算。

$$v_c = v_g + v_k; \quad v_g = \pi\gamma_g^2 h_g; \quad v_k = \pi\gamma_k^2 h_k \tag{5-9}$$

式中，v_c 为充填管道和压裂孔所需水量，m^3；v_g 为充填管道所需水量，m^3；γ_g 为管道半径，m；h_g 为管道长度，m；v_k 为充填压裂孔所需水量，m^3；γ_k 为压裂孔半径，m；h_k 为压裂孔长度，m。

（4）压入流速。

在对煤层进行水力压裂时，考虑压裂液滤失通道为圆柱模型，综合滤失速度可用式（5-10）计算。

$$v_c = \frac{V}{t} = \pi L C^2 \tag{5-10}$$

式中，v_c 为压裂液综合滤失速度，m^3/min；V 为综合滤失量，m^3；t 为压裂时长，min；L 为压裂长度，m，一般取 50m；C 为压裂液综合滤失系数，$m/min^{\frac{1}{2}}$；水力压裂时，压入流速一般取 4～8 倍滤失速度。

（5）压裂钻孔封孔长度。

压裂钻孔最小安全封孔长度按照式（5-11）计算。

$$l = K_{安}(D_2 - D_1)\left[\frac{8(D_1 K_1 + D_2 K_2)}{E(D_1 + D_2)}\right]^{-0.5} \ln\left(1 - \frac{P_{max}}{P_c}\right) \tag{5-11}$$

式中，$K_{安}$ 为安全系数，一般取 2～5；D_1 为钻孔直径，m；D_2 为压裂管外径，m；K_1、K_2 为两界面的剪切比例系数，按 $K_1 = K_a K_b/(K_a + K_b)$，$K_2 = K_b K_c/(K_b + K_c)$ 计算；K_a 为煤岩体剪切刚度，MPa；K_b 为封孔材料剪切刚度，MPa；K_c 为压裂管剪切刚度，MPa；P_c 为封孔材料能够承受的最大水压，MPa；P_{max} 为水力压裂过程中可施加的最大水压，MPa。

式（5-11）主要用于计算穿层钻孔压裂封孔长度，本煤层顺层钻孔中开展水力压裂，还需要考虑巷道本身卸压范围的影响。曲巷道的支撑压力峰值点距巷道煤壁的距离为 R，由巷道掘进引起的裂隙带 L。

$$R = \frac{m(1 - \sin\varphi)}{2f(1 + \sin\varphi)}\ln\left(\frac{k\gamma_2 H}{N_0}\right) \tag{5-12}$$

$$R(1 - 20\%) < L < R(1 + 10\%) \tag{5-13}$$

式中，m 为巷道高度，m；f 为层面间的摩擦系数，一般取 0.3；k 为支撑压力集中系数，一般取 1～3；γ_2 为岩体重力密度，kN/m^3；H 为巷道埋深，m；N_0 为巷帮支撑能力，取煤体的残余强度，MPa；φ 为煤层的内摩擦角，（°）。

在本煤层压裂过程中，既要满足式(5-13)，同时还应满足避免因巷道掘进引起的裂隙带渗水，即顺层钻孔合理封孔长度应为 $\max\{l, L\}$。

3) 水力压裂优化设计软件开发与参数优化

基于煤矿井下水力压裂垂直裂缝和水平裂缝三维模拟模型和方法，遵循以数据为中心、可视化操作为主体的原则，采用模块化设计，开发出了煤矿井下水力压裂数值模拟与优化设计软件，软件总体结构及软件界面如图 5-78 所示。

(a) 登录界面

(b) 数据录入界面

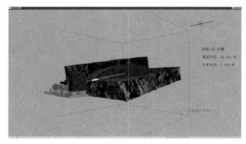

(c) 压裂效果模拟界面

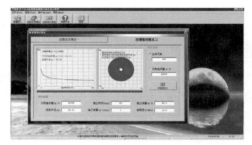

(d) 压裂优化设计界面

图 5-78　煤矿井下水力压裂数值模拟与优化设计软件界面

软件确定了煤矿井下水力压裂钻孔的布置原则，建立了煤矿井下水力压裂效果模拟的神经网络模型，从地层条件出发，考虑压裂区域情况、煤层赋存状况、煤层顶底板状况、瓦斯赋存状况等因素，以压裂半径为优化目标，确定最佳的压裂效果参数，通过不断自动调整施工规模、施工排量等参数，设计出了能达到优化目标(包括压裂钻孔及抽采钻孔布孔方式、封孔参数、压裂参数、泵注程序、控制排水等)的最优施工方案，提高了施工效率，为煤矿井下控制水力压裂方案设计提供了参考。

4) 控制水力压裂安全边界条件确定软件

煤矿井下控制水力压裂安全边界条件确定软件系统是为解决煤矿井下水力压裂一味追求"高流量、大规模"的压裂模式和缺乏有效的安全评估方法及安全保障技术的问题而设计，如图 5-79 所示。本软件主要包含了数据库的录入、最小安全封孔长度计算模块、最小安全边界条件计算模块等功能，软件主要作用是保障煤矿井下水力压裂安全。

(a) 登录界面

(b) 工作平台

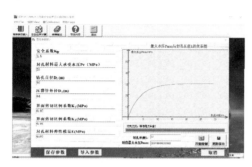

(c) 封孔长度

(d) 安全边界

图 5-79　煤矿井下控制水力压裂安全边界条件确定软件系统

4. 控制水力压裂影响范围检测技术

1)瞬变电磁法

瞬变电磁法是近年来发展较快的电法勘探分支方法，可用于寻找含水地质异常体(黄昌文，2017)。根据探测目标体相对于巷道空间的位置来布置测量装置，进行全空间方位的探测，以查明巷道底板、顶板、顺层和掘进巷道工作面正前方等位置的含水地质异常体(石显新，2004；查甫生，2007；牛之琏，2007；蒋邦远，1998；李金铭；2005)。瞬变电磁法探测原理如图 5-80 所示。YCS-2000A 型矿用瞬变电磁探测仪如图 5-81 所示，其主要性能指标见表 5-11。

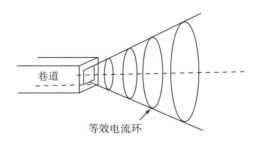

图 5-80　瞬变电磁法探测原理图

图 5-81   YCS-2000A 型矿用瞬变电磁探测仪

表 5-11   YCS-2000A 型矿用瞬变电磁探测仪主要性能指标

部 件	名 称	性能指标或特性
主机发射部分	发射信号	双极性方波,占空比为 49%~51%
	发射频率	2.5Hz、6.25Hz、12.5Hz、25Hz
	最大发射电流	4.5A
	最大发射电压	6.5V
主机接收部分	接收信号	正弦波
	接收电压	≤5V(峰值)
	动态范围	130dB(输入频率为 325Hz)
	工频抑制	不小于 75dB(输入频率为 50Hz、1V 峰值)
	重复测量误差	不大于 0.1%(输入有效值为 100MV、325Hz 正弦波)
接收天线部分	开路电压	$U \leqslant 16.4V$
	短路电流	$I \leqslant 165mA$
	工作时间	16h
	传输信号	脉冲信号
	最大输出电压	5V(峰值)
	放大倍数	1、10
	最高响应频率	100kHz

在井下施工技术方面,应根据实际情况和需要改变发射线圈与接收线圈角度进行连续观测,以获得扇形剖面。由于采用小回线装置,探测更有方向性。在井下施工过程中,根据不同的探测任务,可以通过调整线圈与巷道底板之间的角度改变线圈法线的指向来获取巷道不同空间范围的地电信息。当线圈以仰视角度架设时,探测方向指向顶板,就可以进行顶板探测,探测顶板一定高度范围内含水异常体的分布情况,如图 5-82(a)所示;当线圈直立于巷道时,可以超前探测掘进工作面正前方含水体分布位置,如图 5-82(b)所示;当线圈以俯视角度架设时,探测方向指向底板,就可以进行底板探测,超前探测底板一定深度范围内含水异常体的分布情况,如图 5-82(c)所示(王长清,2011,2005)。

在煤矿井下采用瞬变电磁仪,对探测结果存在影响的因素主要有非地质因素和非地质探测目标因素。非地质因素主要分为人为干扰和电磁干扰。人为干扰有井下铁轨、工字钢支护、锚杆支护、采掘机电设备和运输皮带支架等设施的影响。考虑数据处理过程消除误差难度很大,最好的办法是尽量避开或移开这些干扰体。对于电磁干扰,可增大发射电流和采用多次叠加技术来克服随机电磁干扰(马在田,1997;程乾生,2010)。

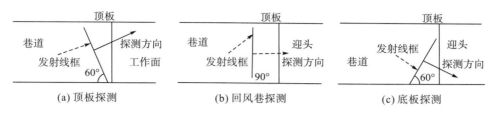

图 5-82　矿井瞬变电磁法超前探测方向示意图

2) 微地震检测技术

由于水力压裂及其他油气生产活动诱发的破裂震级一般小于 0，故人们将压裂破裂归于微地震，又由于这些破裂是非人工爆炸并同地质构造相关的地下震源，微地震监测也被称为被动地震监测(李雪，2012；宋维琪，2008；姜福兴，2006，2014)。

微地震监测技术在非常规油气藏勘探开发中被广泛应用于压裂裂缝监测及压裂改造效果评价，并取得了显著效果。在煤矿井下水力压裂时，在射孔位置迅速升高的压力超过煤岩强度，使煤岩遭受破坏而形成裂缝，裂缝扩展时将产生一系列向四周传播的微震波和声波。在需要监测的区域预先以一定的网度布设传感器，组成传感器阵列。当监测区域煤岩体内出现微震或大的震动时，传感器即可拾取信号，并将这种物理量转换为电压量或电荷量，通过多点同步数据采集测定各传感器接收到该信号的时刻，结合各传感器坐标及所测定波速，就可以确定微震震源(即破裂发生)的时空参数，并在三维空间上显示出来，达到定位的目的。微地震监测技术原理如图 5-83 所示。

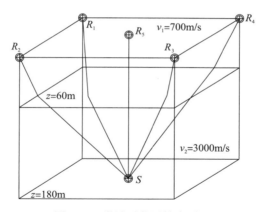

图 5-83　微地震监测技术原理

假定在水力压裂影响范围内布置有 n 个传感器(测点)，其坐标分别为 (x_i, y_i, z_i)，$i = 1, 2, \cdots, n$，微震波传到各个测点的时刻为 t_i，$i = 1, 2, \cdots, n$，微震破裂点(震源)的坐标为 (x_0, y_0, z_0)、发生破裂的时间(发震时刻)为 t_0，空间介质的弹性波传播速度为 v，则根据地震波运动学的走时关系，可以建立如下的走时方程：

$$v^2 (t_i - t_0)^2 = (x - x_i)^2 + (y - y_i)^2 + (z - z_i)^2 \qquad (5\text{-}14)$$

在这样的监测范围内，对弹性波而言，可以认为岩体破裂产生的弹性波传播过程中受岩层层面、密度等的影响较小，即式(5-14)中的震波传播速度 v 是常量，可以通过现场标定确定。实测结果表明，这样的假定是完全可行的。式(5-14)实际上包含了 4 个方程，联立后，就可以求解出破裂点的坐标(x_0, y_0, z_0)和发生破裂的时间 t_0。在实际监测中，同时接收到破裂波的传感器(检波器)数量一般要多于 4 个，因此，可以按照一定的规则进行"四-四组合"，最后求出平均值。这种算法不仅提高了定位精度，而且能够展示出大致的破裂面范围。

　　由多个传感器接收到的信号组成上述方程组，采用列主元素消去法求解该方程组，最终解出震源位置(x', y', z')和发震时刻 t_0，就可以确定水力压裂影响范围。

　　震源是一个微震事件的发震初始位置和时刻(x_0, y_0, z_0, t_0)。若在多个观测点(x_i, y_i, z_i)的检波器接收到的振动记录中发现此震源引起的大于背景噪声的振幅，即发现有用信号大于背景噪声信号，则可以确定此震源到达观测点的时间 t_i，即拾取到微震的弹性波时。据此可反推震源距观测点的距离 L_i。若地震波的传播介质是分层均匀的，则可以以任意值为半径作出一个球面；否则是方向的函数。若有两个不同的观测点，则可由两个球面的所有相交点在空间中得到一个圆，震源应在此圆上。当有 3 个观测点时，可能的震源就缩小到两个点，如图 5-84 所示。理论上，4 个观测点可定出震源。实际上，由于背景噪声及各种误差的干扰，交汇点是一定范围的区域，微震监测的误差也有至少一二十米。观测点较多时，所得震源范围就较可靠。因此，微地震监测震源定位的条件如下：对至少 3 个观测点在很接近的时间范围内，如几至几十毫秒，甚至几百毫秒，同时发现信噪比 $S/N>1$ 的较大振幅启动，并能够合理地确定每个观测点的 t_i 和 L_i。实际上，S/N 通常要达到 2 或 3 以上才能在较小误差范围内确定 t_i，因为真正的来震启动可能是非常微小的，可视部分是从背景噪声中逐渐显现出来的(戴逸松，1994)。

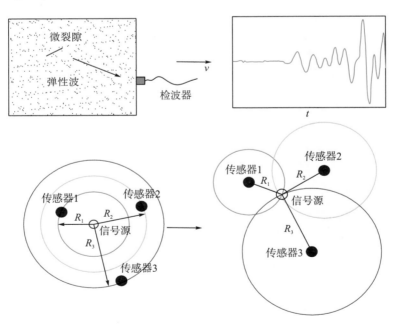

图 5-84　微地震监测定位原理

　　YTZ3 型井下微地震监测系统适用于煤矿、金属矿的冲击地压(岩爆)、煤与瓦斯突出、底板突水等矿山灾害监测及煤层气水力压裂监测等。YTZ3-Z 型井下微地震监测系统由井下设备和地面设备组成，井下设备包括存储式采集器、检波器，地面设备包括微地震监测主机、GPS 授时机和充电器。ZTG3-Z 矿用本质安全型地震数据采集仪及本质安全型三分量传感器如图 5-85 所示，GPS 授时机如图 5-86 所示。

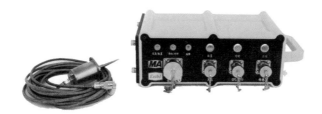

图 5-85　YTZ3-Z 型矿用本质安全型地震数据采集仪和三分量传感器

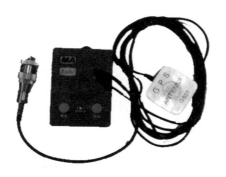

图 5-86　GPS 授时机

　　3)钻探法压裂影响范围探测技术
　　钻探法确定压裂影响范围就是通过传统打孔方式，利用压裂影响区内的钻孔出水情况和钻孔取芯测定煤层含水率或其他瓦斯参数等确定水力压裂影响范围的方法。
　　压裂钻孔施工前，在左右两边 30m 的位置按一定间距设计施工若干钻孔。按照水力压裂钻孔的要求封孔，孔口安装承高压压力表。压裂影响范围的确定方法如下。
　　(1)钻孔压力。检测钻孔压裂前后观测压力表读数，压力增加 10%以上，可认为该区受影响。
　　(2)抽采参数。压裂钻孔和考察钻孔施工以后，水泥浆封孔，连续 3 天测试抽采浓度、抽采流量等参数；待压裂结束后，联管带抽全程测定抽采参数，以进行压裂效果的对比考察。抽采参数增加 10%以上，可认为该区受影响。
　　(3)自然瓦斯流量、衰减系数、透气性系数测试。压裂施工前、压裂强化抽采后，利用煤层内施工的取样钻孔，进行瓦斯自然参数的获取，并计算出煤层压裂前后的衰减系数和透气性系数，进行压裂效果的对比考察。自然瓦斯流量参数增加 10%以上、衰减系数减少 30%或者透气性系数增加 50%可认为该区受影响。

4) 盐度法压裂影响范围检测技术

盐度法主要是通过高精度盐度计来对煤层中的含盐量进行测定,它主要通过电导池内外的单匝海水回路把两个同轴的环形变压器耦合起来,耦合程度和海水的视电阻率成比例。测量电路均采用交流激励和放大。海水的盐度是海水视电阻率、温度和压力的函数,现场盐度计的测量电路有两种。一种带有自动的温度补偿和压力补偿电路,另一种不带补偿电路,后者是把温度、深度和视电阻率的测量值输入计算机,按照《实用盐度标度》(1978)的盐度计-视电阻率五项关系式算出盐度。为了消除温度对视电阻率的影响,可以在恒温条件下对水样进行测量,或者用带有温度补偿的电路进行测量。压裂完成后,通过施工检验孔取出煤样,倒入清水配置成溶液,然后将盐度计直接插到水里面测定盐度。SA-287型高精度盐度计可检测的范围为 0~100.0μg/L,可以满足水力压裂盐度法检测压裂影响范围的要求。外观如图 5-87 所示,参数见表 5-12。

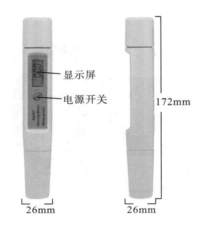

图 5-87　SA-287 型高精度盐度计示意图

表 5-12　SA-287 型高精度盐度计参数

名称	性能指标或特性
测量范围	0~100.0μg/L
分辨率	0.1μg/L
精度	±2% FS
校正	1 点校正功能
温度补偿	5~50℃
电源	4×1.5V 纽扣电池
使用环境	5~60℃
外形尺寸	172mm×26mm×26mm
仪器质量	72g

5)水力压裂影响范围的联合判定技术

研究表明,微地震监测方法和矿井瞬变电磁法均是井下煤层水力压裂范围监测的有效方法。但与任何物探方法一样,微地震监测方法和矿井瞬变电磁法均有其局限性及适用条件。由于微地震监测的目标多为压裂破裂,定位的震源实际上是初始破裂点,原则上不能代表一个地震的全部破裂面积或体积,因此,由微地震震源定位的空间分布描述的压裂影响范围往往比实际偏小,但对压裂主要破裂点的三维空间定位较为准确可靠;矿井瞬变电磁法在本质上仍属体积勘探方法,由于体积效应的影响其探测结果往往比实际压裂影响范围偏大,且易受压裂区内及周围金属或含水地质体的影响。因此,可采用微地震、瞬变电磁和盐度法综合确定水力压裂影响范围。联合监测工作程序如图 5-88 所示。

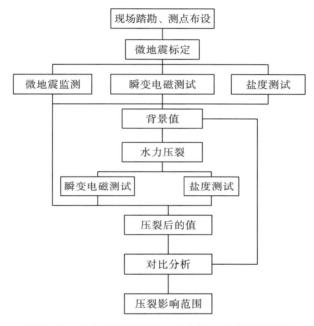

图 5-88　水力压裂影响范围联合判定方法实施步骤

(1)井下压裂施工现场踏勘,测点布设。为保证监测区能形成合理的空间监测结构,减少高度方向的监测误差,需要充分利用井下巷道空间合理布设测点,实现最佳监测效果。因此,必须进行井下现场踏勘,在此基础上进行测点布设。

(2)根据测点设计图在井下相应巷道内采用卷尺将测点位置及名称标注在巷道侧帮距离底板 1.5m 处,以便施工时能快速找到测点。微地震监测点的位置可以根据井下巷道实际情况做稍微的调整,如为了找到合适的锚杆固定检波器可在设计测点位置前后 2m 范围内做调整。

(3)根据设计图在测区内均匀选 3~4 个微震测点,在这些微震测点 1m 左右的合适位置处标定炮点。

(4)采用经纬仪或全站仪等精确测量工具对标注好的微震测点三维坐标进行精确测量,如实在不具备测量条件也可根据卷尺的测量值在采掘工程平面图上拾取测点的三维坐标值，获得坐标值后建立表格记录各点的坐标值。

(5) 如果条件允许，最好能够将瞬变电磁法测区内的钢管、铁轨等金属物拆除，在矿井瞬变电磁法测量过程中将测区内供电电缆的电源暂时断开。

(6) 如果微地震测点处没有锚杆，则需要在微地震测点处垂直于巷道侧帮打孔，孔深1m，并且采用水泥将锚杆或者钢筋等固定于孔中，孔外露头10cm。

(7) 标定炮爆破时间确定后，于放标定炮前一天，将检波器安装于部分微地震测点的锚杆或者钢筋棍上，并且给 YTZ3-Z 型井下微地震监测系统充电，设置数据采集时间、采样率及增益等参数，爆破当天将检波器连接到 YTZ3-Z 型井下微地震检测系统上，开机，在标定炮点处垂直巷道侧帮打孔，孔深 2m，药量为 200g，记录爆破时间，所有标定炮都放完后，将 YTZ3-Z 型井下微地震监测系统关机，带回地面。

(8) 压裂前采用 YCS-2000A 型矿用瞬变电磁仪对测区的背景值进行测量。

(9) 在地面分析爆破记录数据，计算并确定地震波在测区岩层中的传播速度。

(10) 压裂时间确定后，压裂前一天，将检波器安装于测区微地震测点的锚杆或者钢筋棍上，并给 YTZ3-Z 型井下微地震监测系统充电，设置数据采集时间、采样率及增益等参数，压裂当天将检波器连接到 YTZ3-Z 型井下微地震监测系统上，开机，待压裂结束后，将 YTZ3-Z 型井下微地震监测系统关机，带回地面。

(11) 压裂结束后采用 YCS-2000A 型矿用瞬变电磁仪在瞬变电磁测点处对压裂后的异常场进行测量。

(12) 压裂结束后，采用 SA-287 型高精度盐度计在试验压裂孔周边 50m 处进行氯化钠检测，若检出有氯化钠，则向更远的区域按 10m 递增检测；若检出无氯化钠，则再按 10m 递减检测。

(13) 进行资料处理与分析，并结合井下现场压裂情况进行综合解释。

5. 控制压裂增透关键装备

1) 煤矿井下水力压裂泵

为满足重庆地区乃至南方地区矿井井巷尺寸、压裂压力、流量等需要，重庆能源集团科技公司与重庆水泵厂有限公司共同研制了 BYW78/400 型压裂泵组。该泵组相比其他压裂泵，缩小了泵组体积，提高了压裂液注入压力流量，改进了操作方式，提高了泵组工作稳定性，可以进行远程智能操作，并具有记录与分析数据、实时传输和存储数据、生成数据表和曲线的功能，增加孔口远程操控卸压阀，从源头上消除水力压裂过程中操作人员的安全隐患，优化了泵组的冷却系统，提高运行的稳定性，增设监测与控制系统，可保证水力压裂的正常实施。

BYW78/400 型压裂泵组包括高压泵、液力变速器、防爆电机、底座、平板车、控制系统、孔口卸压阀、单向阀 8 个部分，如图 5-89 所示。其技术参数见表 5-13。BYW78/400 型压裂泵组共设置有 5 个挡位、4 种柱塞，可根据需要进行互换，各挡位及各种直径的柱塞对应的性能参数见表 5-14。

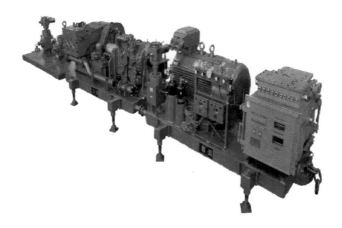

图 5-89 BYW78/400 型压裂泵组实物图

表 5-13 BYW78/400 型压裂泵组技术参数表

名称	参数	备注
电机功率/kW	400	
电机转速/(r/min)	1480	
电压等级/V	1140	
最高压力/MPa	105	
最大排量/(m³/h)	70.5	
外形尺寸/(mm×mm×mm)	6400×1400×1780	长×宽×高
最大单件尺寸/(mm×mm×mm)	1400×1000×1780	长×宽×高
整机质量/kg	10000	

表 5-14 BYW78/400 型压裂泵组详细性能参数表

挡位	速比	泵速/(r/min)	柱塞直径/mm							
			100		90		75		65	
			流量/(m³/h)	压力/MPa	流量/(m³/h)	压力/MPa	流量/(m³/h)	压力/MPa	流量/(m³/h)	压力/MPa
1	4	100	17.5	50	14	62	10	90	8.5	105
2	2.68	149	26	50	21	62	15	90	14	96
3	2.01	199	35	37	28	46	20	66	17	78
4	1.35	296	52	25	42	31	29	45	21	62
5	1	400	70.5	18.5	57	23	40	33	32	41

该压裂泵组主要具有以下特点。

(1) 能力大。该压裂泵组的最大压力可达 78MPa，最大流量为 70.5m³/h，在 33MPa 压力工况下流量可达 33m³/h，完全能满足目前水力压裂的需要。

(2) 智能化程度高。压裂泵组液力变速器采用有挡自动调速，共设置 5 个挡位，压裂时可根据压裂孔内的实际需要自行调节压力与流量，从而使煤体压裂更加充分。

(3)安全性能好。压裂泵组实现了全程远程操作，并在孔口设置了单向阀和电动液压阀，压裂完成后可远程操作先将其卸压再安排人员进入检查，彻底消除了带压进人的安全隐患。

(4)可靠性更高，故障率低。该泵组使用了冷却效果更好的板式冷却器，保证了压裂泵组可以在高压情况下长时间连续运行。

2)水力压裂封孔装备

高压水力压裂钻孔封孔质量高低是压裂成功与否的关键。传统的封孔方法一般是使用胶管注水，用橡胶封孔器封孔或采用单根铁管注水，在孔口使用黄泥、水泥封孔。使用橡胶封孔器封孔是靠高压水使橡胶封孔器膨胀压紧孔壁来封闭钻孔，封孔效果不好，随注水泵开停会有大量的水从孔内回流，且封孔长度有限。使用单根铁管加黄泥、水泥封孔是将铁管伸入钻孔后在孔口灌注黄泥和水泥进行封孔，需要在现场搅拌水泥，施工工艺复杂、工程量较大，水泥硬化需要很长时间，且使用一段时间后水泥与孔壁之间会形成缝隙而漏水。一旦封孔失败发生漏水，水流短路回流，注水就将不起作用。重复施工不但加大工程量，损失材料，还会浪费大量时间，贻误瓦斯抽采时机。

(1)煤矿井下超高压压裂孔的钻孔封孔装置及封孔方法。

煤矿井下超高压压裂孔的封孔装置主要包括注浆管、返浆管、孔内压裂管3个部分，三者连接为一体，注浆管、返浆管和压裂管的一端露出封堵孔孔口，在注浆管和返浆管露出封堵孔孔口的端部设有截止阀，注浆管底端设有多个注浆孔，返浆管底端设有多个返浆孔、压裂管底端设有多个出水孔，压裂管的外管壁上套接有软质材料制成的锥套，锥套的小端伸入压裂钻孔，锥套大端位于封堵孔孔内；压裂管上固定连接有限位挡，限位挡连接在锥套大端面上。由于压裂管的外管壁上套接有软质材料制成的锥套，锥套的小端伸入压裂钻孔，锥套大端位于封堵孔孔内；压裂管上固定连接有限位挡，限位挡连接在锥套大端面上。在将注浆管、返浆管、压裂管送入封堵孔时，锥套也一起被送入，在压裂管前端进入压裂钻孔后，锥套被卡在压裂钻孔的孔口，锥套通过其大端及限位挡使注浆管、返浆管及压裂管在封堵孔的深度方向位置固定，利于提高封孔装置的安装效率，且在压裂注水时，限位挡可防止锥套后退，确保压裂时注水具有足够的压力。同时，由于锥套卡持在压裂钻孔的孔口，在对封堵孔进行压力注浆封堵时，锥套阻挡水泥浆进入压裂钻孔，压裂管不会被水、泥浆堵塞，压裂管可对压裂钻孔实施正常压裂，并提高水泥浆的灌注压力，确保封孔效果，如图5-90所示(余模华，2011)。

使用该封孔装置进行压裂钻孔封孔的操作步骤如下。

第一步，在瓦斯抽采巷向目标煤层施工压裂钻孔。

第二步，将封孔装置送入孔内。

第三步，将孔口1m长度段用聚氨酯封孔并凝固一定时间。

第四步，从注浆管向孔内进行注浆，当水泥砂浆从返浆管返出后停止注浆，关闭注浆管上的截止阀，并凝固一定时间。

第五步，从返浆管向孔内进行二次注浆，待压裂管返浆后，关闭返浆管截止阀，凝固一定时间，完成封孔。

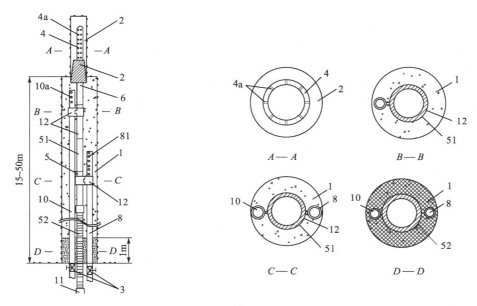

1—封堵孔；2—压裂钻孔；3—截止阀；4—压裂花管；4a—出水孔；5—注水管；6—限位挡；7—锥套；

8—注浆管；10—返浆管；11—快速接头；12—抱箍；51—注水钢管；52—注水软管

图 5-90　封孔装置结构示意图

　　煤矿井下超高压压裂孔封孔方法如图 5-91 所示。此封孔方法封堵成功率高、效果好、适应范围广，且可确保封堵孔在 50MPa 的压裂注水压力时长期工作无泄漏；封孔装置结构简单、操作方便、性能可靠、制造成本低。

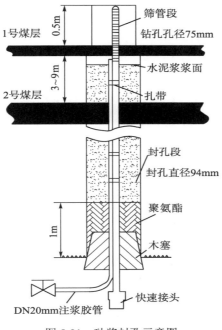

图 5-91　砂浆封孔示意图

（2）近水平高承压钻孔封孔装置及方法。

近水平高承压钻孔封孔装置如图 5-92 所示。该封孔结构由内封孔段和外封孔段组成，外封孔段上与内封孔段的连接段通过与内封孔段同步灌注水泥浆的方式固化形成。内外封孔段分别形成在高承压钻孔和扩大孔内，该扩大孔位于高承压钻孔的孔口部，扩大孔与高承压钻孔之间形成内台阶。内封孔段和外封孔内均封存有注浆管和压裂管的一部分管段，压裂管上设有柔性阻浆段，外封孔段包括聚氨酯封孔段，有 L 形返浆管的一部分。该封孔装置结构简单、封孔操作方便，不需进行二次灌浆，其封孔速度快、效率高。本装置既可利用压裂管进行压裂和压裂增透后的瓦斯抽采；也可利用压裂管进行排水，以适用于路基护坡或岩壁加固，如图 5-92 所示（郭臣业，2015）。

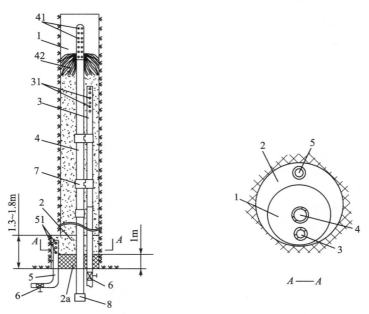

1—高承压钻孔；2—扩大孔；2a—聚氨酯封孔段；3—注浆管；4—压裂管；5—返浆管；6—截止阀；7—抱夹；

8—快速接头；31—注浆孔；41—出水孔；42—柔性阻浆段；51—返浆孔

图 5-92　近水平高承压钻孔封孔装置结构示意图

（3）水力压裂封孔胶囊用支撑装置。

为确保使用胶囊封孔器封堵压裂钻孔时，不出现压裂过程中胶囊封孔器退出的情况，新研制了水力压裂封孔胶囊用支撑装置。该装置主要包括进水接头、单向阀、泄压阀接口、固定体锚定和（或）顶持固定连接的支撑部件等结构。在使用时，利用连接在胶囊封孔器轴向的进水接头、支撑部件及固定体锚定或顶持固定连接的支撑部件，以实现对胶囊封孔器的轴向支撑固定。其固定体可以是钻孔的岩体本身、巷道的顶板或侧壁，或外加大型固定架等，可确保胶囊封孔器在压裂泄压瞬间遭受巨大反冲力的情形下，能牢牢地固定在钻孔内。其结构简单、操作方便。支撑部件由井口锚定器构成，井口锚定器包括管体，管体中部固定连接有法兰盘，管体的进口端与进水接头的前端连接，管体的出口端与胶囊封孔器连接，如图 5-93 所示（余模华，2013）。

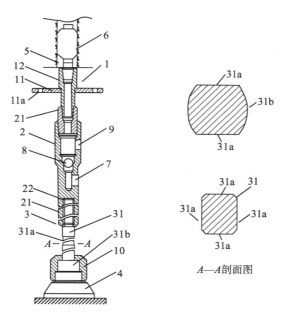

1—井口锚定器；2—进水接头；2a—内螺纹段；2b—中部管孔；3—伸缩调节装置；4—底座；5—钻孔；6—胶囊封孔器；7—进水接口；8—单向阀；9—泄压阀接口；10—盖型锁紧螺母；10a—通孔；11—法兰盘；12—管体；21—过渡接头；31—螺杆；31a—转动工具连接结构；31b—端面盘

图 5-93　水力压裂封孔胶囊用支撑装置结构示意图

胶囊封孔器送至压裂孔预定位置后，通过压裂泵向油管柱内加压注入液体，由于节流装置的作用使油管柱内形成压差，液体经封隔器中心管上的进液孔进入胶筒与中心管环形腔内，使胶筒膨胀坐封，此时封隔器坐封完毕，即可进行水力压裂作业。当压裂泵停止向油管柱内加压时，由于胶筒和不锈钢带的弹性作用，胶囊封孔器开始收缩至最初状态，然后从压裂钻孔内取出油管柱和封孔器，完成胶囊封孔器的解封工作。其关键技术参数见表 5-15。

表 5-15　SHP-1 型封孔器及组件关键技术参数

工具名称	最大外径/mm	最小内径/mm	耐压/MPa	长度/mm
封孔器	85	40.0	55	150
节流套管	75	14.0	70	400
短接 1	60	40.0	70	800
短接 2	60	40.0	70	400
节箍	75	50.8	70	150
筛管	60	40.0	—	800
导鞋	88	—	70	150

煤矿井下压裂钻孔多为上向孔或近水平孔，定位和固定困难，且封孔器组件重力和压裂时的反向推力会使夹持设备损坏，给封孔器准确定位和施工作业带来困难。封孔器组件的固定和准确定位，是胶囊式封孔器封堵压裂钻孔成功的关键。为了准确定位封孔器，保

证封孔器组件不后退，设计了支撑底座，如图 5-94 所示。封孔器支撑底座的特征是通过长度可伸缩的支撑柱将双通支撑帽和支撑座连接起来，支撑帽一端连接压裂泵，另一端连接高压压裂管，支撑座具有自由转动特征。封孔器与组件之间为螺纹连接，连接方式如图 5-95 所示。

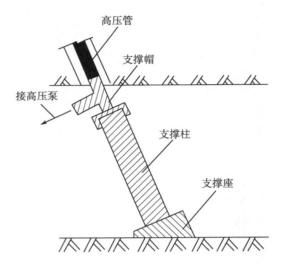

图 5-94　封孔器组件支撑底座示意图

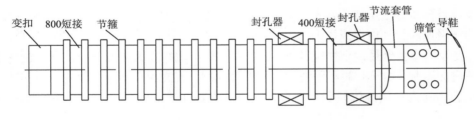

图 5-95　封孔器连接方式示意图

3) 煤矿井下压裂加砂装置

水力压裂及水力割缝技术作为煤矿井下瓦斯治理的重要手段，广泛应用于国内大多数煤与瓦斯突出矿井的区域瓦斯治理和局部瓦斯治理中，水力压裂技术还是煤层气开采中层位改造的重要措施。但由于受基础工业和安全管理方面的限制，为压裂和割缝提供动力的压力泵组的系统压力具有一定的局限性，不能无限提高，因此，其压裂割缝能力受到一定的限制，目前，尚无办法能显著改善。在水中加入少量的砂石后，采用较低的割缝压力就能够割穿硬度系数较大的煤岩体；煤岩体水力压裂技术对煤岩体的增透具有较好效果，但采用清水压裂完成后，压裂所产生的裂隙容易闭合，降低了压裂后增透应有的效果，当在压裂水中添加少量砂石，利用进入裂缝的砂石作为支撑体对煤岩体进行支撑，可以阻止已压裂的裂缝闭合，确保压裂后的增透效果。以往技术中尚无成套的加砂设备或装置，缺乏科学的加砂控制方法，仅通过人工加砂，劳动强度大、安全性差、砂水混合比例不理想，严重制约水力压裂及割缝的效率和增透效果(张凤舞, 2013)。

　　为此，研发了煤矿井下压裂或割缝用加砂装置。该装置主要包括进水管、混合管、出水管、电动阀、数字压力表、电磁流量计、止回阀、第二数字压力表、第二电磁流量计、料斗、电动卸料阀、电动闸板阀等结构，如图 5-96 所示。

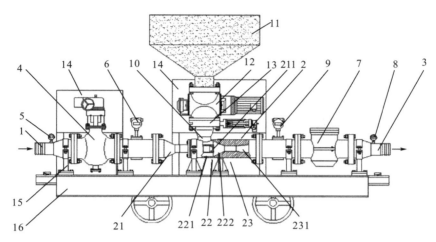

1—进水管；2—混合管；3—出水管；4—第一电动阀；5—第一数字压力表；6—第一电磁流量计；7—止回阀；8—第二数字压力表；9—第二电磁流量计；10—给砂管；11—料斗；12—电动卸料阀；13—电动闸板阀；14—防爆罩；15—固定支架；16—平板矿车；21—射流喷嘴；22—混料仓；23—混流管；211—喷孔；221—直管段；222—锥管段；231—扩口段

图 5-96　煤矿井下压裂或割缝用加砂装置结构示意图

　　本加砂装置结构简单、体积小，便于上下井的运输和使用场地的转移，降低了加砂劳动强度，减少煤矿井下用工量，减少安全隐患，可提高煤层割缝效率或确保压裂后煤岩体的增透效果。

6. 控制水力压裂效果评价

　　通过对水力压裂的基本原理、影响因素等方面进行综合分析，认为水力压裂增透技术是一项系统工程，其效果与压裂地点的地质构造情况、煤层的自身条件、压裂钻孔的封孔质量、压入的水量及泵组压力、抽采钻孔的封孔质量等因素息息相关，进行水力压裂增透时，必须严格把控每道工序，方能确保压裂效果。

　　水力压裂效果可以压裂影响范围、瓦斯参数变化情况两项指标为主，以压裂过程为辅进行综合评判。

　　煤矿井下水力压裂效果评价采用水力压裂范围和瓦斯参数变化两项指标进行综合评判。其单项评价以分值表示，两项分值相加之和为综合分值。根据综合分值划分水力压裂效果的评价等级，见表 5-16。

　　(1)煤矿井下水力压裂效果评价的各项指标及分值可按表 5-16 由应用单位评价部门制定。

表 5-16　水力压裂效果评价等级表

项目		数值范围	综合分值(X)
	压裂半径 R	$R \leqslant 5$	0
		$5 < R < 10$	$10R-50$
		$R \geqslant 10$	50
瓦斯参数	钻孔瓦斯自然流量提高倍数 n_1	$n_1 \leqslant 3$	0
		$3 < n_1 < 5$	$25n_1-75$
		$n_1 \geqslant 5$	50
	煤层透气性系数提高倍数 n_2	$n_2 \leqslant 3$	0
		$3 < n_2 < 5$	$25n_2-75$
		$n_2 \geqslant 5$	50
	钻孔流量衰减系数降低倍数 n_3	$n_3 \leqslant 0.3$	0
		$0.3 < n_3 < 0.5$	$250n_3-75$
		$n_3 \geqslant 0.5$	50

注：瓦斯参数的取值为 $n_1 \sim n_3$ 的算术平均值。

(2)煤矿井下水力压裂效果评价等级可按表 5-17 由应用单位评价部门制定。

表 5-17　压裂效果评价各项指标及分值表

综合分值	等级
$X \geqslant 80$	效果好
$60 \leqslant X < 80$	效果较好
$40 \leqslant X < 60$	有效
$X < 40$	无效

注：X 表示压裂半径和瓦斯参数两项的综合分值。

另外，可通过压裂过程对压裂效果进行辅助评价。若压裂过程中出现压裂钻孔封孔不严或与压裂钻孔距离极小的区域有裂隙、地质钻孔等异常，而导致压裂过程无法升压的情况，则同样可认为压裂不成功。

5.4.2　超高压水力割缝技术及装备

1. 水力割缝增透机理

1）水射流结构

通常将喷嘴外呈放射状喷出的水射流划分为初始段和主体段两个部分,分别为图 5-97 中的 ABCE 和 CDEFG。当高压水射流自割缝器喷嘴内高速喷出时,其物理过程可简化为一股速度很大的均流流体自有限固壁处射出,在这个过程中,自喷嘴高速喷出的水射流在其外边界与周遭静止空气形成速度差异面,由于流体的黏性形成湍流涡旋,高速喷射的水和空气间不停地进行质量及动量的交换,射流外部的空气不断地被卷吸入射流中(王育立,2010；宫伟力,2008；于超,2012；王明波,2007)。

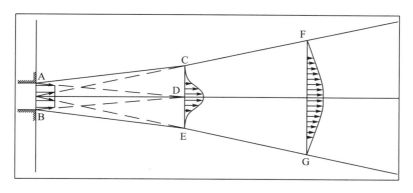

图 5-97　高压水射流轴向速度分布图

　　这一现象产生了两个效果：一是随着外部流体的流入，射流流量不断增大；二是靠近射流边界的高速流体质点由于动量的交换速度逐渐降低，出现两个速度边界层区，即图 5-97 中的 ACD 和 BDE。在边界层 ACD 中，自内边界 AD 到外边界 AC 流体质点速度从割缝器内喷出的初始速度 u_0 逐渐衰减至零，在上下两条内边界内包裹的为核心区 ABD，核心区内速度为未受外部影响的初始速度 u_0。在 CDE 截面之后进入水射流主体段，在主体段内由于边界流体同外部的动量交换及射流内部流体间的黏性，核心区速度开始沿程衰减。按照不同的理论推导过程，水射流轴线速度沿程衰减规律为与距离呈负一次方或者负二分之一次方关系。同时由于水射流半径的线性扩张，通常为距离的 0.22 倍。因此，虽然动量守恒导致水射流作用力在理论推导上沿程不变，但是水射流作用于单位面积上的应力由于射流范围的扩大将会逐渐降低。

　　2) 水射流速度分布规律

　　水力割缝过程中，高压水射流主要依赖高压泵输出压力产生的初始动量维持自身运动，初始速度对射流的流动形态起支配作用，属于动量射流范畴。当高压水射流自割缝器内高速喷出时，射流与空气不停地进行动量交换使自射流轴线向外存在相当大的速度梯度。超高压水射流轴心速度衰减规律为

$$u_{\mathrm{m}} = \left(\frac{0.7687 b_0^2 u_0^4}{\mu x} \right)^{1/3} \tag{5-15}$$

式中，b_0 为喷嘴直径，m；u_0 为射流初始速度，m/s；μ 为动力黏度，Pa·s。

　　3) 超高压水射流破煤机制

　　水射流对煤的破坏过程通常被认为应划分为两个阶段。

　　第一个阶段为水锤压力阶段。在这个阶段中高速冲击煤的射流可以简化为尖端为圆弧状的液体束，射流尖端撞击煤时，水射流及煤本身均受到压缩，强烈的压缩作用导致的变形分别在射流束和煤内部快速传播，发生应力波效应。随着射流束尖端弧形边缘次第接触煤的表面，新的冲击产生的变形量不断发生并在两相介质中传播，直至射流与煤表面充分接触。在这个过程中变形量传播速度大于水射流中水的速度，因此冲击作用将会在煤中产生水锤压力。水锤压力为

$$P = \frac{v\rho c_{\mathrm{w}}\rho_{\mathrm{s}}c_{\mathrm{s}}}{\rho c_{\mathrm{w}} + \rho_{\mathrm{s}}c_{\mathrm{s}}} \tag{5-16}$$

式中，P 为水锤压力，Pa；v 为水射流的冲击速度，m/s；ρ 为水的密度，kg/m³；c_{w} 为冲击波在水介质中的传播速度，m/s；ρ_{s} 为岩石的密度，kg/m³；c_{s} 为冲击波在岩石中的传播速度，m/s。

　　第二个阶段为滞止压力阶段。在这个阶段中射流实现稳定冲击，煤体将射流以一定的速度与角度反弹回去，这个过程中由于动量定理煤体受到水射流的冲击力，当冲击力造成的煤内部的各应力分量超过煤体自身的强度极限时煤体内部产生裂纹，随后裂纹扩展至宏观面产生破坏。滞止压力为

$$P_1 = \frac{1}{2}\rho u^2 \tag{5-17}$$

式中，P_1 为射流滞止压力，Pa；ρ 为水的密度，kg/m³；u 为液体微元的速度，m/s。

　　4) 钻孔周边应力分布

　　假设围岩均质且各向同性，垂直方向和水平方向上地应力均相等，钻孔断面为圆形且钻孔无限长，则钻孔周边的应力分布为平面应变问题，此时围岩微元的受力、应变情况如图 5-98 所示。

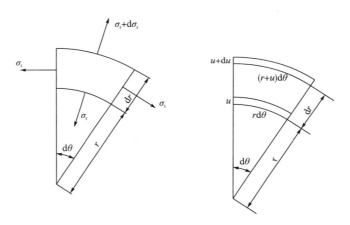

图 5-98　围岩微元受力、变形示意图

　　钻孔成孔后应力重新分布，如图 5-99 所示。
　　由应力平衡可得钻孔周边围岩应力分布为

$$\sigma_{\mathrm{r}} = \gamma h\left(1 - \frac{R^2}{r^2}\right) \tag{5-18}$$

$$\sigma_{\mathrm{t}} = \gamma h\left(1 + \frac{R^2}{r^2}\right) \tag{5-19}$$

式中，σ_r 为钻孔径向应力，Pa；γ 为上覆岩体容重，kN/m³；h 为平均埋深，m；R 为圆形钻孔的半径，m；r 为极坐标半径，m。

　　由式 (5-19) 可知钻孔周边出现了应力集中现象，最大轴向应力可达到原始地应力的 2

倍，开挖后钻孔周边裂隙闭合，抽采中易发生"瓶颈效应"制约抽采效果。

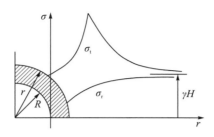

图 5-99　钻孔围岩应力分布示意图

5）水力割缝自卸压增透机制

瓦斯在煤层中的流动过程符合质量守恒定律（张永将，2018），即

$$\frac{\partial M}{\partial t} + \nabla u = 0 \tag{5-20}$$

式中，M 为瓦斯含量，m^3/t；u 为平均流速，m/s。

普通钻孔抽采过程中钻孔周边瓦斯流动规律可简化为径向流动，单位长度钻孔瓦斯抽采流量为

$$Q_1 = \frac{2\pi K_1 \left(p_0^2 - p_1^2 \right)}{\mu P_n \ln\left(\dfrac{R_0}{R_1} \right)} \tag{5-21}$$

式中，Q_1 为普通单位面积瓦斯抽采流量，m^3/min 或 m^3/d；R_1 为钻孔半径，m；R_0 为煤层半厚度，m；p_0 为煤层瓦斯压力，Pa；K_1 为煤层渗透率，m^2；p_1 为抽采负压，Pa；P_n 为标准大气压，Pa；μ 为瓦斯动力黏度，Pa·s。

由式（5-21）可知，钻孔瓦斯抽采流量与煤层渗透率、瓦斯压力的平方差成正比，与钻孔半径的对数成反比，随着煤层瓦斯渗透率的增大瓦斯抽采流量线性增加。

普通钻孔施工后，由于瓦斯从煤体中只能以径向流动的形式进入钻孔，限制了瓦斯的运移通道，如图 5-100、图 5-102、图 5-104 所示。为实现煤层快速卸压消突，若通过施工密集钻孔实现快速抽采，将造成钻孔工程量大、施工成本高，不利于广泛推广应用；若施工大直径钻孔增加煤体暴露面积，则由于钻孔直径的对数关系，增大直径带来的边际效益将会迅速降低，增大钻孔直径也只能作为次要选择。因此增大煤体瓦斯渗透率是提高钻孔瓦斯抽采流量的主要技术途径。

水力割缝煤层是经过现场实际验证的有效改善煤体渗透性的措施，相当于使用超高压水射流冲刷钻孔周边煤体以开采一层极薄保护层，在增加钻孔瓦斯抽采表面积的同时提供煤体产生蠕动变形的空间，切割缝槽形成瓦斯流动宏观通道，缝槽的上下侧面会形成大量的次生裂隙，如图 5-101、图 5-103、图 5-105 所示。由宏观的缝槽和大量的次生裂隙共同构成了解吸瓦斯的流动路径，从整体上看，煤体的整体透气性系数得以大幅度提高。由于煤体的渗透性提高，钻孔的单孔影响范围随之扩大，有利于矿井的瓦斯抽采。

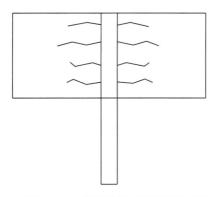 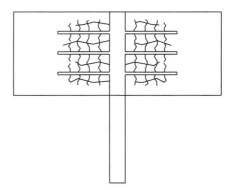

图 5-100　普通钻孔周围裂隙发育图　　图 5-101　割缝钻孔周围裂隙发育图

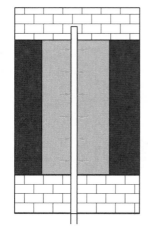 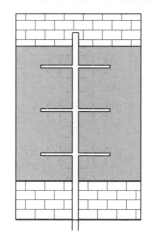

图 5-102　普通钻孔瓦斯流动示意图　　图 5-103　割缝钻孔瓦斯流动示意图

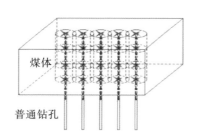 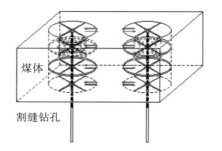

图 5-104　普通钻孔群抽采示意图　　图 5-105　割缝钻孔群抽采示意图

超高压水射流环割钻孔瓦斯抽采总量为

$$Q_2 = \frac{2\pi r^2 K_2 \left(p_0^2 - p_1^2\right)}{\mu P_n}\left[\frac{r^2}{L_0^2} + \frac{1}{\ln\left(\frac{R_0}{R_1}\right)}\right] \tag{5-22}$$

式中，K_2 为水力割缝后钻孔煤体的瓦斯渗透率，m^2；L_0 为相邻割缝缝槽间间距，m；P_n 为标准大气压力，MPa；r 为水力割缝槽半径，m；R_1 为钻孔半径，m；R_0 为煤层半厚度；p_0 为煤层瓦斯压力，Pa；p_1 为抽采负压，Pa。

对比式(5-22)和式(5-21)，高压水力割缝形成一定宽度和深度的扁平缝槽，宏观缝槽的形成一方面增大煤体的暴露面积，改善了钻孔瓦斯流动机制，从单一的径向流动变为层间、径向复合流动；另一方面使煤岩渗透率得到极大地提高，割缝后钻孔周边煤体渗透率 K_2 远大于割缝前煤体渗透率 K_1。这主要是由于割缝缝槽提供了煤体变形空间，承压状态下的煤体经过高压水射流割缝以后，随着割缝煤渣排出，缝槽附近煤岩应力分布、裂隙发育及相应的透气性系数等均发生变化，煤层含水率增大，煤岩内应力降低，引起受压煤体裂隙张开，煤体透气性提高。同时由于切割缝槽提供煤岩变形空间，地应力再次加载后煤体不会因为承压而发生弹塑性变形，由切割缝槽形成瓦斯流动宏观通道的同时，缝槽的上下侧面会形成大量的次生裂隙，从而增大了钻孔煤体的瓦斯渗透率。由径向流动与割缝层间流动共同作用，实现钻孔间环形网状流动自卸压，增大抽采影响范围，显著提高了抽采效果。

6) 超高压水射流破煤的影响因素

超高压水射流割缝深度的影响因素分为外因和内因。外因包括射流压力与射流流量，其直接决定射流携带能量大小，是割缝深度的主要促进因素；内因包括煤的强度，其直接决定煤在抵抗破坏时所能承受的载荷，是制约割缝深度的主要因素。水射流破煤的主要影响因素如下。

(1) 水泵驱动压力对割缝深度的影响。水射流对煤的作用力正比于驱动射流的水泵压力，因此水泵驱动压力是水射流割缝深度的重要影响因素。对于柱塞泵内的流体而言，柱塞对水缸内的流体施加的压力越大，缸内流体的静压越大，在喷嘴出口处由静压转换为的射流初速度也将随之增大。水射流对煤的作用力由动量的大小加以表征，而射流动量分别由射流内流体单元所拥有的速度和质量决定。因此水泵驱动压力的增大使割缝系统高压管路内流体的静压增大；管路内流体静压的增大使在喷嘴出口处转换的射流速度增大，从而增大水射流携带的动量；射流动量的增大使煤表面在改变射流速度方向时所承受的载荷增大，随着动力因素的增加，射流割缝深度随之增大。

(2) 喷嘴直径对割缝深度的影响。水射流对煤的作用力正比于喷嘴直径的平方，因此喷嘴直径也是水射流割缝深度的重要影响因素。水射流的动量由射流速度和射流质量决定，射流质量又由射流密度乘以射流体积流量得到，射流体积流量同喷嘴直径与射流初速度相关。

射流初速度仅与水泵压力相关，与喷嘴直径无关。因此在水泵输出功率足够的情形下，喷嘴直径与射流初速度是两个独立变量，增大喷嘴直径将会增大射流体积流量，从而以增大射流携带动量的形式影响射流割缝深度。

(3) 抗剪强度对割缝效果的影响。在高压水射流的冲击下，射流流体微元具有的动量在到达煤表面时受到煤表面的约束，速度大小及方向发生改变。与此同时煤也受到水射流对煤体表面的作用力，即准静态的滞止压力，这个滞止压力使煤受冲击部分处于强烈的压缩状态中，并改变煤内部的应力分布形式。在水射流外部载荷的作用下，虽然煤体内部剪应力的极值仅为压应力极值的 1/3，但是煤为脆性材料，其抗剪强度仅仅为抗压强度的 1/15～1/8。因而在割缝过程中，当水射流对煤的滞止压力仍然低于煤的抗压强度时，由于煤的抗压强度远高于抗剪强度的力学特性，使得发生剪切破坏的压力临界值远远低于发生压缩破坏的压力临界值。

(4)抗拉强度对切割效果的影响。射流对煤进行割缝的过程中，滞止压力的作用使得轴心部分的介质质点受到水射流压缩而产生向下的位移。距离轴心一定远处煤表面在轴心沉降情形下将会产生相对伸长，从而使该部分煤处于拉伸状态之中。虽然在射流作用下煤内拉应力极值仅为压应力的 1/4，但同样由于煤属于脆性材料的力学特征，煤的抗拉强度只有抗压强度的 1/80~1/16。因此当射流的滞止压力仍不能使煤产生压缩破坏时，煤内部的拉伸应力就已经超过煤的抗拉强度，从而在煤内部产生裂隙。裂隙与煤自由面或者与煤在冲击作用下新产生的剪切破坏面贯通时，小煤块从整体中脱落出来，实现射流对煤的拉伸破坏——裂纹扩展的破坏过程。

7)水力割缝深度

超高压水射流割缝的最大切割深度为

$$h = \frac{b_0^2 u_0^4}{u} \left(\frac{E_s}{c_s \sigma_s} \frac{0.9086 \rho c}{\rho c + \rho_s c_s} \right)^3 \tag{5-23}$$

式中，h 为最大割缝深度，m；ρ 为水的密度，kg/m^3；c 为冲击波在水介质中的传播速度，m/s；ρ_s 为煤岩体的密度，kg/m^3；c_s 冲击波在煤岩体中的传播速度，m/s；b_0 为喷嘴直径，m；u_0 为射流初速度，m/s；u 为高压水射流轴向速度，m/s；E_s 为煤岩体的弹性模量，MPa。

2. 高压水射流割缝器优化

1)喷嘴结构的确定

高压水射流喷嘴，按喷嘴内孔截面的形状可分为圆锥收敛型喷嘴、曲线型喷嘴和圆锥带圆柱出口段型喷嘴。其中，曲线型喷嘴的流量系数较大，能量损失小，但加工困难，很难达到原设计要求的形状，目前仍处于试验阶段，很少应用；圆锥带圆柱出口段型喷嘴，是在圆锥收敛型喷嘴的基础上发展起来的，增加圆柱出口段能提高其流量系数，是目前最常用的一种连续水射流喷嘴；目前在工艺上比较容易实现的是圆锥收敛型喷嘴，其密集程度较好。

2)喷嘴直径的确定

喷嘴直径直接影响到水射流的压力、出口速度和喷砂嘴的流量。直径大，射流压力小，出口速度小，流量大；直径小，射流压力大，出口速度大，流量小。南桐煤矿煤层割缝喷嘴的额定流量为 80L/min，驱动压力为 31.5MPa。根据割缝技术喷嘴最佳流量、流速计算，最终确定南桐煤矿割缝喷嘴直径为 2.5mm。

3)圆锥段收敛角

当喷嘴的收敛角很小时，射流密集性较差，且喷嘴的轴向尺寸很长。随着收敛角的增大，出口边界层厚度减少，因此，射流的密集性增大，但出口速度却减小。对于射流的冲蚀破岩能力来说，收敛角有一最佳值。

4)直线段长度

喷嘴直线段的长度是影响喷嘴性能的一个重要参数，它直接影响喷嘴的流动阻力、流量系数等。大量实验表明，直线段长度过短时，射流密集性较差；直线段过长，喷嘴阻力系数过大。对于水射流喷嘴而言，直线段长度存在一个最佳值，为 2~4 倍的喷嘴出口直径。在南桐煤矿高压射流喷嘴直线段长度取喷嘴出口直径的 2 倍，即 5mm。

5）喷嘴总长度

如图 5-106 所示，对于圆锥收敛型喷嘴，喷嘴总长度 $L = L_1 + L_2$。

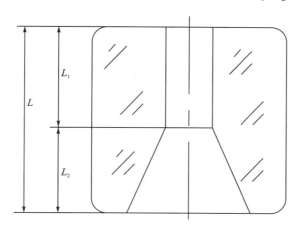

图 5-106　圆锥收敛型喷嘴示意图

直线段长度 $L_1 = 5\text{mm}$，收敛段是射流主要的加速段，一般为直线段长度的 0.8 倍以上。收敛段长度初步定为 4mm，即为 $0.8L_1$。故高压割缝射流喷嘴总长定为 9mm。

3. 割缝装备

水力割缝装置主要由金刚石复合片钻头、高低压转换割缝器、水力割缝浅螺旋钻杆、超高压旋转水尾、超高压软管、远程操作台、超高压清水泵等组成，如图 5-107 所示。

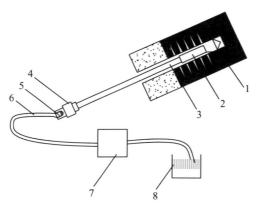

1—金刚石复合片钻头；2—高低压转换割缝器；3—水力割缝浅螺旋钻杆；4—超高压旋转接头；

5—螺纹接头；6—超高压橡胶管；7—超高压清水泵；8—水箱

图 5-107　超高压水力割缝装置示意图

1）水力割缝泵

超高压水力割缝泵有两项工况指标：额定压力和额定流量。重庆矿区主要的水力割缝泵是 BGQW 系列高压清水泵，额定压力为 100 MPa，额定流量分别为 80L/min 和 125L/min，如图 5-108 所示。

图 5-108　BGQW125/100 型高压清水泵图例

2）高压软管

高压软管为 GFJG-20-6 型，如图 5-109 所示，该软管的额定工作压力为 100MPa，测试工作压力为 140MPa，安全系数为 1.4，直径为 18.8mm，百米压力沿程损失在 5MPa 以内，最小弯曲半径为 350mm，该超高压软管在接头处配备有防脱链作为二次保护，保证了超高压水流在传输过程中的安全性。

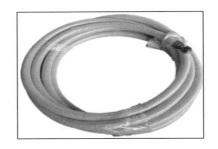 

图 5-109　超高压软管及防脱链图例

3）旋转水尾

旋转水尾是水力割缝设备的核心构件之一，其技术关键点是可旋转、耐高压、工作稳定及使用寿命长。GFSW-Φ73 型旋转水尾（图 5-110）的额定工作压力为 150MPa，安全系数为 1.5，最大流量为 420L/min，工作稳定，正常使用寿命能达到 500～600h。旋转水尾共有 90° 和 0°两种型号两种，90° 水尾主要用于穿层钻孔，0° 水尾主要用于顺层钻孔。

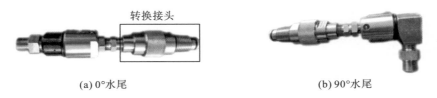

(a) 0°水尾　　　　　　　　　　　　　　　　(b) 90°水尾

图 5-110　超高压旋转水尾图例

4）钻杆

水力割缝钻杆是直径为 73mm 的 GFZG-Φ73×1000-3 型水力割缝浅螺旋整体钻杆，如图 5-111 所示。该钻杆为三密封钻杆，在钻杆上设计有 3 道密封圈，确保了在割缝过程中的密封性能。该钻杆设计为浅螺旋钻杆，在钻杆旋转过程中，浅螺旋与水共同作用，能有效地将煤渣排出孔外。

图 5-111　浅螺旋钻杆图例

5）转换割缝器

转换割缝器是实现低压钻进高压割缝的核心设备。GFQ73-125/100 型高低压转换割缝器（图 5-112）能在水压小于 15MPa 时开启前端，实现低压钻进；在水压大于 15MPa 时前端自动关闭，实现高压割缝，从而实现不退钻割缝。

图 5-112　高低压转换割缝器图例

6）钻头

钻头为金刚石复合片钻头，直径为 94mm，如图 5-113 所示。该钻头以金刚石复合片为主要切削元件，以刮削剪切原理进行岩层破碎，适用于软及中硬地层的钻进，且在进行不完整地层钻进时更有优势。金刚石复合片具有高耐磨性和高抗冲击性，因此金刚石复合片钻头具有高寿命、高时效、高性价比等优点。该钻头配合直径为 73mm 的钻杆使用，钻杆和孔壁间距可以达到 20mm，有利于煤渣排出。

图 5-113　金刚石复合片钻头图例

7) 远程操作台

GFCZT 型超高压远程操作台能在超高压清水泵距钻机大于 50m 时实现远距离调压,从而使调压人员能够远距离观察割缝孔口的返水排渣情况,出现紧急情况,调压人员能够及时做出反应,保证了割缝过程中的安全性。同时远程操作台将超高压清水泵的启停开关与调压装置集成到了一起,实现了单人快速便捷操作。

5.4.3　采煤工作面本煤层中压注水技术及装备

1. 煤层中压注水机理

煤层注水驱替瓦斯属于典型的水驱气现象,水驱气的气水界面是在油水界面研究的基础上发展起来的。通过钻孔向煤层注水,水在裂隙系统中驱气前进。在裂隙系统中,既有水的流动也有气的流动,形成水气两相渗流。

一般情况下,在煤层裂隙、孔隙中包含水和瓦斯两种流体。当液体的饱和度很小时,液体对煤层起不到充分的润湿作用,形成了一种趋于干燥的煤层。煤层注水的过程主要是先在煤层中施工钻孔,然后封孔并将水从钻孔内注入,水由钻孔附近区域向周边煤体的裂隙、孔隙系统推进驱替瓦斯气体,继而煤体中水的饱和度逐渐增大,分布在煤层裂隙、孔隙中。这部分水与煤体发生物理化学作用,煤颗粒表面的摩擦系数减小,使煤体颗粒的黏结力降低,导致煤的力学特性发生变化。最后水填充满水驱气体后的空间。由于存在水、气两种流体之间的毛细管力,被毛细管吸住的水在驱替过程中沿着基质块固体颗粒的表面自然地进入孔隙中,气体由孔隙被驱赶进入其他裂隙,通常这个过程被称为渗吸。压力水由煤体块状外部进入深层的微小孔隙中,与瓦斯气体展开竞争吸附,将瓦斯替换出来,水充满了整个微小孔隙区域,其中还包含少量其他气体,但是气体与水并不相容。由于水气两相置换而带来的渗吸作用,被置换出来的气体来到了裂隙区域与水共同受推力作用发生运移,因此水气在裂隙区域的渗流和扩散运动形成了两相不相同状态流体的渗流。在气体流速几乎为零的所有点构成的垂直面即为气液渗流的分界面,分界面一面是气液混合渗流,另一面是瓦斯吸附解吸平衡的单相存在。渗吸作用促进水由煤体表面到达煤体深层孔隙区域内部,通过渗吸作用,煤层被水填充并得到充分的湿润和饱和,能够在很多方面改变煤层的渗透性、孔隙率和饱和度等性质。在整个渗吸过程中水的渗入量既与孔裂隙的性质有关,还受高压注水时间长短、压力大小和纯水甲烷相互作用的影响(陈绍杰,2018)。

煤层注水驱替瓦斯的过程,从时间角度可以划分为 3 个阶段。

(1) 初始阶段:在注水初期,煤层裂隙系统中的水还未进入孔隙系统,即两系统之间没有流量交换,此时双孔介质中的渗流特性类似于单孔介质。

(2) 渗流阶段:是双孔介质煤层注水驱替瓦斯的决定阶段,此时渗吸已经发挥作用,裂隙系统中的水由于渗吸作用进入孔隙系统将瓦斯驱赶至裂隙系统,使裂隙系统中水饱和度不断增大。孔隙、裂隙系统水气两相相对渗透率不断变化,并逐渐趋于准稳定状态,直至孔隙空间被水充满而瓦斯被驱出。

（3）稳定阶段：随着水的逐渐充满和气的逐渐驱出，渗吸作用将逐渐减弱，裂隙系统与孔隙系统之间流体的相互流动停止，此时双孔介质中的渗流特性又恢复到单纯孔隙和单纯裂隙介质的渗流特性。

煤层注水驱替瓦斯的过程中，由于水与瓦斯黏度差、毛细管现象、水与瓦斯重率差及煤层的非均质性等因素的影响，水渗入煤层后，不可能把全部的瓦斯都置换出去，而会出现一个水气混合流动的两相渗流区域，这种水驱气方式称非活塞式水驱气。在非活塞式水驱气时，从注水边界到瓦斯抽采边界之间可以划分为 3 个区域，即纯水区域、水气混合区域和纯气区域，如图 5-114 所示。

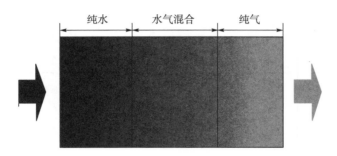

图 5-114　煤层注水驱气渗流区域划分

随着注水进程的推进，混合区逐渐扩大到瓦斯抽采孔，注水过程结束。因此，注水过程实质上既是水在煤层中流动的水气驱替过程，也是界面上的流体在煤层孔隙、裂缝空间运动的过程。

另外，煤层注水可以降低煤尘浓度，湿润煤体的原生煤尘，使其有效地包裹煤体的每个细小部分，当煤体在开采破碎时避免细粒煤尘飞扬。水的湿润作用使煤体塑性增强、脆性减弱，当煤体受外力作用时，许多脆性破碎变为塑性形变，因而大大降低煤体破碎为尘粒的可能性，降低煤尘的产生量。由于煤体注入了水，水的比热较大，吸收了煤岩体的热量，使作业环境温度降低。

2. 煤层注水及装备

中压注水技术的核心动力由矿井自备的乳化液泵供给，配备高压胶管及相关装置连接接头等，主要设备及配件见表 5-18。依据其他矿井的经验，初始设计注水压力为 12～21MPa，注水量根据实际试验进行调整，中压注水实施步骤如下。

第一步，注水试验钻孔施工及封孔，要求钻孔按设计参数施工，封孔采用新型"两堵一注"工艺，封孔长度大于 20m。

第二步，按图 5-115 布置井下注水设备和环境监测设备，制定试验安全技术措施。

第三步，进行煤层注水和效果考察，考察适合的矿井注水压力和注水量等参数。

第四步，总结试验钻孔中压注水经验，形成适合矿井工作面特点的注水参数和成套技术，对工作面其余本煤层钻孔进行实施。

表 5-18　本煤层钻孔中压注水试验材料清单表

序号	用途	名称	规格	数量
1		瓦斯含量测定仪	DGC	1 台
2	参数测定设备	压力表	高压耐震	2 个
3		普通水表	Dn50mm	1 块
4		乳化泵	压力大于 21MPa 且可调压	1 台
5		高压胶管	Φ25mm、46MPa	8 根
6	中压注水设备	高压管接头	Φ25mm	若干
7		高压管		130m
8		低压电缆	MYP-0.66kV-3×70	1000m
9		低压启动器	QJZ-300A/1140V	2 台

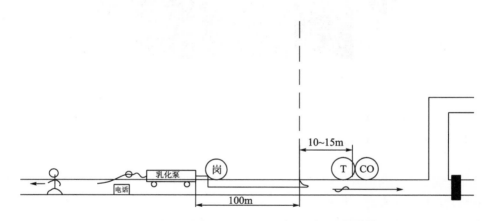

图 5-115　顺层钻孔中压注水设备安装参考示意图

5.5　瓦斯抽采达标快速评判技术

推进高瓦斯和煤与瓦斯突出矿井先抽后掘、先抽后采等瓦斯抽采工程建设，确保煤层抽采达标效果落实到位，进而遏制瓦斯超限及煤与瓦斯突出事故发生。现阶段，国内外研究学者在矿井瓦斯抽采评判方面做了很多研究，并取得了不错的研究成果，解决了瓦斯抽采评判过程中存在的部分问题，但在瓦斯抽采达标评判方面，仍然通过对瓦斯抽采监控系统中的监测数据进行静态处理，没有实现在线、连续的抽采达标效果评判。为此重庆地区结合《煤矿瓦斯抽采达标暂行规定》（安监总煤装〔2011〕163 号）等文件要求，引入抽采达标评价单元概念，重构瓦斯抽采达标在线评判数学模型，实现矿井瓦斯抽采达标效果在线快速评判与应用。

5.5.1　矿井瓦斯抽采效果评判分析

矿井瓦斯抽采效果评判方法主要包括 3 部分内容：①根据钻孔瓦斯抽采半径考察结论或瓦斯抽采监控系统数据，分析探讨矿井瓦斯抽采规律；②根据瓦斯抽采规律考察结果及评价单元内瓦斯地质赋存信息，评估确定抽采钻孔工程量及抽采时间；③根据矿井瓦斯抽采规律考察结果、瓦斯抽采实测及监控数据、评价单元内瓦斯地质赋存信息及瓦斯抽采钻孔施工分布情况，分析矿井瓦斯抽采达标情况。

矿井瓦斯抽采达标评判的主要内容如下：将待评价瓦斯抽采区域，根据时空接替关系，划分为多个抽采达标评价单元，在矿井瓦斯赋存规律考察结果的基础上，结合临近区段范围内瓦斯抽采规律及工作面生产接替计划，为决策者及技术人员提供抽采达标评价单元内瓦斯储量、煤炭储量、预计施工钻孔进尺量和预抽采达标时间等关键信息。进而为矿井工作面区域化瓦斯治理措施提供技术支撑。

5.5.2　瓦斯抽采达标评判技术模型

1. 瓦斯赋存模型确定

瓦斯赋存模型主要为计算预抽区域的煤层瓦斯含量及抽采量提供依据。依据矿井瓦斯赋存规律，确定矿井主采煤层瓦斯含量与埋深的关系模型。

2. 瓦斯抽采分析模型

瓦斯抽采分析模型主要包括预抽单元划分、抽采半径与抽采时间的关系和抽采分析 3 部分关键内容。

1) 预抽单元划分

钻孔预抽瓦斯措施是重庆矿区的关键区域措施之一，根据《煤矿瓦斯抽采达标暂行规定》（安监总煤装〔2011〕163 号）第二十六条"将钻孔间距基本相同和预抽时间基本一致（预抽时间差异系数小于 30%）的区域划为一个评价单元"的要求，进一步结合是否存在区域措施钻孔施工异常区、空白带等因素，对评价单元进行划分。其中，预抽时间差异系数为预抽时间最长的钻孔抽采天数减去预抽时间最短的钻孔抽采天数的差值与预抽时间最长的钻孔抽采天数的百分比：

$$\eta = \frac{T_{\max} - T_{\min}}{T_{\max}} \times 100\% \tag{5-24}$$

式中，η 为预抽时间差异系数，%；$T_{\max}$ 为预抽时间最长的钻孔抽采天数，d；$T_{\min}$ 为预抽时间最短的钻孔抽采天数，d。

2) 抽采半径与抽采时间的关系

根据煤层瓦斯地质赋存，预测邻近区域的瓦斯抽采半径，提高抽采半径的使用效率，可为瓦斯抽采钻孔合理设计提供支撑。在假定区域内单位钻尺累计瓦斯抽采纯流量与抽采时间之间的函数关系基本稳定的情况下，其近似关系为

$$q = f(t) = at^2 + bt + c \tag{5-25}$$

式中，q 为单位钻尺瓦斯抽采纯流量，m^3；t 为抽采时间，d；a、b、c 为抽采关系系数。

单排钻孔瓦斯抽采达标半径与抽采达标时间之间存在如下关系：

$$R = \frac{at^2 + bt + c}{2H\gamma(W - W_0)} \tag{5-26}$$

式中，R 为瓦斯抽采达标半径，m；H 为煤层厚度，m；γ 为煤的密度，t/m^3；W、W_0 分别为原始煤体最大瓦斯含量、达标要求的瓦斯含量，m^3/t。

3）抽采效果分析

根据实际测定或监测的抽采数据、抽采规律、各区段瓦斯地质信息及实际钻孔施工情况，计算残余瓦斯含量、残余瓦斯压力、可解吸残余瓦斯含量、工作面瓦斯抽采率等，为抽采达标评判提供辅助依据。

（1）煤的残余瓦斯含量：

$$W_{CY} = \frac{W_0 G - Q}{G} \tag{5-27}$$

式中，W_{CY} 为煤的残余瓦斯含量，m^3/t；W_0 为煤的原始瓦斯含量，m^3/t；Q 为评价单元钻孔抽排瓦斯总量，m^3；G 为评价单元参与计算的煤炭储量，t。

（2）瓦斯抽采后煤的残余瓦斯压力反算：

$$W_{CY} = \frac{ab(P_{CY}+0.1)}{1+b(P_{CY}+0.1)} \times \frac{100 - A_d - M_{ad}}{100} \times \frac{1}{1+0.31M_{ad}} + \frac{\pi(P_{CY}+0.1)}{\gamma P_a} \tag{5-28}$$

式中，W_{CY} 为残余瓦斯含量，m^3/t；a、b 为吸附常数；P_{CY} 为煤层残余相对瓦斯压力，MPa；P_a 为标准大气压力，0.101325MPa；A_d 为煤的灰分，%；M_{ad} 为煤的水分，%；π 为煤的孔隙率，%；γ 为煤的视密度，t/m^3。

（3）煤体的可解吸残余瓦斯含量：

$$W_j = W_{CY} - W_{CC} \tag{5-29}$$

式中，W_j 为煤的可解吸残余瓦斯含量，m^3/t；W_{CY} 为煤层的残余瓦斯含量，m^3/t；W_{CC} 为煤在标准大气压力下的残余瓦斯含量，按式（5-30）计算：

$$W_{CC} = \frac{0.1ab}{1+0.1b} \times \frac{100 - A_d - M_{ad}}{100} \times \frac{1}{1+0.31M_{ad}} + \frac{\pi}{\gamma} \tag{5-30}$$

式中，a、b 为吸附常数；A_d 为煤的灰分，%；M_{ad} 为煤的水分，%；π 为煤的孔隙率，%；γ 为煤的视密度，t/m^3。

（4）工作面瓦斯抽采率：

$$\eta_m = \frac{Q_{mc}}{Q_{mc} + Q_{mf}} \tag{5-31}$$

式中，η_m 为工作面瓦斯抽采率，%；Q_{mc} 为回采期间工作面月平均瓦斯抽采量，m^3/min；Q_{mf} 为当月工作面风排瓦斯量，m^3/min。

4）瓦斯抽采评判

瓦斯抽采评价是系统通过瓦斯抽采监控数据或者人工测定数据、实际钻孔施工工程量、钻孔实际控制范围、钻孔接入管网时间、瓦斯抽采规律、工作面风速、回风瓦斯浓度、补充措施执行情况等信息综合分析区段的瓦斯抽采效果,得出工作面瓦斯抽采达标评判结论,其分析技术流程如图 5-116 所示。

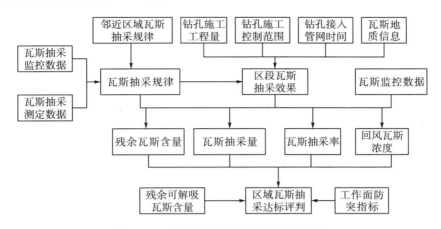

图 5-116　瓦斯抽采效果评判技术流程图

5.5.3　瓦斯抽采达标评判系统开发

钻孔预抽煤层瓦斯措施是重要的区域防突措施,但是预抽措施在执行过程仍存在不少问题,钻孔施工深度、控制范围、终孔间距任何一项达不到设计要求,均会影响到抽采效果;而且如何有效、动态地进行抽采评价,实现“抽、掘、采”平衡,对瓦斯治理工作和安全生产至关重要。瓦斯抽采达标评判系统的主要目的是进行抽采区域瓦斯赋存规律的辅助分析,在此基础上进行抽采钻孔的针对性设计和瓦斯抽采达标效果的预测和评判,为矿井制定“抽、掘、采”一体化衔接计划提供辅助依据,主要功能如下:

(1)基于不同的抽采数据,自动分析不同区段的瓦斯抽采规律。

(2)根据不同区段的瓦斯抽采规律,智能设计瓦斯抽采钻孔。

(3)根据抽采数据,进行区段瓦斯抽采效果预评估。

(4)根据抽采参数,进行工作面抽采达标效果评判。

瓦斯抽采达标在线评判系统主要划分为抽采监控数据采集、抽采效果预测及达标评判、日常抽采数据管理和系统交互功能几个模块。抽采监控数据采集主要包括具有数据采集接口开发、数据交互连接、数据采集功能的系统交互配置功能模块和系统用户管理功能模块;抽采效果预测及达标评判主要包括瓦斯抽采钻孔设计、瓦斯抽采规律判定、瓦斯抽采效果预测、瓦斯抽采效果在线评判和瓦斯抽采达标效果评判等功能模块;日常抽采数据管理主要包括具有日常巡检信息管理、抽采报表信息管理、施工钻孔信息管理等功能的抽采报表信息管理模块和具有煤样参数信息管理、工作面信息管理、抽采泵站开停信息管理及抽采状态信息管理的日常参数信息管理模块;系统交互功能主要包括系统菜单交互功能、图形编辑和达标评判结果输出几个功能模块。各功能模块之间相辅相成、协同工作,如图 5-117 所示。

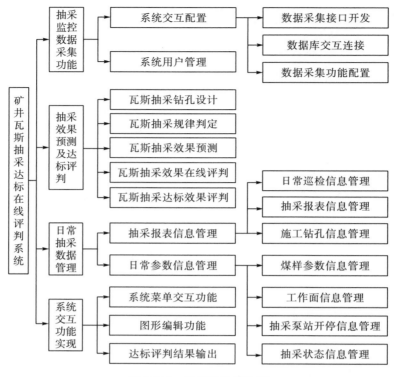

图 5-117　系统功能模块图

瓦斯抽采达标评判系统需要获取大量瓦斯赋存信息和瓦斯抽采数据,进行实时、动态分析,并将抽采评判信息通过客户端发布,因此该系统对数据的处理具有量大、速度快、持续性强的特点。基于此,瓦斯抽采达标评判系统采用服务器与客户端联合运行模式,其中服务器主要负责人机交互少、实时性强的功能,客户端主要负责人机交互较为频繁的功能,其主要功能流程如图 5-118 所示。

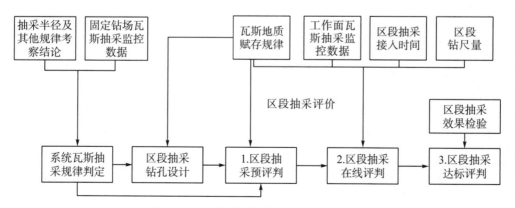

图 5-118　瓦斯抽采达标评价功能流程图

矿井瓦斯地质赋存规律分析主要是通过对矿井地质勘探资料、井下实测瓦斯含量、瓦斯压力等参数进行整理,分析煤层埋深与煤层瓦斯赋存之间的关系,确定瓦斯赋存规律模型。利用四维瓦斯赋存分析技术，分别编制矿井不同煤层的瓦斯赋存云图，分级显示矿井瓦斯赋存情况，为抽采达标评判提供依据。

　　不同区段的瓦斯抽采规律分析主要根据矿井不同区段实际监测的瓦斯抽采数据自动分析抽采钻孔的衰减特性，从而分析不同区段的瓦斯抽采规律，如图 5-119 所示。该功能改变了以往人工大面积布孔考察抽采半径的情况，但是考察的结果并不能代表整个矿井的缺陷。

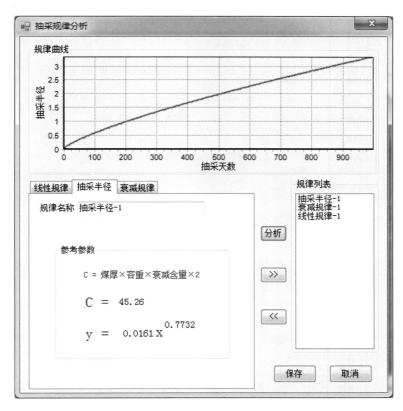

图 5-119　瓦斯抽采规律分析图

　　抽采钻孔智能设计主要根据矿井不同区段瓦斯地质、生产时间、抽采规律等条件，为矿井同一煤层不同区域、同一工作面不同区段设计不同的抽采钻孔，改变以往工作面由始至终的单一钻孔参数布置模式，如图 5-120 所示。例如，工作面开口，一般可以抽 1～2 年，开切眼预抽时间只有半年，根据系统的结果，有些瓦斯含量高的工作面开切眼是不能达标的，还需要进一步加密，但是工作面开口位置可以减少工程量。

　　瓦斯抽采预评判主要根据用户指定的评价位置，自动调整不同区域的瓦斯抽采分析模型，预先评判未采动区域瓦斯赋存信息及区域预抽瓦斯时间和抽采钻孔半径，告知矿井管理层及相关部门技术人员如何布置钻孔才能实现抽采达标，如图 5-121 所示。

　　系统利用相关数学模型在线评判各区段瓦斯抽采效果，并利用颜色及时区分抽采达标的区段。该功能提示管理层工作面已经抽了多少天，还需要抽多少量、多长时间才能达标，做到过程化、精细化管控，如图 5-122 所示。

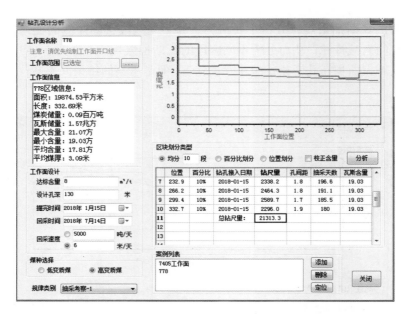

图 5-120　抽采钻孔设计分析图

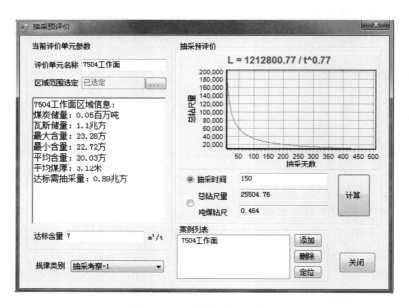

图 5-121　瓦斯抽采预评价图

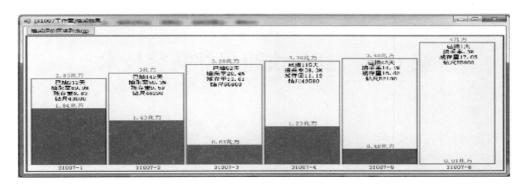

图 5-122　区段瓦斯抽采评判图

　　抽采达标评判通过上述几个抽采过程的分析与控制，根据获取的瓦斯监控、抽采监控数据，自动计算、分析工作面的抽采率、区段残余瓦斯含量、实测瓦斯含量等指标，达到综合判断工作面各区段抽采达标程度的目的。

第6章 高效快速局部防突技术

对防治煤与瓦斯突出而言，区域综合防突措施固然是非常重要和必须的，但对于一些特殊情况，不加分析地采取区域防突措施，无疑会增加工作量甚至导致采掘接替紧张，并严重影响经济效益。作为全国瓦斯灾害最为严重的区域之一，重庆地区煤矿一直十分重视瓦斯治理和突出防治工作，经过几十年的经验积累，创造性地提出了渐进式石门揭煤技术、大孔径预测技术、预测兼排放技术、急倾斜煤层自卸压防突技术等局部防突措施，安全、高效地解决了防突的一些实际问题，为重庆地区煤炭行业健康发展做出了重要的贡献。

6.1 渐进式石门揭煤技术

6.1.1 渐进式石门揭煤技术原理

渐进式石门揭煤技术的全称是渐进式快速石门揭煤技术，又称为"五步法"揭煤技术，其原理是以可靠的预测、检验为基础，以消除突出危险为前提，采取化急为缓、化整为零的方法施工，将复杂的揭煤作业程序化，通过既定的程序实现安全、快速、精准揭煤。主要特点是把揭煤全过程划分成 5 步来施工，即在工作面距煤层法线距离为 10m 的岩柱位置施工地质探测兼预测孔，预测瓦斯是否超标，不超标则施工到 5m 岩柱位置，若预测超标，则施工超前排放钻孔，并在消除突出危险性后向前掘进至 5m 岩柱处，以后每个施工步骤相似，掘进到 3m、2m 岩柱处，最后确定无突出危险后，采用远距离爆破逐步揭开突出煤层。每步掘进必须置于可靠的安全屏障保护之下，当突出危险性大，屏障不可靠时，停止掘进、补打超前钻孔，或提前预抽，消除突出危险性后才可继续施工，分步实施，确保每步施工的安全可靠，从而实现石门揭煤安全作业。

6.1.2 渐进式石门揭煤技术工艺

渐进式石门揭煤技术取消了直接测定瓦斯压力的方法，改单一预测为多参数综合指标预测，预测孔采用立体化多重布置方式，建立的可移动式安全屏障区，具有消除突出、拦截屏障外突出的作用。揭煤时采取浅掘浅进的方式，多循环、少装药，不激化突出煤层，不进行震动爆破，用正常掘进揭开、进入煤体。渐进式石门揭煤流程如图 6-1 所示。

第一步，在 10m 岩柱处施工地质探孔，探明瓦斯、煤层赋存情况。在揭煤工作面掘进到距煤层最小 10m 岩柱之前，至少施工 2 个穿透煤层全厚且进入顶(底)板不小于 0.5m 的取芯地质钻孔(可兼预测孔)，并详细记录钻孔资料。钻孔方位为巷道前进方向，其中 1 个钻孔终孔于 5m 岩柱顶部煤层，1 个孔靠近揭煤点位(前探钻孔布置如图 6-2 所示)。在地质构造复杂、岩石破碎的区域，揭煤工作面掘进至距煤层最小法向距离 20m 之前必须布置一定数量的前探钻孔,以保证能确切掌握煤层厚度、倾角变化、地质构造及瓦斯情况。施工地质钻孔的同时收集瓦斯地质情况及煤层厚度、倾角等资料,为工作面突出危险性预测和编制揭煤防突设计(措施)做准备。

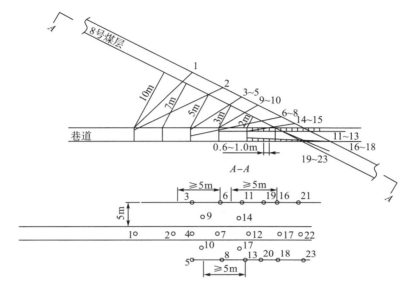

图 6-1　渐进式揭煤流程示意图

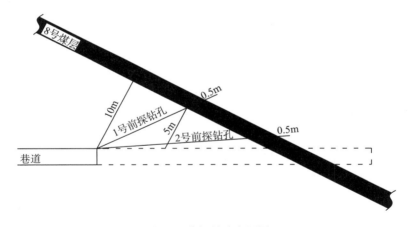

图 6-2　前探钻孔布置图

如果需要进行突出危险预测(对预揭露煤层作出是否需要进行区域预测判断),则可利用地质钻孔直接测定预抽前(后)的煤层瓦斯压力、瓦斯含量。若测定的瓦斯含量或瓦斯压力超过临界值,则施工区域防突措施钻孔(或施工至 7m 岩柱时实施);若测定的瓦斯压力或瓦斯含量均不超过临界值,则补充测定瓦斯压力和瓦斯含量;若补充测定的瓦斯压力和瓦斯含量也均不超过临界值,则判定石门揭煤区域的区域预测结果为无突出危险,允许掘进至 5m 位置。反之,施工区域防突措施钻孔进行区域预抽。

区域防突措施钻孔的施工:穿层钻孔预抽井巷揭煤区域煤层瓦斯区域防突措施的钻孔

应当在揭煤工作面距煤层最小法向距离 7m 以前实施，并用穿层钻孔至少控制石门揭煤处巷道轮廓线外 12m（急倾斜煤层底部或者下帮 6m）的煤层，同时还应当保证控制范围的外边缘到巷道轮廓线（包括预计前方揭煤段巷道的轮廓线）的最小距离不小于 5m。区域防突措施钻孔布置如图 6-3 所示。

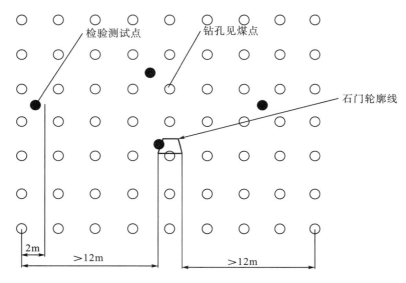

图 6-3　穿层钻孔预抽石门揭煤区域措施及效果检验布置示意图

　　区域防突措施效果检验：抽采评估达标后，施工区域措施效果检验孔。选用钻屑瓦斯解吸指标 K_1 值、残余瓦斯压力或残余瓦斯含量进行区域措施效果检验。至少布置 4 个检验测试点，分别位于要求预抽区域内的上部、中部和两侧，并且至少有 1 个检验测试点位于要求预抽区域内距边缘不大于 2m 的范围。各检验测试点应布置于所在部位钻孔密度较小、孔间距较大、预抽时间较短的位置，并尽可能远离测试点周围的各预抽钻孔或尽可能与周围预抽钻孔保持等距离，且避开采掘巷道的排放范围和工作面的预抽超前距离。在地质构造复杂区域适当增加检验测试点。石门揭煤区域效果检验采用的指标有残余瓦斯含量或残余瓦斯压力，对穿层钻孔预抽也可采用钻屑瓦斯解吸指标 K_1 值。对区域效果检验结果为无突出危险的，进行区域验证；有突出危险的，重新实施区域防措施直到措施有效。

　　第二步，5m 岩柱验证。对前方煤层进行工作面突出危险性验证，准确弄清瓦斯地质状况；为进入 3m 岩柱安全和施工防突验证钻孔保持足够的安全屏障。

　　距煤层 5m 岩柱前，进行揭开煤层前的第一次区域验证。准确掌握石门揭煤区域瓦斯地质状况，为进入 2m（或 1.5m）岩柱安全和施工区域验证钻孔创造条件。

　　区域验证钻孔控制到 2m 岩柱工作面周边煤层有 5m 以上的安全屏障。采用钻屑指标法进行区域验证，5m 岩柱前区域验证钻孔布置如图 6-4 所示。每米测定 K_1 值和 S 值。验证指标不超标，施工钻孔无异常现象，掘进到 2m（或 1.5m）岩柱处进行第二次区域验证。若区域验证不超标，则以后均采取局部综合防突措施。

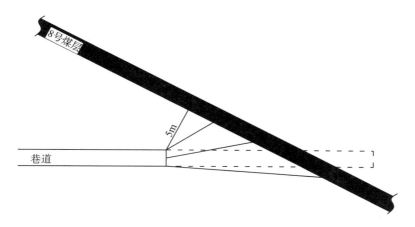

图 6-4　5m 岩柱前区域验证钻孔布置示意图

第三步，3m 岩柱验证。对前方揭煤地点煤层进行突出危险性验证(或检验)，为进入 2m 岩柱施工和安全揭煤保持足够的安全屏障。

第四步，2m 岩柱验证。为揭煤后进入煤层作业保持足够的安全屏障。采取远距离爆破、区域断电撤人进行揭煤爆破作业，煤层揭穿后自然排放 24h 再进行支护和整改工作。

在距煤层大于等于 2m 岩柱处，进行揭开煤层前的第二次区域验证，为揭煤后进入煤层作业保持足够的安全屏障。区域验证钻孔控制到揭开煤层时工作面周边煤层有 5m 以上的安全屏障，即区域验证钻孔见煤点分别位于巷道两侧轮廓线外 6m、揭开煤层时工作面前方不小于 20m 处。

验证指标不超标，施工钻孔无异常现象，掘进到 0.5m 岩柱处揭开煤层。若区域验证超标，则采取局部综合防突措施，直到验证不超标。

第五步，过煤门验证。保证巷道正常进入煤层，过煤门、出煤门期间工作面巷道周边有足够的安全屏障。

6.1.3　渐进式石门揭煤工程应用

在开展渐进式揭煤试验以前，重庆松藻煤电公司采用在石门距突出危险煤层10m 的垂直岩柱处施工测压孔和预抽孔，检验不超标后，进行石门揭煤作业。这种揭煤方法预测指标单一，预测的可靠程度低，对整体施工安全考虑不够，措施不完善，揭煤时间长，平均揭煤时间为 110～257 天，而且经常出现全矿撤人停电的情况，影响矿井正常生产，易诱发煤与瓦斯突出。

渐进式揭煤的应用研究共历时 3 年，分别在打通一矿、石壕煤矿、逢春煤矿开展实验。先是在无突出危险地点的 7 号煤层，然后是有突出危险地点的 7 号煤层，最后是无突出危险地点的 8 号煤层和有突出危险地点的 8 号煤层。部分试验结果见表 6-1。

表 6-1 渐进式揭煤现场应用情况

矿井名称	地点	煤层编号	揭煤爆破参数	炸药量/kg	揭煤爆破天数/d
打通一矿	S1717 运输巷	7	0.7	38	7
	S1717 进风巷	7	0.5	25	7
	S16# 平石门	8	1.0	50	13
	S16# 平石门	7	0.6	30	7
	N1818 放水石门	8	0.5	25	7
石壕煤矿	S3 人行石门	7	0.8	30	12
	N1812 机巷风眼	7	0.7	10	7
	N1812 回风眼	7	0.7	15	24
	N1717 石门	7	0.7	20	7
逢春煤矿	E1812 回风巷	8	0.5	22	7
	830S6# 石门	8	1.2	52	7
	600N1 尾排石门	7	1.0	14	8
	600N1 尾排石门	8	1.0	14	7

采用渐进式石门揭煤技术，最快可在 7 天内完成。应用渐进式快速石门揭煤技术实现了安全、快速揭煤并消除了突出危险性。渐进式快速石门揭煤技术代替了震动爆破揭煤技术，将复杂的、耗工耗时的揭煤作业变得简单、耗时短。渐进式快速石门揭煤技术建立的可移动式安全屏障区，具有"内消"（消除突出）、"外拦"（拦截屏障外的突出）的作用。

6.2 大孔径钻孔预测技术

6.2.1 大孔径钻孔预测技术原理

根据《防治煤与瓦斯突出细则》规定，可以采用钻屑指标法、复合指标法、R 值指标法及其他经试验证实有效的方法预测采掘工作面的突出危险性。其中，钻屑指标法是在采掘工作面向煤层施工直径为 42mm、孔深为 8～10m 或 5～10m（煤巷掘进工作面为 8～10m，采煤工作面为 5～10m）的钻孔，测定钻屑解吸指标 K_1（或 Δh_2）和钻屑量 S。当预测指标不超时，该工作面为无突出危险工作面，在采取安全防护措施并保留 2m 预测超前距条件下进行采掘作业。若预测指标超过临界值，则该工作面停止采掘作业，采取相应防突措施直到措施有效后，在采取安全防护措施并保留足够的防突措施超前距离的条件下进行采掘作业。

根据松藻矿区的经验，在采用 42mm 孔径钻孔进行工作面预测时，钻孔施工困难，其中 6 号煤层坚硬，8 号煤层松软，不仅施工困难，钻孔深度也没有保证。遂采用大直径钻孔代替 42mm 直径预测孔预测煤与瓦斯突出。无论是大直径钻孔，还是小直径钻孔，都是通过钻进获得钻屑，对钻屑进行取样测定 K_1 值和钻屑量 S 值，确定其预测临界值。

6.2.2　大孔径钻孔预测技术工艺

（1）在工作面实施连续预测，采用"钻屑指标法"预测工作面突出危险性。施工钻孔时，钻进速度保持在 1m/min，并结合打孔过程中的动力现象和瓦斯情况进行综合判断。

（2）大直径预测钻孔使用"大功率钻机+螺旋钻杆"的方法进行钻孔施工，钻孔直径一般为 65mm、72mm、87mm，巷道轴线投影方向孔深为 10m，预测终孔点控制巷道两帮轮廓线外 2～4m。

（3）大直径预测钻孔尽量布置在煤层软分层或软煤中，无软分层或软煤时，钻孔布置在煤层中部。钻孔施工先边孔，后中孔，间隔施工。

（4）工作面预测时，无钻屑指标超标、无喷孔、无地质构造，则工作面划分为无突出危险工作面。采取安全防护措施，该循环保持 2m 预测超前距，允许掘进 8m。

6.2.3　大孔径钻孔预测技术工艺实施及效果

1. 87mm 直径大孔径预测试验

选择在 W22701 工作面运输巷进行试验，共计进行 33 个预测循环，测定的 $\Phi87mm$ 和 $\Phi42mm$ 钻孔 K_1 值指标如表 6-2 所示，测定的循环平均 K_1 值对比如图 6-5 所示。

表 6-2　W22701 运输巷 $\Phi87mm$ 和 $\Phi42mm$ 钻孔测定的 K_1 值对比表

循环	孔径/mm	钻孔孔深/m									平均/m	最大/m
		2	3	4	5	6	7	8	9	10		
1	87	0.19	0.24	0.25	0.23	0.24	0.30	0.30	0.25	0.31	0.26	0.31
	42	0.08	0.15	0.19	0.19	0.19	0.19	0.22	0.20	0.23	0.18	0.23
2	87	0.18	0.25	0.13	0.24	0.26	0.28	0.18	0.16	0.29	0.22	0.29
	42	0.12	0.15	0.13	0.16	0.18	0.18	0.20	0.19	0.20	0.17	0.20
3	87	0.19	0.20	0.21	0.17	0.19	0.21	0.20	0.30	0.31	0.22	0.31
	42	0.16	0.22	0.17	0.25	0.16	0.16	0.25	0.33	0.29	0.22	0.33
4	87	0.14	0.17	0.24	0.28	0.24	0.28	0.32	0.27		0.24	0.32
	42	0.19	0.23	0.26	0.26	0.25	0.32	0.23	0.31	0.25	0.26	0.32
5	87	0.16	0.21	0.25	0.18	0.2	0.26	0.28	0.24	0.27	0.23	0.28
	42	0.16	0.17	0.18	0.19	0.24	0.25	0.24	0.25	0.25	0.21	0.28
6	87	0.16	0.21	0.19	0.23	0.23	0.25	0.21	0.21	0.21	0.21	0.25
	42	0.18	0.28	0.25	0.22	0.24	0.23	0.22	0.27	0.21	0.23	0.28
7	87	0.04	0.11	0.07	0.13	0.07	0.11	0.11	0.13	0.12	0.10	0.13
	42	0.19	0.20	0.18	0.15	0.19	0.23	0.23	0.24	0.26	0.21	0.26
8	87	0.17	0.23	0.22	0.22	0.24	0.25	0.23	0.27	0.27	0.23	0.27
	42	0.12	0.12	0.13	0.11	0.19	0.17	0.1	0.18	0.28	0.16	0.28
9	87	0.12	0.18	0.19	0.19	0.19	0.21	0.23	0.18	0.21	0.19	0.23
	42	0.13	0.16	0.17	0.15	0.14	0.13	0.19	0.21	0.2	0.16	0.21

续表

循环	孔径/mm	钻孔孔深/m									平均/m	最大/m
		2	3	4	5	6	7	8	9	10		
10	87	0.16	0.14	0.19	0.17	0.21	0.24	0.19	0.20	0.22	0.19	0.24
	42	0.18	0.15	0.14	0.13	0.17	0.25	0.21	0.22	0.22	0.19	0.25
11	87	0.06	0.05	0.05	0.07	0.06	0.07	0.08	0.31	0.28	0.11	0.31
	42	0.08	0.08	0.05	0.05	0.09	0.32	0.31	0.33	0.38	0.19	0.38
12	87	0.15	0.19	0.18	0.25	0.23	0.26	0.26	0.32	0.28	0.24	0.32
	42	0.18	0.22	0.16	0.28	0.18	0.23	0.26	0.26	0.21	0.22	0.28
13	87	0.20	0.08	0.25	0.08	0.13	0.11	0.26	0.28	0.22	0.18	0.28
	42	0.10	0.17	0.16	0.18	0.18	0.19	0.13	0.09	0.20	0.16	0.20
14	87	0.10	0.21	0.21	0.22	0.20	0.32	0.28	0.29	0.3	0.24	0.32
	42	0.16	0.27	0.22	0.16	0.22	0.17	0.31	0.25	0.23	0.22	0.31
15	87	0.18	0.2	0.24	0.25	0.24	0.26	0.28	0.27	0.34	0.25	0.34
	42	0.16	0.22	0.22	0.22	0.15	0.21	0.24	0.24	0.30	0.22	0.30
16	87	0.10	0.07	0.08	0.15	0.21	0.25	0.19	0.20	0.28	0.17	0.28
	42	0.21	0.28	0.20	0.38	0.09	0.20	0.22	0.34	0.30	0.25	0.38
17	87	0.23	0.16	0.18	0.17	0.22	0.23	0.29	0.21	0.33	0.22	0.33
	42	0.12	0.15	0.13	0.18	0.19	0.21	0.20	0.21	0.22	0.18	0.22
18	87	0.22	0.17	0.22	0.15	0.19	0.14	0.30	0.19	0.32	0.21	0.32
	42	0.10	0.18	0.14	0.22	0.10	0.29	0.15	0.24	0.12	0.17	0.29
19	87	0.23	0.16	0.23	0.25	0.32	0.32	0.27	0.34	0.33	0.27	0.34
	42	0.22	0.22	0.23	0.27	0.28	0.26	0.25	0.22	0.24	0.24	0.28
20	87	0.16	0.14	0.14	0.21	0.16	0.18	0.18	0.20	0.17	0.17	0.21
	42	0.11	0.16	0.16	0.19	0.19	0.19	0.16	0.19	0.23	0.18	0.23
21	87	0.05	0.10	0.09	0.13	0.12	0.23	0.23	0.28	0.13	0.15	0.28
	42	0.24	0.25	0.15	0.27	0.23	0.31	0.22	0.29	0.28	0.25	0.31
22	87	0.20	0.22	0.22	0.15	0.23	0.16	0.30	0.21	0.34	0.23	0.34
	42	0.15	0.12	0.18	0.10	0.25	0.17	0.24	0.20	0.18	0.18	0.25
23	87	0.16	0.26	0.20	0.28	0.24	0.32	0.28	0.26	0.37	0.26	0.37
	42	0.06	0.14	0.12	0.18	0.12	0.10	0.11	0.19	0.14	0.13	0.19
24	87	0.24	0.21	0.22	0.28	0.26	0.30	0.33	0.34	0.32	0.28	0.34
	42	0.14	0.18	0.12	0.14	0.13	0.19	0.21	0.19	0.17	0.16	0.21
25	87	0.23	0.19	0.23	0.39	0.32	0.34	0.22	0.19	0.29	0.27	0.39
	42	0.21	0.17	0.25	0.20	0.21	0.22	0.24	0.15	0.23	0.21	0.25
26	87	0.21	0.33	0.22	0.21	0.12	0.23	0.23	0.33	0.37	0.25	0.37
	42	0.14	0.14	0.19	0.19	0.11	0.17	0.08	0.18	0.17	0.15	0.19
27	87	0.20	0.22	0.25	0.26	0.25	0.28	0.31	0.29	0.28	0.26	0.31
	42	0.14	0.15	0.20	0.23	0.20	0.18	0.26	0.20	0.22	0.20	0.26
28	87	0.21	0.22	0.22	0.23	0.18	0.25	0.25	0.28	0.29	0.24	0.29
	42	0.11	0.20	0.15	0.18	0.15	0.21	0.20	0.20	0.28	0.19	0.28

续表

循环	孔径/mm	钻孔孔深/m									平均/m	最大/m
		2	3	4	5	6	7	8	9	10		
29	87	0.11	0.24	0.23	0.18	0.21	0.09	0.16	0.18	0.22	0.18	0.24
	42	0.15	0.25	0.21	0.25	0.22	0.38	0.27	0.30	0.16	0.24	0.38
30	87	0.11	0.19	0.23	0.33	0.24	0.28	0.26	0.34	0.22	0.24	0.34
	42	0.16	0.22	0.26	0.26	0.26	0.20	0.27	0.29	0.23	0.24	0.29
31	87	0.19	0.16	0.19	0.19	0.19	0.25	0.26	0.21	0.21	0.21	0.26
	42	0.17	0.15	0.20	0.21	0.22	0.23	0.26	0.19	0.19	0.20	0.26
32	87	0.13	0.13	0.13	0.17	0.18	0.18	0.20	0.20	0.20	0.17	0.20
	42	0.11	0.13	0.11	0.17	0.18	0.20	0.22	0.25	0.24	0.18	0.25
33	87	0.13	0.19	0.21	0.24	0.27	0.24	0.22	0.17	0.21	0.21	0.27
	42	0.13	0.15	0.18	0.12	0.18	0.23	0.17	0.20	0.21	0.17	0.23

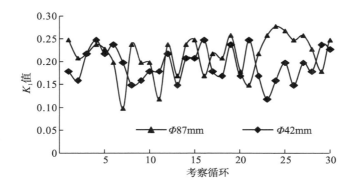

图 6-5 Φ87mm 和 Φ42mm 钻孔测定循环平均 K_1 值对比图

从表 6-2 及图 6-5 可以看出，使用强力岩石电钻施工 Φ87mm 钻孔和使用风煤钻施工 Φ42mm 钻孔测定 K_1 值指标无较大差异。由于岩石电钻排粉速度相对较快，因此，多数情况下 Φ87mm 钻孔测定的 K_1 值指标比 Φ42mm 钻孔测定 K_1 值指标大。

2. 72mm 直径大孔径预测试验

在 3221S 运输巷和 2226 采煤工作面进行大直径钻孔进行预测对比试验 54 轮，测试 K_1 指标 584 个。其中，3221S 运输巷掘进工作面实施 27 轮，对比测试孔径分别为 42mm、72mm 的 K_1 值指标测试 318 个，巷道累计掘进 161.5m；2226 采煤工作面实施 27 轮，对比测试孔径 42mm、72mm 的 K_1 值指标测试 266 个，未出现预测超标，工作面累计回采 131.8m。K_1 值指标测试情况见表 6-3 和表 6-4 及图 6-6。

根据表 6-3、表 6-4 中预测钻孔 K_1 值指标测试结果的对比分析可知，Φ72mm 钻孔测试的 K_1 值指标大于等于 Φ42mm 钻孔测试指标的个数分别占 117 个、91 个。其中，3211S 运输巷掘进工作面 Φ72mm 钻孔测试的 K_1 值指标大于 Φ42mm 钻孔测试指标的为 89 个，占 55.97%，2226 采煤工作面 Φ72mm 钻孔测试的 K_1 值指标大于 Φ42mm 钻孔测试指标的为 96 个，占 72.18%。

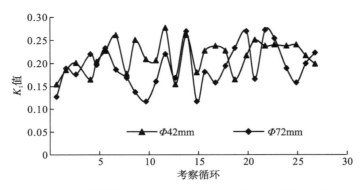

图 6-6　3221S 运输巷 $\Phi72mm$ 与 $\Phi42mm$ 钻孔 2m 位置 K_1 值对比

表 6-3　3221S 运输巷 $\Phi42mm$ 和 $\Phi72mm$ 钻孔 K_1 值指标测试情况

循环	工作面位置/m	孔号	孔径/mm	钻孔孔深/m										允许进尺/m
				1	2	3	4	5	6	7	8	9	10	
1	364.7	预测1	42	0.1	0.12	0.09	0.1	0.11	0.13	0.16	0.18	0.17	0.2	3
		考察1	72		0.12		0.14		0.16		0.21		0.23	
2	367.6	预测2	42	0.15	0.16	0.17	0.17	0.16	0.19	0.20	0.2	0.26	0.22	7.5
		考察2	72		0.14		0.16		0.19		0.22		0.2	
3	374.8	预测1	42	0.14	0.12	0.13	0.17	0.17	0.18	0.17	0.18	0.21	0.16	8
		考察1	72		0.13		0.17		0.20		0.22		0.22	
4	382.8	预测2	42		0.11		0.14		0.22		0.29		0.18	8
		考察2	72		0.08		0.22		0.17		0.24		0.25	
5	390.4	预测1	42		0.14		0.17		0.20		0.24		0.24	8
		考察1	72		0.12		0.15		0.21		0.26		0.24	
6	398.4	预测2	42		0.17		0.17		0.23		0.23		0.19	8
		考察2	72		0.16		0.18		0.23		0.23		0.26	
7	402.2	预测1	42		0.27		0.34		0.19		0.33		0.29	5
		考察1	72		0.29		0.37		0.26		0.3		0.33	
8	406.8	预测1	42		0.12		0.18		0.17		0.19		0.21	5
		考察1	72		0.11		0.15		0.18		0.19		0.17	
9	411.7	预测2	42		0.11		0.12		0.14		0.16		0.18	3
		考察2	72		0.15		0.18		0.25		0.27			
10	414.6	预测1	42		0.07		0.19		0.12		0.16		0.21	5
		考察1	72		0.15		0.14		0.21		0.2		0.27	
11	419.4	预测2	42		0.13		0.15		0.16		0.2		0.23	5
		考察2	72		0.14		0.16		0.21		0.25		0.28	
12	423.9	预测1	42		0.18		0.21		0.22		0.27		0.31	5
		考察1	72		0.13		0.15		0.28		0.27		0.29	
13	428.7	预测2	42		0.09		0.16		0.17		0.24		0.22	5
		考察2	72		0.14		0.15		0.16		0.20		0.23	
14	433.2	预测1	42		0.11		0.14		0.27		0.25		0.22	3
		考察1	72		0.14		0.17		0.26		0.32			

表 6-4　2226 采煤工作面 Φ72mm 和 Φ42mm 钻孔 K_1 值指标测试

循环	工作面位置/m	孔号	孔径/mm	钻孔孔深/m						允许进尺/m
				1	2	3	4	5	5.5	
1	回风巷：279.2	考察1	72	0.17	0.23	0.22	0.22	0.26	0.36	3.5
	运输巷：683.8	预测1	42		0.09		0.1		0.13	
2	回风巷：272.7	考察1	72	0.16	0.21	0.19	0.24	0.23	0.28	3.5
		预测1	42		0.11		0.13		0.21	
	运输巷：680.3	考察2	72	0.15	0.19	0.20	0.25	0.25	0.28	
		预测2	42		0.13		0.19		0.22	
3	回风巷：285.3	考察1	72	0.18	0.16	0.25	0.21	0.21	0.26	10
		预测1	42		0.15		0.16		0.25	
	运输巷：676.8	考察2	72	0.11	0.16	0.17	0.19	0.21	0.22	
		预测2	42		0.14		0.19		0.21	
4	回风巷：289.8	考察1	72	0.17	0.1	0.16	0.16	0.26	0.24	3.5
		预测1	42		0.13		0.16		0.16	
	运输巷：666.8	考察2	72	0.16	0.13	0.22	0.21	0.23	0.34	
		预测2	42		0.14		0.14		0.15	
5	回风巷：292.6	考察1	72		0.17		0.23		0.19	10
		预测1	42		0.19		0.23		0.23	
	运输巷：664.5	考察2	72		0.25		0.26		0.29	
		预测2	42		0.19		0.24		0.26	
6	回风巷：296.4	考察1	72	0.18	0.21	0.22	0.25	0.22	0.23	3.5
		预测1	42		0.22		0.25		0.21	
	运输巷：655.3	考察2	72	0.18	0.2	0.22	0.22	0.22	0.25	
		预测2	42		0.2		0.23		0.25	
7	回风巷：299.9	考察1	72	0.14	0.18	0.20	0.2	0.19	0.16	10
		预测1	42		0.18		0.19		0.24	
	运输巷：652.6	考察2	72	0.22	0.16	0.20	0.21	0.23	0.24	
		预测2	42		0.12		0.25		0.28	
8	回风巷：307.6	考察1	72		0.2		0.17		0.26	3.5
		预测1	42		0.16		0.21		0.21	
	运输巷：643.6	考察2	72		0.18		0.2		0.22	
		预测2	42		0.15		0.17		0.2	
9	回风巷：311.1	考察1	72		0.16		0.19		0.21	10
		预测1	42		0.12		0.15		0.17	
	运输巷：640.1	考察2	72		0.17		0.2		0.22	
		预测2	42		0.11		0.15		0.2	
10	回风巷：319.4	考察1	72		0.21		0.22		0.24	3.5
		预测1	42		0.22		0.24		0.24	
	运输巷：630.1	考察2	72		0.22		0.26		0.28	
		预测2	42		0.23		0.26		0.26	

续表

循环	工作面位置/m	孔号	孔径/mm	钻孔孔深/m						允许进尺/m
				1	2	3	4	5	5.5	
11	回风巷：320.4	考察1	72		0.23		0.26		0.25	10
		预测1	42		0.22		0.23		0.27	
	运输巷：627.2	考察2	72		0.23		0.25		0.25	
		预测2	42		0.21		0.25		0.27	
12	回风巷：330.4	考察1	72		0.13		0.19		0.29	3.5
		预测1	42		0.13		0.22		0.25	
	运输巷：623	考察2	72		0.17		0.19		0.22	
		预测2	42		0.22		0.25		0.27	
13	回风巷：333.9	考察1	72		0.17		0.19		0.23	10
		预测1	42		0.15		0.16		0.21	
	运输巷：622.3	考察2	72		0.16		0.21		0.2	
		预测2	42		0.17		0.19		0.19	

经过现场试验及推广应用，松藻煤电公司采用大直径[Φ65mm、Φ72mm、Φ87mm 钻孔对应的钻屑量 S 指标临界值分别采用 12kg/m、14kg/m、20kg/m，钻屑解吸指标 K_1 临界值采用 0.5mL/(g·min$^{0.5}$)]钻孔预测工艺是可行的；采用的钻屑指标 K_1 值、S 测定方法，能满足突出煤层突出危险性预测及措施效果检验的可靠性要求。

6.3　预测钻孔兼排放技术

6.3.1　预测钻孔兼排放技术原理

在工作面执行局部综合防突措施时，一般采用直径为 42mm 的钻孔进行突出危险性预测，如果有突出危险，采用大直径超前钻孔作为防突措施。这样在一个工作面就需要不同的钻机钻具进行施工，搬运不同的钻具不仅增加了工作量和劳动强度，也增加了防突时间，从而影响采掘进度。为了减少防突时间，减少工人的劳动强度，降低人为因素对预测结果的影响，摸索了由一个钻孔同时承担预测孔、超前排放孔和校检孔的技术，从而简化防突施工。

预测兼排放技术的原理就是大直径钻孔预测和超前排放结合，通过向前方煤体打一定数量的预测兼排放钻孔钻瓦，孔的前半部分（一般 8~10m）用于预测，并始终保持钻孔有一定的超前距离（一般为 5m），在预测的同时，保证工作面前方煤体卸压、排放瓦斯，达到减弱和防止突出的目的。通过一套钻具，一次完成突出危险性预测、防突措施和防突措施效果检验等工作。钻孔的布置方式与预测钻孔的布置方式相同，但孔数比预测钻孔多，比超前孔少，孔距、孔深、超前距离等参数视具体情况有所变化。预测兼排放技术钻孔设计如图 6-7 所示。

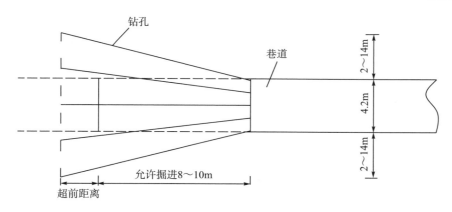

图 6-7 预测兼排放技术钻孔设计示意图

6.3.2 预测钻孔兼排放技术工艺

预测兼排放技术的核心在于钻孔的施工，其防治突出的效果取决于钻孔布置及其有效影响半径的选用。钻孔有效影响半径分两种：一种是钻孔卸压影响半径；另一种是瓦斯排放的有效影响半径。从应力的观点来看，钻孔的应力有效影响半径为钻孔直径的 3.36 倍，瓦斯排放有效影响半径，根据一些矿井测定的资料为钻孔直径的 4～5 倍，略大于应力有效影响半径。预测兼排放钻孔的直径一般以 60～120mm 为宜。

(1) 对采掘工作面实施连续预测，采用钻机配螺旋钻杆和钻头施工 $\Phi 87mm$（$\Phi 72mm$，$\Phi 65mm$）预测钻孔，采用平行布孔的方式，钻孔与上一轮孔错开布置。

(2) 采用钻屑解吸法进行突出危险性预测，钻孔每 1m 测一次 S 值，每钻进 2m 测一次 K_1 值，预测孔深为 8～10m，施工预测钻孔时注意观察打孔中的动力现象。如果预测不超标，则保持工作面前方 2m 安全距离进行采掘作业；若预测超标，则在补充防突措施后，保留 5m 安全距离进行采掘作业。

(3) 如果预测超标、喷孔、顶钻、软分层增厚达 0.15m 及以上、煤层厚度变化达 1/3、断层落差达 0.2m 及以上时，均按超标对待，即按设计要求施工防突措施钻孔，并在施工钻孔的同时测定钻屑指标，作为效果检验依据。

6.3.3 预测钻孔兼排放技术工艺实施及效果

1. 回采工作面预测兼排放（简称"预兼排"）试验研究

松藻矿区对回采工作面预测兼排放工艺进行试验研究，第一个试验面选择打通一矿的 N1715W 工作面。该工作面倾斜布置、仰斜开采，工作面长 110m，推进方向长 508m，平均煤厚 1.0m，软分层厚 0.05～0.38m，煤层倾角为 5°～7°，试验区内断层发育，邻近区域是严重的突出危险区。

回采前对工作面采取了区域防突措施，在工作面两巷沿煤层向工作面打排放孔，排放孔孔径为 65mm，孔距随其与开切眼距离不同而不同，孔深平均为 35m。工作面中间有 40 余米钻孔不到位，形成空白带。

　　预测兼排放工艺试验具体做法分两个阶段进行。第一阶段，为防止打孔时发生突出，在工作面硬煤分层布置预测兼排放孔（即开孔在硬分层），孔径为 87mm，孔深 15～20m，在有区域措施区域，孔间距为 5～8m，无区域措施区域的空白带孔间距为 3m，区域措施及预测兼排放钻孔布置如图 6-8 所示。

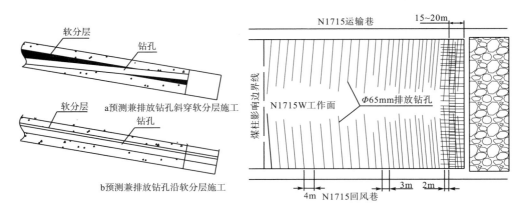

图 6-8　打通一矿 N1715W 工作面防突钻孔布置图

　　边打孔边预测，若不超标，则保持 3～5m 的超前距离采煤。这种施工方法有两个问题：一是煤硬，打孔慢；二是施工难度大，斜穿软分层部位不易掌握。在工艺执行到第五循环，由于预测不到位而发生突出。

　　第二阶段，在软煤层开孔，如图 6-8 所示。钻头始终沿着软分层钻进，预测比较准确；同时打钻速度快一些。原来打一个循环钻孔需要 7～8 个小班，改进后只要 3～4 个小班即可完成。

　　两个阶段试验了 45 个小班，打钻孔 590 个，钻孔进尺 8850m。超标 4 个循环，补孔 18 个。月推进度平均达 42.9m，平均产量为 8090t/月，最高为 10239t/月。平均月产量提高了 72.3%。

　　N1715W 工作面试验成功后，又先后在打通一矿 N1716 刨煤机工作面，同华煤矿 2621、2114 工作面，打通二矿 S1710 工作面等多个工作面应用，都取得了良好效果。到目前为止，在 7 号突出煤层内月推进度平均达 100.6m，平均产量为 28090t/月，最高为 30239t/月。

　　打通一矿又在严重突出的 8 号煤层做扩大试验，试验地点为打通一矿 N1817 综采工作面，该工作面长 150m，煤厚 2.55m，煤层倾角为 5°～7°，仰斜开采，煤层松软，极易突出。上部 7 号保护层遇地质构造，留下一块煤柱，导致该工作面长 150m、宽 93m 未受保护。为安全回采，对未保护区实施了穿层钻孔预抽，进、回风巷打预排钻孔，但工作面中部仍有 39m 宽的空白带。

　　采用预测兼排放新工艺（Φ87mm 钻孔），在空白带区域，孔距为 3～5m，孔深为 10m。在区域措施区域，孔间距为 5～10m（区域措施及预测兼排放措施如图 6-9 所示）。

　　边打孔边预测，超标时在超标孔两侧补孔，不超标时保持 5m 超前距离回采。采取这一措施，在未保护区开采 59 天，执行了 17 个防突措施循环，其中 2 个循环超标，超标孔为 3 个，补孔 16 个，安全回采 $4.9×10^4$t，采用预测兼排放措施有效地解决了保护层煤柱带的安全开采问题。

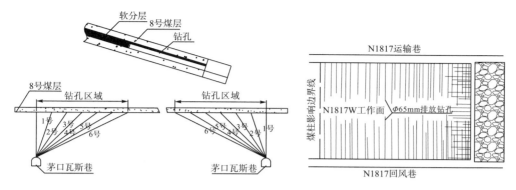

图 6-9　打通一矿 N1817W 工作面防突钻孔布置图

通过打通一矿 7 号(N1715W)煤层及严重突出的 8 号(N1817)煤层结合同华煤矿的 6 号、11 号煤层,渝阳煤矿的 7 号煤层采用预测兼排放措施实践,证明采用预测兼排放措施能最大限度地提高回采工作面的安全性。

2. 掘进工作面预测兼排放试验研究

松藻煤电公司从 1994 年开始进行掘进工作面的试验研究,第一次试验选择在打通一矿 N1716 掘进工作面,该面煤厚 1.0m,倾角为 4°～8°,软分层厚 0.1～0.4m。邻近的 N1714、N1715 区域突出 110 次,最大突出煤量达 59t。

1994 年初进入 N1716 掘进工作面后按"四位一体"综合防突措施施工,打钻喷孔和预测超标都较严重,因此决定采用预测兼排放工艺对该工作面进行预测并防突。

试验分两个阶段进行(打通一矿 N1716 运输巷预测兼排放防突钻孔布置如图 6-10 所示)。第一阶段,布置 $\Phi 87$mm 预测兼排放钻孔 9 个,孔深 10~15m,终孔控制巷道轮廓线外 3.5m,钻孔布置在软分层内,边打孔边预测。若预测超标,则在超标孔两侧补孔,补孔时仍然边打孔边预测,不超标不补孔。若预测不超标,则保持 5m 超前距离掘进。

第二阶段,将预测兼排放钻孔数改为 6 个,孔深 10~15m,终孔控制巷道轮廓线外 3.5m,钻孔布置在软分层内,边打孔边预测。若预测超标,则在超标孔两侧补孔,补孔时仍然边打孔边预测,不超标不补孔。若预测不超标,则保持 5m 超前距离掘进。

第一阶段执行预测兼排放 20 个循环,打孔 200 个,钻孔进尺 2920m,掘进 82 天,累计掘进进尺 197m,平均月进尺为 56m。第二阶段,执行预测兼排放 44 个循环,打孔 290 个,钻孔进尺 4350m,掘进 142 天,掘进进尺 405m,平均月进 85.6m,最高 90m/月。执行预测兼排放措施解决了打钻喷孔和预测超标严重的问题,避免了煤与瓦斯突出的发生。

考虑到 N1716 工作面属 7 号煤层突出频率大但强度不大,同时为了扩大应用范围,1994 年 7 月在打通一矿 8 号煤层(N1817 运输巷)的煤柱影响区进行了扩大试验。

如图 6-11 所示,N1817 运输巷是处在 7 号煤层保护层终采线留下的煤柱影响区内。

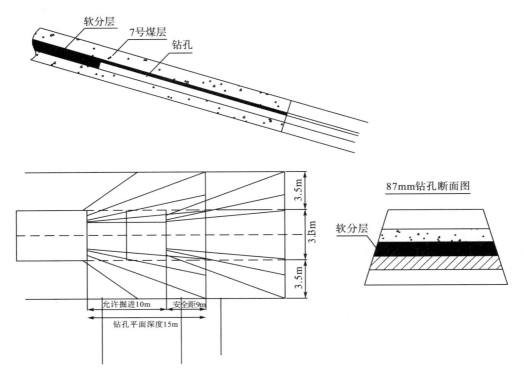

图 6-10　打通一矿 N1716 运输巷预测兼排放防突钻孔布置图

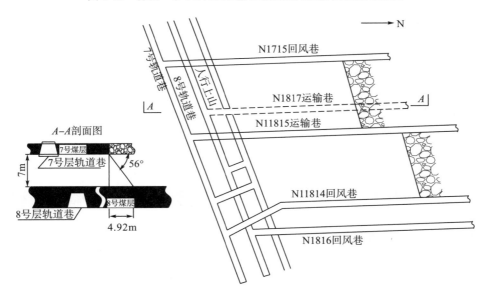

图 6-11　打通一矿 N1817 运输巷保护关系图

煤柱影响区沿巷道方向长 65m，煤厚 2.5m，煤质松软，倾角为 0°～3°，由上向下掘进。

第一阶段，打钻喷孔且卡钻严重，布置预处理孔 3 个，深 15m，然后布置 8 个 Φ87mm、10m 深的预测兼排放钻孔。钻孔布置在软分层中，终孔控制巷道轮廓线外 4.0m，边打孔边预测，超标时在超标孔两侧补孔，不超标则保持 6m 超前距离掘进，如图 6-12 所示。

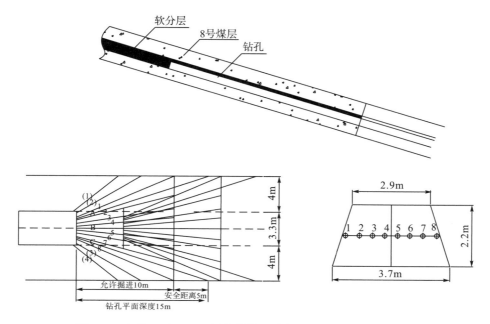

图 6-12　打通一矿 N1817 运输巷第一阶段预测兼排放钻孔布置图

第二阶段，由于地压大，打钻困难，将预测兼排放钻孔由 8 个改为 5 个，将超前距离由 6m 改为 7m，其余参数不变，仍然实行边打孔边预测（预测兼排放钻孔布置如图 6-13 所示）。

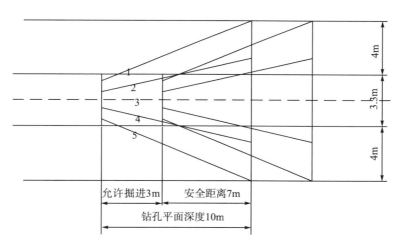

图 6-13　打通一矿 N1817 运输巷第二阶段 87mm 预测兼排放钻孔布置图

N1817 运输巷未保护区处于应力集中地带，每循环打钻喷孔、卡钻、顶钻严重。共施工预测兼排放钻孔 135 个，打预处理孔 12 个，总钻孔进尺 1500m，平均月进尺 68m，未发生突出。

经在一般突出危险煤层和严重突出煤层掘进工作面试验成功后，先后在石壕煤矿、渝阳煤矿、同华煤矿等 14 个掘进工作面应用，共掘进 2817.3m 巷道，平均单进为 84.36m/M。

根据不同突出危险状况，选择不同孔数、孔径、孔深等参数，取得了良好效果，未发生突出。

6.4　急倾斜煤层自卸压防突技术

6.4.1　急倾斜煤层自卸压防突技术原理

在煤层开采前，岩体处于自然平衡状态，这种情况下煤岩所受的力为原始应力。煤层开采之后形成开采空间，开采空间的形成引起煤层及周围岩体的原始应力发生变化，形成附加应力，附加应力大于原始应力时则形成集中应力（支撑压力）区，而附加应力小于原始应力时则形成低应力区，即卸压区。附加应力作用导致采场形成采动影响，引起煤层及其顶底板岩体产生活动现象。

在卸压区中，底部的岩层及煤层解除了上部的约束，煤体及岩体产生破坏或膨胀变形，煤层的透气性增加，煤层中的瓦斯加剧解吸释放，压力急剧下降，煤层丧失或降低了突出危险性，这就是煤层自卸压防突技术的原理。

在工作面回采过程中，定期在回采工作面中部的台阶处采用钻屑指标法进行煤与瓦斯突出危险性预测，测定指标包括钻屑瓦斯解吸指标 K_1 值、钻屑量 S 值，并观察记录钻进过程中的动力现象。根据所测参数可以看到 K_1 值与钻孔深度变化有关，随着钻孔深度的增加而增大，到一定深度时，达到突出临界指标。

6.4.2　急倾斜煤层自卸压防突技术现场试验

1. 自卸压带理论计算

逢春煤矿 8 号煤层的 N1862 工作面采用伪倾斜正台阶采煤方法，从某种意义上来讲每一回采台阶的下部煤体可以理解为它的底板。回采过程中，在上一台阶采过后，受到采动影响的下部煤体会产生移动、变形及裂隙并形成导气通道，使下部煤体的瓦斯和地应力得到了释放，起到了卸压保护作用。因此，只要确定下部煤体受采动影响后煤体的破坏深度，就能确定其卸压保护的范围。

底板破坏深度 h_1 参照式（6-1）计算。

$$h_1 = \frac{x_a \cos \varphi_0}{2 \cos\left(\frac{\pi}{4} + \frac{\varphi_0}{2}\right)} e^{\left(\frac{\pi}{4} + \frac{\varphi_0}{2}\right) \tan \varphi_0} \tag{6-1}$$

式中，x_a 为煤柱屈服区的长度，m；φ_0 为底板岩体内摩擦角，(°)。

煤层的屈服区长度 x_a 按照式（6-2）计算。

$$x_a = \frac{m}{F} \ln(10\gamma H) \tag{6-2}$$

式中，m 为煤层采高，m；H 为煤层埋藏深度，m；γ 为底板岩体的密度，t/m³；F 为系数，

其值 $F = \dfrac{K_1 - 1}{\sqrt{K_1}} + \left[\dfrac{K_1 - 1}{\sqrt{K_1}} \right]^2 \tan^{-1} \sqrt{K_1}$，$K_1 = \dfrac{1 + \sin\varphi}{1 - \sin\varphi}$。

底板岩体最大破坏深度距工作面端部的水平距离 l_1 按式(6-3)计算。

$$l_1 = h_1 \tan\varphi_0 \tag{6-3}$$

采空区内底板破坏区沿水平方向的最大长度 l_2 按式(6-4)计算。

$$l_2 = x_a \tan\left(\dfrac{\pi}{2} + \dfrac{\varphi_0}{2} \right) e^{\frac{\pi}{2}\tan\varphi_0} \tag{6-4}$$

将逢春煤矿 8 号煤层的相关参数煤层的采高 m(2.2m)、煤层的埋藏深度 H(270m)、煤层的内摩擦角 φ_0(一般取 30°)、底板(即下部煤体)的密度 γ(1.5t/m³)代入式(6-1)得到下部煤体的最大破坏深度 $h_1 = 12.56\text{m}$，下部煤体最大破坏深度距台阶的距离 $l_1 = 7.18\text{m}$，下部煤体破坏区沿水平方向的最大长度 $l_2 = 72.49\text{m}$。急倾斜工作面下部煤体破坏分布计算结果如图 6-14 所示。

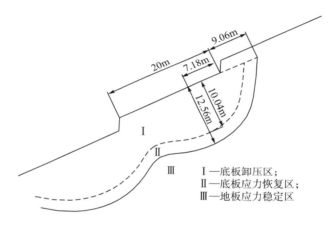

图 6-14　试验工作面下部煤体破坏分布图

底板破坏带一般可分为两个区域：底板卸压区和底板应力恢复区。在卸压区中，底部的岩层及煤层产生了破坏或膨胀变形，煤层的透气性增加，煤层中的瓦斯急剧解吸和释放，瓦斯压力急剧下降。按照经验数据，底板应力恢复区的范围一般为底板最大破坏深度的 0.8 倍左右。

在底板破坏带的边缘地带，煤(岩)层一般还能保持一定的膨胀变形，但由于工作面后支承压力的作用，底板煤(岩)层中的应力恢复，略高于原始应力，该区为底板压力恢复区。在该区内的煤层瓦斯已经释放了一部分，瓦斯压力也已降低，但也不能确保该区域的煤层已无突出危险。

2. 自卸压带现场考察

在工作面回采过程中，定期在回采工作面中部的台阶处进行煤与瓦斯突出危险性预测指标的测定。测定指标包括钻屑瓦斯解吸指标 K_1 值、钻屑量指标 S 值，并观察记录钻进过程中的动力现象。钻孔采用电煤钻施工，直径为 42mm，孔深 10m，每次测定的孔数为

5 个，各孔终孔点的高差为 1m，中间的钻孔与回风巷平行，如图 6-15 所示。

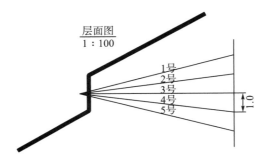

孔号	方向角	仰角	孔深
1/5	±4.9°	±9.1°	10.2m
2/4	±2.4°	±4.6°	10.1m
3	0°	0°	10.0m

图 6-15　自卸压考察钻孔布置图

在工作面中部台阶共进行了 28 个循环的突出预测指标测定，测定了钻屑瓦斯解吸指标 K_1 值和钻屑量指标 S 值，各钻孔在钻进过程中没有发现动力现象。瓦斯解吸指标 K_1 值和钻屑量指标 S 值的测定结果见表 6-5、表 6-6。

表 6-5　钻屑瓦斯解吸指标 K_1 值与台阶斜面距离的统计结果

参数	与台阶距离/m				
	2	4	6	8	10
测定总次数	88	88	88	88	88
最大 K_1 值	0.292	0.39	0.359	0.417	0.386
最小 K_1 值	0.005	0.002	0.011	0.047	0.015
平均 K_1 值	0.139	0.172	0.221	0.242	0.233

表 6-6　钻屑量 S 值与台阶斜面距离的统计结果

参数	与台阶距离/m				
	1	3	5	7	9
测定总次数	88	88	88	88	88
最大 S 值/(kg/m)	3.0	3.5	3.1	3.6	3.5
最小 S 值/(kg/m)	1.4	1.8	1.8	1.6	1.6
平均 S 值/(kg/m)	2.2	2.5	2.5	2.6	2.6

8 号煤层钻屑瓦斯解吸指标 K_1 值为突出预测的主要指标之一，综合所有循环工作面突出预测指标测定的 K_1 值情况，可以看到 K_1 值与钻孔深度变化有相关性，随着钻孔深度的增加而增大，在 8m 时达到最大（$K_{1max}=0.417$），足以说明突出预测钻孔控制的范围都在上一台阶回采后的卸压保护范围之内。

钻屑量指标 S 为 8 号煤层采用的突出预测指标之一，综合所有循环测定的钻屑量指标 S，测定的钻屑量的数据与钻孔深度之间有明显的规律，随着深度的增加而增大，在 7m 时 S 值最大（$S_{max}=3.6kg/m$），钻屑量 S 在 1.4～3.6kg/m，没有超过 4kg/m 的数值，最大值为 3.6kg/m，都没有超过《防治煤与瓦斯突出细则》规定的临界指标 6kg/m 的要求。

　　逢春煤矿 8 号煤层 N1862 工作面采用伪倾斜正台阶采煤方法后，上一台阶回采对下部煤体产生了卸压保护效果。采用塑性理论对下部煤体的卸压范围进行了理论分析，同时用测定突出预测指标的方法对卸压范围进行了实测。

　　通过理论分析可以得出，下部煤体的卸压区的范围为 10m 左右。工作面回采台阶的高度为 1.8m，采高为 2.2m，在卸压区中距台阶 7.2m 的范围内受到了两轮台阶回采的重复影响，其卸压效果更充分，因此，从理论上分析下部煤体的卸压保护范围为 7.2m 左右。

　　同时，通过观测在工作面测定煤层突出预测指标钻屑量 S 值和钻屑瓦斯解吸指标 K_1 值，对下部煤体的卸压范围进行了实际考察。通过在工作面测定煤层突出预测指标钻屑量 S 值和钻屑瓦斯解吸指标 K_1 值得出的卸压范围为 7m，说明卸压范围的实际考察基本能反映出煤体的实际卸压情况。

　　因此，综合考虑理论分析和现场实测考察的结果，逢春煤矿 8 号煤层 N1862 工作面台阶回采后对下部煤体的卸压保护范围为 7～10m。

第7章 区域防突预测预警技术

随着矿井开采深度和强度的增加，突出煤层瓦斯赋存逐渐复杂、瓦斯灾害日益严重，瓦斯灾害防治工作难度越来越大。预测采掘工作面的瓦斯灾害危险性、及时掌握防治工作中各种隐患，是科学、有效防治瓦斯灾害的前提。瓦斯灾害预警作为事故防范的首要环节，能够对瓦斯灾害隐患进行超前、全方位的预测分析，是有效防治瓦斯灾害的重要手段。预警该技术是以事故致因、瓦斯防治、计算机科学等基础理论和技术为指导，在综合考虑矿井自然条件、开采工艺、安全技术及管理的基础上，以预警信息有效采集为支撑，以预警软件系统为载体，集瓦斯灾害信息监测与采集、危险性分析与评价、预警结果发布于一体的综合技术体系。目前预警技术在煤矿现场已得到推广应用，对瓦斯灾害隐患的监测、分析和管理水平的提升，以及瓦斯事故的有效预防等起到了积极作用。

7.1 预测预警模型

科学、合理、全面的预警模型是有效预警的前提。瓦斯灾害影响因素众多，瓦斯事故致因分析表明，瓦斯灾害的发生是因为各种原因采取的防治措施未能适应瓦斯灾害危险性的变化，导致隐患能量意外释放，同时屏蔽措施失效而引发的。要有效防治瓦斯灾害，不仅要动态地辨识瓦斯灾害的危险性，还要不断分析和确保采取的防治措施的有效性。重庆地区矿井地质条件十分复杂，煤与瓦斯突出灾害极其严重，在长期与瓦斯灾害斗争的实践过程中，研究、总结了一大批投入少、操作方便、效果明显的实用、可靠的技术。因此，按照科学性、系统性、超前性和可行性原则，结合我国煤矿瓦斯灾害治理技术方法及模式，本书从瓦斯地质异常、瓦斯抽采分析、瓦斯涌出异常、日常预测变化、防突措施缺陷、重庆地区管理模型等方面构建了瓦斯灾害预警模型。

7.1.1 瓦斯地质异常分析模型

瓦斯地质是控制突出的主导因素，突出危险区、构造、软煤和煤厚是瓦斯地质主要分析因素。从突出原因分析，地质构造带煤质发生变化，煤层破碎，硬度小，强度低；地质构造影响范围内，煤体受地质构造应力影响，有利于瓦斯的封存，不利于瓦斯的逸散，煤层瓦斯压力大，瓦斯含量高，瓦斯的放散速度增大，地质构造带为煤与瓦斯突出创造了有利的条件。因此，地质构造通过控制瓦斯赋存、煤体结构类型和构造应力来影响煤与瓦斯突出，突出一般常发生在如图 7-1 所示的地质构造部位。

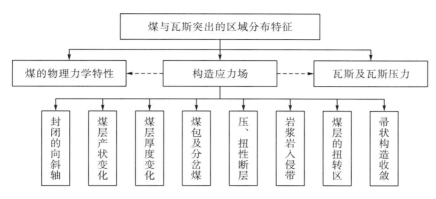

图 7-1　瓦斯突出易发区域

　　重庆地区大量煤与瓦斯突出事故案例分析表明,瓦斯突出事故与瓦斯地质异常存在明显关系。如:南桐矿区的鱼田堡煤矿瓦斯突出集中分布在 F_1 隐伏断层的两侧,突出次数约为该矿总突出次数的 60%以上,尤其在早期断裂附近(特别是断裂带的端点、拐点、分支点、错列点和交汇点)最容易出现应力集中,突出危险增大,如 23 采区发生的特大型煤与瓦斯突出,突出煤量为 8765t,瓦斯量为 $200×10^4m^3$,该突出点处在鸦雀岩扭折带内,构造应力大,其最大主应力达 21.2MPa。松藻矿区的松藻煤矿瓦斯突出易发生在断层附近,一般在断距的 2～3 倍;越靠近断层,突出频率和强度越大,在 334m 水平 K_2 煤层 50m 回风巷,距正断层 6m 外发生突出,突出煤量为 268t、瓦斯量为 $5800m^3$;如果煤层增厚或软分层发育,易发生瓦斯突出事故,如 K_3^b 煤层中有 0.3～0.5m 软分层,层理紊乱、节理发育,就在 1159 工作面回风巷发生一次突出煤量 172 t 的突出事故。

　　综合以上分析情况,结合可获取的现场瓦斯地质信息,将煤厚异常区、软煤变化区、地质构造影响区域、突出危险区(高瓦斯区)作为瓦斯地质异常分析因素。

7.1.2　瓦斯抽采分析模型

　　预抽煤层瓦斯是矿井最主要的区域性防突措施之一,重庆地区首先在中梁山矿区取得试验成功,目前重庆地区的所有国有重点矿井都施工穿层和本层预抽钻孔,提前进行区域瓦斯预抽。抽采达标是煤矿瓦斯综合治理"十六字"工作体系的关键内容之一,也是《煤矿瓦斯抽采达标暂行规定》的基本要求和目标。因此,瓦斯抽采分析就是基于瓦斯抽采达标的基本规定和要求,进行抽采达标效果评价和分析。

　　1. 抽采单元划分

　　根据《煤矿瓦斯抽采达标暂行规定》第二十六条"将钻孔间距基本相同和预抽时间基本一致(预抽时间差异系数小于 30%)的区域划为一个评价单元"的要求,进一步结合是否存在区域措施钻孔施工异常区、空白带等,对评价单元进行划分。其中,预抽时间差异系数为预抽时间最长的钻孔抽采天数减去预抽时间最短的钻孔抽采天数的差值与预抽时间最长的钻孔抽采天数的百分比。

2. 抽采数据分析

根据实际测定或监测的抽采数据、抽采规律、各区段瓦斯地质信息及实际生产过程的钻孔施工情况，分别利用公式系统自动计算残余瓦斯含量、残余瓦斯压力、可解吸残余瓦斯含量、工作面瓦斯抽采率、矿井瓦斯抽采率等，为抽采达标评判提供基础依据。

3. 瓦斯抽采达标评价

按照《煤矿瓦斯抽采达标暂行规定》评价标准，分别从抽采基本条件达标、抽采钻孔达标、抽采时间达标、预抽瓦斯量达标、工作面瓦斯抽采率达标、矿井瓦斯抽采率达标等方面依次评价，当上述所有条件均达标后，结合《防治煤与瓦斯突出细则》(2019)的要求，进行防突效果达标的最终评价。

7.1.3 瓦斯涌出异常分析模型

根据煤与瓦斯突出特点和规律，大多数突出事故发生前都有预兆，其中瓦斯涌出异常是其中很重要的一个方面。重庆地区大量突出实例也说明，突出发生前通常存在瓦斯涌出异常的现象，如通过重庆南桐矿区的 12 次突出实例分析发现，突出前两次放炮的瓦斯涌出峰值差 $|\Delta q|$ 和放炮峰值瓦斯浓度与炮前正常浓度的比值 B 可反映出工作面前方的突出危险性，并初步认为，当 $B \geq 5$ 或 $|\Delta q| \geq 0.4\mathrm{m}^3/\mathrm{min}$ 时，工作面前方有突出危险。

瓦斯涌出异常分析的原理，就是根据在采掘过程中突出危险工作面与无突出危险工作面之间瓦斯涌出特征指标的差异性，选择合适的特征指标进行突出危险性预警。根据大量的现场试验研究，并对瓦斯涌出分析指标进行归纳、总结，将基于工作面瓦斯涌出的特征指标分为 4 类，各类包括的具体指标及含义见表 7-1。

表 7-1 瓦斯涌出特征指标分类表

类型	指标	具体含义
瓦斯含量指标	瓦斯指标 A	前方一定区段内煤层的可解吸瓦斯含量
	瓦斯指标 A_2	A 指标的简化，反映工作面瓦斯含量赋存的差异
	瓦斯涌出量 Q_n	炮后一段时间内工作面累计瓦斯涌出量
	吨煤瓦斯涌出量 V_n	炮后一段时间内落煤的吨煤瓦斯涌出量
解吸特征指标	解吸指标 B	工作面瓦斯解吸性能
	衰减特征系数 i	工作面瓦斯涌出衰减特征系数
	衰减系数 K_t	工作面瓦斯涌出衰减系数
波动特征指标	渗透指标 C	从煤壁渗透瓦斯角度反映工作面前方应力大小
	峰均比 Pa	落煤瓦斯涌出峰值与平均值之比
	标准方差 S	一定时间内瓦斯涌出数据的标准方差
	变异系数 V	一定时间内瓦斯涌出数据的变异系数
	瓦斯涌出变动系数 K_v	一定时间内瓦斯涌出波动相对紊乱程度

类型	指标	具体含义
	瓦斯趋势指标 D_1	瓦斯指标 A 的变化趋势
变化趋势指标	波峰比 P_r	落煤瓦斯涌出波峰比值
	波峰差 P_d	落煤瓦斯涌出波峰差值
	波宽比 W_r	落煤瓦斯涌出波宽比值

(1)瓦斯含量指标。瓦斯是煤与瓦斯突出的重要影响因素，瓦斯含量指标就是在瓦斯监控曲线数据中提取的反映工作面煤体可解吸瓦斯含量大小的信息。

(2)解吸特征指标。煤与瓦斯突出煤体与正常煤体相比具有解吸瓦斯快、衰减快的特征，瓦斯解吸特征指标就是从监控数据中提取的反映煤体瓦斯解吸变化特征的信息。

(3)波动特征指标。工作面瓦斯涌出具有波动性，瓦斯涌出量忽大忽小是公认的突出征兆，瓦斯波动特征指标反映的是与工作面突出相关的瓦斯涌出波动特性。

(4)变化趋势指标。是描述工作面瓦斯涌出特征随时间和空间变化情况的指标。

由于瓦斯地质、煤层赋存、采掘工艺等条件的差异，不同矿井具有不同的瓦斯涌出特征和突出规律，相应的瓦斯涌出特征指标与突出危险之间的关联性也不相同，具有不同的敏感性。因此，需要结合矿井具体瓦斯灾害特征和条件，对各指标进行跟踪考察，选取能够有效反映工作面突出危险的瓦斯涌出特征指标，确定合理预警阈值，进行瓦斯灾害预警。

7.1.4　日常预测变化分析模型

日常预测在我国煤矿防突过程中被广泛应用，也是突出矿井局部综合防突措施中的关键环节。经过大量现场实践检验，日常预测指标能在很大程度上反映工作面突出危险性大小及相关瓦斯地质异常情况。同时，日常预测采掘过程中指标超标、钻孔动力现象、声响和矿压、煤层及地质变化等重要突出征兆，一直是工作面煤与瓦斯突出危险性预测的重要判断依据。

因此，将日常预测指标与临界值的关系、钻孔动力现象作为日常预测指标异常的分析判断标准，具体如下。

(1)日常预测指标接近临界值时，判定工作面存在异常。

(2)日常预测指标超过临界值或钻孔出现喷孔、夹钻、顶钻等动力现象，判定工作面有突出危险。

7.1.5　防突措施缺陷分析模型

防突措施落实不到位或根本没有防突措施是我国煤矿突出事故发生的主要直接原因，占突出事故直接原因的 76.7%。因此，分析防突措施缺陷，研究有效的措施缺陷辨识方法，是遏制突出事故发生的重要手段，对保障矿井安全生产有重要意义。防突措施缺陷分析包括区域防突措施缺陷分析和局部防突措施缺陷分析两个方面。

1. 区域防突措施缺陷分析

1) 开采保护层措施缺陷分析

根据保护层开采原理，保护层的保护作用是卸压和排放瓦斯的综合作用，但卸压作用是引起其他因素变化的依据，卸压是首要的、起决定性作用的因素。因此，只要突出煤层受到一定的卸压作用，就会有一定的保护效果。

根据保护范围划分方法，结合矿压理论可知，保护层与被保护层的层间距是卸压效果的决定性因素；保护边界存在一定范围的应力集中区，而且煤岩体的充分卸压及瓦斯的有效排放需要一定的时间，因此认为层间距过大、超前距离不足、处于卸压范围之外和保护层开采时间不足是保护层开采的主要技术措施缺陷。当保护层和被保护层的层间垂距超过有效保护垂距，或被保护层工作面处于卸压范围之外时，保护层的效果便得不到保证；当被保护层的采掘工作面位置距保护层工作面的水平距离小于保护层开采要求的超前距离时，卸压效果尚未完全体现，防突效果也得不到保证。保护层开采以后，需要一段时间供保护层与被保护层间岩层膨胀、跨落、压实稳定，才会达到对被保护层充分的保护效果，否则，保护层开采的卸压、变形效应不充分，消突效果不佳。

2) 区域钻孔预抽瓦斯措施缺陷分析

根据区域措施钻孔控制要求，分别从区域预抽瓦斯钻孔的实际控制范围、钻孔预抽空白带两个方面建立措施技术缺陷判识模型。当实际施工的预抽钻孔布置范围不满足《防治煤与瓦斯突出细则》关于控制范围的要求时，判定控制范围存在技术缺陷；考虑抽采半径后的有效抽采面积未全面覆盖预抽区域时，判定预抽区域存在抽采空白带。

2. 局部防突措施缺陷分析模型

局部防突措施（即工作面防突措施）是针对经工作面预测尚有突出危险的局部煤层实施的防突措施，其有效作用范围一般仅限于当前工作面周围的较小区域。根据《防治煤与瓦斯突出细则》对局部措施钻孔的有效控制范围要求，将巷道四周控制范围、存在控制空白带、前方控制超前距离不足、排放时间不足作为局部措施钻孔的异常情况分析内容。

其中，控制范围和控制空白带与区域措施钻孔异常分析方法相同，不赘述。钻孔控制超前距离不足就是通常说的工作面存在超掘或超采情况，导致工作面前方安全超前距离不足，当排放钻孔措施超前距离不满足《防治煤与瓦斯突出细则》关于措施超前距离的要求时，判定措施存在技术缺陷。超前排放钻孔中瓦斯的排放需要一个过程，需要一定的时间才能达到突出防治的要求，当措施的排放时间不满足要求时，判定措施存在缺陷。

7.1.6 重庆地区管理模型

重庆地区是我国西南地区的主要煤炭基地之一，但重庆地区矿井地质条件十分复杂，煤与瓦斯突出灾害极其严重。在长期与瓦斯灾害斗争的实践过程中，重庆矿区广大现场技术管理人员、科研人员研究、总结、验证了一大批投入少、操作方便、效果明显的实用新型技术，其中小块段区域预测技术、放线法钻孔施工工艺、防突大样图管理等实用新技术已经形成瓦斯灾害防治技术与管理模型,为瓦斯灾害防治技术与管理智能平台提供了有效的模型支撑。

1. 小块段区域预测技术

小块段区域预测技术包含一个不断深化、细化的过程,在这个动态的全过程中,从时间上大致分为开拓期、准备期、回采前和回采中 4 个阶段,并作出相对应的图示。每个阶段的预测结果均可用于指导防突和安全生产。

小块段区域预测技术基于煤与瓦斯突出分布呈不均衡性的特征,同时地质条件对突出的分区分带具有明显的控制作用,将区域预测的范围缩小到采、准巷道圈划的小阶段内进行,以便进一步提高区域预测的准确性和可靠性,在保证安全的前提下降低防突工程量,提高防突工作面单产单进。

借鉴小块段区域预测技术,结合多级瓦斯地质图编制方法,研究构建了工作面突出危险性动态评价系统,从开拓期、准备期、回采前和回采中 4 个阶段,全面收集现场资料,分别汇编分析形成开拓期、准备期、回采前和回采中 4 幅工作面突出危险性评价图。

2. 放线法钻孔施工工艺

在措施钻孔施工过程中,为纠正现场操作人员在钻孔施工过程中常常出现钻孔不到位、钻孔准确率低等问题,重庆矿区技术人员总结了放线法钻孔施工工艺。该方法以煤层层面图为基础,通过绘制终孔点、前视点、后视点投影位置,并在现场用麻线、重锤放线,指导现场施钻人员进行钻机定位、钻杆定向,从而有效提高钻孔施工质量,保证钻孔按措施要求施工到位,提高钻孔到位准确率。

结合放线法钻孔施工工艺,在防突动态管理系统的措施钻孔管理模块中,增加了放线法钻孔设计开孔参数计算方法及措施钻孔根据参数成图方法,实现了现场经验方法与专业管理分析软件系统的有机结合。

3. 防突大样图管理方法

防突信息集成与分析的目标首先是自动生成防突竣工图(又称“防突大样图”),该图集成了日常预测(区域验证、效检)钻孔施工、防突措施钻孔施工、日常预测指标测定等信息,能按照时空顺序,系统、全面、动态地反映采掘工作面的综合防突措施执行情况。

在手工绘制防突大样图模式下,防突员在日常预测钻孔、措施钻孔施工、日常预测指标测定、防突预测报表审批完成后,分别将预测钻孔、措施钻孔、预测指标、允许掘进等数据标绘于大样图工作面的最新位置。重庆煤科院结合现场实际需求,在防突动态管理与分析系统中,增加了大样图自动生成模块。此软件模块首先导入 CAD 格式的矿井工作面设计图、瓦斯地质图或区域措施竣工图,在此基础上,根据预测(效检)钻孔施工情况、预测(效检)指标测值、措施钻孔施工情况、施工时间、巷道循环进尺等信息,自动生成工作面防突竣工图。

7.2 预警信息采集装备及仪器

及时、可靠、完整的信息是预警的前提，利用先进的预警信息采集装备及仪器，对预警信息进行有效、快速的采集和获取，并存储至预警数据库是有效预警的关键环节和基础支撑。根据矿山物联网、智慧矿山的发展趋势及技术要求，从预警信息采集的智能化、信息化、自动化、高精度、高量程、低功耗、便应用的角度及要求考虑，现有预警系统包括瓦斯参数、通风参数、抽采参数、防突参数、钻孔施工参数等的先进预警信息采集装备及仪器和预警信息传输、存储装备。这些装备及仪器实现了井下瓦斯灾害信息便捷、准确的监测或检测，并通过井下工业环网和地面办公网，进行信息的自动采集、上传和网络共享。

7.2.1 瓦斯参数采集装备及仪器

1. 瓦斯含量自动测定装置

瓦斯含量自动测定装置（DGC-A 型）的结构如图 7-2 所示。采用先进的工业自动化控制技术和高精度传感器，实现煤样瓦斯解吸过程中瓦斯数据、大气压力和温度数据的自动采集、存储和度量，并通过自动化控制软件自动处理过程数据，实现瓦斯含量的自动测定。该装置操作简单、人工参与程度低，瓦斯含量测定结果精度较同类仪器提升 400%，测定数据可通过多种接口进行网络上传和共享。

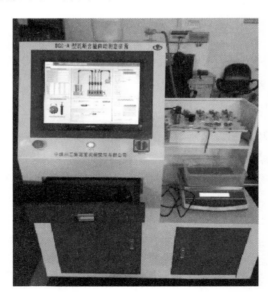

图 7-2　瓦斯含量自动测定装置

2. 矿用激光甲烷传感器

矿用激光甲烷传感器（GJG100J 型）采用激光吸收光谱检测技术测定甲烷浓度，具有测量精度高、调校周期长、重复性好、测量范围宽、使用寿命长、性能可靠、不受环境中其他干扰因素影响等优点。传感器采用低功耗设计，带载距离长，自身具有故障自检功能，使用、维护方便，外壳采用了高强度结构设计，抗冲击能力强。与传统甲烷传感器相比，该传感器测定的基本误差降低了 50%，传感器调校周期延长到 4 倍，甲烷浓度测量范围为 0～100.00%。

3. 矿用无线全量程甲烷传感器

矿用无线全量程甲烷传感器(GJC100W 型)是一种无线传输、电池供电，专门用以监测煤矿井下特殊环境高、低浓度甲烷气体的本质安全兼隔爆型检测仪表，采用低功耗、高敏感的甲烷检测元件，进行高、低浓度甲烷的无线监测。传感器具有测量准确、性能可靠、调试及维护方便等优点，甲烷浓度测量范围为 0～100.00%，无线信号传输距离为 100 m(无遮挡)，无线数据上传间隔时间不大于 2s，电池连续工作时间不小于 7 天。

4. 便携式甲烷检测报警仪

便携式甲烷检测报警仪(AZJ-2000(A)型)是一种智能化、数字化的矿用便携式安全检测仪表，当测定的甲烷浓度达到报警临界值时，仪器发出声光报警信号。仪器甲烷浓度测量范围为 0～4.00%，分辨率为 0.01%，连续工作时间为 15 天(每天 12h)，仪器质量为 190g。

7.2.2 瓦斯抽采参数采集装备及仪器

1. 便携式钻孔瓦斯抽采参数测定仪

便携式钻孔瓦斯抽采参数测定仪[YDC3(A)型]的结构如图 7-3 所示。采用高精度、低功耗测量元件，可在 0.5min 内一次性完成钻孔(管道)中甲烷和一氧化碳浓度、负压等关键参数的快速测定，并可将数据上传至手机和地面中心计算机。与同类仪器相比，测定准确性提高 30% 以上，是目前国内体积(质量)最小、功耗最低、测定速度最快、准确性最高的便携式钻孔(管道)瓦斯抽采参数测定仪。

图 7-3 便携式钻孔(管道)瓦斯抽采参数测定仪

2. 便携式管道瓦斯抽采参数测定仪

便携式管道瓦斯抽采参数测定仪(WCY)采用高精度测量元件,综合精确测定煤矿抽采钻孔及管道内的瓦斯浓度、负压、流量、温度、抽采纯量、抽采混合量等参数,可通过手机应用软件存储、显示和上传打印测定结果。仪器整体体积小、质量轻,携带方便。

7.2.3　突出检测参数采集装备及仪器

1. 新型瓦斯突出参数仪

新型瓦斯突出参数仪(WTC-Ⅰ型)是一种便携式矿用本质安全型仪器,主要结构如图 7-4 所示。主要组成包括压力表、数据采集仪和打印机。具有仪器体积小、质量轻(仪器质量小于 0.7kg、传统 WTC 质量小于 1.5kg)、携带方便等优势;同时,取代传统 WTC 的测试主机胶管连接煤样罐进行测定、测试主机数据线连接打印机进行打印的方式,压力表、数据采集仪、打印机之间的数据交换全部通过蓝牙无线信号进行,操作更简便、结果更准确。仪器可全程记录每个钻孔的每米钻孔钻屑量(传统瓦斯突出参数仪仅能记录当次预测的最大值),通过手机应用软件可存储、查询和打印测定结果,并可通过无线网络上传。

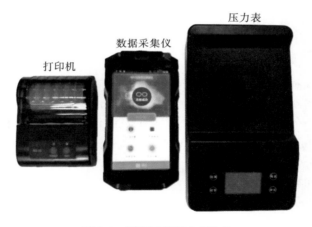

图 7-4　新型瓦斯突出参数仪

2. 瓦斯涌出异常预警仪

瓦斯涌出异常预警仪(YJ-KJA02 型)是煤矿安全生产监控系统井下部分的关键组成设备,预警仪能为各种配套本质安全型传感器提供本质安全型电源,同时连续采集传感器信号,经单片机处理后按设定参数执行控制操作。该预警仪主要实现瓦斯涌出指标的井下设置、预警结果的井下直接查询和异常预警信息的井下及时通知,将采集信号传送到地面中心站,也可执行中心站发出的各种远程控制指令。

3. 突出危险预报仪

突出危险预报仪(TWY 型)的主要结构如图 7-5 所示。通过微压力传感器，经仪器主机处理、计算后，快速、准确地测定钻孔瓦斯涌出初速度、钻孔瓦斯涌出衰减系数和钻孔瓦斯自然流量。仪器的钻孔瓦斯涌出初速度测量范围为 0～50L/min，衰减系数测量范围为 0.0～1.0，仪器采用工程塑料制造，LED 显示，整体质量轻、体积小，易携带、操作方便。

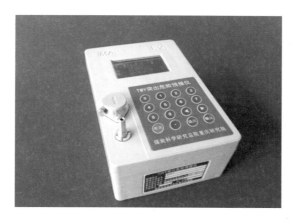

图 7-5　突出危险预报仪

7.2.4　钻孔施工参数采集装备及仪器

1. 实时式随钻轨迹测量仪

实时式随钻轨迹测量仪(ZSZ1000 型)是一套专门用于测量钻孔施工轨迹的本质安全型设备，主要结构如图 7-6 所示。主要由本质安全兼隔爆型计算机、矿用密封信号线缆、矿用本质安全型探管等部件组成。仪器适用于利用普通回转钻机等施工的煤矿地质勘探钻孔、瓦斯抽采(放)钻孔等轨迹的实时跟踪监测。测量钻孔方位角范围为 0°～360°、钻孔倾角范围为-90°～90°，测定的数据可通过可靠方式传输至位于孔口的防爆计算机，并实时显示实际钻孔轨迹。

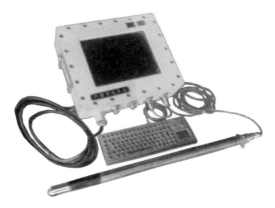

图 7-6　实时式随钻轨迹测量仪

2. 存储式随钻轨迹测量仪

存储式随钻轨迹测量仪［YCSZ（A）型］是一套专门用于钻孔轨迹测量的本质安全型设备，主要由矿用本质安全型探管等部件组成。仪器适用于利用普通回转钻机等施工的煤矿地质勘探钻孔、瓦斯抽采（放）钻孔等轨迹的实时跟踪监测。测量钻孔方位角范围为 0°～360°、钻孔倾角范围为-90°～90°，钻孔轨迹完成测定后，将探管内数据取出，利用数据处理软件进行处理显示。

7.2.5　信息传输及存储装备

可靠的信息传输及存储装备是预警系统有效采集、获取瓦斯灾害信息的网络及存储保障，主要包括无线基站、无线信息采集仪、矿用网络交换机、安全监控分站等井下装备，网络交换机、路由器等地面装备，中心服务器、客户端等计算机装备，分别用于组建预警系统技术的井下网络、地面网络和存储平台。

7.3　瓦斯灾害预警系统

7.3.1　预警信息数据库

1. 预警信息数据库构建

瓦斯灾害预警系统涉及防突、监控、抽采、瓦斯地质等多种安全信息，这些信息具有多源、多类、多主题的特征。因此，在系统构建过程中需要借助数据库技术，对这些基础安全信息进行数字化集中管理、查询、维护和分析。

数据库构建是在需求分析的基础上，对相关数据进行组织、分类，并分析、整理数据之间的关联关系，设计数据库逻辑结构，最后使用相应数据库管理系统（database management system，DBMS）所支持的数据库定义语言构建物理数据库。

1）数据库设计

瓦斯灾害预警由多个软件系统构成，这些软件系统分布于不同职能部门，处于不同空间位置，同时各系统接受、加工和输出的数据共享程度高，但又各有侧重，因此综合智能平台数据库设计采用分布式数据库（DDB）存储结构，从而使本数据库既便于使用，又能尽量避免数据冗余和混乱。因此，基于预警系统组成和数据处理流程，结合煤矿各职能部门的工作职责，将数据库划分为子系统数据库和集成数据库，子系统数据库用于相关专业子系统存储采集、管理的基础信息，包括瓦斯地质数据库、瓦斯抽采数据库、动态防突数据库和瓦斯涌出数据库；集成数据库主要集成子系统数据库的关键信息，用于综合分析和集成查询。

2）数据库管理系统选择

数据库管理系统是一种操纵和管理数据库的软件系统，用于建立、使用和维护数据库。它对数据进行统一的管理和控制，用户通过 DBMS 访问数据库中的数据，数据库管理员也通过 DBMS 进行数据库的维护工作。预警系统既需要存储煤层瓦斯赋存、井巷工程、地质构造等具有空间和属性双重特征的空间对象信息，又需要使用采掘进度、防突措施、日常预测、瓦斯监控数据等只有属性特征的非空间对象信息，因此选择常用的、存储能力强、访问接口丰富、管理方便、成本适中的 SQL Server 2012 作为预警系统数据库管理系统。

数据库管理系统确定后，按设计的子系统数据库和集成数据库的存储内容、关系结构，分别构建相关信息数据库。

2. 预警信息数字化入库

在建立起数据库之后，需要平台对数据库存储的安全信息进行数字化入库处理，矿井基础安全信息的数字化入库分两个阶段：第一阶段是基础信息的初始化入库，即平台正常运行之前对系统相关基础信息的初始状态进行数字化入库；第二阶段是安全信息的补充和更新，即平台正常运行过程中，随着矿井生产的进行，矿井相关部门通过系统配套软件，以自动采集或人工录入的方式，对平台相关数据库中的数据进行不断补充和更新。

数字化入库的瓦斯灾害信息包括矿井基本信息、瓦斯抽采信息、瓦斯监控信息、瓦斯地质信息、日常防突信息等。数字化方式以预警系统的自动识别提取工具和人工录入相结合的方式进行，自动识别提取的信息主要为图件、报表类信息，人工录入的信息主要为纸质记录、数据类信息。

（1）矿井基本信息。矿井基本信息包括矿井的名称、所在矿区、井田范围、地质勘探、基本煤（地）层、开采开拓、基本巷道、地表地形等。

（2）瓦斯抽采信息。瓦斯抽采信息包括瓦斯抽采监控、瓦斯赋存、抽采钻孔、抽采仪器、抽采人员、抽采报表等，如图 7-7 所示。

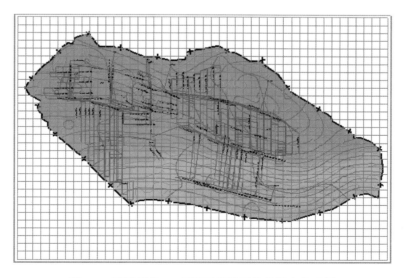

图 7-7　石壕煤矿 M_6 煤层瓦斯抽采信息数字化成图

(3) 安全监控信息。安全监控信息包括瓦斯浓度传感器、风速传感器、一氧化碳传感器、硫化氢传感器、温度传感器等相关传感器信息，以瓦斯传感器为主。传感器数字化信息包括传感器点号、传感器地址及传感器实时值等，如图 7-8 所示。

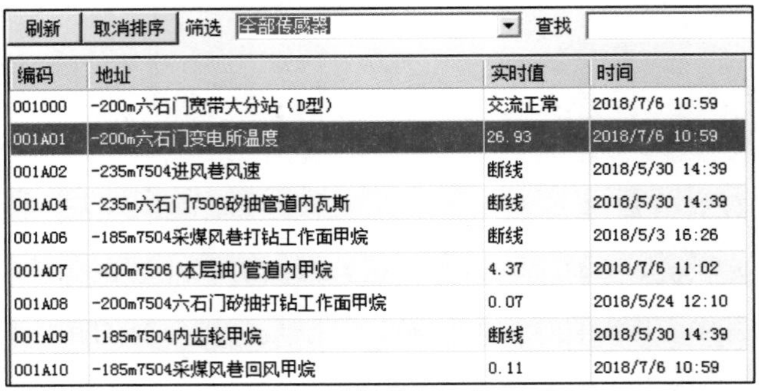

刷新	取消排序	筛选	全部传感器	▼	查找	
编码	地址			实时值	时间	
001000	-200m六石门宽带大分站（D型）			交流正常	2018/7/6 10:59	
001A01	-200m六石门变电所温度			26.93	2018/7/6 10:59	
001A02	-235m7504进风巷风速			断线	2018/5/30 14:39	
001A04	-235m六石门7506矽抽管道内瓦斯			断线	2018/5/30 14:39	
001A06	-185m7504采煤风巷打钻工作面甲烷			断线	2018/5/3 16:26	
001A07	-200m7506（本层抽）管道内甲烷			4.37	2018/7/6 11:02	
001A08	-200m7504六石门矽抽打钻工作面甲烷			0.07	2018/5/24 12:10	
001A09	-185m7504内齿轮甲烷			断线	2018/5/30 14:39	
001A10	-185m7504采煤风巷回风甲烷			0.11	2018/7/6 10:59	

图 7-8   瓦斯监控系统传感器数字化定义入库

(4) 瓦斯地质信息。瓦斯地质信息包括煤层的基本赋存参数、基本瓦斯赋存参数、瓦斯涌出参数、工业分析参数、地质构造等信息。

(5) 日常防突信息。日常防突信息包括防突工作面、防突人员、预测仪器、施工钻孔、防突报表等工作面预测（工作面措施效果检验）相关信息。

7.3.2   预警软件设计及构建环境

1. 结构设计

本着科学、实用、友好的原则，结合重庆地区瓦斯灾害发生特征及防治技术、管理方法，瓦斯灾害预警系统主要包括煤矿地质测量管理系统、煤矿瓦斯地质动态分析系统、瓦斯抽采达标评判系统、防突动态管理与分析系统、瓦斯涌出动态分析系统和瓦斯灾害综合预警管理与发布系统。各系统软件分别具备地测、抽采、防突、监测等专业（科室）的相应资料管理、专业分析和辅助预警功能，可以对矿井专业资料进行信息化、精细化、规范化管理及专业辅助设计和分析。同时，瓦斯灾害综合预警管理与发布系统实现了各类安全信息的集中管理、分析和网络发布，以便用户查询。其主要功能组成如图 7-9 所示。

2. 构建环境

瓦斯灾害预警系统包括矿图维护与管理、数据采集与存储、预警指标计算、预警结果发布等配置程度高、处理量大的应用程序，在考虑先进性、安全稳定性、实用方便性、通用性、标准规范性等原则的基础上，软件构建环境如下：服务器操作系统采用 Microsoft Windows Server 2012，客户端操作系统采用 Microsoft Windows XP /7/10，地理信息开发平台采用 Super Map GIS，数据库管理系统采用 SQL Server 2012。

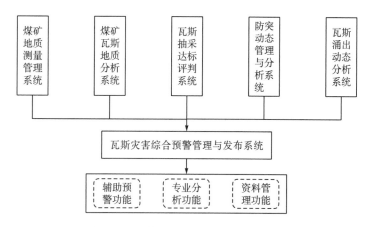

图 7-9　瓦斯灾害预警系统组成结构

7.3.3　预警软件系统构建

1. 煤矿地质测量管理系统

煤矿地质测量管理系统是一套面向煤矿地测部门的基本地质、测量信息的数字化、综合管理软件(图 7-10)，为预警系统提供空间基础数据的功能。通过建立专用的基础信息数

(a)系统界面

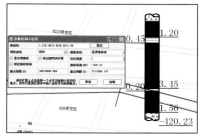

(b)操作界面

(c)效果图

图 7-10　煤矿地质测量管理系统构建效果

据库，为地测部门提供数字化、矢量化图形管理平台，实现对矿井地勘钻孔、地表地形、测量导线、煤层赋存、井巷工程、地质构造等信息的有效管理，自动生成标准化、专业化的煤层柱状、勘探钻孔、底板等高线、地质构造、施工巷道等图元信息，并综合所有信息，自动生成矿井综合采掘工程平面图。

2. 煤矿瓦斯地质分析系统

煤矿瓦斯地质动态地质分析系统面向瓦斯地质图绘制和应用部门，以瓦斯地质理论为指导，集瓦斯地质数据管理、图形绘制、瓦斯参数等值线绘制、瓦斯参数预测、图件生成等功能于一体，如图 7-11 所示。系统不仅实现了瓦斯地质图的智能化自动生成，而且充分考虑瓦斯抽采、保护层开采等因素对煤层瓦斯赋存和突出危险性的影响，实现了瓦斯地质图的动态管理、自动生成和措施影响效果分析。其专业功能有瓦斯地质基础数据维护、瓦斯地质动态分析(包括瓦斯参数预测及等值线绘制、地质参数预测及等值线绘制、突出危险区智能划分、瓦斯地质图智能生成及动态调整)等。

(a)系统界面

(b)操作界面

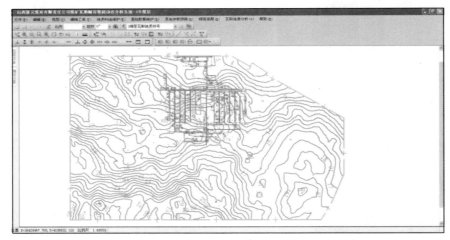
(c)效果图

图 7-11　煤矿瓦斯地质动态分析系统构建效果

3. 瓦斯抽采达标评判系统

钻孔预抽煤层瓦斯是重要的区域防突措施，抽采达标评判是煤矿瓦斯抽采的重要考核环节，瓦斯抽采达标评判系统面向煤矿瓦斯抽采管理和应用部门，以瓦斯流动、抽采规律为指导，以瓦斯抽采达标相关规定、要求为依据，集抽采数据管理、钻孔瓦斯抽采规律分析、瓦斯抽采钻孔辅助设计、瓦斯抽采效果预评估、抽采达标效果评价功能于一体，如图7-12所示。系统不仅能够自动计算开采煤层瓦斯储量、智能设计科学的钻孔参数，而且充分考虑抽采钻孔变化特征、瓦斯流量衰减特性，辅助评估抽采区域抽采效果、自动评判抽采达标情况，生成抽采达标评判统计台账和报告。

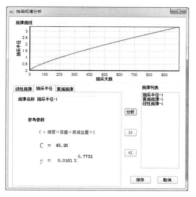

(a)抽采规律分析　　　　　　　　　　　　　(b)抽采设计分析

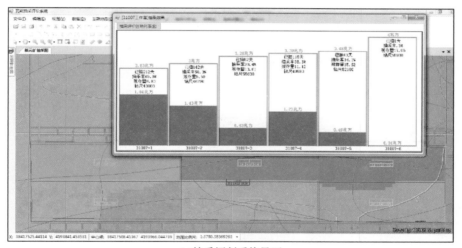

(c)抽采评判系统界面

图 7-12　瓦斯抽采达标评判系统构建效果

4. 防突动态管理与分析系统

防突动态管理与分析系统面向煤矿防突管理和应用部门，主要目的是进行矿井日常防突数据的规范化、自动化管理和防突措施的辅助管理，并进行综合防突措施的集成与分析。它集防突数据上传与采集、防突工作面管理、工作面预测数据管理、局部消突措施管理、防突信息集成与分析等功能于一体，如图7-13至图7-15所示。系统不仅可以自动采集新型瓦斯突出参数仪上传的工作面预测指标数据，还可以规范化、信息化管理矿井综合防突信息，自动生成工作面防突综合大样图，并能进行日常预测指标与煤层厚度、地质构造、软分层厚度等影响因素的相关性分析。

石壕煤矿回采防突区域验证报告单

施工地点：　　　轮数：　　　预测人员：　　　测定时间：　　　早中班　　　制表人：

防突总工程量(m)：机巷：　回风：　已完成工作量：机巷：　回风：　标记位置：机巷：　回风(mm)：　仪器编号：　孔径(mm)：　临界指标 K1=　S=　排矸方式：　上轮许进(m)：　螺壁：　机头实进(m)：　机尾实进(m)：

孔号	孔深(m)	开孔高度(m)	角度(°)	间距(m)	距两巷距离(m)	标记	1	2	3	4	5	6	7	8	9	10	11	12	打孔现象	打孔时间
1	10	1.5	7	0	机巷189.5	K1		0.26		0.29		0.34		0.55		0.33			全煤正常	开始09:45:00
					回风14.0	S	2.2	2.4	2.7	2.7	3.0	3.5	3.7	3.8	4.0					结束10:05:00
2	10	1.5	6	6	机巷183.5	K1		0.28		0.31		0.30		0.32		0.36			全煤正常	开始10:07:00
					回风20.0	S	2.3	2.5	2.8	3.0	3.6	3.9	4.0							结束10:28:00
3	10	1.6	7	6	机巷177.5	K1		0.27		0.29		0.32		0.34		0.36			全煤正常	开始10:30:00
					回风26.0	S	2.3	2.7	2.8	3.1	3.5	3.7	4.1							结束10:50:00
4	10	1.5	7	6	机巷171.5	K1		0.21		0.24		0.32		0.38		0.34			全煤正常	开始10:52:00
					回风32.0	S	2.3	2.6	2.7	2.9	3.3	3.7	4.0							结束11:12:00
5	10	1.6	7	6	机巷165.5	K1		0.25		0.26		0.30		0.32		0.34			全煤正常	开始11:14:00
					回风38.0	S	2.3	2.6	2.7	2.9	3.1	3.5	3.8							结束11:33:00
6	10	1.5	7	6	机巷159.5	K1		0.27		0.29		0.32		0.32		0.36			全煤正常	开始11:35:00
					回风44.0	S	2.5	2.8	2.8	3.1	3.4	4.0	4.1							结束11:55:00
7	10	1.6	6	6	机巷153.5	K1		0.30		0.29		0.29		0.33		0.35			全煤正常	开始11:57:00
					回风50.0	S	2.6	2.9	2.9	3.0	3.3	3.4	4.0							结束12:18:00
8	10	1.7	7	6	机巷147.5	K1		0.27		0.31		0.22		0.26		0.35			全煤正常	开始12:20:00
					回风56.0	S	2.5	2.8	3.1	3.3	3.6	4.0	4.0							结束12:40:00
9	10	1.5	7	6	机巷141.5	K1		0.26		0.29		0.31		0.32		0.35			全煤正常	开始12:42:00
					回风62.0	S	2.3	2.5	2.7	3.0	3.2	3.7	3.9							结束13:02:00
10	10	1.5	7	6	机巷135.5	K1		0.25		0.27		0.31		0.34		0.34			全煤正常	开始13:04:00
					回风68.0	S	2.3	2.6	2.7	3.0	3.4	3.6	3.9							结束13:24:00
11	10	1.5	7	6	机巷129.5	K1		0.27		0.28		0.29		0.33		0.33			全煤正常	开始13:26:00
					回风74.0	S	2.3	2.5	2.7	3.2	3.5	3.9	4.0							结束13:45:00
12	10	1.5	7	6	机巷123.5	K1		0.24		0.26		0.29		0.29		0.30			全煤正常	开始17:00:00
					回风80.0	S	2.3	2.5	2.7	3.2	3.5	3.7	3.9							结束17:22:00
13	10	1.5	8	6	机巷117.5	K1		0.19		0.25		0.25		0.27		0.31			全煤正常	开始17:24:00
					回风86.0	S	2.5	2.8	3.1	3.2	3.5	3.7	3.8							结束17:43:00
14	10	1.6	6	6	机巷111.5	K1		0.21		0.27		0.26		0.31		0.34			全煤正常	开始17:45:00
					回风92.0	S	2.2	2.5	2.8	3.3	3.5	3.6	3.8							结束18:05:00
15	10	1.5	7	6	机巷105.5	K1		0.08		0.24		0.25		0.25		0.17			全煤正常	开始18:07:00
					回风98.0	S	2.1	2.3	2.9	3.2	3.4	3.5	3.8							结束18:28:00
16	10	1.5	8	6	机巷99.5	K1		0.23		0.23		0.22		0.24		0.31			全煤正常	开始18:48:00
					回风104.0	S	2.4	2.7	3.0	3.2	3.5	3.8	4.0							结束19:12:00
17	10	1.6	7	6	机巷93.5	K1		0.17		0.25		0.28		0.28		0.26			全煤正常	开始19:12:00
					回风110.0	S	2.2	2.6	2.8	3.4	3.5	3.6	3.7							结束19:14:00
18	10	1.5	8	6	机巷87.5	K1		0.14		0.20		0.29		0.29		0.29			全煤正常	开始19:14:00
					回风116.0	S	2.3	2.6	3.2	3.4	3.5	3.7								结束19:34:00

煤层信息：走向倾角(°)　倾向倾角(°)　最小煤厚　最大煤厚　底板下煤厚　层理　地质构造　软分层厚度　距顶板　实测　K1max= ml/(g·min½) Smax= kg/m　打钻瓦斯CH4(最大)= %　超前距

工作面要素及钻孔布置图：平面图　剖面图　安全设施情况：完好　打钻负责人　矿调度室　通风调度　施工队　发放单签收

防突员意见　通风副总　防突负责人　总工程师

图 7-13　规范化管理的回采工作面防突信息报告单

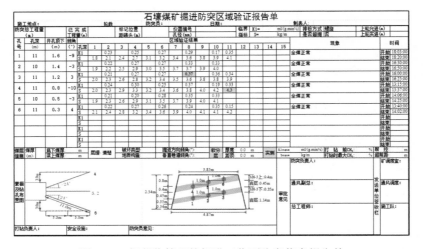

图 7-14　规范化管理的掘进工作面防突信息报告单

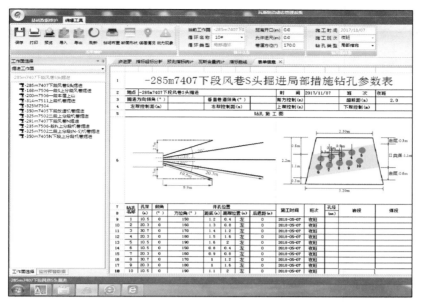

(a)局部消突措施管理示意图

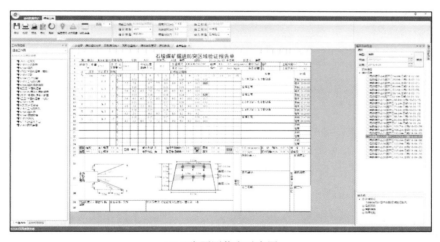

(b)日常预测信息示意图

图 7-15　动态防突管理与分析系统构建效果

5. 瓦斯涌出动态分析系统

瓦斯涌出动态分析系统(KJA)面向煤矿瓦斯监控部门和防突管理部门,主要利用瓦斯涌出的异常现象对工作面瓦斯灾害发生的可能性进行非接触式的连续预测预报,并实时向指定人员发送预警信息,从而实现对采掘工作面瓦斯灾害异常情况的在线监测、连续预警与辅助管理,如图 7-16 所示。系统不仅能自动过滤因调校设备等产生的干扰数据,而且可以方便地查询瓦斯监控数据变化曲线、自动计算各类瓦斯涌出指标数据,生成指标曲线,并进行基于瓦斯监测数据的突出危险状态及发展趋势的实时分析和报警,指导矿井进行突出危险辅助分析。

(a)登录界面   (b)预警结果示意图

(c)预警实时结果示意图

图 7-16　瓦斯涌出动态分析系统构建效果

6. 瓦斯灾害综合预警管理与发布系统

瓦斯灾害综合预警管理与发布系统主要归类、汇总煤矿地质测量管理系统、煤矿瓦斯地质分析系统、瓦斯抽采达标评判系统、防突动态管理与分析系统、瓦斯涌出动态分析系统的关键信息，从瓦斯地质异常、防突措施缺陷、瓦斯涌出异常、日常预测变化、安全管理隐患等方面综合分析矿井瓦斯灾害危险性，从状态和趋势两个方面给出综合预警结果，以短信、声、光、网站等方式联合发布综合预警信息。

综合预警管理与发布系统采用 B/S(浏览器端/服务器端)架构实现瓦斯灾害信息的集中发布和查询。用户通过登录网站，可及时、方便地了解和掌握矿井当前生产情况下及历史上各系统的所有信息，主要包括矿井瓦斯地质图、瓦斯抽采效果图、防突预测报表信息、历史防突预测指标变化信息曲线、最新瓦斯涌出动态分析结果信息、历史瓦斯涌出动态结果分析信息等，便于矿井领导和相关技术、管理人员及时、方便地掌握矿井安全动态，如图 7-17 所示。

(a)综合预警界面

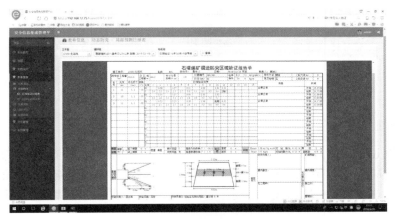

(b)预警结果发布示意图

图 7-17 综合预警管理与发布系统构建效果

7.3.4 预警网络平台构建

网络平台是瓦斯灾害预警软件系统运行、数据采集、信息交换的网络环境载体。由于预警系统中心服务器一方面需要采集井下监控系统、各类检测仪器上传数据等信息，另一方面需要与地面的相关部门进行信息交换，因此利用矿井良好的井下环网、地面办公网条件和中心服务器的多网卡条件，按图 7-18 所示的结构，从"服务器→监控网""服务器→局域网"两个方面进行网络平台的现场构建。

1. "服务器→监控网"网络平台

"服务器→监控网"网络平台采用封闭传输方案，即中心服务器通过防火墙与专用网线无缝连接机房中心交换机，形成与监控系统服务器和地面中心站连接的封闭传输网络。配套的无线基站、无线信号转换器、监控分站通过连接井下合适位置的交换机并入工业环网，通过构建的封闭网络与地面中心服务器实现连接，形成激光甲烷传感器、无线甲烷传感器、自动上传便携式瓦斯检测报警仪、便携式钻孔瓦斯抽采参数测定仪、便携式管道瓦斯抽采参数测定仪、新型瓦斯突出参数仪等仪器测定信息的井下采集和传输的网络环境。

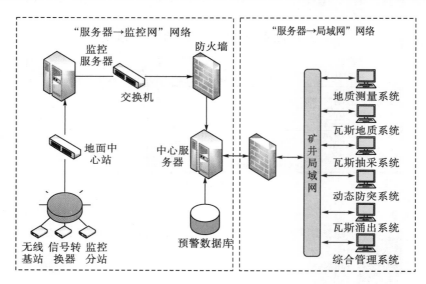

图 7-18　预警网络平台结构

2. "服务器→局域网"网络平台

　　服务器通过防火墙与专用网线连接机房局域网交换机，使服务器并入矿井局域网，形成"服务器→局域网"网络环境。矿井相关部门办公室通过增加网络接口和配置局域网地址，将各部门安装的客户端和服务器连接起来，实现瓦斯灾害预警系统在局域网内的信息交互。

第8章　瓦斯治理精细化管理

瓦斯治理精细化管理对突出矿井高效抽采瓦斯、保障矿井安全生产具有重大意义。

本章旨在介绍突出矿井瓦斯治理的精细化管理，首先是突出矿井的防突管理体系，包括防突机构设置及职责以及相关基础资料要求；其次是突出矿井的瓦斯地质管理、瓦斯抽采工程管理等。

8.1　突出矿井防突管理体系

8.1.1　管理机构设置及职责

1. 管理机构设置

突出矿井必须配强矿长、矿总工程师和分管安全、生产、机电的副矿长，矿长是防治突出工作的第一责任人，矿总工程师是负责防突管理工作的直接责任人，矿总工程师分管地质、通风、抽采和监测监控等工作。

突出矿井必须配齐专职的地质、通风、抽采副总工程师，设置地测、通风、抽采业务科室，建立通风、抽采、监测等队伍，配齐配强瓦斯治理的专业人员。

2. 防突岗位责任制

(1)矿长是防突工作的第一责任人。每月组织召开一次防突专题会，检查、部署防突工作，解决防突工作所需的人、财、物配置问题，确保抽、掘、采平衡，确保防突各项工作和措施正常开展。

(2)矿总工程师对矿井防突工作负技术责任。负责组织编制和审批矿井的各类防突设计，组织编制年度、季度、月度防突工作计划与总结，检查措施的现场落实情况。

(3)生产副矿长对防突工作的采、掘过程负落实责任。按照制定的防突措施(设计)要求抓好防突质量标准化工作。

(4)安全副矿长对防突工作负安全监管责任。监督检查防突措施的现场落实、隐患整改情况，及时制止和追查防突中的违章指挥、违章作业；监督防突工作所需的人、财、物的到位情况。

(5)机电副矿长负责矿井设备管理。按突出矿井的要求管理好全矿机电设备，消灭电气失爆，管理不合要求设备，并抓好机电设备安全运转工作。

(6)通风副总工程师负责矿井防突工作的技术业务指导。指导各类防突专项设计和措施、防突科研方案的编审和现场落实情况的检查。

(7)抽采副总工程师负责矿井抽采业务指导。指导各类抽采工程设计、措施的编制和审查，参与防突工作的现场检查。

(8)地测副总工程师负责矿井地测业务指导。指导各类地质资料、物探资料搜集和编绘瓦斯地质图等工作，防止误穿突出煤层和突出危险地带。

(9)防突技术负责人具体负责矿井防突工作的管理。负责防突专项设计及措施的编制等工作，防突参数考察和防突报告单的审核，防突新技术及新工艺的现场试验，矿井年度、季度、月度防突工作计划和总结编报，防突工作的现场落实检查。

(10)通风科负责防突的管理、技术指导及防突技术推广工作，组织编制防突设计和规划，落实两个"四位一体"的综合防突措施；负责防突规划和年度、季度、月度工作计划的编制和组织实施；负责防突管理制度、规定和办法的制定、修改和完善，督促执行、检查和考核；负责防突人员的管理和工作安排。

(11)抽采科负责防突区域预抽钻孔设计、竣工资料编制、抽采参数收集、抽采效果评估、抽采达标效果评判、抽采系统管理。

(12)地测科负责为防突工作提供所需的准确、可靠的地质、测量资料；搞好地质物探预测预报和煤岩柱及测点的控制工作，把好地质、测量技术关口；防突工作面出现地质变化及时安排人员收集资料，编制地质说明书；协助防突部门做好瓦斯地质图等的编制工作，防止误穿突出煤层和突出危险地带。

(13)生产技术科负责组织采掘部署的实施，采掘工作要为防突工作提供足够的超前时间、空间和安全环境；井巷、采掘工作面设计、施工必须有配套的防突工程内容，保证防突工作的需要；整改采掘工作中存在的防突隐患，抓好采掘中防突质量标准化；协调防突工作所必需的劳动力；采掘作业规程和措施要有防突的针对性措施，把好采掘关口。

(14)机电运输科负责保障防突工作所需设备并状态完好；负责掘进工作面局部电源实现"三专两闭锁"；负责采掘防突工作面电器失爆的检查，杜绝防突工作面的电器失爆。

(15)安全监察科负责监督检查防突各种措施的落实、执行情况，防突隐患的整改情况，防突人、财、物的到位情况，制止和追查防突工作中的违章指挥、违章作业，按照规定对抽采钻孔和防突钻孔进行抽查，并不定期组织防突专项执法检查；会同通风科一起组织对防突管理人员和防突人员的业务培训、年审工作和岗位技术技能提升培训；负责全矿员工防突知识的培训教育；负责审查办理防突员的有关证件。

(16)矿生产调度室负责传达上级部门和矿领导有关防突工作的通知、通报和决定指令等，防突重点工程调度和工作进度情况收集，协调解决防突工作中的有关问题，及时向上级有关领导、部门汇报防突工作中存在的问题。

8.1.2　防突管理制度

1. 防突采掘工作面开工验收规定

1)保护层采煤工作面开工验收管理规定

保护层工作面始采段200m范围内抽采评判未达标，不得进行工作面安装。保护层采煤工作面投产，须经安全副矿长组织初步验收合格，并申请上级主管单位验收合格后才能投产。

2）掘进工作面开工验收管理规定

防突掘进工作面开工前，由安全副矿长组织验收，形成验收记录，验收合格才允许开工。凡抽采评判未达标，通风系统不独立、不可靠，各类安全防护设施不齐全、不合格的情况，严禁开工。

3）井巷揭煤工作面验收管理规定

所有未受保护的突出煤层工作面揭煤前，安全副矿长组织验收合格后方可实施揭煤掘进施工，同时，未受保护的中厚煤层必须经上级主管单位验收合格后才能揭煤。

4）验收必备资料

（1）工作面及该区域瓦斯地质情况。工作面标高、埋深；煤层赋存情况，倾角，厚度；瓦斯压力，瓦斯含量，地质构造，施工各类钻孔时有无出现动力现象等。

（2）通风、瓦斯涌出情况。主要介绍工作面回采时采用的通风方式、配风量、绝对瓦斯涌出量（预计初次来压时的瓦斯最大涌出量），风排量、抽采量所占的百分比。

（3）瓦斯抽采情况。保护层工作面上、下邻近层瓦斯抽采情况：工作面邻近层预抽孔施工情况，包括抽采起始时间、抽采钻孔超前工作面距离、钻孔孔径、钻孔间距、抽采负压、浓度、流量，采取的补充措施等；工作面回采顺层（穿层）预抽：包括抽采起始时间、抽采钻孔超前工作面距离、钻孔孔径、钻孔间距、抽采负压、浓度、流量、有无空白带、分段评估瓦斯抽出率，采取的补救措施等内容。

（4）突出危险性预测及预处理情况。若保护层属于有突出危险性煤层，则必须说明该工作面在掘进期间执行防突措施的情况，在回采前所采取的区域防突措施和实施情况（包括施工预抽钻孔的孔深、孔间距、预抽时间、浓度、负压、预抽评估等相关参数），工作面回采前必须先按规定编制、报批和贯彻回采期间的防突措施。

（5）抽采达标评判资料。

（6）通风、抽采、监测、防尘、防火、供电、运输系统情况。

（7）工作面初采（初次来压）期间瓦斯防治措施及应急救援预案。

5）验收标准和要求

（1）工作面通风、抽采、安全监测、防尘、防灭火、供电、运输系统及防突安全防护设施等必须完善并符合相关规定。

（2）工作面必须具备安全生产条件，各类安全隐患必须得到消除。

（3）工作面通风系统必须独立（同一系统内抽采钻孔施工不得与回采平行作业），配风量必须达到作业规程或配风计划的规定。

（4）采煤工作面必须采用后退式开采，采用 U 型、W 型、Y 型等通风方式。

（5）采取抽采瓦斯等综合区域防突措施的所有保护层工作面，必须满足采前抽采要求和工作面 200m 范围内瓦斯抽采评判达标。

（6）工作面必须进行顺层或穿层网格预抽消灭抽采空白带。

（7）保护层工作面：下邻近层预抽钻孔必须施工完（工作面推进长度超过1000m的可分段施工，但投产前施工长度不低于1000m）；运输巷、回风巷一个通风系统内的顺层预抽钻孔和上邻近层抽采钻孔必须全部施工完；开切巷后方30m必须提前至少2个月抽采瓦斯，急倾斜开切巷后方及初采段上方不少于30m，急倾斜煤层开切巷后方30m必须抽采达标。

6）验收处置要求

凡是存在以下情况之一的工作面，不得投产：

（1）凡是工作面各类安全隐患未消除，不具备安全生产条件的。

（2）矿未进行初次验收，或矿验收不合格的。

（3）工作面通风、抽采、安全监测、防尘、防灭火、供电、运输系统及防突安全防护设施等不符合规定或不完善的。

（4）工作面通风系统不独立（包括同一系统内施工抽采钻孔与回采平行作业）、配风量未达到作业规程或配风计划规定的。

（5）瓦斯抽采评判未达标的（分段评估，靠工作面200m范围内必须达标）。

（6）上、下邻近层，顺层，穿层瓦斯抽采不符合规定的。

（7）未消除瓦斯抽采空白带的。

（8）工作面验收方式采用现场验收和地面查阅资料相结合，现场验收分工作面顺层和穿层抽采2～3个组进行。

（9）保护层（首采层）工作面验收时，矿井必须做好验收会议纪要，对公司验收组意见、隐患整改要求等进行落实。验收会议纪要填写内容如下：

①工作面基本情况。包括工作面通风、抽采、安全监测、防尘、防灭火、供电、运输系统及防突安全防护设施情况；风量配给情况；抽采达标评判情况。

②检查隐患情况及处理决定。

③上级验收组结论。

（10）上级验收组经检查验收后应作出结论性意见。

2. 综掘防突管理规定

（1）所有综掘防突工作面，采取煤层区域瓦斯预抽措施，经区域预抽评判达标后方可采取局部综合防突措施方式进行区域验证掘进施工。预测方式、超前距离、探孔等内容必须在防突措施中详细明确。

①当局部防突措施采用连续预测时，可将预测孔兼作地质探孔；当局部防突措施采用非连续预测时，必须至少打1个超前距离不小于10m的超前钻孔或采用物探手段探测地质构造，并观察突出预兆。

②局部防突措施采用42mm孔径钻孔预测不超标，保持不低于2m预测超前距离掘进。

（2）超前探孔遇地质构造，须立即停止作业，设计、施工地质探孔，探明地质构造情况，采取针对性措施施工。

（3）凡区域验证（预测）超标，且采取局部措施后检验仍然超标，必须立即停止作业，研究专门防突措施，经检验合格后，该循环采用爆破掘进施工。

（4）对综掘施工过断层的规定。

①当断层上、下盘煤层均在巷道轮廓线内，则上、下盘煤层都必须预测，预测指标不超标，保留规定安全屏障掘进；若出现指标超标采取措施后检验不超标，该循环增加1m安全屏障采用爆破掘进施工。

②遇断层，工作面煤层断离巷道轮廓线外或前方遇到落差超过煤层厚度的断层，必须

按井巷揭煤措施执行,只能采用爆破掘进施工。

(5)突出危险区域划分、突出危险区的区域防突措施、预抽效果达标评估、区域防突措施效果检验报告单、局部防突措施及防突报告单审批按公司技术文件审批权限执行。

(6)采用综掘施工的防突掘进工作面反向风门内有人时,严禁关闭反向防突风门;实施爆破时或掘进工作面反向风门内无人时必须关闭反向风门。

(7)综掘机的内喷雾必须使用,内喷雾水压必须大于 3 MPa,外喷雾静水压必须达 1.5 MPa。综掘机喷雾压力达不到要求时,必须安装加压水泵才准作业。

(8)综掘巷道每 50m 安 1 组消防水桩,综掘机上安设 1 组消防水桩并配齐水带和水枪,工作面后方 50m 处配备 2 个灭火器。

3. 防突检查、汇报规定

1)跟班队干动态检查汇报

防突工作面每割 1 刀煤,掘进工作面每班均必须由当班跟班队干向调度室和本队值班人员汇报(同一个掘进队当班同时有 2 个以上防突头的,可由当班跟班队干委托班长检查汇报)。当防突工作面割煤出现断层、软分层增厚、煤层厚度变化大、瓦斯异常等情况时,必须立即停止作业,立即向调度室和本队值班人员汇报,调度室和本队值班人员要做好记录。

2)防突员汇报

(1)防突异常工作面汇报。各防突工作面在施工防突钻孔或取样、前探深孔或异常防突工作面采取的顺层补充抽采钻孔时,凡发生顶钻、喷孔、响煤炮声、K_1 值超标、钻屑量超标、残余瓦斯含量等其他指标超标或遇地质构造等异常情况时,防突员必须就地用附近电话给矿调度室和防突相关责任人汇报。

(2)防突正常工作面汇报。防突员在现场就地用附近电话向矿调度室汇报。

(3)汇报主要内容有孔数、孔深、测定指标、打孔现象、工作面瓦斯情况、超标或有异常现象的钻孔的位置。

(4)向矿调度室汇报时,必须准确、详细地将打孔过程中的超标、异常现象、软分层增厚等情况逐一阐述清楚,汇报内容要与现场记录本的内容一致。

3)调度室汇报

(1)矿值班调度员接到防突员汇报必须做好记录。

(2)防突正常工作面,矿调度室向防突技术负责人、通风副总工程师、矿总工程师汇报。

(3)防突异常工作面,矿值班调度员除立即向矿上相关人员汇报外,还必须向公司调度室汇报,公司调度室做好记录。

(4)防突异常工作面,公司调度室必须向公司防突科长、通风部分管防突的副部长、通风部长、安全副总工程师和总工程师汇报。

(5)矿调度室接到其他人员对防突异常情况的汇报也要做好记录,首先向矿总工程师汇报,其余按程序汇报。

4. 防突专业化队伍管理规定

(1)矿井必须设置防突指标检测、井巷揭煤专业化队伍。

(2)井巷揭煤专业化队伍由矿井确定,上级主管单位对矿井揭煤专业化队伍实行资格备案管理。

(3)井巷揭煤专业化队伍每个矿井不得超过两个。

(4)防突指标检测专业化队伍必须经培训合格。

5. 防突"三对口"管理规定

(1)防突"三对口"是指现场防突管理牌板、矿调度室记录、施工队记录中的当班防突进尺、每循环的累计、剩余进尺对口一致。

(2)施工队每班结束后由当班班长将当班进尺、累计进尺、剩余进尺、姓名、日期、班次等填入现场防突管理牌板中(其余数字由防突员填写,区域验证和消突长度的已掘和剩余进尺每轮填写一次),同时给矿调度室、施工队汇报,矿调度室、施工队值班人员将当班施工进尺、累计进尺、剩余进尺填入"三对口"记录中(班长不在由代理班长完成上述工作)。矿调度室、施工队"三对口"记录只能来源于井下班长的电话汇报,不能互相抄写。当班防突进尺必须以工作面最深凹面收尺为准。班组收尺记录本必须写明当班防突进尺是多少。

(3)矿调度室值班人员核对"三对口"记录情况,发现累计进尺达到允许进尺后,立即向施工队值班人员核对是否停止施工,如未停止施工则立即责令停止。发现进尺存在明显不合理、超采超掘或其他异常时立即给矿总工程师汇报。

(4)施工队值班人员排班前要对防突"三对口"进行核实,施工班组在现场要先察看防突管理牌板对"三对口"进行核实。

(5)矿井安监、通风科每旬组织对防突"三对口"记录台账进行全面检查一次,并有检查、处理记录备查。

(6)矿调度室的防突"三对口"记录可以采用电子记录,但必须能留修改痕迹功能;施工队地面的防突"三对口"记录做纸质记录。防突"三对口"记录的格式要符合公司统一设计的格式,否则为无效记录。

(7)采掘工作面正常工作期间当班未进尺(如检修、支护等),班次要连续填写记录,当班进尺栏的数据直接写"0",各种原因如安全停产或需抽采要停1天以上可不填(连续3个小班为1天)。

(8)"三对口"涉及牌板、记录相关数据要一致,不能出现数据上的差错,否则为防突"三对口"不吻合。

(9)已受保护的采掘工作面和已受保护的井巷揭煤工作面可不建立防突"三对口"记录。

(10)矿井采掘一线和辅助区队每天的早中夜班次顺序必须统一。

6. 防突仪器仪表校正、检查、维护管理制度

(1)各种防突安全仪器、仪表必须存放在通风良好、干燥地点,并由通风部防突试验

员专人管理，统一编号，登记造册。

(2) 使用、管理仪器、仪表的人员，必须熟知所使用的防突仪器、仪表的使用方法、性能、构造、适用条件、注意事项和校验方法。

(3) 防突仪器、仪表管理人员必须严格按照规定对所有防突仪器、仪表进行日常检修维护，确保所有使用的防突仪器、仪表灵敏、可靠。

(4) 防突仪器、仪表要按《煤矿安全规程》的规定进行配置，保证定期校正，由通风科防突仪器管理人员建立、健全仪器使用、维护、调校、维修管理台账，保证防突仪器仪表完好，如发现有损坏、数字不准确或不灵敏现象，应及时将仪器、仪表送到指定单位修理，严禁仪器"带病"使用。

(5) 凡入井的防突仪器、仪表，为预防磕碰损伤而影响仪器的使用，下井时必须使用专用的工具箱装仪器，现场使用过程中，必须找一个安全平稳的地方搁放仪器，严禁随意碰撞。

(6) 仪器、仪表确因使用年限长久无修复使用价值、性能降低不稳定、各种事故造成仪器严重损坏等而无法修复，或因科技发展而失去价值等，通风科可向矿井提出报废申请（WTB 预测仪直接由指定单位报废除外）。由主管部门经有关机构进行技术鉴定、审查同意后，填写报废。

(7) 防突仪器、仪表维护人员每周须对所使用的 WTB 防突预测仪进行一次调校、每 10 天对所使用的煤样罐进行一次清洗、每 3 个月对每台仪器开盖清理粉尘和保养，对不能正常使用的仪器要及时收到一起，严禁使用，待修复调校合格后方能再使用。

(8) 防突仪器、仪表维护人员对出现问题不能及时使用的仪器，必须及时与防突负责人取得联系，及时送指定单位修理，并做好防突仪器送修记录台账，保证仪器的使用。

(9) 防突人员领用仪器时，必须认真检查所领用的仪器是否有问题，并做好 WTB 预测仪的气密性的检查，填好仪器领用记录，出井后把仪器的使用情况真实地填到仪器使用记录表上。

(10) 每位防突人员工具包内必须备有一套 WTB 预测仪煤样罐的垫圈、连接仪器与煤样罐之间的胶管。

(11) 瓦斯含量实验室实验员必须全面了解实验系统的工作原理，设备、仪器的操作方法及实验过程中的注意事项。

(12) 瓦斯含量实验室实验员必须遵照实验操作流程严格操作，确保实验结果准确可靠。

(13) 瓦斯含量实验室实验员井下采集煤样时，严格按照要求采集，严禁采集不合格的煤样；接收煤样时，要认真检查煤样标签的有关内容，记录是否齐全、字迹是否清楚，并应有采、送样人员的签字。

(14) 瓦斯含量实验室实验员在地面实验室对煤样暴露时间严格按照规定控制，要在实验规定的时间内完成实验工作。

7. 防突钻孔验孔管理规定

(1) 防突钻孔施工必须按设计采用放线法布孔。

(2)正常工作的防突采掘工作面必须配备20m数量的验孔杆,放置在距离工作面50m以内、采煤工作面两出口50m以内。通风科每月对重点防突工作面的防突钻孔抽查不少于2次,其他防突工作面的抽查不少于1次。

(3)防突员要对钻孔施工情况和测定参数情况做好纸质记录(防突员现场用粉笔在对应位置标明孔号,若出现报废孔,报废孔现场标明或用煤矸黄泥堵孔,以免验孔时误会)。

(4)每轮防突钻孔施工完成进行采掘活动前,由施工队跟班队长(跟班队干不在本工作面要提前委托班组长验孔)对本轮防突钻孔进行验孔(验收:孔数、孔深,当班跟班队干未完成验孔必须向下一班跟班对干交接清楚),并将验孔情况向矿调度室汇报(汇报内容:验孔地点、验孔时间、孔数、孔深、验孔人。验孔完毕验孔人员立即亲自用就近电话向矿调汇报);调度室将汇报的情况与防突报告单(报告单未送达时,对比防突员汇报记录)进行对比,确认无误(相符合或验孔孔深大于防突员汇报孔深)后方能同意进行采掘作业。

(5)安监科和通风科每月必须按公司规定每月对重点防突工作面的防突验证(预测)钻孔执行情况抽查不少于2次,其他防突工作面抽查不少于1次,并建立验孔(原始)台账备查。

(6)矿调度室负责建立施工队跟班队干防突验孔电话汇报记录台账随时备查。

(7)查获防突员、钻孔施工及验孔人员弄虚作假的,按公司安全生产管理办法进行追查处理。

8. 突出煤层上山掘进规定

(1)急倾斜煤层严禁采用真倾斜上山(含开切巷)掘进,并加强支护。

(2)煤层上山(含开切巷)掘进采用爆破作业时,布置的炮眼深度不得超过1.0m,并采用远距离全断面一次爆破。

9. 井巷揭煤支护规定

(1)井巷揭煤进入5m垂距位置后,永久支护必须跟拢工作面,防止顶板冒落误穿突出煤层。

(2)井巷揭煤破碎地点要在揭煤工作面与突出煤层间的最小法向距离为2m前,采取超前金属骨架、煤体固化措施。

(3)当井巷断面较大,岩石破碎程度较高时,应对前述法向距离加强支护,防止发生垮塌。

10. 防突安全防护措施管理规定

1)爆破撤人距离的规定

(1)防突掘进工作面起爆点必须设在防突反向风门外的新鲜风流中,起爆距离工作面不得小于300m。

(2)井巷揭煤爆破撤人距离。揭煤工作面距煤层法向距离2m至进入顶(底)板2m的范围,均应当采用远距离爆破掘进工艺。其起爆点必须设在防突反向风门外的新鲜风流中,且距离爆破工作面不小于500m。

(3)大钻机施工立眼时的撤人距离。与井巷揭煤爆破撤人距离相同。

（4）防突采煤工作面爆破要求符合《防治煤与瓦斯突出细则》的规定。

2）防突反向风门

（1）防突反向风门设计、施工符合《防治煤与瓦斯突出细则》的要求。

（2）掘进工作面的防突反向风门在爆破和无人作业时必须关闭，其余时间必须打开顶牢。

3）压风自救器的安装

（1）矿井必须按"六大系统"建设要求，完善紧急避险系统。距防突采掘工作面（含综掘）25～40m 位置设置 1 组压风自救器，防突掘进工作面每 50m 设置 1 组压风自救器，防突采煤工作面运输巷在转载机头、移变硐室、回风巷绞车位置设置 1 组压风自救器。其余压风自救系统安装按《防治煤与瓦斯突出细则》执行。

（2）每组压风自救器不少于 5 个呼吸嘴，每一个呼吸嘴的压风供给量不少于 0.1m³/min。压风自救器安设离巷底高度为 1.2～1.5m，固定牢固，管路及接头无漏风、松动，箱体完好。压风自救器两侧 1m 内及下面位置严禁堆放杂物。严禁使用铁丝、绳子等捆绑而打不开。压风闸门必须保证灵活，正常情况下总闸门处于打开状态，分闸门处于关闭状态。

11. 防突培训规定

（1）突出矿井的防突员必须参加防突知识、操作技能等专项培训，专项培训内容严格按照《煤矿防突工安全技术培训大纲及考核要求》（AQ 1092—2011）执行。

（2）煤矿主要负责人和安全生产管理人员的防突知识培训，严格按照《防治煤与瓦斯突出细则》、《煤矿主要负责人安全生产培训大纲及考核标准》（AQ 1069—2008）及《煤矿安全生产管理人员安全生产培训大纲及考核标准》（AQ 1070—2008）执行。

（3）矿井每年组织一次对井下全体员工以典型突出案例为主的防突知识培训；凡培训必须考试；考试成绩由矿员工培训科保存备查。

8.1.3　防突技术及现场管理

1. 防突技术基础资料

1）防突台账

（1）防突预测仪、煤样罐校正、检查、使用、完好台账。

（2）防突参数考察台账（含各区域各煤层原始瓦斯含量或压力测定）。

（3）煤柱台账。

（4）区域预测及突出危险性划分台账。

（5）区域瓦斯预抽评估台账（包括测流参数、流量评测）。

（6）瓦斯抽采达标评判报告台账（含区域措施效果检验）。

（7）防突工作面抽采及达标情况（月）台账。

（8）防突区域预抽钻孔验孔台账。

（9）防突工作面防突钻孔、安全措施抽查台账。

（10）防突"三对口"检查台账。

(11)防突工作面开工验收、井巷揭煤验收台账。

(12)防突工程(年、季、月度)计划、总结台账。

(13)防突报告单台账。

(14)钻孔及测定指标原始记录本台账。

(15)突出卡片台账。

2)防突措施图纸

(1)矿井瓦斯地质图。

(2)区域措施设计图。

(3)区域措施竣工图。

(4)区域措施效果检验设计图。

(5)区域验证防突钻孔设计图。

(6)局部防突补充措施工程设计图。

(7)防突大样图。

2. 采掘工作面防突专项设计和措施编制、审批、执行要求

1)防突专项设计及防突措施的内容及要求

(1)防突专项设计及防突措施编制的相关要求。

①每月 5 日前抽采队(科)负责将采掘防突工作面的区域措施设计图(包括水裂压裂设计等)、施工动态图、施工竣工图等发给通风科、抽采科、安全监察科、生产技术科、地质测量科等相关部门。

②抽采科抽采效果评估人员进行预抽率评估,待抽采预抽率达标后,编制抽采评估报表,及时报送通风科。

③通风科收到抽采科送达的抽采预抽率达标评估报表及抽采竣工图后,进行区域检验孔的设计、审签,并送发抽采队施工区域检验钻孔。

④抽采队收到通风科的区域检验设计措施后,立即组织施工区域检验孔。施工区域检验孔时,通风科瓦斯含量测定试验人员现场采样进行瓦斯含量的测定,防突人员对区域检验孔的 K_1 值和钻屑量 S 值进行测定,指标符合规定,立即将瓦斯含量测定报告单和区域检验竣工图送抽采科,抽采科根据瓦斯含量测定报告单编制抽采评判报告。

⑤抽采科编制好抽采评判报告并送相关领导审签后,立即把电子版和纸质版的评判报告送通风科防突技术人员。

⑥通风科防突技术人员接到抽采科送达的评判报告后,立即编制、报批专项防突设计及防突措施。防突专项设计及防突措施审签完成后,由防突技术人员对施工队及防突出人员进行防突专项设计及防突措施贯彻、考试,考试合格后方可组织施工。

(2)防突专项设计及防突措施的内容。

①工作面概况。工作面布置及相邻位置关系(附:工作面巷道位置关系图,可与保护关系图和区域预测图合并在一个图上)。防突出井巷工程量,巷道断面、施工顺序、方法,支护方式,顶板管理方法等。

②工作面瓦斯地质情况。煤层赋存状况:煤层厚度、倾角、倾向、硬度、煤的破坏类

型、埋深、标高、赋存是否稳定等。地质构造：阐述施工区域地质情况，参照工作面地质说明书，按照走向、倾向、倾角三要素逐条叙述其特点和对开采(掘进)的影响。瓦斯赋存状况：煤层原始瓦斯压力、瓦斯含量、透气性系数。

③通风安全系统描述。工作面通风系统(如采煤工作面 U 型、W 型、Y 型通风等，掘进工作面局部通风机通风)，通风方式(采煤工作面为全风压通风、掘进工作面为压入式通风)，系统是否独立可靠，风量配备等。

④揭煤工作面专项防突设计及防突措施必须附地质探孔成果图(10m 垂距外应有取芯钻孔)。

2)区域综合防突专项设计及防突措施

(1)区域突出危险性预测。区域预测一般根据煤层瓦斯参数结合瓦斯地质分析的方法进行，也可以采用其他经试验证实有效的方法。

①本煤层相邻巷道掘进(或回采)防治突出资料分析(附：标有瓦斯含量等值线的瓦斯地质图或区域预测图、表)。

②地勘与相邻井巷揭露构造对突出危险性的分析(附：构造图,可与区域预测图合并)。

③区域预测结论。根据采掘(揭煤)施工需要，将该区域一定范围内的突出煤层划分为突出危险区或无突出危险区。

采掘作业前，区域预测结果(此处指划分为无突出危险区的)应按防突规定进行审批。

(2)区域防突专项设计及防突措施。区域防突专项设计及防突措施包括开采保护层和预抽煤层瓦斯两类。

①开采保护层分为上保护层和下保护层两种措施，对被保护层而言，要说明开采保护层的区域范围、采高、回采工作面顶板管理方法、保护层与被保护层的间距、有无留设煤柱及尺寸(附：保护关系平、剖面图)。

②采取穿层(条带、网格)预抽和顺层预抽(排)措施，以及水力压裂、割缝等增透措施；预抽范围、抽采钻孔布置参数、预抽时间及抽采效果评价(附：钻孔竣工平、剖面图，可绘制在区域预测图上)。

③采取各种预抽煤层瓦斯区域防突措施时，应当符合《防治煤与瓦斯突出细则》第六十四条的要求。所有区域防突措施均应按《防治煤与瓦斯突出细则》进行审批。

(3)区域措施效果检验。

①首先对抽采效果进行评估，抽采达标后进行区域措施效果检验。

②开采保护层的保护效果检验主要采用残余瓦斯压力、残余瓦斯含量、顶底板位移量及其他经试验证实有效的指标和方法。

采用开采保护层区域防突措施的，其区域措施效果检验及保护范围的实际考察按照《防治煤与瓦斯突出细则》第六十八条的规定执行。保护范围效果考察结果报告应按《防治煤与瓦斯突出细则》进行审批。

③采用预抽煤层瓦斯区域防突措施的，区域措施效果检验应符合《防治煤与瓦斯突出细则》第六十九至七十二条的要求。检验期间还应当观察、记录在煤层中进行钻孔等作业时发生的喷孔、顶钻及其他突出预兆。

区域措施效果检验前,必须首先进行预抽达标效果评估,并形成抽采达标评估报告,报告经矿总工程师批准后方可进行效果检验。

抽采达标评判报告报矿总工程师和矿长批准后才能进行采掘(含揭煤)区域验证作业。

(4)区域验证。

经开拓后区域预测或者经区域措施效果检验为无突出危险区的煤层,进行揭煤和采掘作业时,必须采用工作面预测方法进行区域验证(验证方法详见工作面预测)。

只要有一次区域验证为有突出危险或超前钻孔等发现了突出预兆,则该区域以后的采掘作业均应当执行局部综合防突措施。

3)局部综合防突专项设计及防突措施

(1)工作面预测。

①预测方法。

②采用的临界指标。

③钻孔布置。

预测钻孔布置参数(孔径、孔数、孔间距、孔深、钻孔安全超前距离、帮控距离)等,采用放线法布孔时还要注明后视点(附:钻孔设计图)。

④施钻机具、打孔顺序、钻进速度与排粉方式等。

⑤指标测试操作要求包括预测孔的具体位置及操作步骤。

⑥预测后突出危险性划分。工作面划分为突出危险工作面时要采取防突措施。

(2)工作面防突措施。

①采取防突专项设计及防突措施的种类。

②防突专项设计及防突措施编制内容。钻孔布置参数文字描述(包括孔深、孔径、孔数、孔间距、措施孔安全超前距离、帮控距离等),附措施钻孔设计图(各种参数标注完整、图例齐全、说明清楚);施钻机具与排粉方式、打孔顺序等;其他说明,包括抽(排)放时间,采用松动爆破时要有总装药量、装填结构图,采用煤体注水时说明注水压力、注水时间等。

(3)防突措施效果检验。

①效果检验采取的方法。

②采用的临界指标。

③检验钻孔布置参数文字描述,附钻孔布置图(各种参数标注完整、图例齐全、说明清楚)。

④指标测试操作要求包括检验孔的具体位置及操作步骤。

⑤检验效果的判定。根据以下条件进行综合判定:实施的专项防突设计及防突措施是否达到设计要求,工作面及实施措施时的突出预兆(包括喷孔、顶钻)、瓦斯涌出、地质构造、集中应力等情况;各检验指标的测定情况及主要数据。

⑥判定为无突出危险工作面时,必须在保留足够的效果检验超前距离或防突措施超前距离的条件下进行采掘作业,上述两个超前距离都必须在措施(设计)中分别明确。

4)安全防护措施

(1)安全防护措施包括独立的通风系统、反向风门、瓦斯管理、各类安全设施、远距离爆破、压风自救系统、避难所、探孔施工要求、防爆管理、爆破停电撤人范围、站岗警戒位置、巷道支护要求、施钻要求、背护挡栏措施、避灾路线等，内容必须符合《防治煤与瓦斯突出细则》和相关管理要求(附：通风系统图、警戒图、避灾路线图)。

(2)有突出煤层的采区必须设置采区避难所，突出煤层的掘进工作面，巷道掘进距离超过 500m 的必须设置工作面避难所。未受保护的中厚煤层、厚煤层的揭煤地点揭开煤层当班，附近必须有救护队员值班。

(3)爆破距离规定。

①防突掘进工作面的起爆点必须设在防突反向风门外的新鲜风流中，起爆点距离工作面不得小于 300m。

②井巷揭煤爆破距离。井巷揭煤及过煤门期间，起爆点必须设在防突反向风门外的新鲜风流中，且距离工作面不小于 500m。

③防突采煤工作面爆破作业必须符合《防治煤与瓦斯突出细则》的规定。

5)安全组织保障措施

(1)安全防护保障措施。

(2)防突措施的贯彻保障措施。

(3)实施防突预测孔的安全组织保障措施。

(4)通风系统的稳定保障措施。

(5)防突安全防护设施的安装、使用、维护管理保障措施。

(6)采掘工作面煤层、构造、瓦斯等的检查汇报保障措施。

(7)巷道支护、先探后掘保障措施。

(8)爆破站岗警戒的安全保障措施。

(9)检查监督保障措施。

(10)组织保障措施。

(11)根据工作职责，落实相关人员负责安全保障措施的实施。

6)附图

(1)工作面巷道位置关系图。

(2)保护关系平、剖面图(可与工作面巷道位置关系图合并)。要标注煤柱实体线，走向和倾斜方向(上、下保护角)的保护范围、影响范围，保护层与被保护层之间的层间距，煤层倾角等。

(3)区域预测图(可与工作面巷道位置关系图合并)。按照瓦斯地质图的要求标明煤层等厚线、等深线、等高线、瓦斯压力等值线、瓦斯含量等值线，邻近区域突出点，断层等地质构造，标明保护区与被保护区等内容。

(4)区域防突预抽钻孔竣工图(平、剖面)。

(5)区域验证或局部预测(或检验)钻孔布置图、局部防突措施设计图(防突钻孔放线法施工必须在图纸中明确标注)。

(6)通风系统(警戒)图、避灾路线图。

(7)地质探孔成果图(在揭煤工作面、掘进遇地质构造带)。

(8)先探后掘设计图(在揭煤工作面、掘进遇地质构造带)。

(9) 巷道永久支护和金属骨架设计图。

(10) 必要时附煤系地层柱状图等。

7) 工作面防突专项设计及措施审查

采、掘工作面防突专项设计及措施由矿总工程师组织会审,每月 1 次复审。井巷揭煤防突专项设计报上级单位审批,审查资料如下。

(1) 地质说明书。揭煤区域各次地质钻孔成果图(取芯,地质成果图要反映与揭穿煤层相距 5m 内的非揭穿煤层的探测情况),地质钻孔成果图前后区域措施钻孔开孔位置至终孔煤层顶板垂高资料。

(2) 区域预抽钻孔设计图、竣工图,钻孔实际施工参数,验孔台账(设计图、竣工图不少于两种视图,图纸必须将钻孔控制煤层的情况反映清楚,钻孔施工深度与设计相比差距较大时要分析原因)。

(3) 抽采达标评判报告(含区域措施效果检验设计图、区域措施效果检验报告单)、历史测流报表。

(4) 揭煤工作面防突专项设计及突措施。

8) 工作面防突专项设计及措施贯彻、执行

(1) 工作面防突专项设计及防突措施第一次由防突技术员贯彻,以后由施工队技术员贯彻。除施工队以外,其余涉及防突措施的队由本队技术员或队长贯彻。施工队井下人员必须考试合格后方能上岗。考试成绩与试卷由施工队保存,成绩上报矿通风科。

(2) 严禁无工作面防突专项设计及措施施工作业,工作面防突专项设计及措施未审签完毕、未贯彻考试前均严禁施工。

9) 现场施工要求

(1) 防突员操作必须规范,对钻孔施工情况和测定参数情况做好纸质记录。报告单、打印单、原始记录做到对应一致。打印单数据修改必须注明原因。

(2) 防突员现场测定指标时携带的仪器、工具必须齐全。防突预测仪必须电量充足,气密性等完好,保证预测期间测定指标正常使用。否则,必须多带预测仪以保证使用。

(3) 掘进工作面防突钻孔(包括区域措施钻孔)施工必须按设计采用放线法布孔,在施工过程中必须将后视点和钻孔开孔基点在现场标注清楚。防突钻孔要沿煤层层面布置,在软煤层中布孔;无软煤层时,在煤层中部布孔。后视点的层面要与煤层层面一致(钻孔控制巷帮外距离时按煤层层位变化至最大断面处考虑)。煤层倾角变化较大时不能确定后视点的层面时,应把后视点的高度固定。

(4) 现场必须有审批的设计图纸;必须有钻孔原始记录本,钻孔施工参数、穿煤层、遇地质构造、喷孔、垮孔等情况详细记入原始记录本中。施工的钻孔倾角、方位角(或方向角)误差不能超过±2°。

(5) 在执行下一轮防突措施前,防突员必须对上一轮实际进尺进行丈量,记入原始记录本中。采煤工作面分机头、机尾(两巷)丈量。防突工进班丈量完上一轮进尺并确认未超采、超掘后,方可移动现场防突标志牌,并做好现场原始记录。

(6) 每循环防突钻孔施工完毕后,防突员将打孔数量、长度、孔径参数、预测指标临界值、预测指标实测值、有无突出危险结论、允许进尺、防突标记距防突工作面的起始距

离和终止距离，以及防突员姓名、日期、班次等填入现场防突管理牌板中。审批的防突报告单允许进尺与现场防突管理牌板中不符时，立即修正。

（7）防突采掘工作面每循环施工进尺严禁超过防突报告单批准的允许进尺。

（8）工作面遇地质变化时，在地质构造带执行连续区域验证，采取加密验证钻孔等针对性防突技术措施，验证钻孔出现防突指标超标、喷孔、顶钻等异常现象时，还必须采取区域防突措施。连续验证孔间距和局部防突措施均要在工作面防突专项设计（或措施）中明确。其在地质构造带两侧执行连续区域验证的范围要求如下。

①对断层、褶曲、地堑等地质构造两侧的突出危险范围必须经区域预测考察确定并按考察范围执行。

②现场遇地质变化等原因，在施工防突钻孔的过程中按原设计不能实现全部穿煤层而出现穿矸时，在原设计钻孔终孔后，在没有煤孔控制段应变化倾角补孔。补孔后仍不能探明前方地质构造情况的，要停止作业，制定针对性措施探明前方地质构造。

③当防突钻孔在煤层中不能施工到设计深度时，岩石段钻孔不能视为煤层有效预测段，掘进按巷道中线为基准投影长度计算，采煤按推进方向为基准投影长度计算，保留规定的最小超前距离进行掘进或回采，且掘进工作面钻孔对两帮的控制必须满足最低要求。但遇矸经采取补孔等针对性措施弄清前方地质构造情况的视为有效钻孔长度。

④防突安全屏障内超标，必须立即停止作业，上报矿、上级主管单位进行追查分析、处理，并重新研究补救措施。

10）防突报告单审查

（1）未受保护的中厚煤层及厚煤层揭煤工作面 2m 垂距的防突报告单，必须报安全管理中心审批。

（2）矿总工程师审批区域验证、局部预测、局部措施效果检验报告单时必须签明意见。

（3）防突报告单、大样图按规定填报、审签，并签明时间（精确到分）。防突报告单要注明上一轮实际进尺，采煤工作面分机头、机尾（两巷）注明。

（4）每执行完一轮防突验证、预测（或检验）钻孔，由防突工负责填写、报送防突报告单，并将总工程师审签的防突报告单送达矿调度室和施工队后，才准许按照审批的允许进尺组织施工。

11）监督

工作面防突专项设计及措施的现场执行监督由矿井安全副矿长和安全科负责。

8.2　瓦斯地质管理

为强化矿井地质基础工作，及时获取现场地质资料，便于生产过程中能主动采取预防措施，避免工程浪费和事故发生，采取矿井基层队、地测科、矿井的三级地质预报管控办法。防突三级地质保障体系如图 8-1 所示。

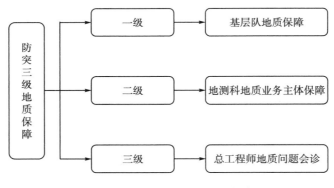

图 8-1　防突三级地质保障体系

1. 基层队地质保障

1) 明确责任

每一个采、掘队和抽采队必须指定一名技术人员作为兼职地质人员，负责井下现场地质资料的收集、汇报工作，并填写《现场地质情况调查表》，见表 8-1 和表 8-2。各采、掘队和抽采队队长是一级预报保障的第一责任人。

表 8-1　掘进队地质情况调查表

类别	掘进队	预报地点	预报内容及处理意见	验证情况	处理意见
掘进					

表 8-2　采煤队地质情况调查表

类别	采煤队	预报地点	预报内容及处理意见	验证情况	处理意见
采煤					

2) 工作要求

(1) 采煤队填报《采煤工作面现场地质情况调查表》，掘进队填报《掘进工作面现场地质情况调查表》，抽采队填报《钻孔施工现场地质情况调查表》。

(2) 采、掘队必须如实反映现场的煤层厚度、断层位置及其落差、顶底板岩性明显变化、岩溶空洞或裂缝示意图及尺寸等信息；当无地质人员跟班时，抽采队必须如实反映钻孔见各煤层的深度及穿煤长度、见岩溶空洞或裂缝的深度及大小。

(3) 兼职地质人员在搜集上述资料的班次出井后 24h 内，向矿地测科报送《现场地质情况调查表》，影响生产的地质变化应先汇报后填报。

(4) 每一个采、掘工作面《现场地质情况调查表》的报送每周不少于 1 次，间隔时间不能超过 7 天。遇地质变化加密调查后加密报送。

(5) 每一个遇见出水点、岩溶空洞或裂缝的钻孔，无地质人员跟班施工时，出井后兼职地质人员都必须填报《钻孔施工现场地质情况调查表》。

(6) 兼职地质人员休假、出差的，由队长指定其他能够胜任的技术人员或副队长负责填报。

3）工作流程

（1）兼职地质人员将调查表送交到矿地测科，并在地测科《现场地质情况调查表登记本》上签字登记，经地测科地质主管或地质分管副科长签字认可。做到"三确认"，即填报时间、填报人、现场地质及水文地质信息内容的确认。

（2）采掘工作面出现煤层不连续，或者另一煤层已经不在巷道断面内或不在采场内的断层；煤层增厚、合并或分叉导致层位难以识别判断；出现薄煤层薄化、尖灭，中厚煤层薄化到 1.3 m 以下；采煤工作面出现淋水、滴水；掘进工作面遇有压力的出水点时，应在井下采用调度电话通知地测科。

调查人员出井后立即报送信息，并在地测科《现场地质情况调查表登记本》上签字登记，经地测科地质主管或地质分管副科长签字认可。做到"三确认"，即填报时间、填报人、现场地质及水文地质信息内容的确认。

一旦发现识别标志消失或变化等现场地质异常以井下调度电话通知地测科。

2. 地测科地质业务主体保障

1）培训

（1）地测科采用理论培训和采掘现场对各基层队技术员 "手把手"培训的方式，培养基层技术员识别具有特征的"相对标志层"，如煤层（煤线）、铝质泥岩等具有特征的岩层的能力；帮助提高基层技术员业务水平；指导收集地质及水文地质资料的方法。

（2）矿应认真组织采煤队、掘进队、抽采队技术人员参加公司和矿地测科举办的培训。

2）日常调查、审查、检校

（1）矿地测科必须按照《煤矿地质工作规定》《防治煤与瓦斯突出细则》等所规定的时间间隔开展地质调查、观测和编录；必须由地质人员跟班施工地质钻孔，不得因为有基层队的《现场地质情况调查表》而减少地测科的收集次数。

（2）地测科对基层队报送的《现场地质情况调查表》进行审查，发现地质信息异常时，立即进行井下现场校核。

（3）地测科接到现场反馈地质变化信息时，第一时间下井进行调查、收集、校核与分析现场地质信息，对地质异常进行跟踪调查，并提出处理方案或建议。

（4）地测科应充分利用《现场地质情况调查表》，将其信息整理到相关台账中，并及时上相应图，同时将确认核对的地质预报表报送相关科室，其报送签字见表 8-3 和表 8-4。

表 8-3　掘进地质情况报送表

编制			审核			科长		地测副总
总工程师								
发送单位	调度室	生产科	安监科	通风科	抽采科	掘进队		
						一队	二队	三队
签收								
收件日期								

表 8-4　采煤地质情况报送表

编制		审核		科长	地测副总
总工程师					
发送单位	调度室	生产科	安监科	通风科	抽采科	采煤队		
						一队	二队	三队
签收								
收件日期								

（5）遇地层断距为 3～5m（取采掘影响最大的断距）的断层，地测科长或分管副科长必须到现场收集、校核地质信息。

3）地质"三边"工作

对基层队上报的调查表，地测人员除签字认可外，还要及时填图、分析，做好地质调查的动态"三边"（边揭露、边分析、边修改）工作。对填图分析时发现异常变化，地质人员应及时到现场观测复核。对井下地质异常区加密不间断调查分析，直至正常。

4）日常检查

采用地测人员自查互查的方式对工作进行检查，分管科长每天对日常工作进行不定人、不定时抽查，对发现的问题督促整改，做到日常问题不过夜，重大问题不过周。

3. 疑难地质问题会诊

遇地层断距为 5m 及以上（取采掘影响最大的断距）的断层，或井下遇复杂地质的情况，地测科长或分管副科长调查后仍有疑问的，由矿总工程师或地测副总工程师组织人员进行现场调查会诊，分析和查明地质异常的真实情况，及时指导现场的安全生产，最大限度地降低地质误判风险。

（1）地测科与通风科共同编制矿井瓦斯地质图，图中标明采掘进度、被保护范围、煤层赋存条件、地质构造、突出点的位置、突出强度、瓦斯基本参数及绝对瓦斯涌出量和相对瓦斯涌出量等资料，作为区域突出危险性预测和制定防突措施的依据。

（2）地测科在采掘工作面距离未保护区边缘 50m 前，编制临近未保护区通知单，并报矿技术负责人审批后交有关采掘区（队）。

（3）突出煤层顶、底板岩巷掘进时，地测科提前进行地质预测，掌握施工动态和围岩变化情况，及时验证提供的地质资料，并定期通报给煤矿通风科和采掘区（队）；遇有较大变化时，随时通报。

一级地质预报保障工作由矿长负责全面协调，矿总工程师分管并负责组织落实，地测副总和科长负责组织实施。

8.3　瓦斯抽采工程管理

重庆地区瓦斯抽采工程管理主要包括瓦斯抽采一般规定、抽采设计与审批要求、水力压裂施工要求、瓦斯抽采钻孔施工要求、瓦斯抽采钻孔验收要求、瓦斯抽采钻孔封孔接抽要求、瓦斯抽采计量要求、瓦斯抽采超前及达标评判要求、瓦斯抽采基础资料要求等。

8.3.1　瓦斯抽采一般规定

(1)瓦斯抽采工程必须体现安全可靠、技术可行、经济合理的原则，因地制宜选用新技术、新工艺、新设备、新材料。

(2)煤与瓦斯突出矿井(高瓦斯矿井)应坚持"有保必保、应抽必抽、先压后抽、抽采达标"的治理方略。

(3)对矿井瓦斯涌出来源多、分布范围广、煤层赋存条件复杂的矿井，应采用本煤层瓦斯抽采、邻近层瓦斯抽采、采空区瓦斯抽采和围岩、裂隙、岩溶瓦斯抽采等综合抽采方法。

(4)煤与瓦斯突出矿井开采保护层时，必须同时抽采被保护层的瓦斯。

(5)煤与瓦斯突出矿井的保护层开采，必须采用穿层水力压裂，再实施上下穿层网格+本层钻孔(本层中压注水)预抽+采空区抽采(残抽或高抽巷、充填墙插管等)的方法。

(6)煤与瓦斯突出矿井的井巷揭煤和掘进条带，应首先采用穿层水力压裂(高、低压区间截流抽采，水力割缝)，再实施穿层钻孔预抽。

(7)煤与瓦斯突出矿井在编制生产发展规划和年度生产计划时，必须同时编制瓦斯抽采达标规划和年度实施计划，确保"压、抽、掘、采"平衡；必须建立专门的瓦斯抽采队伍，配备专业技术人员，负责瓦斯抽采工作。

(8)矿井应根据煤层的赋存条件、煤层瓦斯含量、地质构造、瓦斯抽采难易程度等，制定"一矿一策、一面一策"瓦斯治理策略和措施方案。

(9)检修瓦斯抽采设备、调整瓦斯抽采管路等确需暂停瓦斯抽采时，必须提前提出计划，制定安全技术措施报矿总工程师批准。

(10)瓦斯抽采相关设备、现场施工条件、安全设施、通风瓦斯、人员避灾路线等必须符合相关规定，否则严禁作业。

8.3.2　瓦斯抽采设计与审批要求

(1)矿井地面永久和井下移动瓦斯抽采系统设计符合《煤矿瓦斯抽采规范》的相关规定，同时达到下列要求。

①地面固定抽采泵及其附属设备至少应有两套，其中一套运行，一套检修备用。

②矿井应确保瓦斯抽采泵及其附属安全设施完好和运行可靠；每次检修后，必须填写检修记录备查。

③矿井瓦斯抽采系统能力应满足矿井瓦斯抽采期间或在瓦斯抽采设备服务年限内所达到的开采范围的最大抽采量和最大抽采阻力的要求，且有不小于 2 倍的系数。

④抽采系统建设及改造必须进行设计；设计内容包括文字资料和工程图纸两部分，工程图纸应符合《CAD 工程制图规则》(GB/T 18229—2000)和《机械制图尺寸注法》(GB/T 4458.4—2003)。

⑤抽采管道系统应优先安装在回风巷道中，若设于主要运输巷内，则在人行道侧其架

设高度应不小于 1.2m，与轨道的间距不小于 0.7m。

⑥瓦斯抽采管道在同一巷道内管径要统一，分岔处应安装阀门；抽采管路变径必须使用过渡节，拐弯时内弯角度不得小于 90°。

⑦瓦斯抽采管道起坡、龙门架（过河）等最低处必须设置放水器和除渣装置。

⑧瓦斯抽采管道不得与带电物体接触，有掉落物威胁处应有防止砸坏管路的措施。

⑨瓦斯抽采管道必须定期进行防腐处理，确保不出现泄漏。

⑩新安装的抽采管道严禁使用非金属材料，已安装使用的非金属材料抽采管道中瓦斯浓度低于 25% 的，必须按规定采取可靠的防静电措施。

⑪在倾角大于 15° 的巷道内安设抽采管道，应采取防滑措施。

⑫抽采管道安装完毕后必须试压，并报矿总工程师同意后方能并网投入使用。

⑬瓦斯抽采主、干、支管交叉点应按规定布置测点。

（2）井下移动瓦斯抽采泵站应符合下列要求。

①必须有批准的设计及安全技术措施，泵站设在抽采瓦斯地点附近的新鲜风流中。泵站周围 20m 范围内，严禁存放易燃物。

②抽出的瓦斯引排到采区回风巷或总回风巷，必须保证其浓度在 30m 以内被混合到《煤矿安全规程》允许的限度以内。排放管路出口必须设置栅栏、悬挂警戒牌。栅栏设置的位置是上风侧距管出口 5m，下风侧距管路出口 30m，两栅栏间禁止任何作业。

③必须安装瓦斯监测装置，实行瓦斯电闭锁。监测传感器的位置和报警断电浓度，必须符合《煤矿安全规程》的规定。

④井下供电必须符合《煤矿安全规程》的规定。

（3）突出矿井及高瓦斯矿井各水平、各采区（工作面）设计，必须同时设计瓦斯抽采工程。

（4）采区区域防突措施的抽采设计必须报公司总工程师审批，并有设计说明书和设计图，资料主要包括文字资料和设计图纸两部分。

（5）井巷揭煤、掘进条带、保护层工作面本层等区域性瓦斯抽采方案设计的同时必须进行水力压裂或本层中压注水、水力割缝设计，并符合煤矿井下高压水力压裂技术规范及相关操作规程的要求。

（6）矿井必须对水力压裂安全边界确定、压裂影响范围、压裂及排采效果等进行考察，形成技术储备。

（7）钻孔施工设计应根据煤岩层的具体情况，有针对性地合理、均匀布孔，并符合《防治煤与瓦斯突出细则》的规定。

（8）钻孔设计参数规定。顺层钻孔终孔间距一般为 3～6 m，穿层钻孔终孔间距一般为 5～15m，终孔间距不超过矿井考察抽采半径的 2 倍；穿层及本层抽采钻孔孔径应不小于 75mm。

8.3.3　水力压裂施工要求

（1）压裂孔终孔位置应达到设计层位，钻孔其他参数符合设计要求。

（2）封孔长度、深度、强度应达到设计要求，达不到设计要求时，应作为报废孔并全孔封堵严实。

(3) 在压裂设备入井前,应提前对设备进行调试并确保正常,运输路线符合规定,做到安全运输。

(4) 按规定铺设高压管路,压裂实施前,管路必须经过试压,确保无变形、破损、漏水等。

(5) 压裂实施前必须编制安全、技术、保障措施及应急救援预案,施工地点应具有清晰的避灾线路标识。

(6) 压裂所需的供水、供电、排水、监控系统等应符合压裂规范及《煤矿安全规程》的规定。

(7) 正式压裂前应对压裂系统进行试压,试压压力应达到设计注液压力,且保持该压力运行时间不少于 10min。

(8) 压裂施工应严格按照压裂设计进行,压裂过程中实时观测泵组运行安全状况,应根据压力和流量的数据反馈,及时调控泵组参数。

(9) 当出现压裂设备、管路故障或压裂工作区域内瓦斯、水、地应力及其他有害气体发生异常情况时,应立即停泵采取相应的应急措施。

(10) 压裂结束后,确认压裂施工区域围岩和瓦斯涌出等无异常后方可进行后续作业。

(11) 压裂钻孔应及时接入抽采系统进行抽采,接抽前要做好压裂孔的返排水工作,必要时加装气水分离装置。

(12) 水力压裂实施过程中必须严格执行安全和技术、质量保障措施,压裂过程中实时进行压力、流量监控监测和记录,注液压力和注液量应达到实施方案的要求。

8.3.4　瓦斯抽采钻孔施工要求

(1) 瓦斯抽采钻孔施工应逐步推广应用大功率、自移式、高效率钻机及高强度钻杆、钻头(可伸缩钻头)等。

(2) 抽采钻孔施工规定。

①抽采钻孔施工前必须编制瓦斯抽采钻孔施工技术、安全、组织措施并严格执行。

②钻孔方位角或倾角,误差不得超过±2°。

③穿层抽采钻孔施工应使用导向钻杆,撤卸钻杆必须使用完好的专用撤卸钻杆装置。

④施工前应进行现场安全确认,施工期间应做好原始记录。

⑤瓦斯喷孔严重的区域,要采取有效的安全防范措施,不得将钻孔内的瓦斯直接排入钻场或巷道风流中。

⑥经校正后的钻孔参数在施工过程中出现与设计深度误差达到 10%、钻孔控制范围不符合规定的,更改必须报批后执行。

⑦钻孔竣工抽采半径不得大于设计抽采半径,否则必须进行补孔。

⑧施钻作业点回风侧 10~15m 内必须安设瓦斯传感器和实现瓦斯电闭锁;钻孔施工过程中严禁强行施钻,采用风力排渣钻进地点回风侧 10~15m 内必须安设一氧化碳传感器,必须配齐黄泥、灭火器,安装风水转换装置,并应实现一氧化碳电闭锁功能。

8.3.5　瓦斯抽采钻孔验收要求

(1)矿井必须建立抽采钻孔竣工验收制度，预抽钻孔验孔率本层钻孔不低于 60%，穿层钻孔不低于 30%。

(2)必须明确规定矿科队相关管理人员对抽采钻孔的监督检查次数和考核标准；钻孔验孔方式包括现场验孔人员验收或管理人员抽查，逐步推行钻孔轨迹自动测斜仪及地面视频自动化验孔。

(3)每项抽采瓦斯工程竣工后，由矿验收并形成资料备查；重要节点工程必须通过上级主管部门的验收。

8.3.6　瓦斯抽采钻孔封孔接抽要求

(1)钻孔封孔必须在抽采设计中明确封孔工艺、材料、深度等，应大力推广以 HD-I 型膨胀材料等为代表的"两堵一注、定点、带压封孔"及松软突出煤层的本煤层孔下全孔套管、穿层孔垮孔段定点下套管护孔等新材料、新技术、新工艺。

(2)穿层钻孔封孔长度不小于 5.0m，顺层钻孔封孔长度不小于 8.0m。

(3)松软突出煤层本层抽采钻孔、构造带穿层抽采钻孔、易垮孔的穿层抽采钻孔，应采取全程或定点下套护孔技术及工艺。

(4)抽采钻孔应安装单孔控制闸门，根据瓦斯抽采动态情况，及时调整开启程度。

(5)施工完成的钻场(本层)钻孔经竣工验收后应在 3 天内完成封孔接抽，并做到严密不漏气。

8.3.7　瓦斯抽采计量要求

(1)矿井地面抽采泵站、保护层工作面、掘进条带对应范围内的瓦斯抽采计量应优先采用自动计量监控系统，辅以人工皮托管等测量进行比对，其余测点可采用人工皮托管等进行计量。地面固定抽采泵站参数由值班人员每 2h 测定一次；主、干、支管及抽采钻场每周至少测定一次。

(2)预抽瓦斯钻孔孔口负压不得小于 13kPa，卸压瓦斯抽采钻孔孔口负压不得小于5kPa。

(3)瓦斯抽采测定点实行挂牌管理，按规定及时填写好瓦斯抽采参数测定记录表，及时编制瓦斯抽采旬、月报表。

(4)瓦斯抽采系统管路必须每 10 天至少进行一次全面检查，并有记录备查。

(5)瓦斯抽采钻孔浓度低于10%的，必须查明原因，进行处理。

(6)实施采空区抽采的，必须在抽采管道中安装甲烷、一氧化碳和温度传感器，实时监测指标变化情况，发现问题及时处理。

(7)突出矿井及高瓦斯矿井由总工程师每月组织专业人员对矿井抽采效果进行分析评估，及时优化抽采系统。

8.3.8　瓦斯抽采超前及达标评判要求

(1)矿井在编制生产建设长远发展规划和年度、月度生产计划时，必须编制年度瓦斯抽采达标规划和年度、月度抽采实施计划。

(2)瓦斯抽采超前符合公司及上级相关规定，瓦斯抽采达标评判符合《煤矿瓦斯抽采达标暂行规定》的要求。

①矿井必须按规定设置瓦斯抽采机构、配齐瓦斯治理人员、成立瓦斯抽采达标工作领导小组并明确人员职责。

②评判依据：《煤矿安全规程》《煤矿瓦斯抽采规范》《煤矿瓦斯抽采基本指标》《防治煤与瓦斯突出细则》等相关规定。

③评判标准：残余瓦斯含量小于 $8m^3/t$ 或残余瓦斯压力小于 0.74MPa。

④掘进条带预抽瓦斯超前(动态达标)。时间规定：穿层条带预抽瓦斯达标超前巷道工作面掘进时间不小于 1 个月。空间规定：穿层条带钻孔控制范围需满足掘进巷道外侧抽采设计(或符合防突措施规定)要求。抽采达标超前煤层巷道掘进工作面最小距离不小于300m。

⑤本层预抽瓦斯超前(动态达标)。时间规定：抽采达标超前回采时间不少于 1 个月。空间规定：本层预抽瓦斯达标超前工作面的长度不小于 300m。

⑥石门预抽瓦斯超前。时间规定：按照计划揭煤时间提前 1 个月达标。空间规定：石门钻孔的控制范围严格执行井巷揭煤防突设计(或防突措施)规定。

⑦穿层网格抽采瓦斯超前。时间规定：穿层(网格)抽采瓦斯达标超前回采时间不小于3 个月。空间规定：严格按照穿层网格钻孔设计布置钻孔，控制采面抽采范围。超前工作面距离不小于 300m。

⑧邻近层抽采瓦斯超前。时间规定：在保护层回采工作面投产前，邻近层抽采钻孔按照抽采设计施工完毕，超前抽采时间不小于 1 个月。空间规定：在工作面投产前，在回采工作面独立的通风系统内完成设计的所有邻近层抽采钻孔。

(3)评判程序。

①抽采效果评估。评判区域可由矿抽采副总工程师组织，采用间接计算残余瓦斯含量或残余瓦斯压力指标的方式来评估其瓦斯抽采效果。

②抽采效果检验。经评估，指标符合上述标准之后，矿总工程师方可按规定组织区域防突措施效果检验。

③编制评判报告。当检验指标符合抽采达标标准后，由矿总工程师组织编制采掘工作面瓦斯抽采达标评判报告书。

④评判报告审签。由矿长组织对瓦斯抽采达标评判报告书进行审签。

⑤上报备案。新水平(新采区)的第一个井巷揭煤、每个煤层的第一个采掘工作面的瓦斯抽采效果评判报告必须上报管理中心备案。

(4)评判否决条件。

①原则：矿井瓦斯治理机构不健全或工作开展不正常的不予评判；资料弄虚作假的不

予评判；出现明显违规的不予评判。

②有下列情况之一的，判定为抽采基础条件不达标。

A.未按规定要求建立瓦斯抽采系统，或者瓦斯抽采系统没有正常、连续运行的。

B.无瓦斯抽采规划和年度实施计划，或者不能达到规定要求的。

C.无矿井瓦斯抽采及达标工艺方案设计、无采掘工作面瓦斯抽采施工设计，或者不能达到规定要求的。瓦斯抽采及达标工艺方案设计与瓦斯抽采施工设计可以合二为一。

D.无采掘工作面瓦斯抽采工程竣工验收、竣工验收资料不真实或者不符合要求的。

E.没有建立矿井瓦斯抽采及达标自评判体系和瓦斯抽采管理制度的。

F.瓦斯抽采泵站能力和备用泵能力、抽采管网能力等达不到规定要求的。

G.瓦斯抽采系统的抽采计量测点不足、计量器具不符合计量标准和规范的要求或者计量器具使用超过检定有效期，不能进行准确计量的。

H.缺乏符合标准要求的抽采效果评判用相关测试条件的。

(5)按《煤层瓦斯含量井下直接测定方法》(GB/T 23250—2009)现场测定煤层的残余瓦斯含量，按《煤矿井下煤层瓦斯压力的直接测定方法》(AQ/T 1047—2007)现场测定煤层的残余瓦斯压力，依据现场测定的煤层残余瓦斯含量，计算现场测定的煤层可解吸瓦斯含量见式(5-29)、式(5-30)。

(6)矿井瓦斯抽采率满足表 8-5 的规定时，判定矿井瓦斯抽采率达标。

表 8-5　矿井瓦斯抽采率应达到的指标表

矿井绝对瓦斯涌出量 Q/(m³/min)	矿井瓦斯抽采率/%
$Q<20$	≥25
$20\leqslant Q<40$	≥35
$40\leqslant Q<80$	≥40
$80\leqslant Q<160$	≥45
$160\leqslant Q<300$	≥50
$300\leqslant Q<500$	≥55
$500\leqslant Q$	≥60

(7)矿井每月应根据《煤矿瓦斯抽采达标暂行规定》对抽采达标情况进行评估、分析，并建立台账。月抽采达标评估、分析报告报矿总工程师审核，对抽采效果差、抽采未达标的地点必须采取针对性补救措施。

8.3.9　瓦斯抽采基础资料要求

(1)矿井应根据国家及上级要求建立健全瓦斯抽采各类技术及管理等制度。

(2)制度必须明确规定抽采技术资料的种类、名称及基本要求。

第9章 瓦斯灾害防治实例

本章主要介绍的是重庆地区低透气性突出煤层瓦斯灾害防治技术的实际应用,主要包括三个方面:一是总体介绍低透气性突出煤层瓦斯防治技术总体应用情况及效果;二是介绍低透气性突出煤层瓦斯灾害防治技术在重庆重点突出矿区的应用;三是介绍低透气性突出煤层瓦斯灾害防治技术在其他地区的应用。

9.1 重庆地区低透气性突出煤层瓦斯防治技术应用情况及效果

重庆地区低透气性突出煤层瓦斯灾害防治技术目前正在国内瓦斯矿井及高速公路、高速铁路隧道揭煤等非煤领域推广应用。水力化增透技术已经在我国山西、河南、四川、贵州等省份煤矿多次成功应用,并取得显著成效。水力压裂+水力割缝+穿层钻孔抽采的高效瓦斯抽采模式在高速公路大断面隧道揭煤成功应用,为水力化增透技术在非煤领域发展开创了良好前景。保护层开采技术经过在重庆地区试验、深入研究和推广应用,已在全国突出矿区广泛应用,成为国家、行业规范要求突出矿井必须采取的区域措施之一。瓦斯灾害预警技术和装备已经在重庆、四川、贵州、云南、山西、陕西、江西、河南、河北、辽宁、吉林、黑龙江等地的200多个高瓦斯、煤与瓦斯突出矿井推广应用。通过应用瓦斯灾害预警系统,明显提升了矿井瓦斯灾害预警分析能力、防治管理水平和防治技术的可靠性,实现了超前捕捉分析瓦斯灾害隐患及前兆信息,有效遏制了瓦斯事故的发生,减少了瓦斯超限等危险情况的发生次数,降低了瓦斯灾害风险。重庆松藻矿区是国家瓦斯治理的示范区、先行区,是国内外井工煤矿瓦斯治理技术和经验的交流平台,每年有数十家国内外煤炭企业到重庆矿区考察、交流复杂地质条件松软低透气突出煤层瓦斯治理、煤层气开发及利用技术和瓦斯治理精细化管理经验。重庆地区复杂地质条件低透突出煤层瓦斯灾害防治技术正在推向全国,走向全世界。

松藻、南桐矿区是重庆地区低透气性突出煤层瓦斯灾害防治技术的重点试验田,是"瓦斯地质精准、采掘部署合理、增透抽采优先、防突体系健全、智能平台预警"这一重庆地区瓦斯灾害治理模式的发祥地,通过采用系统化、全方位的瓦斯防治技术,主要取得了以下瓦斯治理及开发利用成果:

(1)煤层透气性大幅提高。据统计,重庆地区实施水力压裂增透技术后,原始煤层透气性系数一般可提高到 $0.75 \sim 3.63 \mathrm{m}^2/(\mathrm{MPa}^2 \cdot \mathrm{d})$,是原来的75~366倍,煤层透气性大幅提高,由较难抽采煤层转变成了容易抽采煤层,瓦斯抽采效果得以飞速提升。

(2)抽采浓度、抽采量成倍增加。据统计,重庆地区煤矿原始煤层实施水力压裂前,单孔瓦斯抽采纯流量一般为 $0.002365 \sim 0.0065 \mathrm{m}^3/\mathrm{min}$,单巷抽采支管平均瓦斯抽采浓度在

10%～40%，最低的仅为 1%～2%，几乎抽不出来，抽采效果非常差。实施水力压裂增透技术后，单孔瓦斯抽采纯流量为 0.004731～0.03917m³/min，为之前的 2～6 倍；单巷抽采支管平均瓦斯抽采浓度普遍在 30%～50%，最高平均达 60%～75%，较之前提高了 20%～35%。效果特别突出的是松藻公司渝阳煤矿，实施水力压裂后平均抽采浓度增大了 3～8 倍，平均抽采瓦斯纯流量增大了 19～35 倍。

(3)抽采达标时间明显缩短。重庆地区煤矿原始煤层实施水力压裂技术后，预抽达标时间平均缩短 25%～50%。其中效果特别明显的是松藻煤矿实施水力压裂后，抽采达标时间仅需 2 个月左右，比以前减少了 4～10 个月；同华煤矿水力压裂后抽采达标时间只需 3 个月左右，比以前减少了 3～9 个月，抽采达标时间缩短 1/3 以上。

(4)防突石门揭煤时间大幅缩短。重庆地区在石门揭煤前实施水力压裂、水力割缝增透技术后，石门揭煤瓦斯预抽达标时间平均缩短 2～3 个月，较以前缩短了 30%～50%，揭煤时间一般只需 6 个月左右，揭煤进度较以前提高了 40%～60%，实现了安全、快速、高效揭煤，很大程度上缓解了部署紧张的被动局面。

(5)采掘综合单进成倍提高。在重庆矿区采取水力化增透技术后，保护层采煤工作面平均单进由 30～50m/月提高到 40～80m/月，提高了 1.3～1.6 倍；掘进综合单进由 40～60m/月提高到 100～120m/月，提高了 2～2.5 倍。其中效果最好的是打通一矿，每百米巷道掘进用时平均减少 19～24 天，最高月单进达到了 149m，创下了历史最高记录。

(6)瓦斯超限次数持续下降，瓦斯治理主要指标屡创新高。重庆能投渝新有限公司所属煤矿 2018 年采掘活动瓦斯超限相比 2017 年大幅降低，由原来 83 次降低至 38 次，2018 年重庆能源投资集团原煤产量仅占全国的 0.3%左右，而瓦斯抽采量占到全国抽采总量的 3.6%。

过去十年，松藻、南桐两矿区的瓦斯抽采利用情况如图 9-1 所示。两个矿区 2008～2018 年累计抽采瓦斯 33.44×10⁸m³，利用 22.60×10⁸m³，其中 2013 年达 3.53×10⁸m³。据统计，松藻、南桐两个矿区瓦斯抽采量、利用量之和占重庆市抽采量、利用量的 70%左右，而松藻矿区瓦斯抽采量、利用量占整个重庆市抽采量、利用量的 50%左右。

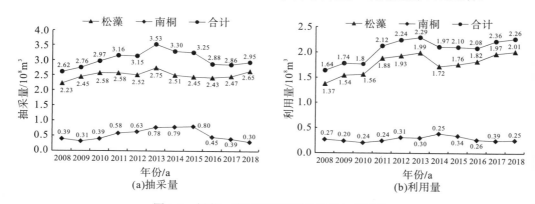

图 9-1　松藻、南桐矿区瓦斯抽采量与利用量

松藻矿区抽采率和利用率在全国均处于领先水平，而松藻矿区所属矿井主要开采煤层普遍属于难抽采的低透气性煤层，取得如此好的抽采效果得益于低透气突出煤层瓦斯灾害

治理新技术、新工艺、新装备的成功应用，另外在煤矿瓦斯灾害治理、煤层气开发及利用方面，严格执行低透气性突出煤层瓦斯抽采管理技术体系也起到了积极作用。南桐矿区尽管整体抽采量、抽采率相对并不高，但从 2010 年相继研究、应用低透气突出煤层瓦斯灾害治理技术后，矿区的抽采率有明显提高，由 2008 年的 38.2% 提高到 2018 年的 52.84%，随着低透气性突出煤层瓦斯灾害治理技术及管理在南桐矿区成功应用并进一步完善，其瓦斯抽采率将会进一步提升。松藻、南桐矿区近十年的抽采率及利用率如图 9-2 所示。

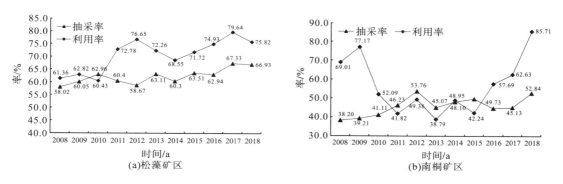

图 9-2　松藻、南桐矿区近十年瓦斯抽采率与利用率分布图

9.2　重庆重点突出矿区瓦斯灾害防治技术应用

9.2.1　瓦斯基本参数测定及瓦斯涌出量预测

煤层瓦斯基本参数测定主要包括瓦斯压力、瓦斯含量、煤层透气性系数、综采工作面瓦斯涌出量等参数指标。

1. 瓦斯压力测定

瓦斯压力是诸多瓦斯参数中最基础的数据，既是计算瓦斯含量的原始数据，又是确定煤层突出危险性的主要指标。目前，煤层瓦斯压力测定主要有直接测定和间接测定两种方法。

1）直接测定

直接测定煤层瓦斯压力，就是按照《煤矿井下煤层瓦斯压力的直接测定方法》（AQ/T 1047－2007）规范要求设计、施工钻孔，然后封孔，安装压力表，即开始测压。该方法具有准确率高的特点，但容易漏气，因此封孔是否严密对测压的成功与否起着决定作用。

重庆地区直接测定煤层瓦斯压力通常是从煤层的顶（底）板岩石巷道，距煤层不小于 5m 的较致密岩石处，施工直径为 55～75mm 的穿煤层钻孔。终孔后立即清除孔内钻屑，放入测压管，封孔以后装上压力表，即可开始测压。松藻矿区常用水泥砂浆封，封孔如图 9-3 所示。水泥砂浆的构成比例是按水：水泥：石膏的重量的 0.55：1：0.04。这种封孔方法的最大特点是，泥浆比较稀，借助于钻孔的仰角，泥浆回流堵塞封孔段岩石裂隙，一般测压钻孔倾角在 15°以上，测压效果较好。

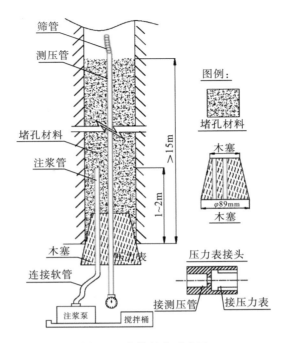

图 9-3 注浆封孔示意图

除了水泥砂浆封孔外，也有采用胶圈黏液封孔方法，胶圈黏液封孔器结构如图 9-4 所示。封孔器的测压原理是用膨胀的胶圈封高压黏液，再由高压黏液封高压瓦斯，由压力表测定瓦斯压力。最新采用的胶囊黏液封孔器原理与胶圈黏液封孔器原理相似。

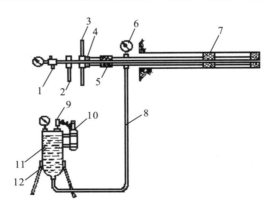

1—补充气体入口；2—固定把；3—加压手把；4—推力轴承；5—胶圈；6—黏液压力表；7—胶圈；

8—高压胶管；9—阀门；10—二氧化碳瓶；11—黏液；12—黏液罐

图 9-4 胶圈黏液封孔结构示意图

在瓦斯压力测定过程中，根据对钻孔内是否补充外部气源，又分为主动测压和被动测压。主动测压是指向测压钻孔注入氮气，使测压钻孔内气体压力略比预计的瓦斯压力高，以补充在打孔和封孔时损失的瓦斯，从而尽快平衡煤层原始瓦斯压力的测压方法。被动测压则是完成压力表安装后，等待压力表读数自然上升，不采用补气措施。按照规范要求，瓦斯压力测定过程中要求压力表连续 3 次读数变化小于 0.015MPa，则瓦斯压力测定工作结束，这就导致被动式测压法所需测压时间较长，通常为 20～30 天，而主动式测压往往5～10 天就可完成。测压周期长是被动式直接测压的最大缺点，但操作简单。目前，松藻、南桐矿区瓦斯压力测定仍以被动式为主。

1999 年在打通二矿 N2801 工作面布置的西侧 3、4、5 三个钻孔采用被动式测压法测定 8 号煤层瓦斯压力，分别为 1.79MPa、2.04MPa 和 1.64MPa。2008 年松藻煤矿采用被动式测压法在+175m 瓦斯巷测得 K_3 煤层瓦斯压力最大为 5.4MPa，在+80N_1 石门测得 K_1 煤层瓦斯压力为 3.3MPa。

2）间接测定

间接测定瓦斯压力法大致又可分为两种，一种是通过煤层瓦斯含量反算煤层瓦斯压力，另一种是通过突出危险性预测指标 K_1 值反算煤层瓦斯压力。

1）瓦斯含量反算法

瓦斯含量反算法是利用 DGC 型瓦斯含量测定装置测定煤层瓦斯含量，然后利用朗格缪尔（Langmuir）公式（9-1）反算煤层的瓦斯压力。

$$X = \frac{abP}{1+bP} \cdot \frac{100 - A_{ad} - M_{ad}}{100} \cdot \frac{1}{1+0.31M_{ad}} \cdot e^{n(t_s - t)} + \frac{10FP}{\rho} \tag{9-1}$$

式中，X 为瓦斯含量，m^3/t；a、b 为吸附常数；P 为瓦斯压力，MPa；M_{ad} 为煤的水分，%；A_{ad} 为煤的灰分，%；F 为孔隙率，%；ρ 为视密度，t/m^3；t_s、t 为吸附试验温度和井下煤层温度，（°）。

2）基于煤与瓦斯突出危险性预测指标 K_1 值的煤层瓦斯含量与瓦斯压力反演

K_1-P 关系反算法是根据瓦斯解吸试验及现场测定的 K_1 值指标进行计算煤层瓦斯压力的。根据国家"八五"科技攻关课题的研究成果，煤层瓦斯压力 P 与 K_1 值之间的关系如式（9-2）。

$$K_1 = AP^B \tag{9-2}$$

式中，A、B 值为待定系数，在实验室通过瓦斯解吸试验确定待测煤层的系数 A 和 B。

打通一矿 NE 区 1 号石门，埋藏深度为 580m，直接测压仅为 0.25MPa，偏小。用快速测压得 K_1 值为 1.291，f 值为 0.51，计算瓦斯压力为 2.7MPa，比较符合实际。打通二矿的 N2801 工作面，当西侧 4 钻孔进入 8 号煤层时测了两个煤样的 K_1 值，最大为 0.7875（湿煤样），然后把 K_1 值最大层位的煤样送到中煤科工集团重庆研究院有限公司实验室测定出 K_1-P 的关系曲线，得到

$$K_1 = 0.5488P^{0.6512} \tag{9-3}$$

当 K_1= 0.7875，得 P=1.74MPa，与实测的 1.79MPa 相近。

2. 瓦斯含量测定

瓦斯含量是单位质量(g 或 t)煤体含的瓦斯量(mL 或 m^3)，或是单位体积(常用 m^3)煤含的瓦斯量(m^3)。地质勘探成果报告中常用"mL/g 可燃物"或"m^3/t 可燃物"表示。同样瓦斯含量测定有直接测定和间接测定两种方法。

1)瓦斯含量直接测定技术

瓦斯含量(X)是指单位质量的煤折合到20℃和一个大气压条件下所含有的瓦斯量，它由可解吸瓦斯含量和常压吸附量组成，单位为 m^3/t，其表达基准为原煤基。可解吸瓦斯含量(X_m)等于瓦斯损失量(X_1)、煤样瓦斯解吸量 X_2、煤样粉碎后的瓦斯解吸量(X_3)三者之和。常压吸附量是指单位质量的煤在 20℃和一个大气压条件下所含有的瓦斯量(X_a)(中华人民共和国国家质量监督检验检疫总局、中国国家标准化管理委员会，2009)。

$$X = X_m + X_a \tag{9-4}$$
$$X_m = X_1 + X_2 + X_3 \tag{9-5}$$

通过向煤层施工钻孔，将煤芯(或钻屑)从煤层深部取出，及时放入煤样筒中密封；然后测量煤样筒中煤芯(或钻屑)的瓦斯解吸速度及解吸量，并以此来计算瓦斯损失量 X_1；把煤样筒带到实验室然后测量从煤样筒中释放出的瓦斯量，与井下测量的瓦斯解吸量一起计算煤芯瓦斯解吸量 X_2；将煤样筒中的部分煤样装入密封的粉碎系统加以粉碎，测量在粉碎过程及粉碎后一段时间所解吸出的瓦斯量(常压下)，并以此计算粉碎瓦斯解吸量 X_3；瓦斯损失量、煤芯瓦斯解吸量和粉碎瓦斯解吸量之和就是可解吸瓦斯含量 X_m；常压吸附量为 X_a。

近年来，中煤科工集团重庆研究院有限公司在国家"十二五"科技攻关的支持下，开发出了煤层瓦斯含量井下直接测定装备，主要包括井下快速取样装置和地面自动解吸系统。井下取样钻孔设计了打钻尾辫和取样尾辫。打钻连接方式如图 9-5(a)所示，取样连接方式如图 9-5(b)所示。整套装置主要由 Φ95 取样钻头、Φ73 双壁螺旋钻杆、Φ73 打钻尾辫、Φ73 双通道取样尾辫、接样袋等组成。地面瓦斯自动解吸系统已经由传统的 DGC 装置(图 9-6)升级为最新的全自动 DGC-A 型装置(图 7-2)，新装置实现了瓦斯含量的自动测定和自动计算。

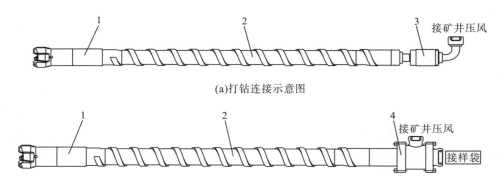

(a)打钻连接示意图

1—Φ95取样钻头；2—Φ73双壁螺旋钻杆；3—Φ73打钻尾辫；4—Φ73双通道取样尾辫

(b)取样连接示意图

图 9-5 定点快速取样装置示意图

图 9-6　DGC 型瓦斯含量测定装置

2) 瓦斯含量间接计算

(1) 朗格缪尔 (Langmuir) 方程法

该方法通过井下实测的瓦斯压力、实验室测定的相关参数，根据朗格缪尔公式 (9-6) 进行瓦斯含量的间接计算。

$$X = \frac{abP}{1+bP} e^{n(s-t)} \left[\frac{100 - A_{ad} - M_{ad}}{100(1+0.31M_{ad})} \right] + \frac{10FP}{\rho} \tag{9-6}$$

$$n = \frac{0.02t}{0.993 + 0.07P} \tag{9-7}$$

式中，X 为煤层瓦斯含量，m^3/t；a 为吸附常数，试验温度下煤的极限吸附量，m^3/t；b 为吸附常数，MPa^{-1}；P 为煤层瓦斯压力，MPa；A_{ad} 为煤的灰分，%；M_{ad} 为煤的水分，%；n 为系数，取 1；s 为试验室吸附试验的温度，℃；t 为井下煤体温度，℃；F 为煤的孔隙率，%；ρ 为煤体视密度，t/m^3。

公式 (9-6) 可简化为

$$X = \frac{abP}{1+bP} \left[\frac{100 - A_{ad} - M_{ad}}{100(1+0.31M_{ad})} \right] + \frac{10FP}{\rho} \tag{9-8}$$

(2) 实测瓦斯含量系数和瓦斯压力后计算。

为了减少试验煤样与天然煤层间的误差，中国矿业大学研制了在井下进行煤的瓦斯含量系数 α 的测定方法。α 与瓦斯压力 P、瓦斯含量 X 的关系如下：

$$X = \alpha\sqrt{P} \tag{9-9}$$

式中，X 为煤的瓦斯含量，m^3/t；α 为瓦斯含量系数，$m^3/(t \cdot MPa^{0.5})$；P 为瓦斯压力，MPa。

(3) 松藻矿区瓦斯压力和瓦斯含量实测结果

松藻煤矿实测的瓦斯压力和瓦斯含量见表 9-1，表内 α 为瓦斯含量系数。由表可知，K_1 煤层瓦斯含量系数平均为 10.9833 $m^3/(t \cdot MPa^{0.5})$，K_2 煤层瓦斯含量系数平均为 7.6776 $m^3/(t \cdot MPa^{0.5})$。

表 9-1 　松藻煤矿实测的瓦斯含量、瓦斯压力和瓦斯含量系数

煤层编号	$X/(m^3/t)$	P/MPa	$a/[m^3/(t\cdot MPa^{0.5})]$	煤层编号	$X/(m^3/t)$	P/MPa	$a/[m^3/(t\cdot MPa^{0.5})]$
K_1	16.69	1.20	11.2524	K_1	20.65	2.13	11.6721
K_1	20.86	2.20	11.6611	K_1	13.66	0.79	10.2100
K_1	21.01	2.25	11.6543	K_1	10.46	0.50	8.5406
K_1	18.28	1.50	11.5613	K_2	14.77	1.42	9.4945
K_1	18.51	1.55	11.5914	K_2	10.30	0.81	7.6559
K_1	15.73	1.05	10.9863	K_2	8.06	0.55	6.4739
K_1	23.17	3.20	11.3058	K_2	10.31	0.81	7.6559
K_1	17.69	1.38	11.4667	K_2	9.24	0.96	7.1077
K_1	12.98	0.72	9.8972				

　　K_1 和 K_2 煤层取煤样做等温吸附实验后，有表 9-2 的 a、b 常数，及水分 M_{ad}、灰分 A_{ad}、真密度 ρ_t、视密度 ρ_p、孔隙率 F、瓦斯含量 X_1（未计入水分对吸附的影响）与 X_2（计入水分对吸附的影响）。计算瓦斯含量时分别取两层煤的最高瓦斯压力 3.20MPa 和 1.42MPa。

表 9-2 　K_1 和 K_2 煤层煤样等温吸附实验结果和计算瓦斯含量

$a/(m^3/t)$	b/MPa^{-1}	$M_{ad}/\%$	$A_{ad}/\%$	$\rho_t(t/m^3)$	$\rho_p(t/m^3)$	$F/\%$	$X_1(m^3/t)$	$X_2(m^3/t)$
27.760(K_1)	1.00	1.13	19.60	1.55	1.48	0.0305	17.894	13.513
32.610(K_1)	1.18	1.14	14.07	1.46	1.40	0.0294	22.887	16.058
39.547(K_2)	0.85	1.93	29.54	1.67	1.57	0.0381	15.856	10.137
30.220(K_2)	1.26	1.16	21.01	1.57	1.50	0.0297	15.904	11.817
33.790(K_2)	1.09	1.15	16.01	1.45	1.43	0.0096	17.602	13.014
30.860(K_2)	1.19	1.25	18.89	1.51	1.44	0.0322	16.360	11.928
32.790(K_2)	1.13	0.98	25.79	1.60	1.45	0.0647	16.160	12.624

　　由表 9-2 的瓦斯含量可知，计入水分对吸附的影响后，瓦斯含量偏低，不考虑这一因素时则比较符合实际生产中的瓦斯涌出。打通一矿和打通二矿相关数据见表 9-3～表 9-6（X_1 和 X_2 按瓦斯压力 2.42MPa 计算）。

表 9-3 　打通一矿煤层瓦斯含量、瓦斯压力和瓦斯含量系数

煤层编号	$X/(m^3/t)$	P/MPa	$a/[m^3/(t\cdot MPa^{0.5})]$	煤层编号	$X/(m^3/t)$	P/MPa	$a/[m^3/(t\cdot MPa^{0.5})]$
8	15.10	0.90	10.9547	8	21.80	2.42	11.7881
	16.64	1.13	11.4015	9	15.70	1.30	10.3523
8～10	19.63	1.80	11.7312		16.63	1.50	10.5177
	17.57	1.30	11.5853	8～9	17.15	0.88	12.5079
8～11	16.50	1.70	10.0416	11	12.21	0.90	8.9581
8	14.39	1.20	9.7017	7	17.52	1.30	11.5523
	13.86	1.10	9.5643		14.71	1.10	10.1509
	18.49	1.50	11.6941	平均			10.8268

表 9-4　打通一矿煤层等温吸附结果和计算瓦斯含量

煤层编号	a/(m³/t)	b/MPa⁻¹	M_{ad}/%	A_{ad}/%	ρ_t(t/m³)	ρ_p(t/m³)	F/%	X_1(m³/t)	X_2(m³/t)
6	28.089	1.36	2.14	24.99	1.64	1.40	0.1045	18.479	12.159
	27.300	1.77	2.58	19.00		1.45	0.0568	18.919	11.148
7	37.520	0.94	1.58	13.99	1.54	1.48	0.0263	22.938	15.614
	38.482	1.03	1.76	16.21	1.53	1.47	0.0267	23.460	15.416
	39.819	1.04	1.54	17.55	1.56	1.46	0.0439	24.426	16.891
	38.765	1.10	1.70	22.37	1.58	1.53	0.0207	22.153	14.687
	36.826	1.10	2.05	18.26	1.58	1.53	0.0207	22.088	13.708
	38.011	1.05	1.94	19.35	1.52	1.39	0.0615	23.262	15.108
	34.970	1.31	3.24	19.93	1.62	1.54	0.0321	21.438	11.097
	30.450	1.65	2.94	19.19	—	1.44	0.0733	20.962	11.847
	29.520	1.33	2.11	19.05	—	1.43	0.0583	19.394	12.306
	31.431	1.29	2.46	27.00	—	1.64	0.0145	17.321	9.985
	37.245	1.16	0.83	19.18	—	1.51	0.0293	22.937	18.394
8	31.628	1.33	4.96	13.14	1.54	1.41	0.0599	21.460	9.372
	40.840	1.28	2.87	19.41	1.49	1.41	0.0381	25.189	13.782
	32.950	1.22	3.06	20.63	—	1.43	0.0327	19.797	10.561
	30.710	1.42	3.00	11.80	—	1.42	0.0317	21.249	11.395
9	30.330	1.36	2.77	23.18	—	1.46	0.0714	19.186	11.153
10	42.242	1.16	1.51	18.90	1.54	1.44	0.0451	26.187	18.200
	28.540	1.18	1.51	19.19	—	1.44	0.0451	18.073	12.673
11	44.130	1.10	1.39	29.08	1.66	1.48	0.0733	24.396	17.606
	28.220	1.78	1.37	29.08	—	1.48	0.0732	17.894	13.110
12	41.585	1.19	1.48	22.57	1.62	1.44	0.0772	25.631	18.192
	31.250	1.41	1.48	22.57	—	1.44	0.0772	20.467	14.642

表 9-5　打通二矿煤层瓦斯含量、瓦斯压力和瓦斯含量系数

煤层编号	X/(m³/t)	P/MPa	α/[m³/(t·MPa⁰·⁵)]	煤层编号	X/(m³/t)	P/MPa	α/[m³/(t·MPa⁰·⁵)]
8~11	22.53	1.75	13.5861		22.74	1.80	13.5879
8	17.19	0.90	12.4709	8	22.01	2.05	12.6029
	20.18	1.30	13.3063		19.19	1.15	13.0875
	20.77	1.40	13.4070	7	23.59	2.54	12.5379
	19.54	1.20	13.1739	平均			13.0847

表 9-6　打通二矿煤层等温吸附结果和计算瓦斯含量

煤层编号	a/(m³/t)	b/MPa^{-1}	M_{ad}/%	A_{ad}/%	ρ_t(t/m³)	ρ_p(t/m³)	F/%	X_1(m³/t)	X_2(m³/t)
7	34.485	1.20	1.02	15.54	1.58	1.46	0.0520	23.234	17.989
8	31.160	1.80	2.37	15.87	1.55	1.45	0.0445	22.222	13.308
	34.830	1.33	1.38	11.67	1.56	1.44	0.0534	24.981	17.919
11	35.538	1.39	0.86	21.79	1.62	1.55	0.0279	22.338	17.792

由以上各表可知，通过测定煤层瓦斯压力、吸附常数、含量系数、工业分析数据可直接计算煤层的瓦斯含量。1999 年打通二矿的 N2801 工作面进行瓦斯含量测定时，根据测得的瓦斯压力和吸附常数、工业分析数据，计算得到瓦斯含量为 17.04m³/t，这与直接法测定的煤层瓦斯含量接近。

3. 煤层透气性系数测定

煤层透气性系数是煤层瓦斯流动难易程度的标志。原始煤层的渗透性是很差的，根据实验室和现场的测定研究，流动状态属于层流，即符合达西定律：

$$V = -\frac{K}{\mu}\frac{dp}{dx} \tag{9-10}$$

式中，V 为瓦斯流速，m/d；K 为煤层的渗透率，m²；μ 为瓦斯的动力黏性系数，MPa·d；dp/dx 为瓦斯的压力梯度，MPa/m。

煤层透气性系数的物理意义是，在 1m³ 煤体的两侧，瓦斯压力平方差为 1MPa² 时，通过 1m 长度的煤体，在 1m² 面积上每日流过的瓦斯量。煤层透气性系数较好的测定方法是，在岩石巷道中向煤层施工穿层钻孔(尽量垂直于煤层)，贯穿整个煤层，然后堵孔，测出煤层真实瓦斯压力，再打开钻孔排放瓦斯，记录流量和时间。钻孔瓦斯流动可视为径向不稳定流动，其计算公式如下：

$$Y = aF^b \tag{9-11}$$

式中，Y 为流量准数，无因次；F 为时间准数，无因次；a、b 为系数，无因次。

$$Y = \frac{qr_1}{\lambda\left(p_0^2 - p_1^2\right)} \tag{9-12}$$

$$F = \frac{4\lambda t p_0^{1.5}}{\alpha r_1^2} \tag{9-13}$$

$$q = \frac{Q}{2\pi r_1 L} \tag{9-14}$$

式中，p_0 为煤层原始瓦斯绝对压力(表压力加 0.1MPa)，MPa；p_1 为钻孔中瓦斯压力，一般为 0.1MPa；λ 为煤层透气性系数，m²/(MPa²·d)；r_1 为钻孔半径，m；q 为在排放时间为 t 时，钻孔煤壁单位面积上的日流量，也称比流量；Q 为在时间为 t 时钻孔的总流量，m³/d；L 为钻孔长度，一般等于煤层厚度，m；t 为从开始排放到测量瓦斯比流量 q 时的时间间隔，d；α 为煤层瓦斯含量系数，m³/(t·MPa$^{0.5}$)；π 取 3.14159。

由于流量准数随时间准数变化的关系难以用一个简单的公式表达，故采用分段表示，对应的煤层透气性系数也为分段计算，即

$$F_0=10^{-2}\sim1 \qquad\qquad \lambda=A^{1.61}B^{0.61}$$
$$F_0=1\sim10 \qquad\qquad \lambda=A^{1.39}B^{0.39}$$
$$F_0=10\sim10^2 \qquad\qquad \lambda=1.1A^{1.25}B^{0.25}$$
$$F_0=10^2\sim10^3 \qquad\qquad \lambda=1.83A^{1.14}B^{0.14}$$
$$F_0=10^3\sim10^5 \qquad\qquad \lambda=2.1A^{1.11}B^{0.11}$$
$$F_0=10^5\sim10^7 \qquad\qquad \lambda=3.14A^{1.07}B^{0.07}$$

$$A=\frac{qr_1}{p_0^2-p_1^2} \tag{9-15}$$

$$B=\frac{4tp_0^{1.5}}{\alpha r_1^2} \tag{9-16}$$

则 $Y=A/\lambda$，$F_0=B\lambda$。

具体计算时，先计算比流量 q，再求 A 和 B。试选一段公式计算 λ，反算 F_0；检查 F_0 是否在所选段的限值内，若不是则再做调整，直到满足要求。例如，已知钻孔半径为 0.035m，钻孔垂直见煤长度为 5.8m，测得钻孔瓦斯压力为 3.2MPa，钻孔瓦斯压力测定完成后 10 天测得钻孔瓦斯流量 $Q_1=3.5$L/min，煤层的瓦斯含量系数为 16.5m³/(t·MPa⁰·⁵)。试求煤层瓦斯的透气性系数 λ。

第一步，计算钻孔见煤段单位孔壁面上的瓦斯流量 q。

$$Q=1440Q_1=5.04(\text{m}^3/\text{d})$$

$$q=\frac{Q}{2\pi r_1 L}=\frac{5.04}{2\times3.14159\times0.035\times5.8}=3.9514[\text{m}^3/(\text{m}^2\cdot\text{d})]$$

第二步，计算 A 和 B。

$$A=\frac{qr_1}{p_0^2-p_1^2}=\frac{3.9514\times0.035}{(3.2+0.1)^2-0.1^2}=0.01271$$

$$B=\frac{4tp_0^{1.5}}{\alpha r_1^2}=\frac{4\times10\times(3.2+0.1)^{1.5}}{16.5\times0.035^2}=11863.446$$

第三步，计算 λ。因为由 A 和 B 计算 λ 的公式有 6 个，所以先进行试算。例如，选其中的第四个，$F_0=10^3\sim10^5$ 一级的公式，有

$$\lambda=2.1A^{1.11}B^{0.11}=2.1\times0.01271^{1.11}\times11863.446^{0.11}=0.046343$$

第四步，验算。用 $F_0=\lambda B=0.046343\times11863.446<1000$。说明 F_0 较小，故选 $F_0=10^2\sim10^3$ 段，有

$$\lambda=1.83A^{1.14}B^{0.14}=1.83\times0.012714\times11863.446^{0.14}=0.046943$$

再验算，$F_0=\lambda B=0.046943\times11863.446$，$10^2<F_0<10^3$。即 4.69×10^{-2}m²/(MPa²·d) 为该钻孔穿过煤层瓦斯的透气性系数值。

打通二矿对 N2801 工作面的西侧 3 和西侧 5 钻孔进行观测，8 号煤层透气性系数分别为 0.0105m²/(MPa²·d) 和 0.0144m²/(MPa²·d)。

4. 综采工作面瓦斯涌出量预测

综采工作面瓦斯涌出量预测的结果可以直接指导综采工作面瓦斯抽采设计和瓦斯治理方案制定，对保障工作面回采预抽达标、回采过程中的瓦斯不超限意义重大。以石壕煤矿保护层回采工作面为例，简述综采工作面瓦斯涌出量的预测方法。

1）石壕煤矿基本情况

石壕煤矿设计产能为 1.8Mt/a，矿区含煤地层为二叠系上统龙潭组，井田内主要含煤层为 M_5、M_6、M_{6-1}、M_{6-2}、M_{7-1}、M_{7-2}、M_8、M_9、M_{10}、M_{11}、M_{12} 11 层煤，煤层倾角为 $7°\sim15°$。井田内可采和局部可采煤层有 5 层，分别为 M_6、M_{7-2}、M_8、M_{11}、M_{12} 煤层。M_5 煤层平均厚度为 0.07m、M_6 煤层平均厚度为 1.01m、M_{6-1} 煤层平均厚度为 0.15m，M_{6-2} 煤层平均厚度为 0.20m，M_{7-1} 煤层平均厚度为 0.30m，M_{7-2} 煤层平均厚度为 0.85m，M_8 煤层平均厚度为 2.6m，M_9 煤层平均厚度为 0.21m，M_{10} 煤层平均厚度为 0.33m，M_{11} 煤层平均厚度为 0.52m，M_{12} 煤层平均厚度为 0.73m，矿井采用斜井、立井综合开拓方式，倾向长壁式采煤法。

根据矿井实测资料，各可采煤层瓦斯含量：M_6 煤层为 $11.90\sim15.40\text{m}^3/\text{t}$，$M_{7-2}$ 煤层为 $13.50\sim20.07\text{m}^3/\text{t}$，$M_8$ 煤层为 $23.28\sim28.51\text{ m}^3/\text{t}$。煤层瓦斯压力：$M_6$ 煤层为 $1.20\sim1.70\text{MPa}$，M_{7-2} 煤层为 $1.15\sim1.76\text{MPa}$，M_8 煤层为 $1.92\sim3.20\text{MPa}$。该矿井实际测定煤层的透气性系数 $\lambda=0.87\times10^{-3}\sim9.69\times10^{-3}\text{m}^2/(\text{MPa}^2\cdot\text{d})$，各煤层属于较难抽放煤层。

2）综采回采工作面瓦斯涌出量预测

在煤层群开采过程中，对首采煤层综采工作面的瓦斯涌出量预测常采用分源预测法，而对被保护层综采工作面的瓦斯涌出预测常采用矿山统计法。

回采工作面的瓦斯涌出量由开采层、邻近层瓦斯涌出量两部分组成，其相对瓦斯涌出量按下式确定：

$$Q_采 = Q_1 + Q_2 \tag{9-17}$$

式中，Q_1 为开采层相对瓦斯涌出量，m^3/t；Q_2 为邻近层相对瓦斯涌出量，m^3/t。

开采层相对瓦斯涌出量按下式确定：

$$Q_1 = K_1 \cdot K_2 \cdot K_3 \cdot \frac{m}{M}(W_0 - W_c) \tag{9-18}$$

式中，K_1 为围岩瓦斯涌出系数，取 1.2；K_2 为工作面丢煤系数，用回采率的倒数来计算，取 1.03；K_3 为采区内准备巷道预排瓦斯对开采层瓦斯涌出影响系数，取 0.8；m 为开采层厚度，m；M 为工作面采高，m；W_0 为煤层原始瓦斯含量，m^3/t；W_c 为运出矿井后煤的残存瓦斯含量，m^3/t，取 $6.0\text{m}^3/\text{t}$。

邻近层相对瓦斯涌出量按下式确定：

$$Q_2 = \sum_{i=1}^{n}(W_{0i} - W_{ci})\frac{m_i}{M}\eta_i \tag{9-19}$$

式中，m_i 为第 i 邻近层厚度，m；M 为工作面采高，m；W_{0i} 为第 i 个邻近层的原始瓦斯含量，m^3/t；W_{ci} 为第 i 个邻近层的残余瓦斯含量，m^3/t；η_i 为第 i 个邻近层的瓦斯排放率；根据《矿井瓦斯涌出量预测方法》（AQ 1018—2006)中的附图选取，如图 9-7 所示。

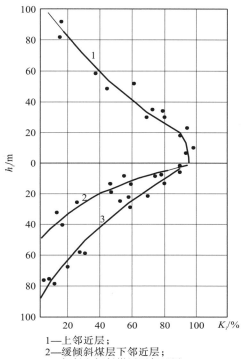

1—上邻近层；
2—缓倾斜煤层下邻近层；
3—倾斜急倾斜煤层下邻近层

图 9-7　邻近层瓦斯排放率与层间距的关系曲线

石壕煤矿不同煤层开采的瓦斯涌出量预测结果见表 9-7 和表 9-8。

表 9-7　M_6 煤层开采时瓦斯涌出量

保护层	煤层编号	关系	煤厚 /m	采高 /m	围岩瓦斯涌出系数 K_1	工作面丢煤瓦斯涌出系数 K_2	巷道预排瓦斯涌出影响系数 K_3	邻近层瓦斯排放率 η_i	煤层原始瓦斯含量 W_c/(m³/t)	残存瓦斯含量 W_c/(m³/t)	向开采层瓦斯涌出量 Q_1/(m³/t)
	M_6 层	本层	1.01	1.01	1.2	1.03	0.8		12.32	6	6.32
	M_5 层	上邻近层	0.07	1.01				0.75	12.32	6	0.79
	M_{6-1} 层		0.15	1.01				0.8	12.32	6	1.82
	M_{6-2} 层		0.2	1.01				0.9	12.32	6	2.72
M_6 煤层	M_{7-1} 层	下邻近层	0.3	1.01				0.8	11.8	6	3.57
	M_{7-2} 层		0.85	1.01				0.65	11.8	6	5.8
	M_8 层		2.6	1.01				0.41	21.34	6	6.34
	M_9 层		0.21	1.01				0.4	17.76	6	1.72
	M_{10} 层		0.33	1.01				0.2	16.65	6	1.28
	M_{11} 层		0.52	1.01				0.15	13.65	6	1.28
	M_{12} 层		0.73	1.01				0.1	17.7	6	1.50
	合计										41.27

表 9-8　M$_{7-2}$ 煤层开采时瓦斯涌出量

被保护层	煤层编号	关系	煤厚/m	采高/m	围岩瓦斯涌出系数 K_1	工作面丢煤瓦斯涌出系数 K_2	巷道预排瓦斯涌出影响系数 K_3	邻近层瓦斯排放率 η_i	煤层原始瓦斯含量 W_0/(m³/t)	残存瓦斯含量 W_c/(m³/t)	向开采层瓦斯涌出量 Q_1/(m³/t)
M$_{7-2}$煤层	M$_{7-2}$层	本层	0.85	1.01	1.2	1.03	0.8		11.8	6	5.8
	M$_5$层	上邻近层	0.07	1.01				0.75	13.32	6	0.79
	M$_{6-1}$层		0.15	1.01				0.8	13.32	6	1.82
	M$_{6-2}$层		0.2	1.01				0.9	13.32	6	2.72
	M$_{6-3}$层		0.4	1.01				0.9	13.32	6	5.45
	M$_{7-1}$层		0.3	1.01				0.8	11.8	6	3.57
	M$_8$层	下邻近层	2.6	1.01				0.41	21.34	6	6.34
	M$_9$层		0.21	1.01				0.4	17.76	6	1.72
	M$_{10}$层		0.33	1.01				0.2	16.65	6	1.28
	M$_{11}$层		0.52	1.01				0.15	13.65	6	1.28
	M$_{12}$层		0.73	1.01				0.1	17.74	6	1.50
	合计										32.27

采煤工作面绝对瓦斯涌出量与相对瓦斯涌出量转化按照按公式(9-20)计算。

$$q_{绝} = \frac{q_{采} \cdot T_日}{1440} \tag{9-20}$$

式中，$q_{绝}$ 为工作面回采绝对瓦斯涌出量，m³/min；$q_{采}$ 为工作面回采相对瓦斯涌出量，m³/t；$T_日$ 为工作面日产量，t；1440 为 1 天 1440min。

石壕煤矿保护层煤层 M$_6$ 和 M$_{7-2}$ 开采过程中，按年工作日 330 天计算，年产 0.30Mt 的 M$_6$ 保护层煤层单工作面日产量为 909t；年产 0.3Mt 的 M$_{7-2}$ 保护层煤层工作面单面日产量为 909t，计算的绝对瓦斯涌出量结果见表 9-9。

表 9-9　采煤工作面绝对瓦斯涌出总量

项　目	绝对瓦斯涌出量/(m³/min)	备　注
M$_6$ 保护层煤层	41.27	
M$_{7-2}$ 保护层煤层	32.27	不采 M$_6$ 保护层

根据煤层突出危险性，最终石壕煤矿选取 M$_6$ 煤层为保护层开采，M$_{7-2}$ 和 M$_8$ 作为被保护层开采。被保护的 M$_{7-2}$、M$_8$ 煤层在开采过程中的瓦斯涌出量预测主要采用矿山统计法，根据前期开采实践统计：M$_{7-2}$ 煤层被保护后开采时相对瓦斯涌出量为 7m³/t，M$_8$ 煤层被保护后开采时相对瓦斯涌出量为 3.5m³/t。

按年工作日 330 天计算，年产 0.30Mt 的 M$_{7-2}$ 被保护煤层单工作面日产量为 909t，开采时绝对瓦斯涌出量为 7×909/1440=4.42m³/min。同理，年产 0.90Mt 的 M$_8$ 被保护煤层单工作面日产量为 2727t，开采时绝对瓦斯涌出量为 3.5×2727/1440=6.63m³/min。

9.2.2　突出矿井生产部署合理化管控实例

以松藻矿区打通一矿为例，分析如何进行矿井部署管控及取得的效果。具体内容包括矿井开采基本地质条件，开采布置方式，"采、掘、抽"作业关系，矿井部署管控(管理办法的制定、部署编制、审核、执行、检查、考核)，安全，生产效果等。

1. 打通一矿基本情况

打通一矿于 1970 年建成投产，最初设计产能为 $60×10^4$t/a。经几次扩建后，矿井设计产能为 $240×10^4$t/a，是松藻矿区规模最大的主力矿井(目前核定产能为 $180×10^4$t/a)，属于煤与瓦斯突出矿井。矿井采用立井+斜井混合开拓方式，采用倾斜长壁综合机械化开采。矿井目前有 3 个开采水平面、4 个采区，生产系统相对复杂。矿井属于近水平缓倾斜多煤层开采，可采煤层有 3 层，分别为 M_6、M_7、M_8 煤层，煤层倾角为 $0°\sim15°$。M_6 煤层不稳定，目前开采 M_7、M_8 煤层，均具有突出危险；M_6、M_7 为弱突出煤层，均为薄煤层，平均厚 $0.8\sim1.1$m；M_8 为强突出煤层。埋深为 451m 时测定 M_7 煤层原始瓦斯压力为 1.62MPa，煤层原始瓦斯含量为 19.49m^3/t，开采期间一次最大突出强度为 59t/次，平均突出强度为 7.47t/次；M_8 煤层为中厚煤层，平均厚 2.5m，埋深为 456m 时测定煤层原始瓦斯压力为 2.90MPa，煤层原始瓦斯含量为 19.6m^3/t，开采期间一次最大突出强度为 1408t/次，平均突出强度为 476.33t/次。根据松藻矿区保护层选择依据的原则，在开采煤层均具有突出危险的条件下，矿井以突出危险性相对较弱的 M_6、M_7 煤层作为上保护层先行开采，在保护范围内后续开采 M_8 煤层。

打通一矿根据近水平-缓倾斜开采煤层的具体情况，在采区布置中形成了近水平-缓倾斜煤层采区(盘区)布置模式，矿井采区巷道布置示意图如图 9-8 所示。

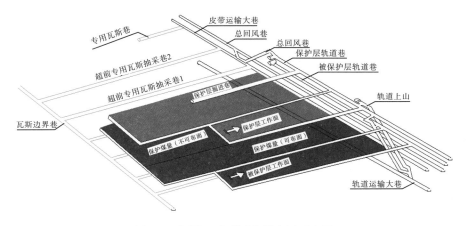

图 9-8　打通一矿采区巷道布置示意图

从图 9-8 可知，矿井主要开拓、准备巷道(瓦斯抽采巷)大多布置在煤系底板的茅口灰岩中，形成一个煤系底板的茅口网，以解决煤层开采和巷道掘进的瓦斯抽采问题。底板巷道形成后，从底板巷道施工斜坡、石门的方式进入保护煤层，布置煤层开拓系统和工作面，保护层开采后，进入被保护煤层布置巷道和开采。

打通一矿按照生产能力大小布置 2～3 个盘区，开拓、准备、回采已打破分区界线。为了保障矿井煤炭产量的可持续性，矿井布置一个 M_8 被保护层主采工作面和两个 M_6，或者 M_7 保护层配采工作面，以两个薄煤层工作面保护一个中厚煤层工作面，同时考虑到煤层防突和接替要求，每个回采工作面再配备一个备用工作面，同时也配备一定数量的掘进工作面。

保护层采用对拉工作面布置方式，被保护层采用单工作面布置方式，回采工作面均采用倾斜长壁法仰斜开采。瓦斯抽采巷道与保护层回采巷道重叠布置于底板茅口灰岩内，以解决保护层回采巷道掘进前的抽采防突问题及被保护层瓦斯预抽、卸压抽、残抽和采空区抽采问题。

2. 矿井"掘、抽、采""三超前"时空管控规定

1）矿井"掘、抽、采""三超前"的空间规定

根据松藻矿区煤层突出危险严重、采前必须消突的要求，矿区以掘进超前、抽采超前、保护层开采超前为策略进行瓦斯抽采和煤炭开采。根据现场生产实际情况的分析，对近水平-缓倾斜煤层开采条件下空间层面上的"三超前"必须满足最低超前指标。

（1）掘进超前空间规定。

空间层面上实现掘进超前是为了给待接替煤层区域的采前预抽与工作面的准备提供施工空间条件，打通一矿空间层面上的掘进超前必须满足的最低指标如图 9-9 所示。

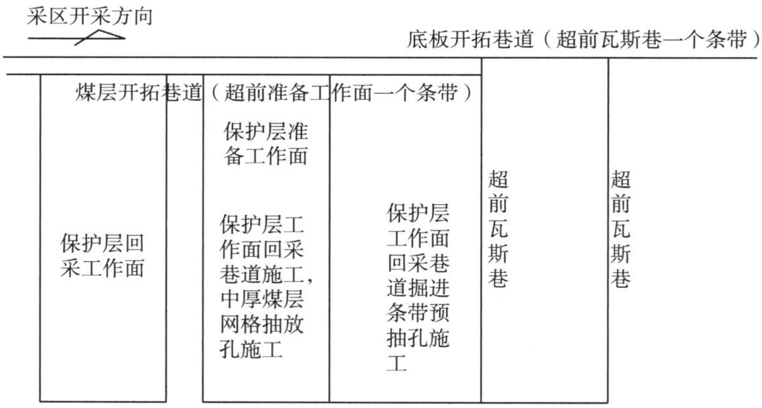

图 9-9　打通一矿空间层面掘进超前示意图

由图 9-9 可知，煤层开拓巷道必须超前保护层准备工作面一个条带，确保下一个工作面的施工具备空间条件；底板开拓巷道必须超前瓦斯巷一个条带，确保下一个瓦斯巷的施工具备空间条件；必须有两条瓦斯巷超前保护层准备工作面，确保下一个保护层准备工作面煤层巷道掘进条带抽采钻孔的施工。

（2）抽采超前空间规定。

空间层面实现抽采超前是为了给待接替煤层区域提供采前预抽空间条件，进而保障足

够充分的抽采时间使煤层消除突出危险性，保障煤炭安全高效开采。

打通一矿煤层回采工作面均实现了综合机械化开采，煤层掘进工作面也实现了综掘。根据打通一矿掘进条带预抽、回采工作面本层采前预抽、被保护层网格预抽条件下各种预抽技术抽采达标时间的经验值并结合掘进工作面的掘进速度、回采工作面的回采速度统计，空间层面抽采超前必须满足的最低指标见表 9-10。

表 9-10　抽采超前空间最低控制指标

序号	项　目	最少超前距离/m
1	突出薄煤层巷道掘前掘进条带预抽采	600
2	突出薄煤层回采工作面本层采前预抽采	600
3	突出中厚煤层巷道掘前掘进条带预抽采	1000
4	突出中厚煤层回采工作面开采前本层预抽采	全部完工
5	薄煤层开采时，中厚煤层网格预抽采	300

（3）保护层开采超前空间规定。

被保护层的受保护范围受与保护层的距离及卸压角影响，卸压角一般小于 90°，这就要求随着层间距的增大及卸压角的减小，保护范围应随之减小。因此，为了实现矿井煤炭产量的提高，必须要保证主采的中厚煤层开采范围的加大，需要合理配比保护层工作面与被保护层工作面开采面积，一般要求保护层/被保护层保面积比不低于 1∶1.2。

2）矿井"掘、抽、采""三超前"时间规定

经过实践总结，松藻矿区近距离煤层群开采，强化"矿井三区配套、三超前"的生产部署管理。对矿井安全管理、生产组织效果明显，意义重大。

（1）掘进超前时间规定。

开拓区超前准备区 5～8 年。综合矿区开拓方式、开采方法、掘进水平，条带预抽钻孔施工、水力压裂、预抽时间等因素，为了保证开拓区巷道掘进与准备区煤层气预抽相互衔接，开拓区主要开拓巷道（包括运输大巷、轨道大巷、回风大巷、底板专用瓦斯抽采巷）超前准备区工序（包括条带预抽、石门揭煤预抽等）5～8 年。制定年度生产计划时应根据矿井采掘部署设计，列出需要开掘的巷道名称、断面、长度等，安排足够的施工力量保证超前时间的完成，为条带预抽、石门揭煤预抽提供时间保障。

开采水平可采储量剩余服务年限不足 8 年，新水平必须进行延深施工。

开拓煤量可采期不小于 5 年，准备煤量可采期不小于 18 个月，回采煤量可采期不小于 1 年。通过对 3 个煤量可采期的规定，从开采角度保证开拓、准备、回采工作的顺利衔接。

在水平生产能力开始递减前 1～1.5 年，必须完成接替水平的基本井巷工程、安全系统、安装工程。水平接替是矿井采掘接替工作最为重要的环节，新水平井巷工程、安装系统、安装工程工作量大，难以在短期内构成生产系统，形成生产能力，必须对接替水平提早计划，提前准备，保证原生产水平生产能力开始递减前 1～1.5 年，完成接替水平的基本井巷工程、安全系统、安装工程，从而保证矿井产量平稳。

在采区(盘区)生产能力开始递减的前6个月,接替采区(盘区)必须完成设备安装并调试运转正常。

(2)瓦斯抽采超前时间规定。

准备区瓦斯抽采超前回采区煤层开采2～3年。保护层、被保护层煤层开采之前必须采取综合预抽措施,保证抽采达标,其中准备区是煤层气抽采的主要环节,综合预抽措施包括石门揭煤瓦斯预抽、保护层条带预抽、保护层顺层预抽、被保护层预抽,在揭煤瓦斯预抽、保护层条带预抽、保护层顺层预抽中,采用了水力割缝、水力压裂、中压注水等增透强化措施。为了确保足够的煤层气预抽时间,保证抽采达标,实现煤层气预抽和煤炭安全开采的衔接,准备区煤层气抽采应超前回采区煤炭开采2～3年。

首采薄煤层保护层掘进前的本层预抽不少于12个月。回采前的保护层顺层预抽时间不少于3个月。

(3)保护层开采超前时间规定。

保护层工作面的回采巷道采前形成时间不少于12个月,以满足首采层工作面本层先抽后采的要求;接续采区首采工作面至少提前6个月具备生产条件;采煤工作面相邻接替间隔时间(动压期)必须超过3个月;矿井抽采达标保护煤量可采期不得少于6个月,可供布面的被保护煤量可采期不得少于12月。

3. 矿井生产部署管控与执行

矿井制定了生产部署管理办法,纳入矿井安全、生产管理的重要管理工作中。矿井成立以矿长为组长、总工程师为副组长的生产部署管理领导小组。为了实现矿井采掘接替的有序进行,矿井每年必须编制生产部署3～5年规划、一年生产计划,内容包括执行时间段内的产量、掘进进尺计划、瓦斯抽采治理计划、重节点工程目标和时空形象工程计划及其保障措施,并应重点考虑为突出煤层瓦斯治理提供超前空间与时间。矿井每季度进行部署分析,每半年进行部署检查,每年进行生产部署审查和检查,并严格考核。这样确保矿井安全生产可持续发展。

矿井生产部署管控,应能使矿井生产满足如下时空要求。

(1)确保发展后劲,水平、采区接替不脱节。要求在水平生产能力开始递减前2～3年,要完成接替水平的基本井巷工程、安全系统、安装工程;在采区(盘区)生产能力开始递减的前6个月,接替采区(盘区)要布置好,设备安装并调试运转正常;在回采工作面停采前1个月,接替回采工作面要安装调试正常,具备正常生产条件,回采工作面接替交叉回采时间不少于1个月。

(2)确保正常生产,合理确定矿井"掘进超前、瓦斯抽采超前、保护层开采超前"结构性指标,做到"掘、抽、采"协调、平衡、合理,并严格执行。

总之,矿井在煤层开采顺序、开采布置方式确定的基础上,合理确定"三超前"结构性指标并严格执行,是保证生产部署计划按期落实到位的重要手段。通过对矿井生产现场的实践经验总结分析,可以确定"掘进超前、瓦斯抽采超前、保护层开采超前"的合理时空关系,真正做到"以掘保抽、以抽保采、以保护层开采促进被保护层开采"的良性循环,最终实现矿井"掘、抽、采"关系的动态平衡,并严格按照生产部署管控技术指标进行定期检查、评估和调整。

4. 打通一矿生产部署管控效果评价

1)"三超前"评分

"三超前"得分情况见表 9-11 至表 9-13。

表 9-11　掘进超前得分情况表

指标	时间规定	空间规定	评分细则	得分
掘进开拓巷道超前(5分)	在接替水平、采区(盘区)的接替回采工作面投产时,必须提前完成接替回采工作面设计所需要的所有开拓进尺,且对有煤与瓦斯突出、水文地质条件极其复杂、有冲击地压、煤巷掘进机械化程度与综合机械化采煤程度的比值小于0.7的矿井至少提前3年完成,其他矿井至少提前2年完成,并形成两个安全出口和独立的通风系统	(1)倾斜条带长壁布置方式的矿井,其主要的开拓巷道按接替方向超前距离规定:对有煤与瓦斯突出、水文地质条件极其复杂、有冲击地压、煤巷掘进机械化程度与综合机械化采煤程度的比值小于0.7的矿井至少超前2个工作面条带的走向长度的位置,其他矿井至少超前1个工作面条带的走向长度的位置 (2)走向长壁布置方式的矿井,其主要的开拓巷道按接替方向超前距离规定:对有煤与瓦斯突出、水文地质条件极其复杂、有冲击地压、煤巷掘进机械化程度与综合机械化采煤程度的比值小于0.7的矿井至少超前2个工作面长度的位置,其他矿井至少超前1个回采工作面长度的位置,并形成独立的通风系统	符合时间规定要求的得2.5分;否则得0分 符合空间规定要求的得2.5分;否则得0分	5分
掘进准备巷道超前(5分)	在接替采区(盘区)的接替回采工作面投产时,必须提前完成接替回采工作面设计需要的所有准备进尺,保障有足够的安装、瓦斯治理时间,且对有煤与瓦斯突出、水文地质条件极其复杂、有冲击地压、煤巷掘进机械化程度与综合机械化采煤程度的比值小于0.7的矿井提前2年完成,其他矿井提前1年完成,并形成两个安全出口和独立的通风系统	(1)倾斜条带长壁布置方式的矿井,其专用瓦斯巷道按接替方向规定:对有煤与瓦斯突出、水文地质条件极其复杂、有冲击地压、煤巷掘进机械化程度与综合机械化采煤程度的比值小于0.7的矿井至少超前完成2个工作面条带的瓦斯巷道,其他矿井至少超前1个工作面条带的瓦斯巷道,并形成独立回风系统 (2)走向长壁开采方式的矿井,按照接替方向、阶段(或区段)大巷石门、及石门回风上(下)山超前距离规定:对有煤与瓦斯突出、水文地质条件极其复杂、有冲击地压、煤巷掘进机械化程度与综合机械化采煤程度的比值小于0.7的矿井至少提前揭穿3个石门,其他矿井至少提前揭穿2个石门,并形成独立的通风系统	符合时间规定要求的得2.5分;否则得0分 符合空间规定要求的得2.5分;否则得0分	5分
掘进回采巷道超前(5分)	在上一个(保护层)开采结束时,提前完成接替回采工作面投产的所有回采巷道进尺,且对有煤与瓦斯突出煤层的接替回采工作面至少提前12个月完成,对无煤与瓦斯突出煤层的接替采面至少提前3个月完成,留有足够的本层瓦斯治理、设备安装时间	突出煤层:接替回采工作面至少提前1个月具备回采条件 非突出煤层:接替回采工作面至少提前0.5个月具备回采条件	符合时间规定要求的得2.5分;否则得0分 符合空间规定要求的得2.5分,否则得0分	5分
当年进尺结构(5分)	完成当年总进尺计划(2分) 完成当年开拓巷道进尺计划(1分) 完成当年准备巷道进尺计划(1分) 完成当年回采巷道进尺计划(1分)		完成一项得满分;否则得0分	3分
小计		X_1		18分

表 9-12　瓦斯抽采超前得分情况表

指标	时间规定	空间规定	评分细则	得分
条带预抽瓦斯超前 (5分)	抽采达标超前时间 不少于1个月	达标超前距离不小于300m	符合时间规定要求得2.5分, 否则得0分;符合空间要求得 2.5分,否则按比例扣分	5分
本层预抽瓦斯超前 (5分)	抽采达标超前时间 不少于1个月	达标超前距离不小于300m	符合时间规定要求得2.5分, 否则得0分;符合空间要求得 2.5分,否则按比例扣分	5分
石门预抽瓦斯超前 (5分)	抽采达标超前时间 不少于1个月	符合石门揭煤抽放钻孔设计(或 防突措施规定)的控制范围	符合时间规定要求得2.5分, 否则得0分;符合空间要求得 2.5分,否则得0分	5分
穿层网格抽采瓦斯 超前(5分)	超前抽采时间不少 于3个月	超前不小于300m	符合时间规定要求得2.5分, 否则得0分;符合空间要求得 2.5分,否则按比例扣分	5分
邻近层抽采瓦斯超 前(5分)	超前抽采时间不少 于1个月	在工作面投产前,在回采工作面 独立的通风系统内完成设计的 所有邻近层抽采钻孔	符合时间规定要求得2.5分, 否则得0分;符合空间要求得 2.5分,否则得0分	2.5分
小计		X_2		22.5分

表 9-13　保护层开采超前得分情况表

指标	时间规定	空间规定	评分细则	得分
保护层开 采超前 (15分)	按照矿井计划厚保比要求,期末 抽采达标的保护层煤量可采期 不得小于5个月(3分) 被保护层采掘活动必须滞后保 护层开采3个月的动压期(3分)	保护层面积/主采层面积不小于1.2(3分) 被保护层工作面投产前,其接替工作面 必须完全受保护(按照设计)(3分) 保护层超前被保护层采掘活动不少于 100m(3分)	符合时间规定得6分, 一项未完成扣3分 符合空间规定要求 得9分,一项未完成 扣3分	15分
小计		X_3		15分

2)"五量"可采期评分

"五量"可采期得分情况见表 9-14。

表 9-14　"五量"采期得分情况表

序号	指标名称	煤与瓦斯突出矿井	高瓦斯矿井	水文地质类型极其复杂矿井	水文地质类型复杂矿井	冲击地压矿井	煤巷掘进机械化程度与综合机械化采煤程度的比值小于0.7的矿井	其他	评分细则	得分
1	开拓煤量可采期/年	≥5	≥4	≥5	≥4	≥5	≥3	≥3	符合控制指标 得8分;否则 得0分	8分
2	准备煤量可采期/月	≥14	≥12	≥14	≥14	≥14	≥14	≥12	符合控制指标 得8分;否则 得0分	8分
3	回采煤量可采期/月	≥5	≥5	≥5	≥5	≥5	≥5	≥5	符合控制指标 得8分;否则 得0分	8分
4	保护层抽采达标煤量可采期/月	≥5							符合控制指标 得8分;否则 按照比例扣分	6.2分

续表

序号	指标名称	煤与瓦斯突出矿井	高瓦斯矿井	水文地质类型极其复杂矿井	水文地质类型复杂矿井	冲击地压矿井	煤巷掘进机械化程度与综合机械化采煤程度的比值小于0.7的矿井	其他	评分细则	得分
5	可供布置的被保护煤量可采期/月	≥12							符合控制指标得8分；否则按照比例扣分	7分
6	合计				X_4					37.2

3) 矿井生产部署得分

矿井生产部署得分如下：

$$X = X_1 + X_2 + X_3 + X_4 = 92.7（分）$$

打通一矿的矿井生产部署评价等级为生产部署主动。

4) 打通一矿生产部署整体评价

打通一矿是松藻矿区规模最大的主力矿井(核定 $180×10^4$ t/a)，2019 年实际生产能力达 $168×10^4$ t/a。但该矿井在 20 世纪 70 年代生产能力只有 $60×10^4$ t/a 左右，20 世纪 80~90 年代末也只有 $80×10^4$~$100×10^4$ t/a。2000~2010 年，矿井生产能力在 $100×10^4$ t/a 以内。该矿井曾经几度采掘部署失调，接替紧张，生产组织困难，产量较低，瓦斯超限严重，突出频繁，安全事故较多，百万吨死亡率均在 1 以上，个别年份百万吨死亡率达到 8。1995 年以后，矿井通过摸索总结，率先提出并实行生产部署技术指标管控并严格考核，矿井生产能力逐年提升(从 1986 年的 $84×10^4$ t/a 提升到 2019 年的 $168×10^4$ t/a)；安全效果逐年改善，近二十多年来，百万吨死亡率降低到 1 以下，为 0.67，近十年百万吨死亡率为 0.71，近五年百万吨死亡率为 0.52。近两年实现了零死亡的安全效果。矿井开拓煤量、准备煤量、回采煤量可采期均满足国家规定，通过部署管控技术指标综合评价，矿井生产部署得分大于 90 分，矿井生产部署等级为部署主动，生产能力稳步提升，并形成了良性持续发展态势，安全效果逐年好转，这些成果的取得除依靠科技进步外，还与矿井全面推行"三超前、五量"的合理部署管控关系十分密切。

9.2.3　低透气性突出煤层增透与瓦斯抽采技术

1. 渝阳煤矿瓦斯综合抽采

1) 渝阳煤矿基本情况

渝阳煤矿位于重庆市松藻矿区中部，紧临渝黔交界处。行政区划属于重庆市綦江区安稳镇和石壕镇。开采标高为 +700~-300m，矿井可采煤层为 M_8 煤层和 M_7 煤层，M_7 煤层平均厚度为 0.9m，M_8 煤层平均厚度为 2.8m。矿井于 1966 年开始建设，于 1971 年投产，原设计生产能力为 $45×10^4$ t/a，1983 年达产，1990 年进行 $(45~90)×10^4$ t/a 扩建，2011 年矿井核定生产能力为 $90×10^4$ t/a。矿井年瓦斯抽采量为 $(5100~5300)×10^4$ m^3，矿井抽采率为 68%~70%。

N3704 工作面位于-200m 水平北三东区，采用走向长壁后退式仰斜开采。M$_7$ 煤层作为上保护层首先回采，煤层倾向为 340°～357°，倾角为 8°～15°，平均煤厚为 0.80m，煤层透气性系数为 0.002486m^2/(MPa^2·d)，原始瓦斯含量为 11.57～20.14m^3/t。上邻近层为 M$_{6-1}$ 煤层和 M$_{6-3}$ 煤层，均为不可采煤层；M$_{6-1}$ 煤层平均厚度为 0.3m，M$_{6-3}$ 煤层平均煤厚为 0.50m，煤层透气性系数为 0.012028m^2/(MPa^2·d)，原始瓦斯含量为 8.89～19.99m^3/t；M$_{6-3}$ 煤层距离 M$_7$ 煤层平均层间距为 9.9m，M$_{6-1}$ 煤层距离 M$_7$ 煤层平均层间距为 16m。下邻近层为 M$_8$ 煤层，平均煤厚为 2.71m，煤层透气性系数为 0.006924m^2/(MPa^2·d)，原始瓦斯含量为 16.11～24.08m^3/t，平均层间距为 7.11m。M$_7$ 煤层和 M$_8$ 煤层均为煤与瓦斯突出煤层，为消除突出威胁，矿井采取穿层网格预抽、本煤层顺层钻孔预抽和穿层钻孔卸压抽采等综合立体瓦斯抽采技术。

2) 钻孔布置方式

(1) 穿层钻孔抽采技术。

①条带钻孔。M$_7$ 煤层作为保护层开采，施工预抽钻孔前实施水力压裂增透技术，实行分层压裂，压裂孔间距为 60～100m。在专用瓦斯巷内布置穿层钻孔，钻场间距为 6.5m，钻孔间距为 6m，间隔穿过 M$_7$ 煤层和 M$_{6-3}$ 煤层，终孔孔径不小于 75mm，采用 Φ40mm 筛管全程下套，钻孔布置如图 9-10 所示。

②网格钻孔。针对被保护层的瓦斯治理，施工预抽钻孔前实施水力压裂增透技术，实行综合压裂，压裂钻孔间距为 60～100m。在专用瓦斯巷内布置穿层网格钻孔，钻场间距为 6.5m，钻孔间距为 8m，抽采钻孔穿过 M$_8$ 煤层，终孔孔径不小于 75mm，采用 Φ40mm 筛管全程下套，钻孔布置如图 9-10 所示。

(2) 本层钻孔抽采技术。

对保护层工作面回采区域的瓦斯治理钻孔施工是在运输巷、回风巷向工作面施工，钻孔间距为 3～6m，在工作面中部形成对接，对接范围不超过抽采半径，孔径不小于 94mm，采用 Φ32mm 整体式筛管钻杆内下全套，采用膨胀水泥"两堵一注"带压封孔，钻孔布置如图 9-11 所示。

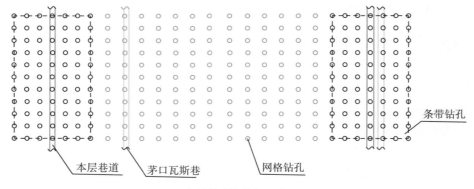

本层巷道　　茅口瓦斯巷　　　　网格钻孔　　　　条带钻孔

(a)穿层抽采钻孔布置平面图

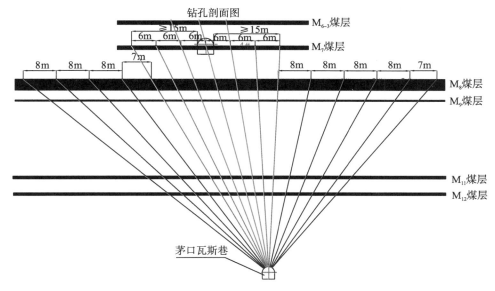

(b)穿层抽采钻孔布置剖面图

图 9-10　穿层抽采钻孔布置图

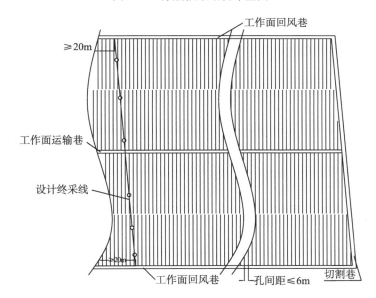

图 9-11　本层抽采钻孔布置图

(3)上邻近层穿层钻孔卸压抽采技术。

为解决上邻近层卸压瓦斯涌向回采工作面而造成工作面瓦斯浓度超限的问题,在本煤层工作面回风巷施工上邻近层穿层,钻场间距为 13m,钻孔间距为 10m,终孔 M_{6-1} 煤层,主要抽采回采过程中来自上邻近层的卸压瓦斯,钻孔布置如图 9-12 所示。

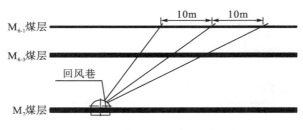

图 9-12　上邻近层抽采钻孔布置图

3) 瓦斯抽采效果

通过定期测定抽采参数，统计得出：

(1) 穿层钻孔单孔瓦斯浓度为 30%～90%，平均浓度为 45%，单孔平均抽采纯流量为 $0.004m^3/min$。

(2) 本层钻孔单孔瓦斯浓度为 45%～95%，平均浓度为 50%，单孔平均抽采纯流量为 $0.006m^3/min$。

(3) 上邻近层钻孔单孔卸压瓦斯浓度为 60%～90%，平均浓度为 75%，单孔平均抽采纯流量为 $0.01m^3/min$。

(4) N3704 工作面抽采时间为 385 天，预抽率为 72.6%，实测 M_{7-2} 煤层最大残余瓦斯含量为 $6.9514m^3/t$，实现抽采达标。

2. 水力压裂石门快速揭煤技术

1) 水力压裂石门快速揭煤技术工艺

重庆地区煤层松软、透气性差，采取传统的穿层钻孔作为石门区域瓦斯抽采措施存在抽采浓度低、流量小，抽采效果差，石门揭煤时间长的情况。水力压裂石门快速揭煤技术就是在突出煤层石门揭煤过程中，在实施区域防突措施前首先对石门揭煤区域煤层进行水力压裂，增加煤层透气性，然后再施工抽采钻孔预抽石门揭煤区域瓦斯，提高钻孔抽采流量、浓度，减少抽采达标时间，达到减少区域预抽钻孔工程量和缩短整个揭煤时间的目的。水力压裂石门快速揭煤技术具体工艺流程如图 9-13 所示。

石门快速揭煤技术的核心是水力压裂技术，整个水力压裂流程为压裂钻孔施工→封孔→压裂设备试运行→试压→压裂→保压→排水。该技术在近距离煤层群揭煤效果最佳。在实施水力压裂时需要考虑水力压裂安全边界要求，其压裂钻孔封孔长度参考本书第 5 章计算，封孔长度一般超过 15m。

2) 水力压裂石门快速揭煤技术应用及效果

逢春煤矿+380N3#抬高石门为 N2631 工作面的准备巷道，巷道需穿 M_8 煤层、M_{7-2} 煤层、M_{7-1} 煤层、M_{6-3} 煤层，揭煤区域 M_8 煤层厚度为 1.5m，M_{7-2} 煤层厚度为 1.2m，M_{7-1} 煤层厚度为 0.3m，M_{6-3} 煤层厚度为 1.1m，煤层倾角为 55°，煤层之间的间距为 7.5m、1.1m、2.6m，是典型的急倾斜近距离煤层群，揭煤区域煤层埋深约为 500m。

在抬高石门碛头距离 M_8 煤层法向距离 10m 外，按照规范要求测得+380N3#抬高石门揭煤区域对应 M_8 煤层瓦斯含量最大为 $25.87m^3/t$，M_{7-2} 煤层瓦斯含量最大为 $19.85m^3/t$，

M_{6-3} 煤层瓦斯含量最大为 $18.82m^3/t$，M_9 煤层瓦斯含量最大值为 $18.67m^3/t$，揭煤区域煤层均具有突出危险性。

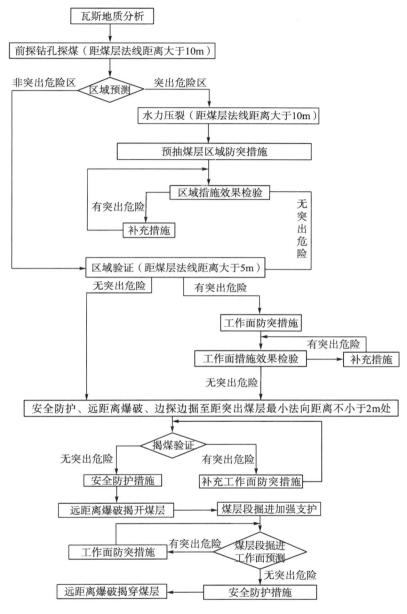

图 9-13　水力压裂快速石门揭煤工艺流程图

（1）压裂设计及施工。

对+380N3#抬高石门揭煤区域防突措施主要采取"水力压裂+穿层网格预抽"。穿层钻孔按 4.2m×3.4m 网格布置，控制巷道轮廓线上方 20m、下方 6m、左右两帮各 12m。控制范围正中的 32#孔作为水力压裂钻孔，其余钻孔为预抽钻孔，压裂钻孔封孔长度为 15m。压裂

钻孔终孔施工至 M_{6-3} 煤层顶板 0.5m，封孔至 M_8 煤层底板 0.5m，钻孔布置如图 9-14 所示。

对 M_8 煤层至 M_{6-3} 煤层之间的煤层实施联合压裂，共计压裂 12 小时 15 分，累计压入水量为 131m³，注水压力为 35MPa 左右，压裂结束后保压 5 天，然后进行穿层钻孔施工，并完成接抽。

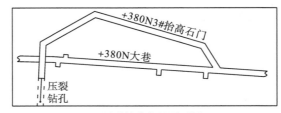
(a)压裂钻孔布置平面图

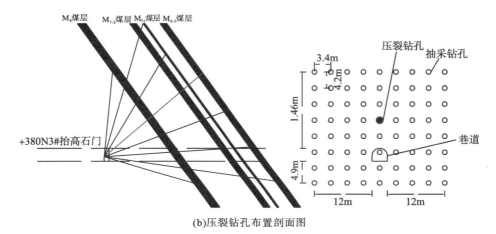
(b)压裂钻孔布置剖面图

图 9-14　石门压裂钻孔布置示意图

（2）压裂后的抽采。

将水力压裂后的+380N3#抬高石门抽采效果与未压裂+380N2#抬高石门预抽情况进行了对比，结果如图 9-15 所示。

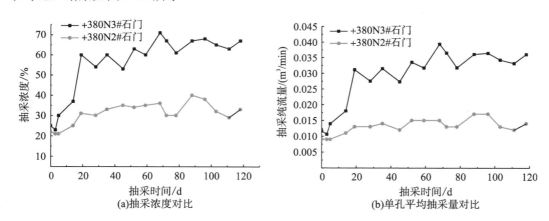

图 9-15　石门压裂后抽采效果对比图

实施水力压裂后的+380N3#抬高石门预抽钻孔的平均抽采浓度为 55%，单孔平均抽采纯流量为 0.025m³/min；未实施压裂的+380N2#抬高石门预抽钻孔的平均抽采浓度为 30%，单孔平均抽采纯流量为 0.013m³/min。实施水力压裂后的+380N3#抬高石门抽采纯流量相比+380N2#抬高石门提高了 1 倍。

(3) 抽采效果检验。

抽采后，对+380N3#抬高石门揭煤区域煤层进行防突措施效果检验，检验结果见表 9-15。分步揭煤中+380N3#抬高石门和+380N2#抬高石门检验指标对比见表 9-16。由表 9-16 可以看出：①采取措施之后，两个抬高石门揭煤区域所测突出指标均不超临界值；②+380N3#抬高石门揭煤区域煤层突出危险指标 K_{1max} 明显小于未压裂的+380N2#抬高石门揭煤区域煤层突出危险性指标，压裂区域煤体的 K_{1max} 的平均值为 0.30，相比较未压裂区域的 K_{1max} 的平均值 0.37，降低了 18.9%；压裂区域煤体的 K_{1max} 的最大值为 0.38，相比较未压裂区域的 K_{1max} 的最大值 0.45，降低了 15.5%；③压裂区域煤体钻屑量 S_{max} 值与未压裂区域煤体 S_{max} 值相比，有所增加，压裂区域煤体 S_{max} 的平均值为 3.79，相比较未压裂区域煤体 S_{max} 的平均值 3.32，增加了 14.2%；压裂区域煤体 S_{max} 的最大为 4.8，相比较未压裂区域煤体 S_{max} 的最大值 3.8，增加了 26.3%。压裂区域煤体钻屑量 S_{max} 相对未压裂区域煤体钻屑量 S_{max} 显著增加，是因为水力压裂破坏了煤体的完整性。

表 9-15　煤层残余瓦斯含量与区域瓦斯检验结果表

石门名称	煤层	残余瓦斯含量/(m³/t)				区检验结果	备注
+380N3#抬高石门	M₈ 煤层	4.21	4.67	7.59	7.70	无突出危险区	压裂
	M₇ 煤层	4.30	4.50	—	—	无突出危险区	
	M₆ 煤层	5.01	5.46	5.68	5.40	无突出危险区	

表 9-16　+380N3#抬高石门与+380N2#抬高石门检验指标对比

揭煤步骤	指标	效果检验	5m 垂距	3m 垂距	2m 垂距	过煤门	备注
+380N3#抬高石门 M₈ 煤层	K_{1max} S_{max}	0.38 4.20	0.32 4.20	0.28 4.60	0.37 4.40	0.33 2.80	压裂
+380N2#抬高石门 M₈ 煤层	K_{1max} S_{max}	0.39 3.60	0.38 3.80	0.34 3.60	0.39 3.60	0.42 2.80	未压裂
+380N3#抬高石门 M₇ 煤层	K_{1max} S_{max}	0.22 4.80	0.35 4.80	0.36 3.60	0.30 3.60	0.32 2.60	压裂
+380N2#抬高石门 M₇ 煤层	K_{1max} S_{max}	0.45 3.70	———	0.37 3.40	0.31 3.40	0.40 2.60	未压裂
+380N3#抬高石门 M₆ 煤层	K_{1max} S_{max}	0.26 3.60	0.26 3.80	0.29 3.50	0.28 3.80	0.16 2.60	压裂
+380N2#抬高石门 M₆ 煤层	K_{1max} S_{max}	0.35 3.50	0.38 3.20	0.35 3.20	0.37 3.60	0.34 2.60	未压裂

(4) 水力压裂快速石门揭煤技术效果。

①区域预抽钻孔工程量显著降低。未压裂的+380N2#抬高石门钻孔间距为 2.3m×2.5m，共 99 个钻孔，实施压裂后+380N3#抬高石门钻孔间距为 3.4m×4.2m，共 72 个钻孔，压裂

后+380N3#抬高石门预抽穿层钻孔相比较未压裂+380N2#抬高石门钻孔工程量减少27%。

②石门揭煤时间大幅缩短。+380N3#抬高石门揭煤时间为 3 个月，未压裂的+380N2#抬高石门揭煤时间 8 个月，相比减少 5 个月以上。

③抽采效果显著提升。压裂的+380N3#抬高石门单孔抽采流量、抽采浓度相比未压裂区域抽采钻孔提高了 50%以上。

④单一石门揭煤防突成本节约 10 万余元。

3. 水力压裂边界条件控制

1）红岩煤矿概况

红岩煤矿地处四川盆地东南缘，万盛区北部，属丛林镇管辖，分为南北两翼。开拓方式为平硐+暗斜井，主平硐标高为+360m。矿井开采单一煤层，即开采 K_1 煤层，煤层平均厚 2.13m，开采标高为（+180m～±0m），采用走向长壁区内后退式采煤，顶板自然垮落法管理顶板，矿井设计生产能力为 0.6Mt/a。

红岩煤矿 3604 工作面开采煤层为 K_1（6 号）煤层，工作面煤体结构为Ⅱ～Ⅲ类，煤层硬度 f 为 0.58，工作面长度为 114m，煤层平均厚度为 1.7m，煤层瓦斯含量为 15.76m^3/t，煤层埋深为 600m，工作面地质构造简单。

2）水力压裂边界条件控制实施及效果

红岩煤矿 3604 工作面底板有+150m 抽采巷，埋深为 430m，巷道宽度为 4.5m，高度为 3.5m，是进行区域预抽的专用瓦斯抽采巷道。在 3604 工作面压裂前，运输巷与回风巷已经预先掘出。

（1）安全影响因素识别。对红岩煤矿 3604 工作面水力压裂区域开展安全影响因素识别，确定该工作面地质构造简单，无断层、水体、岩溶发育，无地质探孔、抽采钻孔，压裂区域内临空面运输巷和回风巷是影响安全的主要因素，+150m 抽采巷施工的水力压裂钻孔的封孔质量是影响安全的次要因素。

（2）地应力和围岩参数数据库构建。经现场取样、实验室测试，红岩煤矿 3604 工作面围岩基础力学参数见表 9-17。

表 9-17 红岩煤矿围岩基础力学参数

岩样	抗压强度/MPa	弹性模量/GPa	泊松比	抗拉强度/MP	黏聚力 c/MPa	内摩擦角 φ/(°)
顶板（页岩、泥质页岩）	89.01	35.58	0.23	5.25	19.49	64.15
底板（角砾岩、灰岩）	46.68	8.72	0.17	2.40	12.27	41.99
煤	6.35	2.29	0.15	0.65	1.39	42.84

（3）压裂方案设计。3604 工作面水力压裂编制了专项压裂设计，其中压裂钻孔孔径为 90mm，钻孔间距为 120m，封孔长度为 22～66m，采用"两堵一注"封孔方式，封孔段孔口采用聚氨酯裹棉纱封堵的办法，封堵段长度不小于 1.5m，中间注浆液主料为标号不小

于 425#的水泥，硅酸盐水泥：水配比为 1：1。压裂钻孔布置如图 9-16 所示。设计钻孔距离临空面运输巷和回风巷最小距离为 47m。

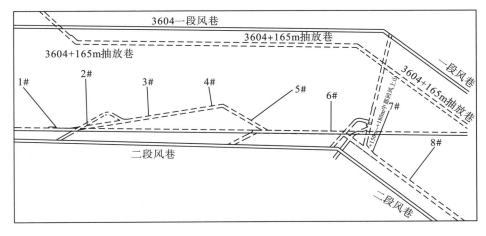

图 9-16　红岩煤矿 3604 工作面及压裂钻孔布置图

(4) 压裂施工前安全确认。按照压裂控制施工前安全确认单对红岩煤矿 3604 工作面水力压裂设计的安全边界进行确认，采用安全边界计算软件对封孔长度及临空面安全距离进行了计算，如图 9-17 所示。确定 3604 一段工作面水力压裂区域与工作面风巷最小安全边界距离为 32.8m，钻孔最小安全封孔长度计算值为 15m，均满足安全性要求。安全确认结果如图 9-18 所示。

图 9-17　压裂施工前安全边界计算过程

(5) 压裂施工安全确认。在开展压裂前后对 3604 工作面水力压裂现场施工安全进行确认，确认结果如图 9-19 所示。

(6) 压裂验收后评价改进。压裂实施过程中压裂孔封孔段未有压出水、渗水的情况；压裂后对工作面的临空面回风巷、运输巷进行了检查，未有压出水的情况出现，压裂全过程中没有发生任何意外，压裂效果较好，较好地完成了本工作面的水力压裂工作。

煤矿井下控制水力压裂设计安全管控清单

矿井名称：××××　　　　　　　　　　设计压裂地点：××××

序号	检查项目				确认结果	整改措施
1	地质条件	瓦斯地质	煤的性质	煤体强度（f值）不小于 0.2	✓	
				煤体结构类型为 IV 级及以上	✓	
			地质构造情况	开展了断层边界安全确认	✓	
				开展了岩溶边界安全确认	✓	
				开展了裂隙边界安全确认	✓	
		水文地质	已知水体	开展了已知水体边界安全确认	✓	
		安全岩柱	安全岩柱宽度	大于最小安全边界距离	✓	
		临空面	周边巷道情况	开展了井巷安全边界确认	✓	
			周边钻孔情况	开展了抽放、地质钻孔安全边界确认	✓	
			周边采空区	开展了采空区安全边界确认	✓	
2	施工方案及审批		设计内容	按照相关标准、技术规范设计	✓	
				经专家论证		
			审批程序	有规范的审批程序	✓	

确认人签字：××

××年 ×× 月×× 日

图 9-18　压裂施工前安全确认结果图

煤矿井下控制水力压裂现场施工安全管控清单

压裂孔孔号：××××　　　　　施工地点：××××　　　　　压裂时间：××××××

序号	检查项目			确认结果	整改措施
1	施工条件	作业环境	通风系统	全负压通风、瓦斯浓度低于 0.5%	✓	
			通信系统	压裂操作区域、警戒线位置各设置一部电话，且通话畅通，能与地面调度联系	✓	
			供风、供水、供电系统	风、水、电系统能够达到压裂系统要求	✓	
			巷道支护	顶板平整、支护稳定，无伪顶、悬矸、偏帮	✓	
			监测监控系统	设置有监测监控系统，图像、数据正常	✓	
			安全防护设施	设置有防火设施及消防沙	✓	
		封孔质量	封孔长度	大于最小安全封孔长度	✓	
			封孔位置	穿层压裂孔封孔至目标煤层底板	✓	
			封孔材料强度	抗压强度不小于 50MPa	✓	
2	施工设施	压裂设备要求	认证标志	具有"防爆合格证"和"MA"标志	✓	
			压裂泵组功能	过载保护、安全泄压保护	✓	
		管路要求	承压能力	大于压裂泵最大额定压力	✓	
			阀门	旋塞阀、泄压阀、闸阀可以完全开合、关闭	✓	
			密封性	管路系统密封性完好	✓	
3	人员配置及保障措施	人员配置	专业化队伍	配备技术、操作、指挥、安全人员等	✓	
				持证上岗	✓	
		保障措施	作业警戒	设置作业警戒线	✓	
			专项应急预案	有专项应急预案	✓	
4	压裂后		进入现场检查时间	压裂结束 30min 后经专业人员检查无异常情况方可进入	✓	
5	排采		孔口压力	表压降至 0.2MPa	✓	

确认人签字：××××

××年××月×× 日

图 9-19　压裂施工前后安全确认结果图

（7）控制水力压裂边界控制效果。

①在压裂前、压裂及压裂后，对现场条件开展了正确、全面的危险源辨识，保障了水力压裂安全、顺利实施。

②通过安全清单确认，最大幅度地降低了人的不安全行为对水力压裂安全施工的影响。

③从 2018 年开展水力压裂安全边界管控技术应用后，截至 2019 年底，应用该技术的地点均实施了安全压裂，可保证水力压裂过程的安全实施。

9.2.4　瓦斯灾害预测预警技术在重庆矿区的应用

1. KJA 矿井工作面瓦斯涌出动态特征突出预警系统

KJA 矿井工作面瓦斯涌出动态特征突出预警系统于 2017 年在重庆石壕煤矿、南桐煤矿完成应用。

南桐煤矿动态防突管理系统很好地实现了防突预测数据的规范化管理、防突措施钻孔及预测钻孔的自动绘制、多循环施工效果图的集中绘制等功能，实现防突信息的动态共享，提升矿井防突工作的精细化、规范化管理水平，保障工作面的安全施工。

南桐煤矿瓦斯涌出动态分析系统先后在-280m 7502 二段风巷、-325m 75003S 三段回采工作面、-450m 7607 下段机巷等采掘工作面进行了应用。系统的应用、分析效果如图 9-20 所示。

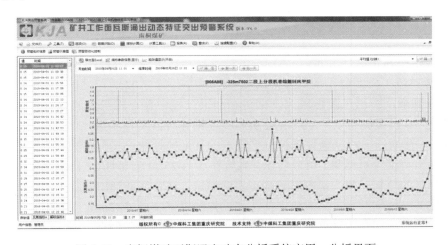

图 9-20　南桐煤矿瓦斯涌出动态分析系统应用、分析界面

现场应用证明,KJA 矿井工作面瓦斯涌出动态特征突出预警系统能准确分析工作面施工过程中的预测指标超标、揭露断层、煤层异常等突出危险情况下的瓦斯涌出变化特征，准确给出瓦斯涌出异常预警信息，详细分析如下。

1) 7502 二段风巷清掘

-280m 7502 二段风巷清掘是对原-280m 7502 一段机巷进行清掘，巷道全长为 573m。矿井虽采取了穿层高压水力割缝增透和穿层钻孔预抽瓦斯措施，但在巷道掘进过程中，依然有地质构造异常、瓦斯浓度偏高等情况。2017 年 5~8 月的施工过程中，巷道有揭露部分地质构造异常、日常预测指标偏高、煤层紊乱等情况：5 月 27 日至 6 月 5 日巷道遇到地质构造异常，6 月 10 日至 6 月 29 日的巷道施工过程中存在瓦斯浓度偏高、日常预测指标偏高情况，7 月 11 日有煤层紊乱情况等。瓦斯涌出动态分析系统根据采集瓦斯浓度变化情况进行了瓦斯涌出特征分析，给出如图 9-21 所示的瓦斯涌出特征分析结果。可以看出，系统从 5 月 27 日开始，在巷道异常区段给出了准确的分析结果，南桐煤矿根据现场实际情况，结合瓦斯涌出特征分析情况，对异常情况实施补设排放孔进行泄压，保障了巷道的安全施工。

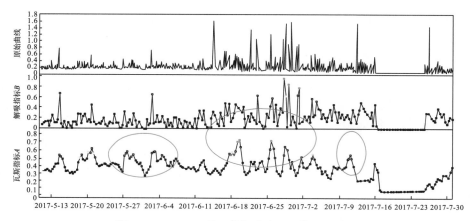

图 9-21　7502 二段风巷掘进实际瓦斯涌出情况

2）75003S 三段回采工作面

75003S 三段工作面位于南桐煤矿南翼−325m 二石门与 02 石门之间，由于该工作面中部地质构造复杂，突出风险性较大，掘进和回采过程中存在相当大的危险。该工作面在 2017 年 5 月 26 日在机巷以上 23.6m 处实施验证钻孔时日常预测指标偏高、工作面随即进入构造部位。瓦斯涌出特征预警系统根据采集的瓦斯监控浓度变化情况，给出了如图 9-22 所示瓦斯涌出特征分析结果。可以看出，系统在 5 月 23 日至 5 月 27 日给出了准确的瓦斯涌出特征异常的分析结果。南桐煤矿根据实际情况，结合瓦斯涌出特征分析结果，在工作面实施顺层"中风压"下向瓦斯抽排钻孔和工作面煤壁实施 $\Phi 42mm$ 瓦斯排放孔相结合的局部区域防突措施，对工作面煤壁及以南 100m 范围进行强化处理。

综合两个工作面实例可以看出，瓦斯涌出特征分析结果与现场实际情况相符，实现了工作面实际瓦斯灾害异常情况的连续监测与准确分析。

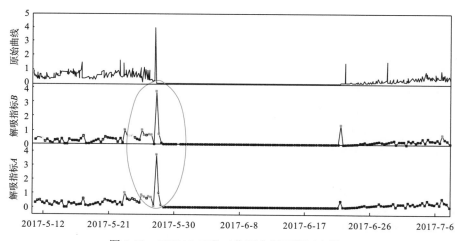

图 9-22　75003S 三段工作面实际瓦斯涌出情况

2. 小块段区域预测技术的应用

小块段区域预测技术是对《防治煤与瓦斯突出细则》区域预测技术的补充、深化和发展。空间上，把区域预测范围缩小到一个开采工作面的小块段；时间上，从开拓准备期延展到开采前和开采过程中，全过程分阶段连续预测不断。小区域块段按突出危险程度又细分为无突出危险区、突出威胁区、突出危险区、严重突出区。由矿井内部管控，在此基础上编制有针对性区域防突措施，该技术更有利于采掘工作面的安全生产。

1）矿井基本情况

重庆市南川区新世纪煤矿属南川区南城街道管辖，矿井核定生产能力为 0.15Mt/a，斜井开拓，双翼采区布置方式，矿井现开采 K_1 煤层，叠纪 K_1 煤层平均厚 1.6m，煤层底板布置专用茅口岩巷。煤层倾角 17°～67°。矿井共发生突出 16 次，最大突出强度 367t。

矿井在 S2112 工作面从开始布置直至采煤工作面开采整个过程应用"小块段区域预测技术"对工作面进行预测。

2）小块段区域预测技术实施及效果

小块段开拓期预测：利用开拓期掌握的瓦斯地质资料、阶段石门揭煤的瓦斯资料、上阶段开采的瓦斯资料及穿层大孔瓦斯预测资料，对小块段进行区域突出危险性预测。资料充分时还可在小块段内划分出突出危险程度不同的更小块段，此小区域块段按突出危险程度又细分为无突出危险区、突出威胁区、突出危险区、严重突出区。由矿井内部管控，在此基础上编制有针对性的准备期区域防突措施，如图 9-23 所示。

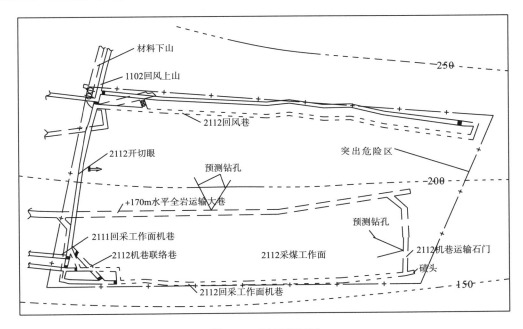

图 9-23 开拓期预测

小块段准备期预测：利用准备期实施的区域措施掌握的资料、工作面巷道施工收集的资料及工作面二巷本层孔了解的资料，综合分析预测准备期小块段突出危险程度，根据预测结果再补充区域措施，如图 9-24 所示。

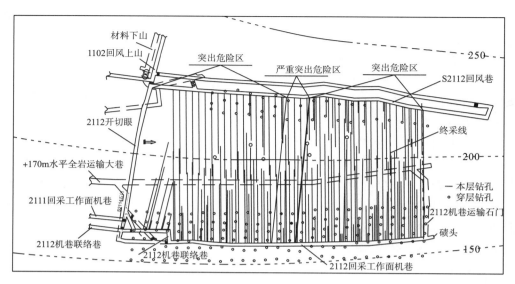

图 9-24　准备期预测

小块段回采前预测：利用穿层、本层抽采和排放瓦斯资料结合大孔检验资料修正准备期预测结果并补充回采前区域措施，如图 9-25 所示。

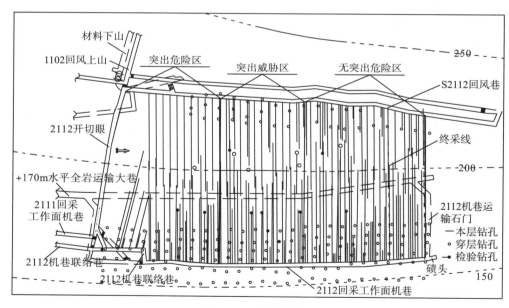

图 9-25　回采前预测

小块段回采过程中预测：小块段回采过程中利用局部措施资料不间断地修正工作面前方近距离区域的预测结果。如果超标则补充区域补救措施，使工作面和工作面近距离前方完全消除突出危险，实现稳定连续的安全生产，如图 9-26 所示。

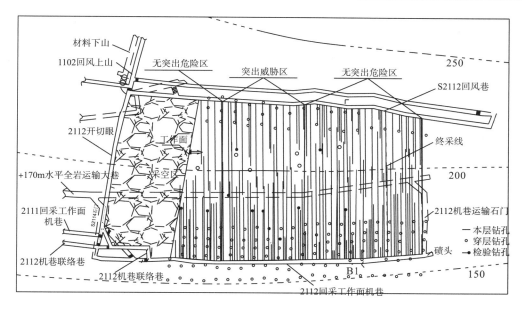

图 9-26　回采过程中预测

小块段区域预测收集的资料信息丰富、预测精度高，编制的区域措施针对性强，从而优化防突工程量，做到精准防突，防突效果尤佳。

9.3　瓦斯灾害防治技术在其他地区的应用

重庆地区低透气性突出煤层瓦斯灾害防治技术在国内很多矿区都得到了推广应用，为促进我国煤矿安全和煤炭工业持续健康发展做出了重大贡献，对一些非煤炭的相关产业也起到了良好的参考和借鉴作用，以下为几个典型应用实例。

9.3.1　顶板长钻孔水力化增透在山西新元煤矿的应用

1. 应用点矿井概况

山西新元煤炭有限责任公司隶属于阳泉煤业(集团)有限责任公司，核定生产能力550wt/a，开采 3#煤层，为煤与瓦斯突出矿井。3#煤层为突出煤层，瓦斯含量达 $14.89m^3/t$，局部区域瓦斯含量为 $18m^3/t$ 左右，瓦斯压力为 2.44MPa，透气性系数为 0.017mD，硬度 $f<0.4$。

31009 工作面开采 3#煤层，煤层赋存稳定，结构较简单，属中灰、低硫的优质贫瘦煤。煤层以亮煤为主，内生裂隙发育。煤层中一般含 1~2 层泥质夹矸，厚度一般为 0.02~0.05m，平均 0.03m。该施工巷道沿 3#煤层向西下坡掘进，煤层倾角一般为 $2°\sim4°$，平均 $3°$，局部为 $6°$ 左右，煤层厚度 2.85m。3#煤层直接顶为砂质泥岩，厚度为 1.49m 左右；老顶为细粒砂岩，厚度为 1.65m 左右，上部依次为 2.15m 的砂质泥岩和 1.90m 的粉砂岩。底板为 0.56m 的砂质泥岩，直接底为 0.97m 的粉砂岩，老底为 2.35m 的砂质泥岩。31009

工作面区域预计前方存在陷落柱，无其他地质构造。

2. 顶板长钻孔水力压裂应用

1) 顶板长钻孔设计

在 31009 工作面回风巷迎头距辅助进风巷平距 8.6m 处设计水力压裂钻孔 1 个，辅助抽采孔 2 个，钻孔设计如图 9-27 所示。沿顶板顺层钻进，确保钻孔轨迹距离煤层不超过 1m，钻孔孔深设计为 176.6m，先采用 Φ73mm 通缆钻杆配 Φ96mm 钻头施工，孔口 3m 段扩大为 Φ115mm。两个辅助抽采钻孔先施工作为地质探孔，两个钻孔主段分别布置在压裂钻孔两侧 30m 以外的煤层底板中，终孔点见煤即止。两个钻孔分别在压裂钻孔前方 50m 及终孔点前方 25m、75m 处开分支穿入煤层。

根据控制压裂的相关理论计算，该压裂地点管道摩擦阻力约 2MPa，钻孔控制水力压裂煤体破裂时泵注压力不应小于 27.7MPa，压入水量为 665～798m^3。

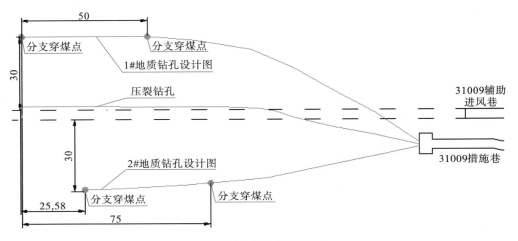

(a)压裂+抽采钻孔设计平面图

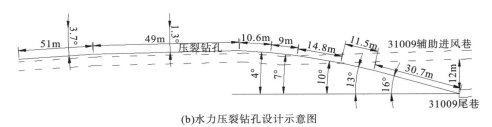

(b)水力压裂钻孔设计示意图

图 9-27　顶板长钻孔水力压裂钻孔设计图

2) 顶板长钻孔施工及封孔

按照设计完成了 2 个辅助抽采钻孔和 1 个压裂钻孔的施工，如钻孔竣工图 9-28 所示。1#辅助抽采孔在 84m 处开了 2 个分支(分别施工了 60m 和 57m)，共施工 201m；2#辅助抽采孔在 90m 处开了 2 个分支(分别施工了 90m 和 81m)，共施工 261m。压裂孔实际孔深为 174m，钻孔开孔倾角 10.32°，施工 36m 后倾角为 16°，于 50m 处穿过底板进入 3 号煤层，钻孔继续钻进至 54m 位置调整角度为 14.75°，60m 位置倾角调整为 10.38°，钻进至 61m 位置见煤层顶板，66m 位置倾角调整为 6.54°，72m 倾角调整为 3.51°，84m 倾角调整为 0°，以后沿煤层顶板 1m 范围内施工 90m 至终孔位置。终孔孔径为 Φ96mm，孔口 3m 段扩孔为 Φ115mm。

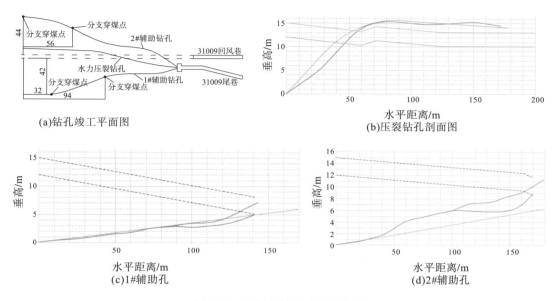

图 9-28　顶板长钻孔竣工示意图

压裂钻孔采用无缝钢管+水泥砂浆进行封堵，压裂钻孔封孔长度为 62m，两个辅助孔采用"两堵一注"的方式封孔，封孔长度为 30m，压裂钻孔封孔如图 9-29 所示。

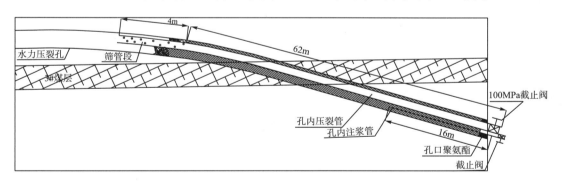

图 9-29　水力压裂钻孔封孔竣工示意图

3）顶板长钻孔压裂实施

压裂中采用双泵并联联合，1#泵最大压力 25.2MPa、最大流量 37.3m³/h、注入总水量 343.9m³，2#泵最大压力 24.9MPa、最大流量 37m³/h、注入总水量 332.59m³，共计注入水量为 676.49m³。压裂后保压三天对压裂钻孔进行排水。

3. 应用效果

在 31009 回风巷迎头结合辅助进风巷迎头，采用瞬变电磁法对压裂区进行扫描分析，确定水力压裂影响范围。31009 回风巷压裂效果检验扫描面如图 9-30 所示。

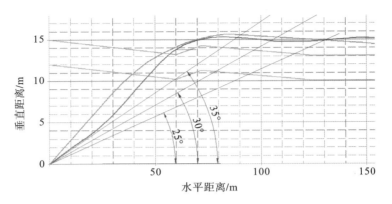

图 9-30　压裂效果扫描示意图

对压裂前后 25° 的视电阻率图进行分析，压裂前压裂孔两侧 60m 范围为高阻区域，右侧出现的低阻推测为巷道内水仓影响；压裂后压裂孔两侧高阻区域减少至 38m，低阻范围与压裂前比较范围扩大，特别是在压裂孔距孔口 130m 右侧，范围大致在 32m。如图 9-31 所示。

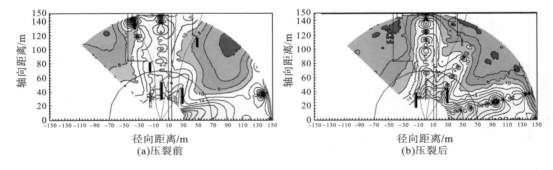

图 9-31　压裂前后视电阻率分析图（25°）

对压裂前后 30° 的视电阻率图进行分析，压裂前压裂孔两侧 98m 范围为高阻区域，右侧出现的低阻推测为巷道内水仓影响或煤层局部含水影响；压裂后压裂孔两侧出现低阻最大距离为 50m，且原高阻区域转变为相对低阻阻值为 10Ω，低阻范围与压裂前比较范围扩大，特别是在压裂孔距孔口 70～150m 右侧，呈条带状分布。如图 9-32 所示。

对压裂前后 35° 的视电阻率图进行分析，压裂前压裂孔距孔口 0～95m 为高阻区域，95～150m 出现的低阻推测为煤岩层局部含水影响或巷道内水仓影响；压裂后压裂孔距孔口 95～150m 的低阻异常程度增加，最大影响距离为 42m。如图 9-33 所示。

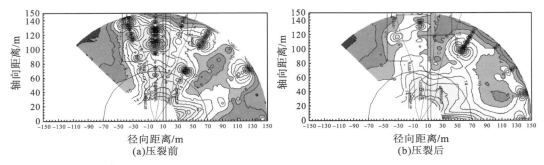

图 9-32 压裂前后视电阻率分析图（30°）

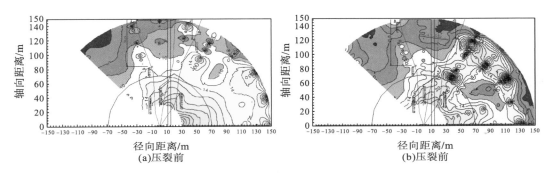

图 9-33 压裂前后视电阻率分析图（35°）

对压裂后的 25°、30°、35° 视电阻率图中分析，1#、2#辅助孔在距孔口 0～150m 位于均在高阻和相对低阻区域，压裂孔位于低阻和相对低阻区域较多，这与钻孔排水情况基本统一，确定压裂影响范围为 22～48m。

采用瞬变电磁仪对 31009 辅助进风巷迎头进行了现场探测，发现高压水力压裂后煤岩层充水异常场，探测结果如图 9-34 所示，煤头顺层扇形剖面部分区域阻值较高，在 0°～25° 深度 20m 以远区域、25°～125° 深度 25m 以远区域存在低阻异常区，该区域为水力压裂影响区域，确定压裂影响范围为 60～90m。

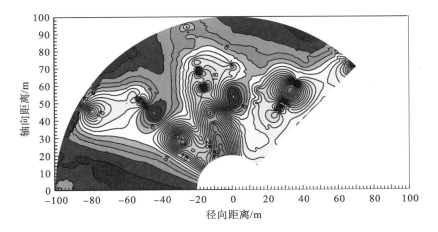

图 9-34 31009 辅助进风巷迎头煤层视电阻率分析图

4. 压裂后瓦斯抽采效果

(1)压裂孔及辅助孔抽采效果分析。

压裂前,1#辅助孔、2#辅助孔、压裂孔在压裂前已经抽采 6 天,对压裂前后钻孔瓦斯抽采效果进行瓦斯抽采参数的人工检测。检测对比结果见表 9-18。

表 9-18 压裂前、后抽采情况汇总表

孔号	时间	抽采天数/d	抽采总纯量/m³	平均浓度/%	最大浓度/%	平均抽采纯流量/(m³/min)	最大纯流量/(m³/min)
压裂孔	压裂前	6	22.64	0.50	2.26	0.003	0.007
	压裂后	77	45893.83	87.85	94.00	0.414	0.524
1#辅助孔	压裂前	6	32.14	0.90	1.54	0.004	0.007
	压裂后	78	6465.98	15.55	60.00	0.058	0.203
2#辅助孔	压裂前	6	53.52	1.40	3.10	0.006	0.013
	压裂后	78	14430.44	27.80	65.00	0.128	0.327

通过压裂前、后抽采数据分析可知,3 个孔压裂前的平均抽采纯流量分别为 0.003m³/min、0.004m³/min、0.006m³/min,而压裂后三个孔平均抽采纯流量分别为 0.414m³/min、0.058m³/min、0.128m³/min,瓦斯抽采流量较压裂前提高了 14.5~138 倍,压裂对提高煤层瓦斯抽采效果成效显著。

(2)掘进顺层抽采孔抽采效果分析。

实施水力压裂前,一个循环在 31009 辅助回风巷迎头施工 26 个钻孔,孔径为 105mm,孔深 23～62m,控制巷道轮廓线以外 15m,分三排旋转布置;在掘进过程中,保留 20m 超前距。抽采效果较差,抽采纯量较低,抽采 13 天,抽采总纯流量在 0.5～0.6m³/min。

实施水力压裂后,一个循环在 31009 辅助回风巷迎头施工 18 个钻孔,深度 50m,抽采 13 天,抽采总纯流量 1.29m³/min;一个循环在 31009 辅助回风巷迎头施工 17 个钻孔,深度 40m,抽采 13 天,抽采总纯流量 0.99m³/min,压裂前后钻孔瓦斯抽采对比见表 9-19。

表 9-19 掘进顺层钻孔瓦斯抽采参数对比表

项目	钻孔数/个	抽采天数/天	抽采总纯流量/(m³/min)	钻孔孔深/m
压裂前	26	13	0.5～0.6	23～62
压裂后	18	13	1.29	50
	17	13	0.99	40

压裂后在掘进顺层抽采钻孔个数减少了近 1/3,钻孔孔深有所减少情况下,瓦斯抽采纯流量增加了近 50%。

(3)瓦斯含量测试。

为准确检测压裂前后瓦斯抽采效果,在掘进工作面前方布置 3 个钻孔测定压裂前后煤

层瓦斯含量,瓦斯含量测定钻孔均垂直于巷道煤壁进行施工。压裂前后煤层瓦斯含量测定对比见表 9-20。

表 9-20　压裂前后煤层瓦斯含量测试对比表

	压裂前			压裂、抽采后		
取样测试深度/m	30	45	60	15	25	40
瓦斯含量/(m³/t)	15.3	17.1	19.6	7.1	7.7	7.8

从表 9-20 分析可知,压裂前 3#煤层原始瓦斯含量均超过 8m³/t,最大达到 19.6m³/t;通过实施顶板顺层长钻孔多泵并联水力压裂并对煤层进行瓦斯抽采后,测试点所测试的煤层残余瓦斯含量最大 7.8m³/t,均降到 8m³/t 以下。

(4)工作面掘进效果。

31009 辅助进风巷压裂区域掘进期间通过测定 K_1 进行瓦斯突出危险性预测,并统计掘进工作面掘进期间瓦斯浓度,如图 9-35 所示,在压裂区域,27 天共掘进巷道 140.4m,平均每天掘进 5.2m。

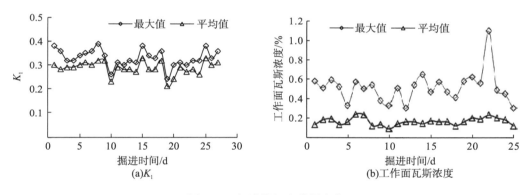

图 9-35　掘进期间参数测定值

从图 9-35 可知,采用顶板顺层长钻孔双泵并联压裂增透技术并实施煤层瓦斯抽采后,掘进过程工作面突出危险性预测 K_1 值最大为 0.39,均未出现超标现象,工作面瓦斯浓度均在临界指标以下;达到了快速抽采煤层瓦斯、消除瓦斯事故的目的,取得了比较理想的效果。

(5)压裂前后煤层透气性变化。

采用中国矿业大学法周世宁教授提出的煤层透气性测定方法,直接测定压裂区域压裂前后煤层透气性系数。压裂区域压裂前煤层透气性系数为 0.7140m²/(MPa²·d),压裂后煤层透气性系数为 15.0847m²/(MPa²·d),约为压裂前煤层透气性的 21.13 倍,压裂增透效果显著。

9.3.2 水力压裂在 G75 高速公路特大断面瓦斯隧道揭煤的应用

1. "5+1+1" 高效揭煤体系

"5+1+1" 高效揭煤体系是结合《防治煤与瓦斯突出实施细则》及《铁路瓦斯隧道技术规范》对隧道揭煤要求提出的。"5+1+1" 高效揭煤体系是指对待揭煤层进行以 20m 垂距初探、10m 垂距精探及预测、5m 垂距预测、2m 垂距验证、过煤门预测的 5 步预测揭煤法，辅以水力压裂增透抽采技术及金属骨架加强支护的隧道揭煤体系。其工艺流程如图 9-36 所示。

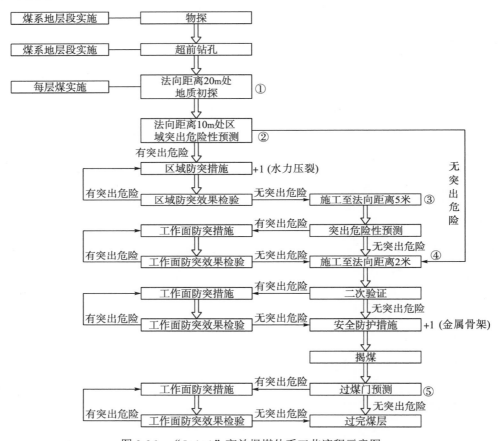

图 9-36 "5+1+1" 高效揭煤体系工艺流程示意图

2. 特大断面瓦斯隧道水力压裂快速揭煤技术应用

1）应用地点概况

新凉风垭隧道起止里程为 DK149+846～DK157+464，全长 7618m，为铁路双线隧道。DK155+413～DK155+588 段穿越二叠系龙潭组页岩、砂岩夹煤层，共 9 层煤，依次编号 K_1～K_9，揭煤区域隧道总长度 175m。其中 K_2、K_4、K_5、K_8、K_9 5 层煤层达到煤矿可采煤层厚度，K_2、K_4、K_5 厚度 1.5～2.0m，层位稳定。隧道煤层赋存如图 9-37 所示。

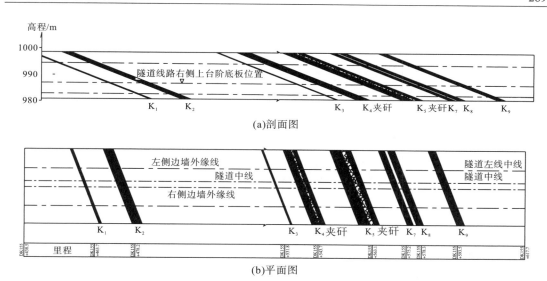

图 9-37　新凉风垭隧道煤层赋存分布图

2）地质探查及基本参数测定

（1）20m 垂距初探。

在距离 K_9、K_2 煤层 20m 垂距处，分别施工了 3 个地质初探钻孔，钻孔沿隧道开挖方向及与煤层垂直方向布置，探测煤层赋存，钻孔竣工图如图 9-38 所示。

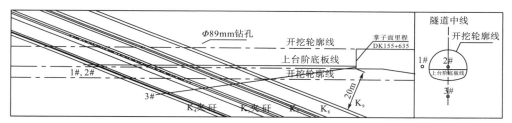

(a) $K_4 \sim K_9$ 煤层 20m 垂距初探钻孔竣工图

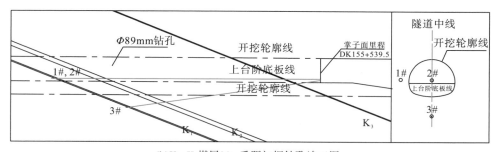

(b) $K_1 \sim K_2$ 煤层 20m 垂距初探钻孔竣工图

图 9-38　初探钻孔竣工图

（2）10m 垂距精探。

地质精探分别在 K_9、K_2 煤层顶板 10m 垂距分别施工了地质精探钻孔 3 个，根据钻孔施工情况分析煤层赋存，并取出煤芯进行了瓦斯基本参数测定，钻孔竣工图如图9-39所示。

通过测定，K_1～K_9煤层的原始瓦斯含量为4.896～15.010m³/t，计算瓦斯压力为0.136～1.327MPa，其中煤层瓦斯含量和压力最大均为K_4煤层。

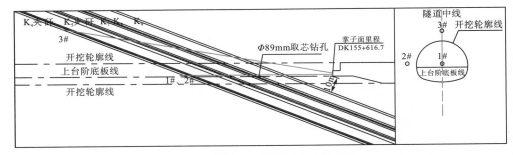

(a)K_4～K_9煤层10m垂距取芯钻孔竣工图

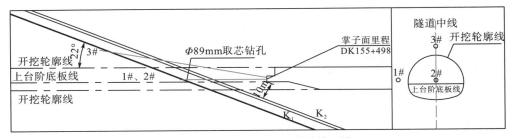

(b)K_1～K_2煤层10m垂距取芯钻孔竣工图

图9-39　精探及含量测定钻孔竣工图

3）水力压裂增透

为增加煤层透气性，提高瓦斯抽采效果，从而缩短抽采时间，对有突出危险的4个煤层分两次进行了水力压裂，第一次在掌子面DK155+616.7处硐室内施工3个水力压裂钻孔对K_4、K_5、K_7～K_9煤层进行了水力压裂，其中1#钻孔封孔至K_4煤层顶板，压裂K_4煤层；2#压裂孔封孔至K_5煤层顶板，压裂K_5煤层；3#压裂孔封孔至K_9煤层顶板，压裂K_7～K_9煤层。第二次在掌子面DK155+498处的钻孔施工硐室内施工4#压裂孔对K_2进行压裂，钻孔封孔至K_2煤层顶板。压裂前计算破裂压力为23.6~24.7MPa，压水量为28~46.9m³，压裂钻孔竣工参数见表9-21。

表9-21　水力压裂钻孔竣工参数

孔号	开孔位置/m		方位角/(°)	倾角/(°)	孔径/mm	孔深/m
	距巷中	距巷底				
1	西3	1.3	350	3	76	77.5
2	0	1.0	350	3	76	87.3
3	东2.5	1.0	350	3	76	52.0
4	西3	1.3	350	3	76	25.8

实际压裂过程中，1#压裂孔起裂压力25MPa，后缓慢下降至20MPa左右后稳定，压

裂流量基本稳定在 33m³/h，压入水量 52m³；2#压裂孔起裂压力为 20MPa，压裂流量 41m³/h，压入水量 38m³；3#压裂孔起裂压力为 12MPa，压裂流量高达 49m³/h，压入水量 45m³；4#压裂孔起裂压力达 31.8MPa，压裂流量基本稳定在 21m³/h，压入水量 30m³。

两次水力压裂完成后，在掌子面施工抽采钻孔过程中，对各钻孔的见水情况进行统计，除极个别钻孔未见水以外，其余钻孔均有水流出，确定水力压裂影响范围已基本覆盖钻孔控制范围。

4）抽排钻孔施工

在掌子面距 K_9、K_2 煤层 10m 垂距处的施工硐室内施工了 $K_4 \sim K_9$ 煤层上台阶、K_2 煤层抽采钻孔，$K_4 \sim K_9$ 煤层累计施工钻孔 296 个，钻孔进尺 19900m；K_2 煤层抽采钻孔，累计施工钻孔 132 个，钻孔进尺 5806m，钻孔孔径 Φ75mm，终孔间距 4m×4m，控制隧道开挖断面顶、上台阶底部轮廓线外 12m，两边轮廓线外 14m，同时满足控制边缘到隧道轮廓线的最小距离不小于 5m，终孔至各煤层底板 0.5m 处。钻孔竣工图如图 9-40 所示。

K_9、K_5、K_4、K_2 煤层揭开并继续向前掘进 10m 后，分别在各煤层揭开位置施工了下台阶排放钻孔，累计施工下台阶排放钻孔 175 个，合计进尺 3800m；K_2 煤层的下台阶排放钻孔，共施工排放钻孔 35 个，钻孔进尺 750m，钻孔控制下台阶底部轮廓以下 12m，左右两帮各 14m，钻孔孔径 Φ120mm，终孔间距 2m，排放钻孔布置如图 9-41 所示。

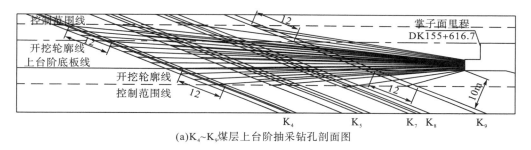

(a)$K_4 \sim K_9$煤层上台阶抽采钻孔剖面图

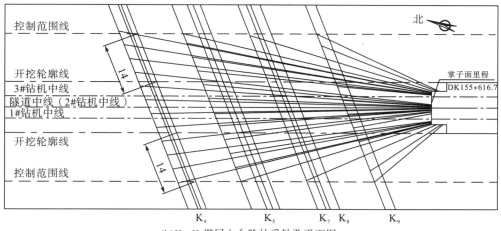

(b)$K_4 \sim K_9$煤层上台阶抽采钻孔平面图

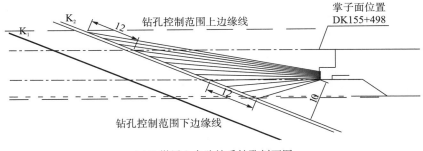

(c)K_2煤层上台阶抽采钻孔剖面图

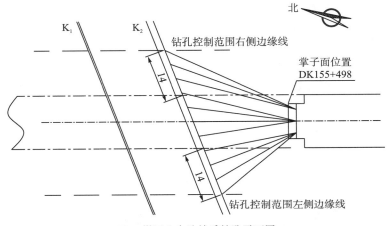

(d)K_2煤层上台阶抽采钻孔平面图

图 9-40　上台阶抽放钻孔竣工图

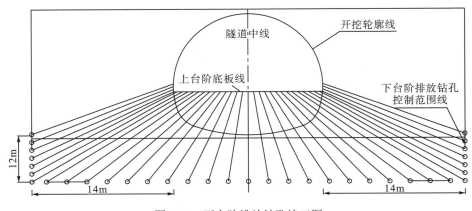

图 9-41　下台阶排放钻孔竣工图

5）瓦斯抽采效果

钻孔接入抽采系统形成抽放后，安排专人每天测定各抽排参数，并将其与自动计量装置进行对比。

第一轮 K_9～K_4 煤层钻孔累计抽采 40 天。经测定瓦斯抽排泵房负压约为 30kPa，平均抽采浓度 22%，抽采纯流量约为 2.37m³/min。共计抽采瓦斯 127150.3m³，施钻期间排放瓦斯 6811.2m³，累计瓦斯抽排总量为 133961.5m³，瓦斯抽排率 49%。

第二轮 K_2 煤层钻孔累计抽采 7 天。经测定瓦斯抽排泵房负压为 32kPa 左右，平均抽采浓度 15%，抽采纯流量约为 1.71m³/min。共计抽采瓦斯 17188m³，施钻期间排放瓦斯 729m³，累计瓦斯抽排总量为 1.79 万 m³，瓦斯抽排率 35.22%。

通过原始煤瓦斯含量和抽采瓦斯量计算 K_9 煤层残余瓦斯含量为 5.62m³/t，K_5 煤层残余瓦斯含量为 7.6m³/t，K_4 煤层残余瓦斯含量为 4.33m³/t；K_2 煤层残余瓦斯含量为 7.64m³/t，各煤层计算残余瓦斯含量均低于 8m³/t，符合《防治煤与瓦斯突出实施细则》的达标要求，即预抽达标。

6）区域措施效果检验

采用测定残余煤层瓦斯含量和残余瓦斯压力的方法对区域措施进行了效果检验，检验钻孔布置在预抽钻孔控制范围的上、中、下及左右部，每一煤层共布置 4 个钻孔测试，测定结果显示：K_9 煤层残余瓦斯含量为 3.655～6.9937m³/t，瓦斯压力为 0.085～0.3MPa；K_8 煤层残余瓦斯含量为 4.3328～5.3106m³/t，瓦斯压力为 0.08～0.132MPa；K_7 煤层残余瓦斯含量为 4.2128～5.0106m³/t，瓦斯压力为 0.078～0.102MPa；K_5 煤层残余瓦斯含量为 3.77～7.55m³/t，瓦斯压力为 0.102～0.364MPa；K_4 煤层残余瓦斯含量为 4.207～7.6356m³/t，瓦斯压力为 0.124～0.313MPa；测得 K_2 煤层残余瓦斯含量为 6.950～7.8455m³/t，残余瓦斯压力力为 0.124～0.669MPa；K_1 煤层残余瓦斯含量为 4.2314～5.3102m³/t，残余瓦斯压力 0.337～0.617MPa，所有指标均低于 8m³/t 及 0.74MPa，证明区域措施有效。

7）工作面突出危险性预测

（1）距离煤层 5m 预测。

掌子面开挖至距各突出煤层 5m 垂距处时，对各煤层进行了突出危险性预测。每轮施工预测钻孔 30 个，为确保预测的准确性，各个煤层均采用实测残余瓦斯含量计算瓦斯压力的瓦斯压力法与钻屑指标法两种方法进行相互验证。同时采用钻屑指标法测定煤层的突出危险性时，不仅测定待揭煤层的 K_1 值，还测定 Δh_2 值，各煤层预测时均未发生超标的情况，各煤层的预测里程及预测结果见表 9-22。

表 9-22　各煤层工作面预测结果（5m 预测）

煤层	钻孔数/个	最大值 K_1	最大值 Δh_2	实测残余瓦斯含量/(m³/t)	残余瓦斯压力/Pa
K_9	25	0.16	60	3.6550～6.9973	0.085～0.300
K_5	15	0.19	100	3.7700～7.5500	0.102～0.364
K_4	15	0.15	110	4.2070～7.6356	0.124～0.313
K_2	15	0.12	110	6.9500～7.8455	0.124～0.619

（2）距离煤层 2m 垂距验证。

掌子面开挖至距各煤层 2m 垂距处时，均对各煤层进行了 2m 垂距验证（最后验证）。突出煤层施工验证钻孔 30 个，不突出煤层施工验证钻孔 15 个，各煤层验证时均未发生超标的情况，各煤层的最后验证里程及预测结果见表 9-23。

表 9-23　各煤层 2m 垂距验证结果（最后验证）

煤层	钻孔数/个	最大值 K_1	最大值 Δh_2
K_9	30	0.22	100
K_8	15	0.27	110
K_7	15	0.13	50
K_5	30	0.21	110
K_4	30	0.12	110
K_2	30	0.12	110
K_1	15	0.12	100

（3）过煤门预测。

为方便施工，各煤层过煤门预测一般在煤层揭开并继续向前开挖 2m 左右处施工，各煤层揭开后均进行了过煤门预测，预测时均未发生超标现象，预测结果见表 9-24。

表 9-24　各煤层过煤门预测结果

煤层	钻孔数/个	最大值 K_1	最大值 Δh_2
K_9	8	0.14	60
K_8	8	0.35	160
K_7	8	0.15	50
K_5	8	0.11	80
K_4	8	0.16	60
K_2	8	0.20	100
K_1	8	0.20	100

8）金属骨架施工情况

揭煤之前揭露煤层施工金属骨架钻孔，共施工金属骨架钻孔 276 个，钻孔按腰线以上 120 度范围内按 0.3m 间距布置、其余范围按 0.6m 间距布置，除 K_9、K_8、K_7 三层煤层骨架终孔于 K_7 煤层底板外 3m，其余骨架孔均控制在揭煤底板外 3m，钻孔孔径 $\Phi 108mm$，骨架管选用 $\Phi 89mm$ 无缝钢管。

3. 揭煤效果

实施"5+1+1"揭煤体系之后，安全揭开各煤层，揭开各煤层的当班，掌子面最大瓦瓦斯浓度为 0.11%～0.57%；回风最大瓦斯浓度为 0.02%～0.09%，保证了隧道实现安全快速施工。（揭开 K_9 煤层当班，掌子面最大瓦斯为 0.16%，回风最大瓦斯为 0.02%；揭开 K_8 煤层当班，掌子面最大瓦斯为 0.57%，回风最大瓦斯为 0.06%；揭开 K_7 煤层当班，掌子面最大瓦斯为 0.25%，回风最大瓦斯为 0.02%；揭开 K_5 煤层当班，掌子面最大瓦斯为 0.11%，回风最大瓦斯为 0.09%；揭开 K_4 煤层当班，掌子面最大瓦斯为 0.12%，回风最大瓦斯为 0.02%；揭开 K_2 煤层当班，掌子面最大瓦斯为 0.17%，回风最大瓦斯为 0.06%；揭开 K_1 煤层当班，掌子面最大瓦斯为 0.15%，回风最大瓦斯为 0.09%。）

9.3.3　水力化增透技术在贵州省桐梓县万顺煤矿的应用

1. 矿井概况

贵州耀辉矿业发展有限公司万顺煤矿位于贵州省遵义市桐梓县木瓜镇,矿井设计产能为 0.21Mt/a,技改 0.45Mt/a。矿井为高瓦斯矿井,可采煤层从上到下为 C_5、C_3、C_1 煤层,各煤层均为Ⅲ类不易自燃煤层且具有爆炸危险性。

矿区煤层呈层状展布,层位稳定,形态较复杂,煤层走向南北,倾角 58°～85°,平均 70°。C_5 煤层煤层厚度为 1.92～2.91m,平均厚度 2.27m,结构简单,属较稳定中厚煤层。C_3 煤层厚 0～0.92m,平均厚度 0.44m,无夹矸,结构简单,为局部可采煤层。C_1 煤层厚 0.33～1.39m,平均厚度 1.07m,无夹矸,为局部可采煤层。

根据地勘资料,矿井+550～620m 区域 C_1 煤层最大原始瓦斯含量为 9.0429m³/t,最大原始瓦斯压力为 4.085MPa,C_5 煤层最大原始瓦斯含量为 9.1571m³/t,最大原始瓦斯压力为 2.928MPa。

2. 压裂、割缝综合瓦斯治理及效果

1) 应用点概况

实施区域阶段垂高 84m,煤层倾角约 82°,倾斜长约 85m。+620m 标高以上为采空区,+620m 标高以下为准备回采区,一石门以南为采空区,一石门以北为准备回采区。根据矿井提供的瓦斯抽放系统图及抽采钻孔竣工资料显示:C_1 煤层抽放钻孔均未施工;+550m 三石门 C_5 煤层揭煤抽放钻孔、+550m 五石门 C_5 煤层揭煤抽放钻孔、+550m 二石门至三石门 C_5 煤层约 220m 段的掘进条带穿层抽放钻孔和 C_5 煤层采煤工作面穿层网格抽放钻孔还未施工外,其他区域已设计施工抽采钻孔。

2) 水力压裂设计与施工

(1) 水力压裂设计。

根据类似水力压裂影响范围及现场实际情况,压裂影响半径按 20～50m 设计水力压裂钻孔,瓦斯治理实施范围内共设计布置水力压裂钻孔 20 个。具体设计布置位置如下:

在+550m 一石门至五石门共设计布置水力压裂钻孔 19 个,其中 C_1 煤层水力压裂孔 3 个,C_5 煤层水力压裂孔 16 个。具体布置情况为:+550m 四石门掘进至距 C_1 煤层垂距 20 米时实施 1 个水力压裂钻孔进行 C_1 煤层石门揭煤瓦斯治理;在+550m 四石门至五石门实施 2 个水力压裂钻孔进行 C_1 煤层掘进条带和采煤工作面瓦斯治理;在+550m 一石门至二石门实施 5 个水力压裂钻孔进行 C_5 煤层采煤工作面瓦斯治理;在+550m 二石门至三石门实施 6 个水力压裂钻孔进行 C_5 煤层掘进条带和采煤工作面瓦斯治理;在+550m 三石门至四石门实施 4 个水力压裂钻孔进行 C_5 煤层采煤工作面瓦斯治理;+550m 五石门实施 1 个水力压裂钻孔进行 C_5 煤层石门煤瓦斯治理。

(2) 水力压裂钻孔施工。

万顺煤矿+550m 瓦斯治理工程共计施工 21 个水力压裂钻孔,其中+550m 瓦斯治理巷施工了 20 个压裂钻孔,+550m 六石门施工了 1 个石门揭煤压裂钻孔,钻孔孔径 Φ94mm,

累计钻尺 1098.05m。钻孔竣工图如图 9-42 至图 9-44 所示，钻孔竣工参数见表 9-25。

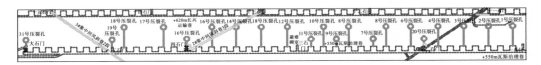

图 9-42　水力压裂钻孔竣工平面图

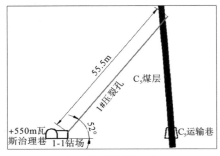

(a)1#压裂孔剖面图

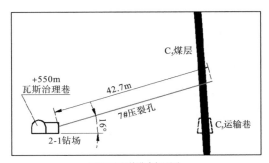

(b)7#压裂孔剖面图

图 9-43　C_5 煤层典型水力压裂钻孔竣工剖面图

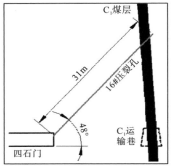

(a)16#压裂孔剖面图

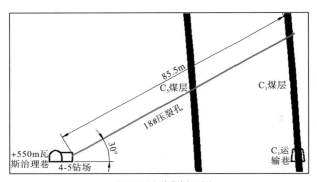

(b)18#压裂孔剖面图

图 9-44　C_1 煤层典型水力压裂钻孔竣工剖面图

表 9-25　水力压裂孔钻孔竣工参数表

孔号	方位/(°)	倾角/(°)	孔径/mm	孔深/m	C_1/C_5 煤层			目标煤层	备注
					岩/m	煤/m	岩/m		
1	84	52	Φ94	55.50	52.50	2.50	0.5	C_5	
2	84	55	Φ94	64.50	61.30	2.80	0.4	C_5	
3	84	54	Φ94	59.25	55.75	3.0	0.5	C_5	
4	84	53	Φ94	57.75	54.85	2.50	0.4	C_5	
5	84	54	Φ94	57.00	53.90	2.60	0.5	C_5	
6	84	54	Φ94	56.25	52.75	3.0	0.5	C_5	
7	84	16	Φ94	42.70	40.00	2.20	0.5	C_5	
8	84	53	Φ94	60.00	57.00	2.30	0.7	C_5	

续表

孔号	方位/(°)	倾角/(°)	孔径/mm	孔深/m	C₁/C₅ 煤层			目标煤层	备注
					岩/m	煤/m	岩/m		
9	84	16	Φ94	41.00	38.70	1.9	0.4	C₅	
10	84	53	Φ94	56.00	53.00	2.5	0.5	C₅	
11	84	15	Φ94	42.00	39.00	2.5	0.5	C₅	
12	84	52	Φ94	51.00	48.50	2.0	0.5	C₅	
13	84	54	Φ94	53.00	50.30	2.2	0.5	C₅	
14	84	54	Φ94	57.00	54.00	2.5	0.5	C₅	
15	84	54	Φ94	55.50	52.50	2.6	0.4	C₅	
16	84	48	Φ94	31.00	29.80	0.8	0.4	C₁	
17	84	30	Φ94	82.00	80.80	0.7	0.5	C₁	
18	84	30	Φ94	85.50	83.90	1.1	0.5	C₁	
19	84	26.5	Φ94	48.00	44.50	3	0.5	C₅	
20	84	48	Φ94	9.10	—	—	—	C₅	
21	84	48	Φ94	34.00	29.50	3.1	0.8	C₅	六石门压裂孔
合计				1098.05					

　　每个压裂钻孔施工完成后，立即将压裂筛管、压裂管、注浆管、返浆管送入孔内，采用 A、B 胶对钻孔孔口进行了封堵，所有压裂钻孔封孔至目标层的底板，然后采用注浆管进行第一次水泥砂浆注浆，注浆至返浆管返浆为止，待第一次注浆 24h 后通过返浆管进行第二次注浆，注浆至孔内压裂管返浆为止。

　　(3)水力压裂实施。

　　压裂选用了 BYW78/400 型压裂泵，单泵压裂工艺，各钻孔压入水量及压裂情况见表 9-26。

表 9-26　水力压裂压入水量及压力情况表

孔号	压裂煤层	压裂时长/min	最大压力/MPa	最大流量/(m³/h)	压入水量/m³
1	C₅	505	25.3	27	221.4
2	C₅	390	26.4	30	153.0
3	C₅	390	27.7	40	191.3
4	C₅	558	43.7	27	200.0
5	C₅	280	31.3	25	112.5
6	C₅	420	27.4	25	175.0
7	C₅	428	28.4	25	178.0
8	C₅	450	29.1	25	187.5
9	C₅	515	28.5	25	212.0
10	C₅	510	27.3	26	220.0
11	C₅	510	38.0	25	212.5
12	C₅	463	22.1	27	191.0
13	C₅	370	22.7	25	151.0

孔号	压裂煤层	压裂时长/min	最大压力/MPa	最大流量/(m³/h)	压入水量/m³
14	C_5	465	26.7	27	201.0
15	C_5	428	21.5	27	160.0
16	C_1	231	30.0	27	103.0
17	C_1	330	20.7	27	137.5
18	C_1	530	22.3	30	179.0
19	C_5	45	24.4	33	113.5
20	C_5	68	25.2	33	32.0
21	C_5	414	23.3	12	81.0
合计					3414.2

3) 水力割缝

水力压裂完成保压 1~2 天后，待压裂孔内压力下降，再缓慢打开压裂孔的保压闸阀卸压及放水，然后按设计进行抽采钻孔施工。在施工抽采钻孔时，为了进一步提高瓦斯抽采效果，缩短抽采达标时间，对部分瓦斯抽采钻孔选择性进行高压水力割缝增透。

根据万顺煤矿煤层实际情况，决定采用 BZW200/56 型智能化高压注水泵站进行高压水力割缝施工，该泵站性能稳定、可靠性高、输出能力强，柱塞直径 40mm，额定压力 56MPa，额定流量 200L/min；采用钻机 ZDY750 型煤矿用钻机，Φ50mm 密封钻杆，Φ75mm 钻头施工；采用 Φ1.5mm 钻割一体割缝器割缝，Φ32mm 高压钢丝软管、Φ25mm 高压钢丝软管、高压截止阀、高压输水器形成高压输水管路系统。

在水力割缝设备安装调试完成后，对万顺煤矿+550~620m 区域 C_1、C_5 煤层水力割缝施工，共计完成了 326 个水力割缝钻孔的水力割缝工作，钻孔孔径 Φ75mm，累计钻尺 15743.75m。

在现场实施过程中，水力割缝的压力一般控制在 11~24MPa，水力割缝间距为 0.7m，每个点割缝时间为 30min 左右。从现场实施情况统计，C_5 煤层在水力割缝时喷孔现象严重，瓦斯涌出大，每个割缝点出煤量 1~2t，割出的煤基本为煤泥状；C_1 煤层在水力割缝时基本无喷孔现象，瓦斯涌出也较小，每个割缝点出煤量 0.1~0.3t，割出的煤呈颗粒状和煤泥状。具体如下：

(1)+550m 一石门以南 7 号钻场至二石门段 C_5 煤层掘进条带区域补打水力割缝钻孔 61 个，钻尺 2540.2m。

(2)+550m 二石门至三石门段 C_5 煤层掘进条带区域补打水力割缝钻孔 18 个，原始煤层段水力割缝钻 58 个孔，共计 76 个，钻尺 3326.35m。

(3)+550m 三石门至四石门段 C_5 煤层掘进条带区域补打水力割缝钻孔 49 个，钻尺 2076.4m。

(4)+550m 五石门至六石门段 C_5 煤层掘进条带区域水力割缝钻孔 29 个，钻尺 1679.5m。

(5)+550m 五石门 C_5 煤层石门揭煤区域水力割缝钻孔 15 个，钻尺 335.3m。

(6)+550m 六石门 C_5 煤层石门揭煤区域水力割缝钻孔 15 个，钻尺 412.4m。

(7)+550m 四石门揭 C_1 煤层水力割缝钻孔 18 个，钻尺 478.9m。

（8）+550m 四石门至五石门段 C_1 煤层掘进条带水力割缝钻孔 48 个，钻尺 3668.5m。

（9）+550m 五石门以北 C_1 煤层掘进条带施工 15 个水力割缝钻孔，钻尺 1226.2m。

水力割缝抽采钻孔竣工图如图 9-45 所示。

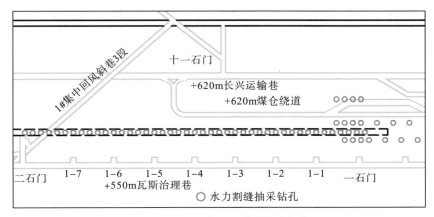

(a)一石门至二石门段C_5煤层掘进条带

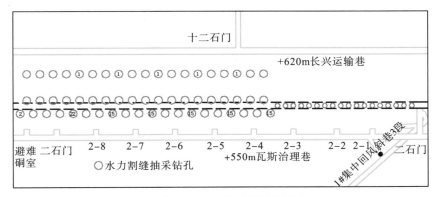

(b)二石门至三石门段C_5煤层掘进条带

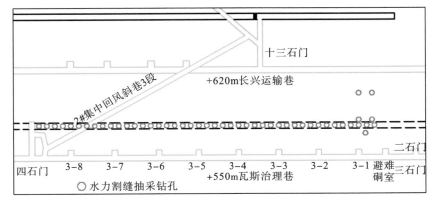

(c)三石门至四石门段C_5煤层掘进条带

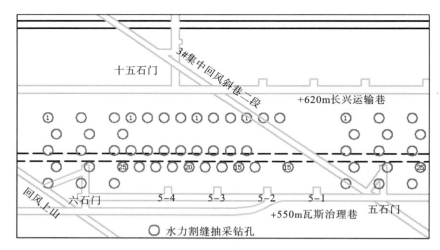

(d)五石门至六石门段C₂煤层石门揭煤及掘进条带

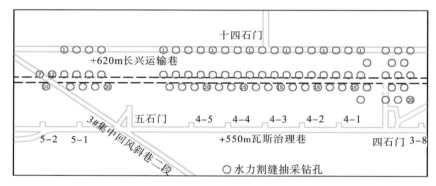

(e)四石门至四石门以北C₂煤层石门揭煤及掘进条带

图 9-45   水力割缝抽采钻孔竣工图

每个水力割缝钻孔割缝完成后，立即在水力割缝钻孔内预埋外径 $\Phi32mm$ 的 PVC 管至孔底(煤层段抽采管为筛管)，然后采用聚氨酯材料对水力割缝钻孔进行封堵，待钻场内所有瓦斯预抽钻孔施工完成后，再采用水泥砂浆机械注浆封孔，封孔深度 8m。水泥砂浆注浆封孔完成 24h 后再接入矿井瓦斯抽采系统进行瓦斯抽采。

4)水力压裂效果分析

(1)压裂影响范围初步判断。

根据压裂过程中附近钻孔及巷壁的出水情况和压裂区域内抽采钻孔施工过程中的见水情况确定了钻孔的压裂影响范围，其压裂影响范围在钻孔周围 15～85m，可基本确定覆盖了整个压裂区域。

根据水力压裂实施过程中各压裂钻孔周边顶、帮、钻孔出水情况以及抽采钻孔连抽后的出水情况，只能判定水力压裂影响了周边大部分区域，其他区域因为缺乏其他有效的考查参数，因此无法判定每个压裂孔的具体影响范围。

(2) 水力压裂后瓦斯抽采半径考察。

采用相对压力降低法对水力压裂后的钻孔瓦斯抽采半径进行考察。得出：万顺煤矿 C_5 煤层，采用 $\Phi75mm$ 抽采钻孔抽采时，在抽采负压 20kPa 条件下，抽采 42 天，有效抽采半径为 2m；在抽采负压 20kPa 条件下，抽采 62 天，有效抽采半径为 6.2m。万顺煤矿 C_1 煤层，采用 $\Phi75mm$ 抽采钻孔抽采时，在抽采负压 20kPa 条件下，抽采 42 天，有效抽采半径为 4.5m；在抽采负压 20kPa 条件下，抽采 62 天，有效抽采半径为 8.3m。

3. 应用效果

(1) 实施压裂和水力割缝后，压裂和割缝区域的瓦斯抽采钻孔单孔抽采浓度为 12%～100%，相比较采取措施之前单孔浓度提高 10% 以上；效果最好的+550m 六石门揭 C_5 煤层区域抽采钻孔采取水力化增透措施之后，抽采钻孔的瓦斯浓度提高 30% 左右。

(2) 根据矿提供的基础资料，未采取水力压裂及水力割缝综合增透措施前，矿井瓦斯抽采钻孔约 600 个，主管抽放浓度在 2%～5%，瓦斯抽采纯流量约 1m³/min。通过实施水力压裂及水力割缝增透措施后，矿井瓦斯抽采钻孔约 900 个，主管的瓦斯浓度最高达 26%，一般为 10%～15%；瓦斯抽采纯流量最大为 6.53m³/min，瓦斯抽采纯流量平均为 2.37m³/min，是采取措施之前的 2.37 倍。

(3) 按照规范要求，抽采后对抽采区域采用现场取煤芯直接测定煤层残余瓦斯含量对抽采效果进行了检验，共计取样钻孔 29 个，测定残余瓦斯含量为 3.2222～7.3803m³/t，平均瓦斯残余瓦斯含量仅 4.1352m³/t，实现水力化增透区域的快速抽采达标。

(4) 采取水力压裂及水力割缝增透技术措施的抽采达标时间相比未采取措施前减少了 42%。

(5) 石门揭煤区域实现安全顺利揭煤，瓦斯抽采区域实现了快速抽采达标。

9.3.4　瓦斯灾害预警技术在山西寺河和黑龙江新建煤矿的应用

1. 煤与瓦斯突出实时诊断系统

煤与瓦斯突出实时诊断系统是通过分析设炮落煤后甲烷传感器等采集的数据，实测当班掘进段全断面整体落煤的瓦斯涌出量和解吸速度，预测煤与瓦斯突出危险性，属于非接触式超前预警技术。煤与瓦斯突出实时诊断系统分析指标与《防治煤与瓦斯突出细则》要求实测 K_1、Δh_2、q 值指标，都是通过实测瓦斯涌出量和解吸速度预测突出危险性，预测原理一致。相比而言，煤与瓦斯突出实时诊断系统是 24h 连续实时监测，软件自动计算，具有全面性、连续性和客观性。

1) 应用情况

煤与瓦斯突出实时诊断系统(瓦斯涌出动态分析系统)已在全国多个突出矿井应用，主要应用情况见表 9-27。

表 9-27   煤与瓦斯突出实时诊断系统应用矿井

序号	省份	单位	矿井	备注
1	贵州	国家电投贵州林华煤矿	兖矿贵州发耳煤业	
2	四川	川煤芙蓉杉木树煤矿	川煤广能李子垭南二井	
		四川古叙煤田鲁班山北矿		
3	山西	阳煤集团寺家庄矿	晋能集团阳泉公司保安矿	
		潞安集团郭庄矿	潞安集团漳村矿	瓦斯涌出动态分析
4	安徽	皖北煤电祁东矿	皖北煤电任楼矿	
5	河南	神火集团新庄矿	神火集团梁北矿	
6	湖南	资江煤业资江矿		
7	陕西	彬长大佛寺煤矿		瓦斯涌出动态分析

2) 应用效果

某矿煤与瓦斯突出矿井。煤层瓦斯含量 $10.02 \sim 13.58 \mathrm{m}^3/\mathrm{t}$，瓦斯压力 $0.25 \sim 2.20 \mathrm{MPa}$，曾经发生 2 起煤与瓦斯突出事故，1 起瓦斯爆炸事故。

该矿 2018 年 1 月安装煤与瓦斯突出实时诊断系统。重点监测该矿 W15110 进风巷掘进工作面应用效果如下：

(1) 系统指标与 K_1 值的一致性分析。

应用 W15110 进风巷掘进工作面 $(1.25 \sim 9.6)$ 防突系统 K_1 值与现场实测 K_1 值参数对比如图 9-46 所示。

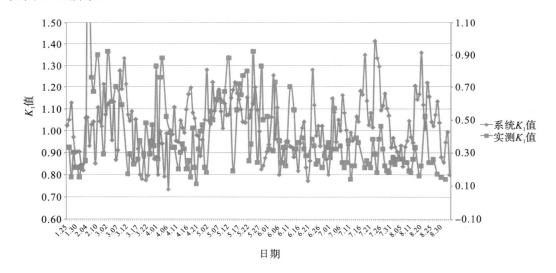

图 9-46   W15110 进风巷掘进工作面防突系统 K_1 值与实测 K_1 值的趋势对比图

从防突系统指标 K_1 值与矿井实测 K_1 值对比曲线可以看出，系统 K_1 值与现场 K_1 值有较高的趋势一致性，$K_1 \geqslant 1.2$，实测 K_1 值基本超过《防治煤与瓦斯突出细则》中规定的临界值 0.5，充分说明煤与瓦斯突出实时诊断系统能够预测工作面前方突出危险性。

(2)建立短信通知(报警)指标体系。

通过系统指标与现场实测指标对比分析，W15110 进风巷的短信通知(报警)指标体系见表 9-28，软件设置如图 9-47 所示。

表 9-28　W15110 进风巷掘进工作面煤与瓦斯突出实时诊断指标体系

工作面	测点	K_1	n	K_1 且 n	M
W15110 进风巷	026A03	$K_1 \geq 1.2$	$n \geq 1.7$	$K_1 \geq 1.1$ 且 $n \geq 1.5$	$M \geq 0.8$

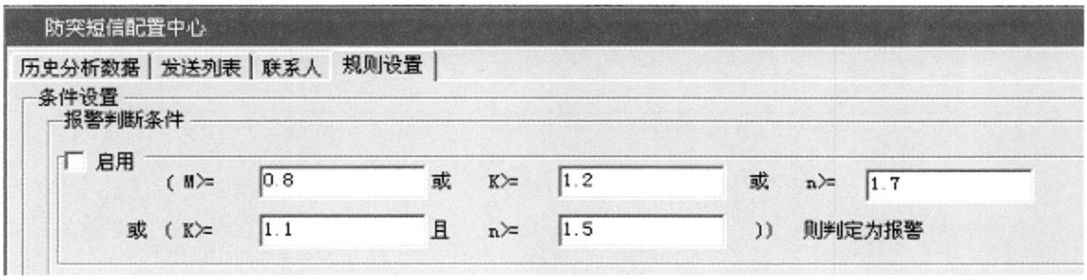

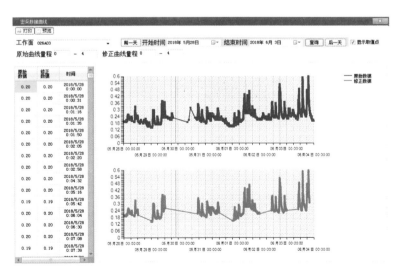

图 9-47　W15110 进风巷掘进工作面短信通知(报警)条件设置

(3)短信通知(报警)。

2018 年 5 月 26 日～6 月 3 日，W15110 进风巷瓦斯浓度连续 9 天持续上升，如图 9-48 所示。2018 年 6 月 3 日，煤与瓦斯突出实时诊断系统软件界面多次发生报警，如图 9-49 所示。

2018 年 6 月 3 日 19:32，煤与瓦斯突出实时诊断系统发送 W15110 进风巷掘进工作面短信通知(报警)，如图 9-50 所示。

图 9-48　2018 年 5 月 26 日～6 月 3 日瓦斯曲线

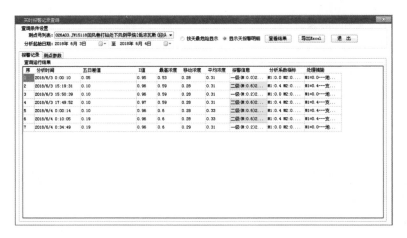

图 9-49　2018 年 6 月 3 日～6 月 4 日系统报警

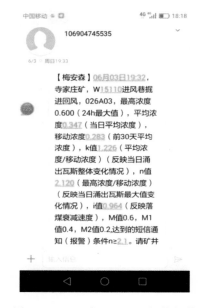

图 9-50　2018 年 6 月 3 日短信报警

（4）预警效果。

2018 年 6 月 3 日 0 点班，W15110 进风巷实测 K_1 值 0.31，S 值 2.8，F 值 0.23。

2018 年 6 月 3 日 19:32，煤与瓦斯突出实时诊断系统发送短信通知（报警）。

6 月 4 日 8 点班，矿井实测 K_1 值 0.73，S 值 3.2，F 值 0.28，超过《防治煤与瓦斯突出细则》临界值，矿井采取施工瓦斯排放钻孔措施。

6 月 4 日 18:02 矿井领导反馈：预警短信符合现场实际情况，起到预警和提醒作用，如图 9-50 所示。

2.煤与瓦斯突出预警技术应用

1）山西晋煤集团寺河煤矿应用实例

寺河煤矿隶属山西晋城煤业(集团)有限公司，整个矿井分为东、西两个井区，东区设计产能为 10.8Mt/a、西区设计产能为 4.0Mt/a，西井区属煤与瓦斯突出矿井，开采 3 号煤层，平均厚度为 6.31m。井田范围内地层倾角为 3°～15°，一般在 10°以内。东井区 3 号煤层平均原始瓦斯含量为 9.03m³/t、西井区 3 号煤层平均原始瓦斯含量为 17.63m³/t。

瓦斯灾害预警系统建立和整体运行后，实现了瓦斯灾害变化连续分析和危险及时预警，已超前捕捉各种瓦斯灾害异常及危险百余次，如图 9-51 所示。

图 9-51　山西寺河煤矿预警结果

如 3303 措施巷位于东三盘区 3303 工作面，由 33033 巷(54#横川口位置)向北掘进，先以 16°上山掘进 10.5m，然后沿煤层顶板水平掘进，所在区域煤层原始瓦斯含量约为 14m³/t，其前方有一煤层冲刷带(图 9-52)。在 3303 工作面形成后，分别从两侧顺槽 33033 巷、33032 巷施工了顺层钻孔，进行了瓦斯预抽，因此 3303 回采工作面煤体的瓦斯含量已大大降低。尽管如此，3303 工作面回采期间瓦斯涌出仍然较大，瓦斯超限时有发生，可以推断该区域瓦斯含量仍然较高。预警系统在 3303 措施巷施工期间连续监测其瓦斯灾害发展状态，随着巷道向煤层冲刷带的推进，预警系统报警逐渐频繁，预警等级逐步升高，说明瓦斯危险性逐渐增大，而且进入冲刷带之前趋势预警超前状态预警结果有所显现。3303 措施巷掘进期间预警结果随巷道长度变化如图 9-53 所示，可以看出，非正常预警结果(包括状态预警的"威胁"和"危险"以及趋势预警的"橙色"和"红色"预警结果)几乎全部位于 36～82m 内，据此可以判断距开口 36m 后工作面已进入煤层冲刷带影响范围内。并且 3303 措施巷掘进期间从 36m 开始工作面普遍存在软煤分层，且厚度较厚，日常预测指标时有超标，掘进过程中偶尔存在瓦斯涌出异常现象(图 9-54)。

在 W23015 工作面，从 2010 年 10 月 20 日中班起，预警系统趋势预警由"绿色"升级为"橙色"，状态预警为"正常"；到 2010 年 10 月 21 日早班，趋势预警由"橙色"升级为"红色"，相应的状态预警结果变为"威胁"，而导致预警结果异常的因素为瓦斯涌出异常(图 9-55)。通过井下观测，工作面存在一夹矸透镜体，在其周围赋存有大量破碎煤(图 9-56)。在井下支护过程中有较明显的煤炮声，说明工作面具有突出危险

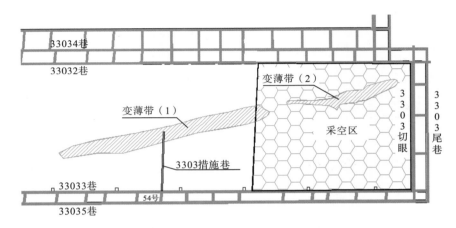

图 9-52　寺河煤矿 3303 措施巷布置图

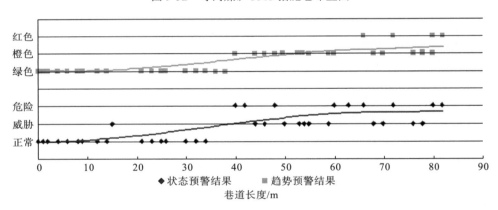

图 9-53　寺河煤矿 3303 措施巷预警结果随巷道长度变化图

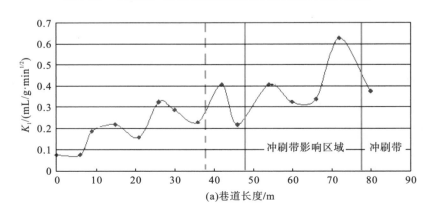

(a)巷道长度/m

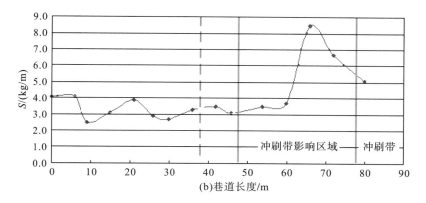

图 9-54　寺河煤矿 3303 措施巷日常预测指标随巷道长度变化图

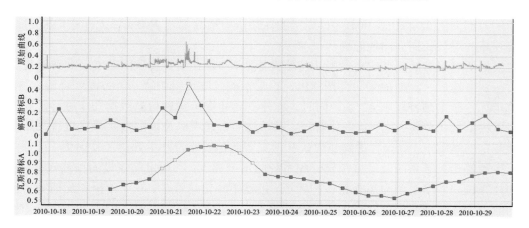

图 9-55　W23015 工作面"10·21"突出危险预警

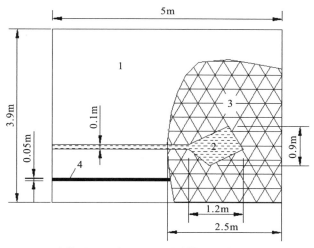

1—正常煤层；2—夹矸；3—破碎煤；4—软煤分层

图 9-56　W23015 工作面素描图

性。随后停止作业，并对工作面进行了预测，日常预测指标偏大$[K_1=0.45\text{mL}/(\text{g.min}^{1/2})$，$S=4.8\text{kg/m}]$，3 号预测钻孔施工至 6～8m 时发生卡钻。之后，通过采取局部防突措施，预警系统有力保障了工作面安全掘进。

2)黑龙江龙煤集团新建煤矿应用实例

新建煤矿隶属黑龙江龙煤矿业集团股份有限公司，矿井产能为 1.2Mt/a，主要开采煤层 82#、85#、87#、90#、91#、92#、93#、94#、95#、96#、98#等 11 层煤，开采标高为 +190m 至-800m 标高。井田内的褶曲发育于单斜构造中，属于次级褶曲构造。在褶皱的轴部区域往往构造应力比较集中，煤体比较破碎，有利于形成小型构造圈闭，往往是瓦斯局部富集地段，瓦斯突出危险性也增大。井田内断层发育，且随大断层伴生的次一级断裂较多，以张性正断层为主，有利于瓦斯的逸散。新建煤矿 87#、90#、91#、93#上午原始瓦斯压力都大于 0.74MPa，90#、91#煤层的瓦斯压力最高都达 3MPa 以上，属于强突煤层，有着较高的煤与瓦斯突出危险性。

根据新建煤矿的瓦斯灾害的发生特征及原因，结合瓦斯灾害致因因素及其普遍发生规律，从瓦斯地质、瓦斯抽采、瓦斯涌出、日常预测、防突措施缺陷等方面综合建立 51 个预警指标，制定预警规则 42 条。同时，在建立新建煤矿预警信息数据仓库进行矿井瓦斯灾害资料信息化、数字化、集中化管理，以及建立新建煤矿瓦斯参数实验室进行瓦斯参数精准测定的基础上，综合考虑新建煤矿瓦斯灾害防治要求及相关部门工作习惯，进行了瓦斯灾害预警相关子系统及综合预警管理系统的定制建设。利用定制建设的预警软件，以构建的计算机和网络平台为运行载体和环境，搭建了集信息管理、专业分析和瓦斯灾害预警等功能于一体的新建煤矿瓦斯灾害综合预警平台，形成了新建煤矿瓦斯灾害综合预警技术体系，为矿井的地质资料专业符号化绘制和数字化管理、瓦斯地质图自动绘制及更新、瓦斯抽采达标评判及抽采钻孔设计、日常防突资料规范管理等提供了专业管理和分析工具，实现了矿井瓦斯灾害的在线辨识、自动分析及超前预警，提高了矿井瓦斯灾害信息化、自动化管理及技术水平。

预警系统建成后，在新建煤矿地测、通风、抽放、防突、监测等部门安装，为相关部门的日常工作管理和分析提供了专业化工具，瓦斯地质图、防突预测报告单等报表、图形直接通过预警系统生成、打印(图 9-57)。通过瓦斯灾害预警分析，已多次捕捉、分析了各种瓦斯灾害异常及危险情况，避免了瓦斯突出及超限等情况的发生。如由 40031 队组施工的三采区 91 层右九片巷道，所属煤层为 91#煤层，91#煤层是新建矿突出灾害较为严重的煤层，考察分析期间搜集了三采区 91 层右九片巷道井下实测钻屑瓦斯解吸指标 K_1 值与瓦斯涌出指标 A，将其绘制在如图 9-58 所示的同一时间坐标轴上。由图 9-58 可知，钻屑瓦斯解吸 K_1 值与瓦斯涌出指标 A 总体变化趋势一致，2017 年 9 月 11 日至 2017 年 11 月 1 日期间有连续 4 个循环的钻屑瓦斯解吸 K_1 值增大，突出危险性明显增大；同时，瓦斯解吸指标 B 的最大值在此期间也连续增大，在 2017 年 10 月 31 日瓦斯涌出指标 A 达到 0.55，超过状态预警"危险"的临界值，当日白班预警平台立即发出状态预警"危险"的结果信息，然后实测 K_1 值超过临界值，表明工作面有煤与瓦斯突出危险性，新建煤矿根据预警结果和井下实际情况，采取了补充抽放钻孔的防突措施，避免了瓦斯危险事故的发生。预警实例充分验证了瓦斯灾害预警结果的准确性和对新建煤矿的适应性，预警系统能准确、提前反映井下工作面瓦斯灾害危险性，能够有效指导防突决策。

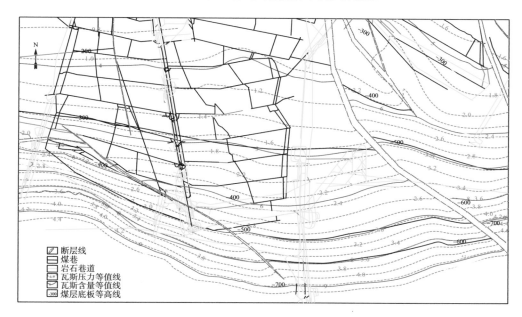

图 9-57　自动生成的新建煤矿 91#煤层瓦斯地质图

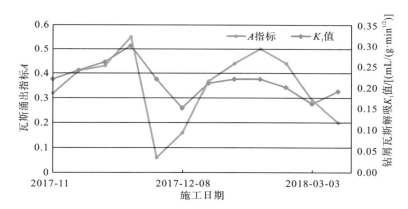

图 9-58　钻屑瓦斯解吸 K_1 值与瓦斯涌出指标 A 的变化关系曲线

主要参考文献

陈绍杰, 2018. 低渗透煤层高压注水驱替瓦斯机理及应用研究[D]. 北京: 北京科技大学.

程乾生, 2010. 数字信号处理[M](2版). 北京: 北京大学出版社.

重庆煤炭科学研究所, 1976. 国内外防治煤与瓦斯突出措施的现状和动态[J]. 川煤科技, 30-48.

重庆市煤炭学会, 2005. 重庆地区煤与瓦斯突出防治技术[M]. 北京: 煤炭工业出版社.

重庆市煤炭学会, 2018. 重庆煤炭产业高质量发展战略研究报告[R]. 重庆: 重庆市煤炭学会.

戴逸松, 1994. 微弱信号检测方法及仪器[M]. 北京: 国防工业出版社.

樊九林, 2012. 松软突出煤层打钻技术[J]. 煤矿安全, 43(8): 62-64.

宫伟力, 赵海燕, 安里千, 2008. 高压水射流结构的红外热像特征[J]. 实验流体力学, 03: 31-35.

郭臣业, 黄昌文, 刘明远, 等, 2017. 水力压裂深化研究[R]. 重庆: 重庆市能源投资集团科技有限责任公司, 重庆松藻煤电有限责任公司, 重庆南桐矿业有限责任公司, 重庆天府矿业有限责任公司.

郭臣业, 李栋, 黄昌文, 等, 2015. 近水平高承压钻孔封孔结构[P]. 中国专利: ZL201520605626. 5, 2015-12-02.

国家安全监督管理总局, 2007. 煤矿井下煤层瓦斯压力的直接测定方法[S].

国家安全生产监督管理总局, 国家煤矿安全监察总局, 2016. 煤矿安全规程(2016年版)[S]. 北京: 煤炭工业出版社.

国家煤矿安全监察局, 2019. 防治煤与瓦斯突出细则[S]. 北京: 煤炭工业出版社.

韩金轩, 杨兆中, 李小刚, 等, 2012. 我国煤层气储层压裂现状及其展望[J]. 重庆科技学院学报(自然科学版), 14(3): 53-55.

胡千庭, 文光才, 2012. 煤与瓦斯突出的力学作用机理[M]. 北京: 科学出版社.

华安增, 1980. 矿山岩石力学基础[M]. 北京: 煤炭工业出版社.

黄昌文, 黄滚, 郭臣业, 等, 2019. 煤矿井下控制水力压裂安全边界条件确定研究[R]. 重庆: 重庆市能源投资集团科技有限责任公司, 重庆大学.

黄昌文, 周东平, 张尚斌, 等, 2017. 煤矿井下水力压裂裂隙演化与压裂液分布监测技术[R]. 重庆: 重庆市能源投资集团科技有限责任公司, 中煤科工集团西安研究院有限公司.

黄昌文, 周东平, 周俊杰, 等, 2017. 煤矿井下控制压裂强化增透关键技术及装备[R]. 重庆: 重庆市能源投资集团科技有限责任公司.

姜福兴, 杨淑华, 成云海, 等, 2006. 煤矿冲击地压的微地震监测研究[J]. 地球物理学报, 49(5): 1511-1516.

姜福兴, 尹永明, 朱权洁, 等, 2014. 单事件多通道微震波形的特征提取与联合识别研究[J]. 煤炭学报, 39(2): 229-237.

蒋邦远, 1998. 实用近区磁源瞬变电磁法勘探[M]. 北京: 地质出版社.

李金铭, 2005. 地电场与电法勘探[M]. 北京: 地质出版社.

李恒乐, 曹运兴, 秦勇, 等, 2015. 重庆煤矿区瓦斯赋存特征及地质控制因素[J], 43(2): 1-7.

李全贵, 翟成, 林柏泉, 等, 2011. 定向水力压裂技术研究与应用[J]. 西安科技大学学报, 31(6): 735-739.

李晓红, 2007. 岩石力学实验模拟技术[M]. 北京: 科学出版社.

李雪, 赵志红, 荣军委, 2012. 水力压裂缝微地震监测测试技术与应用[J]. 油气井测试, 21(3): 43-45.

林柏泉, 李子文, 翟成, 等, 2011. 高压脉动水力压裂卸压增透技术及应用[J]. 采矿与安全工程学报, 28(3): 452-455.

刘建中, 孙庆友, 徐国明, 等, 2007. 油气田储层裂缝研究[M]. 北京: 石油工业出版社.

刘振武, 撒利明, 巫芙蓉, 等, 2013. 中国石油集团非常规油气微地震监测技术现状及发展方向[J]. 石油地球物理勘探, 48(5): 843-853.

马念杰, 侯朝炯, 1995. 采准巷道矿压理论及应用[M]. 北京: 煤炭工业出版社.

马在田, 1997. 计算地球物理[M]. 上海: 同济大学出版社.

牛之琏, 2007. 时间域电磁法原理[M]. 长沙: 中南大学出版社.

钱鸣高, 石平五, 许家林, 2010. 矿山压力与岩层控制[M]. 徐州: 中国矿业大学出版社.

沈大富, 黄昌文, 刘明远, 等, 2017. 岩溶裂隙瓦斯防治技术集成研究[R]. 重庆: 重庆市能源投资集团科技有限责任公司, 重庆松藻煤电有限责任公司.

石显新, 闫述, 陈明生, 2004. 井中瞬变电磁法在煤矿独头巷道超前探测中的应用研究[J]. 煤田地质与勘探, 32: 98-100.

四川油气区石油地质编写组, 1989. 中国石油地质志(卷10): 四川油气区[M]. 北京: 石油工业出版社.

宋维琪, 陈泽东, 毛中华, 2008. 水力压裂裂缝微地震监测技术[M]. 东营: 中国石油大学出版社.

苏现波, 张丽萍, 林晓英, 2005. 煤阶对煤的吸附能力的影响[J]. 天然气工业, 25(1): 19-21.

孙玉林, 王永龙, 翟新献, 等, 2012. 松软突出煤层钻进困难的原因分析[J]. 煤炭学报, 37(1): 117-121.

唐洪友, 1992. 三汇二矿瓦斯突出与地质条件的关系[J], 四川地质学报, 12(2): 153-155.

唐怀林, 魏明, 2012. 中风压下向顺层钻孔高效治理瓦斯技术的研究[A]//川、渝、滇、黔、桂煤炭学会 2012 年度学术年会(重庆部分)论文集.

王长清, 2005. 现代计算电磁学基础[M]. 北京: 北京大学出版社.

王长清, 祝西礼, 2011. 瞬变电磁场——理论与计算[M]. 北京: 北京大学出版社.

王明波, 2007. 磨料水射流结构特性与破岩机理研究[D]. 北京: 中国石油大学.

王永辉, 卢拥军, 李永平, 等, 2012. 非常规储层压裂改造技术进展及应用[J]. 石油学报, 33(1): 149-157.

王育立, 杨敏官, 康灿, 等, 2010. 400MPa 超高压水射流结构的分析研究[J]. 工程热物理学报, 06: 959-962.

杨晓峰, 1992. 松藻矿区煤与瓦斯突出预测的实践[J]. 煤矿安全, 8(1): 1-4, 43.

杨晓峰, 申崇敬, 2001. 渐进式揭突出煤层技术[J]. 煤矿安全, 11(5): 10-11.

杨晓峰, 郑方泉, 2002. 松藻矿区防治煤与瓦斯突出技术[J]. 矿业安全与环保, 29(6): 1-3, 18.

殷新胜, 凡东, 姚克, 等, 2009. 松软突出煤层中风压空气钻进工艺及配套装备[J]. 煤炭科学技术, 37(9): 72-74.

殷召元, 2011. 下向长钻孔成孔中医技术试验与应用[J]. 矿业安全与环保, 38(3): 68-72.

于超, 2012. 高压水射流结构与磨料分布特性的研究[D]. 秦皇岛: 燕山大学.

余模华, 沈大富, 郭臣业, 等, 2011. 煤矿井下超高压压裂孔的钻孔封孔方法及封孔装置[P]. 中国专利: ZL201110265107. 5, 2011-12-21.

余模华, 覃乐, 周声才, 等, 2013. 一种水力压裂封孔胶囊用支撑装置[P]. 中国专利: ZL201220572884. 4, 2013-01-16.

俞启香, 1992. 矿井瓦斯防治[M]. 徐州: 中国矿业大学出版社.

查甫生, 刘松玉, 杜延军, 等, 2007. 非饱和黏性土的电阻率特性及其试验研究[J]. 岩土力学, 28(8): 1671-1677.

张凤舞, 王雨团, 周东平, 等, 2013. 煤矿井下压裂或割缝用加砂装置[P]. 中国专利: ZL201220568044. 0, 2013-04-03.

张永将, 黄振飞, 李成成, 2018. 高压水射流环切割缝自卸压机制与应用[J]. 煤炭学报, 43(11): 3016-3022.

张子敏, 张玉贵, 2005. 瓦斯地质规律与瓦斯预测[M]. 北京: 煤炭工业出版社.

中华人民共和国国家质量监督检验检疫总局, 中国国家标准化管理委员会, 2009. 煤层瓦斯含量井下直接测定方法[S]. 北京: 中国标准出版社.

中华人民共和国煤炭工业部, 1962. 关于矿井和露天矿开拓煤量、准备煤量和回采煤量划分范围、计算方法和矿井巷道划分范围的规定(简称三量规定)[M]. 北京: 中国工业出版社.

周世宁, 林伯泉, 1998. 煤层瓦斯赋存与流动理论[M]. 北京: 煤炭工业出版社.

周松元, 赵军, 刘学服, 等, 2011. 严重喷孔松软煤层成孔工艺与装备研究[J]. 煤矿安全, 26(4): 11-16.